计算机前沿技术丛书

算法秘籍

王一博

著

Algorithm Script

机械工业出版社
CHINA MACHINE PRESS

这是一本关于数据结构和算法的书，以 Java 为描述语言，介绍了计算机编程中常用的数据结构和算法。全书共 13 章，讲述了常见的数据结构、排序算法、位运算、树、递归、回溯算法、贪心算法、双指针和滑动窗口、BFS 和 DFS、前缀和、动态规划、并查集、其他经典算法等知识。本书内容丰富，实用性强，通过示例练习和问题分析等方式，详细讲解了与算法有关的知识点。本书附赠视频讲解二维码，以及源代码。

本书适合程序员、计算机专业相关师生，以及对算法感兴趣的读者阅读。

图书在版编目（CIP）数据

算法秘籍／王一博著．—北京：机械工业出版社，2023.9
（计算机前沿技术丛书）
ISBN 978-7-111-73618-9

Ⅰ.①算…　Ⅱ.①王…　Ⅲ.①数据结构②算法分析　Ⅳ.①TP311.12

中国国家版本馆 CIP 数据核字（2023）第 144567 号

机械工业出版社（北京市百万庄大街 22 号　邮政编码 100037）
策划编辑：杨　源　　　　责任编辑：杨　源
责任校对：李小宝　李　杉　　责任印制：张　博
北京建宏印刷有限公司印刷
2023 年 10 月第 1 版第 1 次印刷
184mm×240mm · 22.75 印张 · 529 千字
标准书号：ISBN 978-7-111-73618-9
定价：109.00 元

电话服务	网络服务
客服电话：010-88361066	机　工　官　网：www.cmpbook.com
010-88379833	机　工　官　博：weibo.com/cmp1952
010-68326294	金　　书　　网：www.golden-book.com
封底无防伪标均为盗版	机工教育服务网：www.cmpedu.com

前 言

PREFACE

数据结构和算法是计算机科学的基石，是计算机的灵魂，要想成为计算机专业人员，学习和掌握算法是十分必要的。不懂数据结构和算法的人不可能写出效率更高的代码。计算机科学的很多新行业都离不开数据结构和算法作为基石，比如大数据、人工智能等。底层开发中也需要使用非常多的数据结构和算法知识，以保证底层系统的稳定性和高效性。

计算机科学家尼古拉斯·沃斯在计算机领域有一句人尽皆知的名言“算法+数据结构=程序”（Algorithms+Data Structures=Programs），所以数据结构和算法是程序员必须掌握的技能。尤其是到一些大公司面试的时候，算法更是一个少不了的环节，熟练掌握数据结构和算法，可以开拓我们的视野，提高我们的逻辑思维能力，在写代码和分析官方源码的时候也非常有帮助。学习数据结构和算法的一个好处就是：学完之后知识基本不会过时，可以永远为我们所用。大家都知道程序员需要不停地学习，因为知识更新太快，记得在笔者上大学和后来开始工作的时候，非常喜欢研究官方源码和框架，如痴如醉，但很遗憾，现在很多框架都已被淘汰了，没被淘汰的也被更新得面目全非，然后还要不停地学习其他新的框架。笔者一直在思考，能不能学习一种永不过时的知识。后来就接触了数据结构和算法，这一接触就是好多年，学的那么多知识依然没有过时。比如KMP 算法是在 1977 年被联合发表的，那么多年过去了，这种算法依然没有被淘汰，如果是一个框架，基本上很难保证那么多年还能存在，就算存在也会有大量的更新，还是需要不停地学习。

本书以 Java 为描述语言，介绍了计算机编程中常用的数据结构和算法，主要内容如下。

第 1 章：主要介绍了 8 种数据结构，包括数组、链表、队列、栈、散列表、树、堆、图，然后每种数据结构又有细分，比如介绍树的时候有完全二叉树、满二叉树、二叉搜索树、AVL 树、红黑树、字典树、哈夫曼树、线段树、笛卡儿树等。图的介绍中也有一些经典的算法，比如迪杰斯特拉算法、弗洛伊德算法、普里姆算法和克鲁斯卡尔算法等。

第 2 章：介绍了几种经典排序算法，以及它们的稳定性分析。

第 3 章：主要介绍了一些位运算和常见操作符，还有一些简单的操作和使用技巧，如有限状态机和相关示例讲解。

第 4 章：介绍了和树有关的知识，比如树的遍历方式，包括 DFS 遍历、Morris 遍历，以及 BFS 遍历等。

第 5 章：分析了递归的原理和示例练习，可以把它看作是对一棵树的 DFS 遍历。

第 6 章：主要介绍了回溯算法的使用，然后得出回溯算法的使用模板，以及一些经典示例，还有一些重复问题和不符合条件的修剪分支。

第 7 章：主要介绍贪心算法的使用和存在的不足。

第 8 章：分别介绍了相向双指针、同向双指针和快慢双指针的使用技巧，还有滑动窗口的介绍和使用模板，以及大小可变窗口、固定窗口、只增不减窗口等。

第 9 章：主要介绍了 BFS 和 DFS 的使用模板和示例练习。

第 10 章：主要介绍了一维前缀和与二维前缀和的使用。

第 11 章：介绍动态规划和一些经典问题的讲解，如背包问题、组合与排列问题等。

第 12 章：通过三国人物的故事，生动形象地介绍了并查集的使用、并查集优化、并查集路径压缩以及合并优化等。

第 13 章：介绍了其他一些经典算法，比如 KMP 算法、马拉车算法、算术表达式的运算、牛顿迭代法求平方根、Base64 编码等。

本书的撰写与出版得益于机械工业出版社的鼎力支持，在此深表感谢，同时也感谢支持笔者的读者和朋友，还要感谢笔者的爱人杨兰一直以来的理解和支持。由于笔者水平有限，书中难免有不妥和疏漏之处，诚挚期盼读者朋友给予批评和斧正，笔者会把问题整理出来分享到我们的算法学习网站“wansuanfa. com”（“玩算法”的拼音），关于算法的知识非常多，书中不可能全部介绍，大家还可以继续在网站免费学习，本书的提高和改进离不开读者的帮助和时间的考验。大家也可以关注笔者，如果书中有不明白的地方可以随时沟通，如果有想了解的知识点也可以告诉笔者，笔者会通过视频直播和录播的方式为大家进行讲解。

王一博

2023 年 5 月

CONTENTS 目录

第12章
CHAPTER 12

CHAPTER 1

第1章

常见的数据结构

数据结构（data structure）是计算机存储、组织数据的方式，也是相互之间存在一种或多种特定关系的数据元素的集合。要想学习算法，必须了解数据结构。常见的数据结构有 8 大类，分别是数组、链表、队列、栈、散列表、树、堆和图。如果细分就比较多了，比如堆有最大堆和最小堆，树有红黑树、线段树、哈夫曼树等，本章我们就来学习它们。

1.1 数组

数组是相同数据类型元素的集合所组成的一种数据结构，数组在内存中是连续的，它的大小在初始化的时候就已经固定，数组一旦创建，它的长度是不能改变的，常见的动态数组 ArrayList 并不是改变了数组的长度，而是又重新创建了一个数组。可以通过数组的下标来修改数组，数组的下标一般都是从 0 开始的，比如 a[0]是数组的第一个元素，a[5]是数组的第 6 个元素等，如图 1-1 所示。

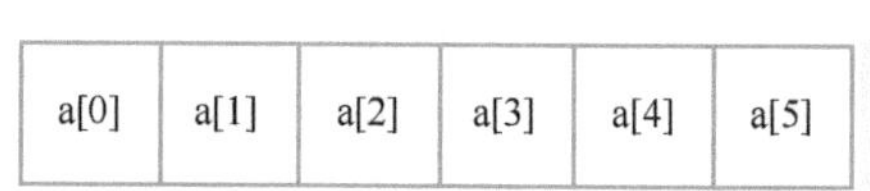

图 1-1

最常见的数组是一维数组，它的定义如下（这里以 Java 为例）。除了一维数组还有二维数组、三维数组等，这里就不再过多介绍。

```
// 数组的常见定义方式,长度是 3,默认值都是 0。
int[] nums1=new int[3];
// 还可以在定义的时候直接初始化,数组长度是 3。
int[] nums2={1, 2, 3};
// 还可以这样写。
int[] nums3=new int[]{1, 2, 3};
// 也可以这样,把中括号放到变量的后面。
int nums4[]={1, 2, 3};
```

1.1.1 滚动数组

滚动数组也是使用数组来实现的，它不是一种数据结构，而是一种算法优化思想，滚动数组的作用在于优化空间，让数组滚动起来，每次使用固定的几个存储空间，比如常见的斐波那契数列：f[n]=f[n-1]+f[n-2]，普通的写法如下：

```
// 1,1,2,3,5,8,13,21,34,……
private int fibonacci(int n) {// n>=0
    if (n==0 ||n==1)
        return 1;
    int[] num=new int[n+1];
    num[0]=1;
    num[1]=1;
    for (int i=2; i<=n; i++)
        num[i]=num[i-1]+num[i-2];
```

```
        return num[n];
}
```

如图 1-2 所示，虽然我们定义了一个很长的数组，但每次只用最近的 3 个，前面的都浪费了，所以可以使用滚动数组，只需要一个长度为 3 的数组即可。

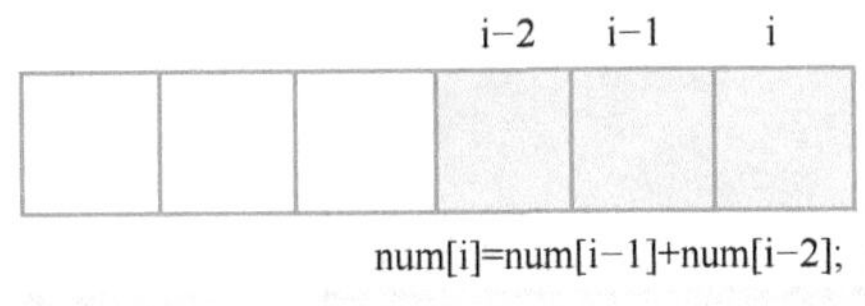

● 图 1-2

```
private int fibonacci(int n) {// n>=0
    if (n==0 || n==1)
        return 1;
    int[] num=new int[3];
    num[0]=1;
    num[1]=1;
    for (int i=2; i<=n; i++)
        num[i%3]=num[(i-1)%3]+num[(i-2)%3];
    return num[n%3];
}
```

上面讲的是一维数组，对于二维数组有时候也可以使用滚动数组。这需要结合具体的示例来讲解，具体将在第 11 章动态规划中进行介绍。

1.1.2 差分数组

假设给定一个数组 nums，先对区间 [a,b] 中的每个元素加 3，再对区间 [c, d] 中的每个元素减 5 等，这样非常频繁的区间修改，常规的做法可以一个个计算，代码如下：

```
public void increment(int[] nums, int a, int b, int k) {
    for (int index=a; index<=b; index++) {
        nums[index]+=k;
    }
}
```

频繁对数组的一段区间增加或减去同一个值，如果一个个去操作，效率会很低，可以使用差分数组，差分数组就是原始数组相邻元素之间的差。定义差分数组 d[n]，那么可以得到：d[i]=nums[i]-nums[i-1]，其中 d[0]=nums[0]，如图 1-3 所示。

可以看到原数组就是差分数组的前缀和。

```
nums[0]=d[0]
num[3]=d[0]+d[1]+d[2]+d[3]
```

下标	0	1	2	3	4	5	6	7
原数组	8	4	6	7	9	3	1	5
差分数组	8	−4	2	1	2	−6	−2	4

● 图 1-3

有了差分数组，如果对区间［a,b］中的每个元素加 3，就不需要再一个个操作，只需要在差分数组的两端进行修改即可，如图 1-4 所示。

```
d[a]+=3;
d[b+1]-=3;
```

8	4+3	6+3	7+3	9+3	3+3	1	5
8	−4+3	2	1	2	−6	−2−3	4
	a				b		

● 图 1-4

```
public class DiffNums {

    private int[] diff;// 差分数组。
    private int[] nums;// 原数组。

    public DiffNums(int[] nums) {
        this.nums=nums;
        diff=new int[nums.length];
        diff[0]=nums[0];
        for (int i=1; i<diff.length; i++)
            diff[i]=nums[i]-nums[i-1];
    }

    // 给区间[a,b]每个元素增加 val(也可为负数)。
    public void increment(int a, int b, int val) {
        diff[a]+=val;
        if (b+1<diff.length)
            diff[b+1]-=val;
    }

```

```
    // 返回结果数组。
    public int[] result() {
        nums[0]=diff[0];
        for (int i=1; i<diff.length; i++)
            nums[i]=diff[i]+nums[i-1];
        return nums;
    }
}
```

1.1.3 二维差分数组

我们可以把一维差分数组看作是一条直线，只需要用后面的值减去前面的值，就可以构造差分数组。而二维差分数可以把它看作是一个平面，如图 1-5 所示，它的定义如下：

```
d[i][j]=a[i][j]-a[i-1][j]-a[i][j-1]+a[i-1][j-1]
```

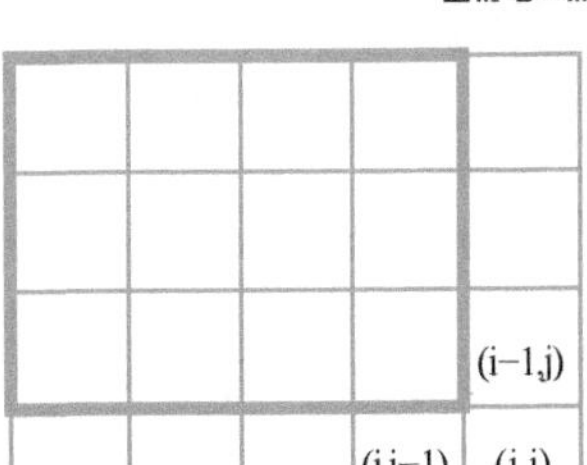

图 1-5

如果想获取原数组，根据上面的公式可以得到：

```
a[i][j]=a[i-1][j]+a[i][j-1]-a[i-1][j-1]+d[i][j]
```

如图 1-6 所示，以（x1,y1）为左上角，（x2,y2）为右下角构成一个区间，如果对这个区间内的每个元素增加 val，只需要执行下面四步即可。

```
public void add(int x1, int y1, int x2, int y2, int val) {
    d[x1][y1]+=val;// 增加 S1
    d[x1] [y2+1]-=val; // 减去 S2
    d[x2+1][y1]-=val;// 减去 S3
    d[x2+1] [y2+1]+=val; // 加上 S4
}
```

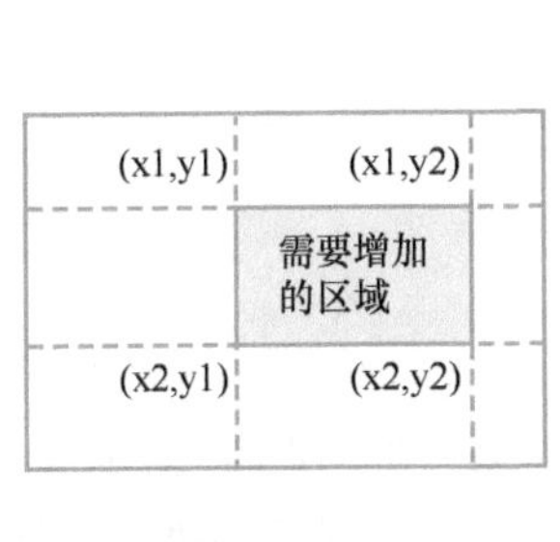

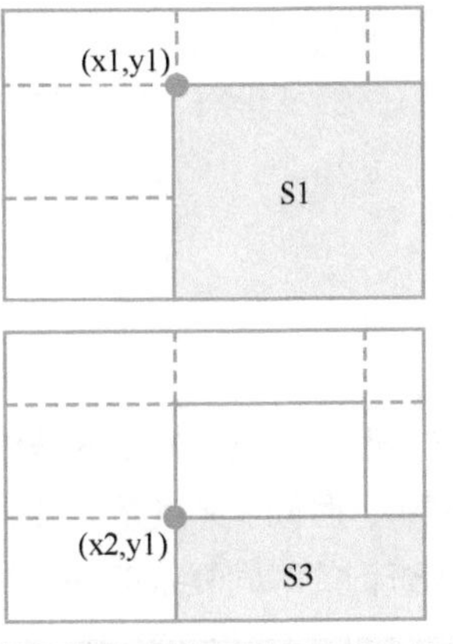

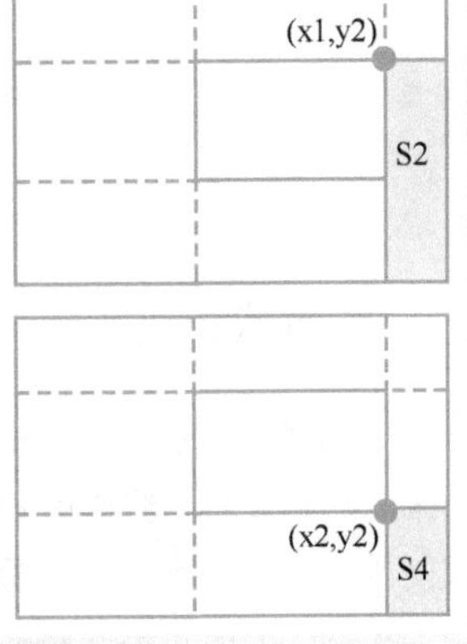

图 1-6

```
private int[][] d;// 差分数组。
private int[][] a;// 原数组。

public TwoDiffNums(int[][] a) {
    this.a=a;
    int m=a.length;
    int n=a[0].length;
    d=new int[m][n];
    // 求差分数组。
     for (int i=0; i<m; i++)
         for (int j=0; j<n; j++)
             add(i, j, i, j, a[i][j]);
}

public void add(int x1, int y1, int x2, int y2, int val) {
    d[x1][y1]+=val;
    if (y2+1<d[0].length)
        d[x1][y2+1]-=val;
    if (x2+1<d.length)
        d[x2+1][y1]-=val;
    if (x2+1<d.length && y2+1<d[0].length)
        d[x2+1][y2+1]+=val;
}

// 返回结果数组。
public int[][] result() {
    for (int i=0; i<a.length; i++) {
        for (int j=0; j<a[0].length; j++) {
            int x1=i>0? a[i-1][j]:0;
            int x2=j>0? a[i][j-1]:0;
            int x3=i>0 && j>0? a[i-1][j-1]:0;
            a[i][j]=x1+x2-x3+d[i][j];
        }
    }
    return a;
}
```

1.1.4 树状数组

假设有一个数组，对它进行大量的修改和查询，修改的是数组中某一个元素的值，查询的是数组中任意一个区间的和。对于修改比较简单，时间复杂度是 O(1)，而查询的时间复杂度是O(n)。大家可能会建议使用前缀和来优化，前缀和查询的时间复杂度确实是 O(1)，但如果我们修改某一个元素的时候，前缀和后面的值也都要修改，时间复杂度是 O(n)。那么有没有一种方式可以让修改和查询时间复杂度降一个数量级呢？有的，那就是树状数组，它的修改和查询时间复杂度都是O(logn)，综合来看还是不错的。如图 1-7 所示，这是一个树状数组，其中数组 a[ ]是原始数组，数组 c[ ]是树状数组。

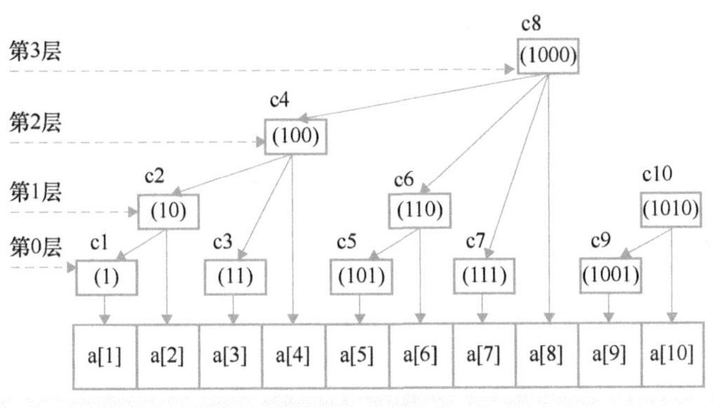

● 图 1-7

令树状数组每个位置保存的是子节点值的和，则有：

```
c[1]=a[1];
c[2]=c[1]+a[2]=a[1]+a[2];
c[3]=a[3];
c[4]=c[2]+c[3]+a[4]=a[1]+a[2]+a[3]+a[4];
c[5]=a[5];
c[6]=c[5]+a[6]=a[5]+a[6];
c[7]=a[7];
c[8]=c[4]+c[6]+c[7]+a[8]=a[1]+a[2]+a[3]+a[4]+a[5]+a[6]+a[7]+a[8];
c[9]=a[9];
c[10]=c[9]+a[10]=a[9]+a[10];
```

通过上面的公式可以发现一个规律：

```
// k 为 i 的二进制中最右边连续 0 的个数。
c[i]=a[i-2^k+1]+a[i-2^k+2]+...+a[i];
```

比如 c[6]，6 的二进制是（110），最右边有 1 个 0，那么 k 就等于 1，所以：

```
c[6]=a[6-2^1+1]+a[6]=a[5]+a[6]
```

再比如 c[4]，4 的二进制是（100），最右边有 2 个连续的 0，那么 k 就等于 2，所以：

```
c[4]=a[4-2^2+1]+a[4-2^2+2]+a[4-2^2+3]+a[4]
    =a[1]+a[2]+a[3]+a[4]
```

通过图 1-7 可以发现，在树状数组 c[i]中，如果 i 是奇数，c[i]就在第 0 层，也就是树状数组的叶子节点，并且 c[i]=a[i]。如果 i 不是奇数，那么在 i 的二进制位中，它的右边有几个 0，c[i]就在第几层。我们定义函数 int lowBit(int x)表示只保留 x 的二进制中最右边的 1，其他位置全部变为 0，比如：

```
数字 12 的二进制是 00001100,则 lowBit(12)=4(二进制是 00000100)
数字 13 的二进制是 00001101,则 lowBit(13)=1(二进制是 00000001)
数字 14 的二进制是 00001110,则 lowBit(14)=2(二进制是 00000010)
数字 16 的二进制是 00010000,则 lowBit(16)=16(二进制是 00010000)
```

函数 int lowBit(int x)的代码如下：

```
private int lowBit(int x) {
    return x&-x;
}
```

这个很好理解，比如数字 12 和-12，它们的二进制如下，只要对它们进行 & 运算，就是我们想要的结果。

```
00000000 00000000 00000000 00001100(12 的二进制)
11111111 11111111 11111111 11110100(-12 的二进制)
00000000 00000000 00000000 00000100(12 和-12,& 运算的结果)
```

我们令 s[i]表示原始数组 a 的前 i 项和，通过图 1-7 可以找出 s 和 c 的关系：

```
s[1]=a[1]=c[1];
s[2]=a[1]+a[2]=c[2];
s[3]=a[1]+a[2]+a[3]=c[2]+c[3];
s[4]=a[1]+a[2]+a[3]+a[4]=c[4];
s[5]=a[1]+a[2]+a[3]+a[4]+a[5]=c[4]+c[5];
s[6]=a[1]+a[2]+a[3]+a[4]+a[5]+a[6]=c[4]+c[6];
s[7]=a[1]+a[2]+a[3]+a[4]+a[5]+a[6]+a[7]=c[4]+c[6]+c[7];
s[8]=a[1]+a[2]+a[3]+a[4]+a[5]+a[6]+a[7]+a[8]=c[8];
```

通过上面等式的关系可以得出规律：

```
s[i]=c[i]+c[i-k1]+c[i-k1-k2]+c[i-k1-k2-k3]+……
```

这里的 k1,k2,k3,……,kn 都是 2 的 k 次方，实际上就是不断地抹去 i 的二进制中右边的 1，直到 i 变成 0 为止。比如数字 7，它的二进制是 111，所以 s[111]=c[111]+c[110]+c[100]（这里的数字是用二进制表示），也就是 s[7]=c[7]+c[6]+c[4]。

```
private int prefixSum(int i) {
    int sum=0;
    while (i>0) {
        sum+=c[i];
        i-=lowBit(i);
    }
    return sum;
}
```

这个就是求和，如果我们想要计算数组区间［left,right］的和，可以像下面这样调用。

```
public int sumRange(int left, int right) {
    return prefixSum(right+1)-prefixSum(left);
}
```

树状数组的求和我们知道了，那么修改呢（这里先讨论单点修改）。如果树状数组的一个节点值被修改了，那么它的父节点值都要改变，如图 1-8 所示，当 a[5]的值被修改后，那么 c5、c6 以及 c8 都要修改。

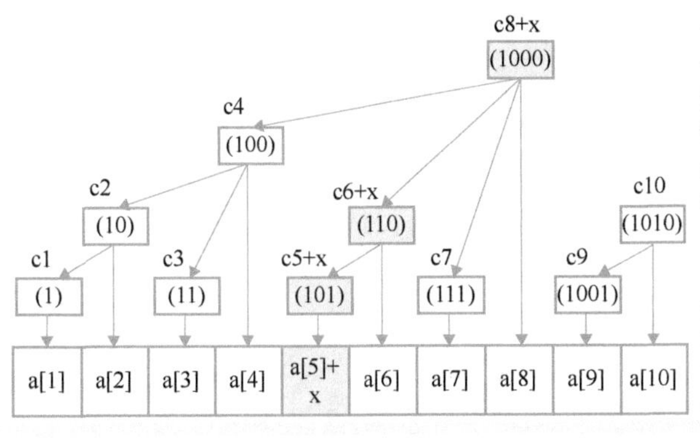

● 图 1-8

如果要更改 c[i]的值，只需要找到 c[i]的父节点以及其父节点的父节点，一直往上走，直到根节点，全部修改即可。通过图 1-8 可以发现，c[i]的父节点就是 c[i+lowBit(i)]，所以需要以 c[i]为起点，通过循环不断地往上找父节点，然后修改，来看一下树状数组的完整代码：

```
public class TreeArray {

    private int[] a;// 原始数组,有效下标从 0 开始。
    private int[] c;// 树状数组,有效下标从 1 开始。

    public TreeArray(int[] a){
        this.a=a;
        this.c=new int[a.length+1];// 创建树状数组。
        for(int i=0; i<a.length; i++)
            add(i+1, a[i]);
    }

    // 把数组 c 中 i 位置的元素加上 val。
    private void add(int i, int val){
        while(i<c.length){
            c[i]+=val;
            i+=lowBit(i);// 继续找父节点。
        }
    }

    // 修改树状数组的值。
    public void update(int i, int val){
        add(i+1, val-a[i]);
```

```
            a[i]=val;
        }

        // 求数组区间[left,right]的值。
        public int sumRange(int left, int right) {
            return prefixSum(right+1)-prefixSum(left);
        }

        private int lowBit(int x) {
            return x&-x;
        }

        // 求数组区间[0,i-1]的值。
        private int prefixSum(int i){
            int sum=0;
            while (i>0){
                sum+=c[i];
                i-=lowBit(i);
            }
            return sum;
        }
    }
```

1. 区间更新，单点查询

对于数组更新和查找可以分为下面几类：

- 单点更新，单点查询。
- 单点更新，区间查询。
- 区间更新，单点查询。
- 区间更新，区间查询。

对于单点更新，单点查询，原始数组就可以做，不需要构建树状数组。而单点更新，区间查询在前面刚刚介绍过，这里来看一下区间更新，单点查询。如果想要区间更新，需要构建差分数组，在前面 1.1.2 小节差分数组中讲过，如果要更新原始数组区间的值，只需要更新差分数组两边的值即可。其中差分数组的前缀和就是数组 a 中某个元素的值，来看一下代码：

```
public class TreeArray2{

    private int[] a;// 原始数组,有效下标从 0 开始。
    private int[] d;// 差分数组,有效下标从 1 开始。

    public TreeArray2(int[] a){
        this.a=a;
        this.d=new int[a.length+1];// 构建差分数组。
        for (int i=0; i<a.length; i++)
```

```
            add(i+1, i==0 ? a[0]:a[i]-a[i-1]);
    }

    // 把数组 d 中 i 位置的元素加上 val。
    private void add(int i, int val) {
        while (i<d.length) {
            d[i]+=val;
            i+=lowBit(i);       // 继续找父节点。
        }
    }

    // 在数组 a 的区间[i,j]内加上 val,注意原始数组的
    // 下标是从 0 开始的,差分数组的下标从 1 开始。
    public void update(int i, int j, int val) {
        add(i+1, val);          // d[i+1]增加 val。
        add(j+2, -val);         // d[j+2]减少 val。
    }

    private int lowBit(int x) {
        return x&-x;
    }

    // 单点查询,求 a[i-1]的值。
    public int prefixSum(int i) {
        int sum=0;
        while (i>0) {
            sum+=d[i];
            i-=lowBit(i);
        }
        return sum;
    }
}
```

2. 区间更新，区间查询

区间更新可以使用差分数组，那么区间查询呢？假设求数组 a 的前 n 项和，来看一下公式推导，如图 1-9 所示。

$$
\begin{aligned}
& a[0]+a[1]+a[2]+\cdots+a[n-1] \\
&= d[1]+(d[1]+d[2])+(d[1]+d[2]+d(3))+\cdots+(d[1]+d[2]+\cdots+d[n]) \\
&= d[1]*n+d[2]*(n-1)+d[3]*(n-2)+\cdots+d[n] \\
&= \boxed{n*(d[1]+d[2]+d[3]+\cdots+d[n])}-\boxed{(d[1]*0+d[2]*1+d[3]*2+\cdots+d[n]*(n-1))}
\end{aligned}
$$

● 图 1-9

a 是原数组，d 是差分数组，这里需要构建两个树状数组，其中 d1[i]=d[i]，d2[i]=d[i]*(i-1)。

```
private int[] a;// 原始数组,有效下标从 0 开始。
private int[] d1;// 有效下标从 1 开始,(d[1],d[2],...,d[n])。
private int[] d2;// 有效下标从 1 开始,(1 * d[2],2 * d[3],...,(n-1) * d[n])。

public TreeArray3(int[] a) {
    this.a=a;
    this.d1=new int[a.length+1];
    this.d2=new int[a.length+1];
    for (int i=0; i<a.length; i++)
        add(i+1, i==0 ? a[0] : a[i]-a[i-1]);
}

// 把数组 d 中 i 位置的元素加上 val。
private void add(int i, int val) {
    int x=i-1;
    while (i<d1.length) {
        d1[i]+=val;
        d2[i]+=val* x;
        i+=lowBit(i);// 继续找父节点。
    }
}

// 在数组 a 的区间[i,j]内,每个元素加上 val,注意原始数组的
// 下标是从 0 开始的,差分数组的下标从 1 开始。
public void update(int i, int j, int val) {
    add(i+1, val); // d[i+1]增加 val。
    add(j+2, -val); // d[j+2]减少 val。
}

private int lowBit(int x) {
    return x&-x;
}

// 求数组 a 区间[left,right]的值。
public int sumRange(int left, int right) {
    return prefixSum(right+1)-prefixSum(left);
}

private int prefixSum(int i) {
    int sum=0;
    int x=i;
    while (i>0) {
        sum+=d1[i] * x-d2[i];
        i-=lowBit(i);
    }
    return sum;
}
```

前面介绍的是一维树状数组，大家也可以研究一下二维树状数组，这里就不再介绍。区间更新和区间查询除了使用树状数组，还可以使用线段树，线段树不光可以区间求和，还可以求区间最大值、区间最小值，功能要比树状数组更强大，关于线段树会在 1. 6. 6 小节线段树中介绍。

1.2 链表

链表（Linked list）是一种物理存储单元上非连续的数据结构，数据元素的逻辑顺序是通过链表中的指针实现的。由于不必按顺序存储，链表在插入的时候可以达到 O(1) 的复杂度，但链表查找的时候由于不能通过索引查找，所以查找的时间复杂度是 O(n)。常见的链表有单向链表、双向链表，以及环形链表。

1. 单向链表

单向链表是一种最简单的链表，一般只包含存储的数据和指针（注意这里的指针并不是 C 语言中的地址指针，它是下一个节点的引用），每个指针指向下一个节点，最后一个节点的指针指向空，如图 1-10所示。

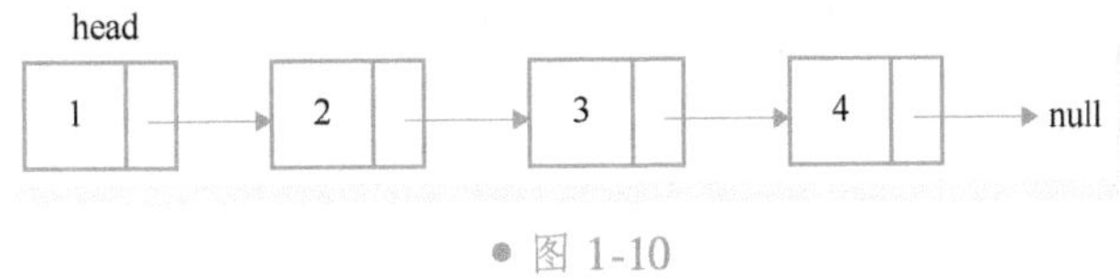

● 图 1-10

2. 双向链表

双向链表的每个节点都有两个指针，一个指向前一个节点，一个指向后一个节点，头节点的前一个节点为空，尾节点的后一个节点也为空，如图 1-11 所示，在 Java 中可以参考 LinkedList。

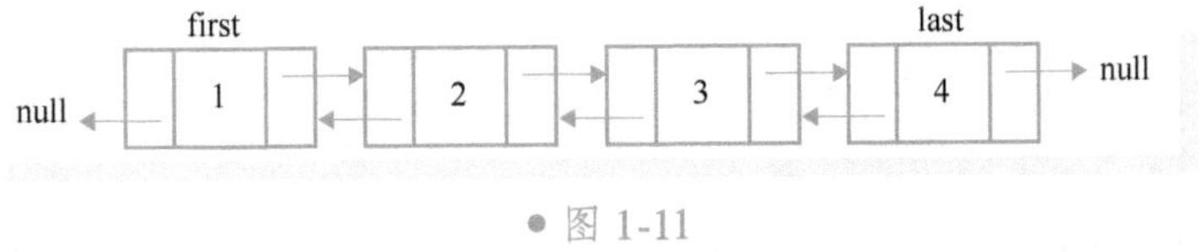

● 图 1-11

3. 环形链表

环形链表是一种首尾相连的链表，环形链表分为单向环形链表和双向环形链表。在 Java 中可以参考 LinkedHashMap。

4. 链表和数组的区别

- 数组静态分配内存，链表动态分配内存；
- 数组在内存中连续，链表不连续；
- 数组利用下标访问，时间复杂度为 O(1)，链表访问元素时间复杂度为 O(n)；

- 数组插入或删除元素的时间复杂度为 O(n)，链表插入或删除的时间复杂度为 O(1)，前提是要知道插入和删除的位置。

5. 跳表

链表虽然插入和删除效率比较高，但也有缺点，即使链表节点是有序的，还是需要从前往后一个个查找，这样显然很慢，这个时候我们可以使用跳表，跳表就是多层链表，最下面一层是原始链表，从下往上节点个数逐渐减少，如图 1-12 所示。

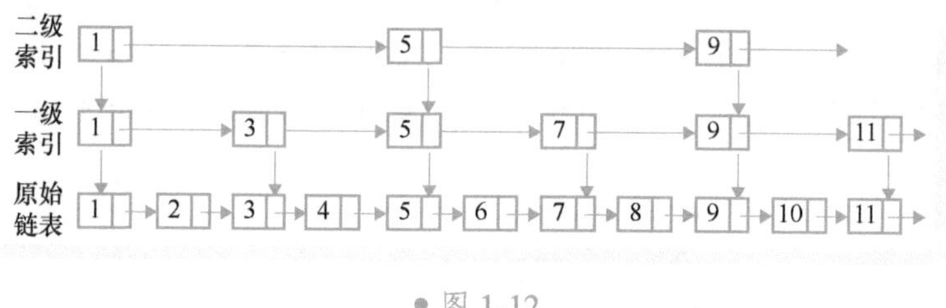

● 图 1-12

查询的时候先从最上面一层索引开始查，如果查找值在两个节点之间，就到下一级索引继续查，比如要查找 8，查找过程如图 1-13 所示，在图中已经用粗线标出。

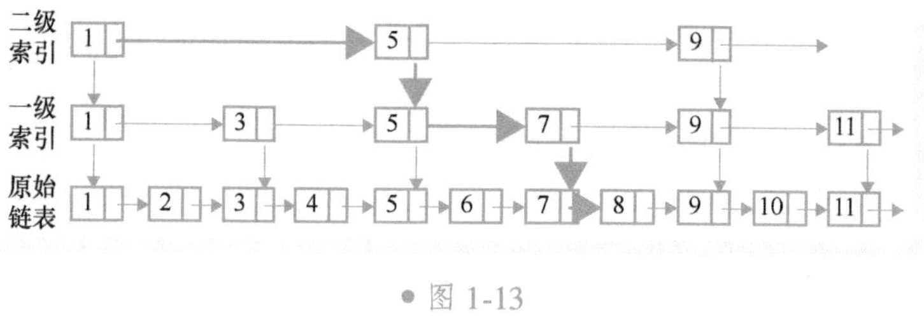

● 图 1-13

1.3 队列

队列是一种先进先出的数据结构（First-In-First-Out，FIFO），就像大家排队买票一样，先来的先买，没有特殊窗口，也没有 VIP 通道，所有人都一样。队列通常使用链表和数组来实现，并且队列只允许在尾部（tail）进行插入操作，在头部（head）进行删除操作，如图 1-14 所示。

● 图 1-14

1. 队列的实现方式

队列常见有两种实现方式，一种是使用链表，另一种是使用数组。使用单向链表实现队列不会出现溢出的问题，队列长度也没有限制，但删除的时间复杂度较高，当然也可以使用双向链表。使用两个指针，一个指向队列的头，一个指向队列的尾，删除的时候只能删除头（head），添加的时候只能在尾部（tail）添加，如图 1-15 所示。

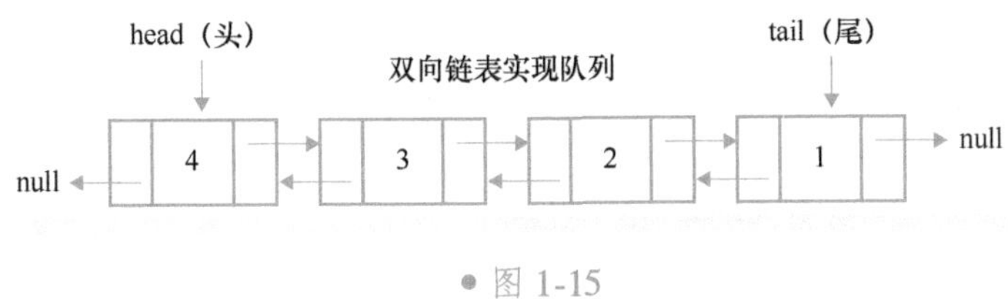

● 图 1-15

2. 队列的链表实现

先来看一下队列的链表实现，其实它和我们前面讲的双向链表一样，唯一的区别就是不能在队列的中间进行添加和删除操作，并且在队列的两头只能一个添加一个删除。先来看一下队列的节点类。

```
class QueueNode<E> {
    E val;// 节点值。
    QueueNode pre;
    QueueNode next;

    public QueueNode(E val, QueueNode pre, QueueNode next) {
        this.val=val;
        this.pre=pre;
        this.next=next;
     }
 }
```

来看一下使用链表实现队列的完整代码。

```
public class Queue1<E> {
    private QueueNode<E> head;// 队列的头。
    private QueueNode<E> tail;// 队列的尾。
    private int count;// 队列中元素的个数。

    // 往队列中添加元素。
    public void add(E val) {
        if (isEmpty()) {
            head=new QueueNode(val, null, null);
            tail=head;
        } else {
            tail=new QueueNode<>(val, tail, null);
            tail.pre.next=tail;
        }
```

```
        count++;
    }

    // 删除队列的头部元素。
    public E remove() {
        if (isEmpty())
            throw new NullPointerException("队列为空");
        E res=head.val;
        if (size()==1) {
            head=null;
            tail=null;
        } else {
            QueueNode headNext=head.next;
            head.next=null;
            headNext.pre=null;
            head=headNext;
        }
        count--;
        return res;
    }

    // 获取队列头部元素。
    public E top() {
        if (isEmpty())
            throw new NullPointerException("队列为空");
        return head.val;
    }

    // 队列中元素的个数。
    public int size() {
        return count;
    }

    // 队列是否为空。
    public boolean isEmpty() {
        return count==0;
    }
}
```

3. 队列的数组实现

除了使用链表实现队列以外，还可以使用数组来实现。使用链表是没有长度限制的，但使用数组需要给一个固定的大小，如果队列满了还会涉及队列的扩容，这里让 tail 指向下一个可以存放数据的位置，如图 1-16 所示。

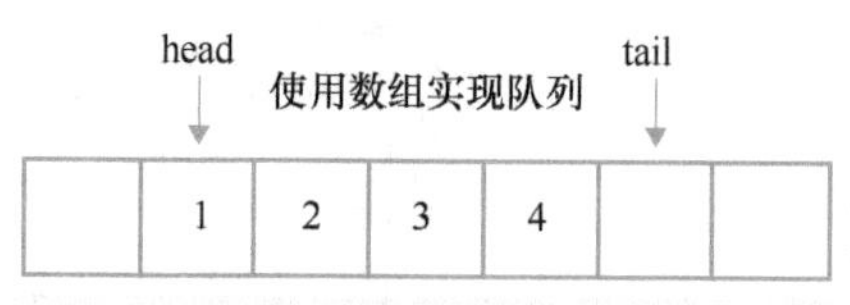

● 图 1-16

使用数组实现队列的时候有一个很明显的缺点就是数组

不能被重复使用。如图 1-16 所示，如果一个元素不停地加入队列，然后不停地从队列中移除，会导致 tail 和 head 越来越大，最后队列中无法再加入数据了，实际上由于删除之后，队列前面部分有些是空的，这就造成了空间的极大浪费。

4. 循环队列

使用数组实现队列的时候可能会造成空间的浪费，那么有没有什么方式可以优化呢？实际上是有的。它就是循环队列，我们只需要把数组看作一个首尾相连的环即可。在循环队列中，当存储空间的最后一个位置已被使用，在往队列添加数据时，只需要找到存储空间的第一个空闲位置，然后将数据添加进去，让它的下一个位置作为队尾，如图 1-17 所示。

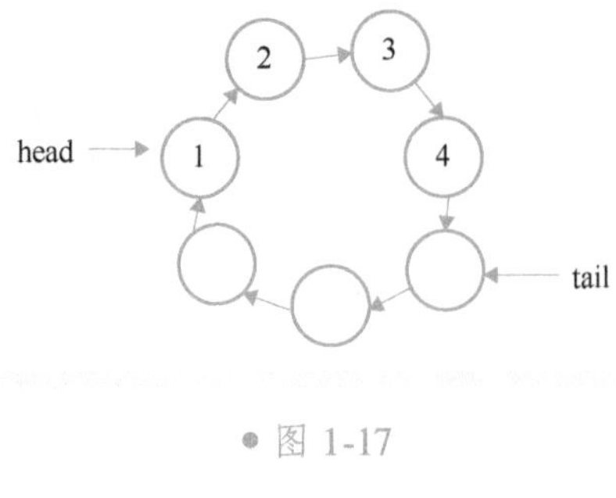

图 1-17

5. 优先队列和双端队列

除了上面介绍的队列以外，大家可能还听说过优先队列、双端队列，其实这两个都不属于队列，虽然它们的名字中含有队列，但它们不具有队列的特性——先进先出。优先队列中的每个元素都有各自的优先级，优先级最高的元素最先得到服务；优先队列一般使用堆来实现，这个会在 1.7 节堆讲到。而双端队列和这里讲的队列类似，只不过双端队列两头都可以进行元素的添加和删除，它是一种同时具有队列和栈的性质的数据结构，如图 1-18 所示。

图 1-18

1.4 栈

栈（stack）是一种先进后出的数据结构，栈的实现比队列更简单，栈只能在栈顶进行操作，要么入栈要么出栈。就像把书一本本地摞起来，最先放的书肯定是摞在下面，最后放的书肯定是摞在上面，摞的时候不允许从中间放进去，拿的时候也是先从最上面开始，不允许从下面或中间抽出来，如图 1-19 所示。栈的操作虽然简单，但使用还是很广泛的，在算法中经常使用单调栈，比如括号匹配问题，还有中序表达式求值等。

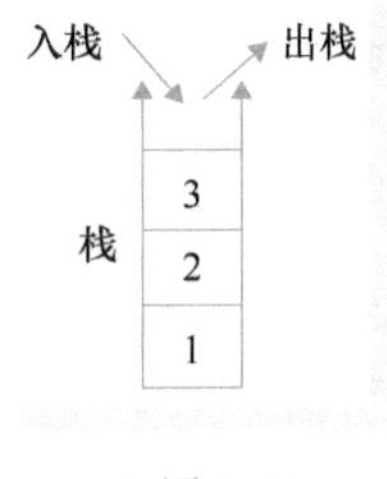

图 1-19

```java
public class Stack1<E> {
    private Object[] data;
    private int size;// 栈中元素的数量。

    public Stack1(int capacity) {
        if (capacity<=0)
            throw new IllegalArgumentException("栈的空间大小必须大于 0");
        data=new Object[capacity];
    }

     // 入栈。
     public void push(E item) {
         // 这里也可以自己扩容。
         if (isFull())
             throw new IllegalArgumentException("栈已经满了");
         data[size++]=item;
     }

     // 出栈。
     public E pop() {
         if (isEmpty())
             throw new IllegalArgumentException("栈是空的");
         E tmp=(E) data[--size];
         data[size]=null;
         return tmp;
     }

     // 获取栈顶元素。
     public E peek() {
         if (isEmpty())
             throw new IllegalArgumentException("栈是空的");
         return (E) data[size-1];
     }

     public boolean isEmpty() {
         return size()==0;
     }

     public boolean isFull() {
         return size()==data.length;
     }

     public int size() {
         return size;
     }
}
```

1.5 散列表

散列表也叫作哈希表，是根据键值对（key，value）进行存储的一种数据结构。它把一对（key，value）通过 key 的哈希值来映射到数组中，也就是说，它通过把关键值映射到表中的一个位置来访问记录，以加快查找的速度。这个映射函数叫作散列函数，存放记录的数组叫作散列表。

举个例子，为了查找某个好友的微信号，可以按照好友首字母顺序查找，在首字母为 W 的表中查找王姓的好友，显然比直接查找要快得多。这里使用人名作为关键字，取首字母是这个例子中散列函数的函数法则，存放首字母的表对应散列表。关键字和函数法则理论上可以任意确定。

1. 冲突处理

由于关键字的函数映射关系，散列表难免会出现哈希冲突，也就是不同的 key 值通过散列函数，可以映射到一个数组中的同一个位置，这就是哈希冲突。哈希冲突不一定是哈希值冲突，也有可能是函数映射的结果出现冲突。比如一个哈希值是 654321，另一个哈希值是 978321，而哈希函数是取它们的后 3 位，所以它们通过哈希函数计算的结果都是 321。

2. HashMap

关于散列表大家最熟悉的可能就是 HashMap 了，HashMap 实际上是数组加链表的一种数据结构，当出现哈希冲突的时候，它会以链表的形式存在，如图 1-20 所示。

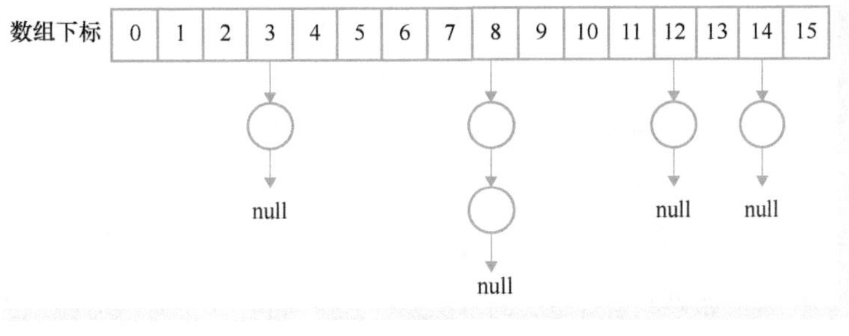

● 图 1-20

HashMap 的哈希映射函数非常简单，就是用数组的长度减 1，然后和哈希值进行与运算，（n-1）&hash，这里 n 是数组的长度，也是 2 的幂次方。这个运算非常巧妙，我们来介绍一下它是怎样把一个数变成不小于它的 2 的幂次方的。比如传入 17 会返回 32，传入 32 也会返回 32，传入 33 会返回 64，它返回的都是 2 的幂次方，并且不能小于传入的值。第一种方式通过 while 循环，这种方式比较简单。

```
public static int tableSizeFor(int initialCapacity) {
    int capacity=1;
    while (capacity<initialCapacity)
```

```
        capacity<<=1;
    return capacity;
}
```

第二种方式相当于把一个数的二进制中最左边的 1 往右铺开，最后加上 1 就变成不小于它的 2 的幂次方，如图 1-21 所示。这里在最开始的时候减 1，是为了防止本来就是 2 的幂次方，通过运算会放大一倍，比如 32，在开始运算的时候如果不减 1，最后就会变成 64。i 必需是正整数。

```
public static int tableSizeFor(int i) {
    i--;
    i |=i>>>1;
    i |=i>>>2;
    i |=i>>>4;
    i |=i>>>8;
    i |=i>>>16;
    return i+1;
}
```

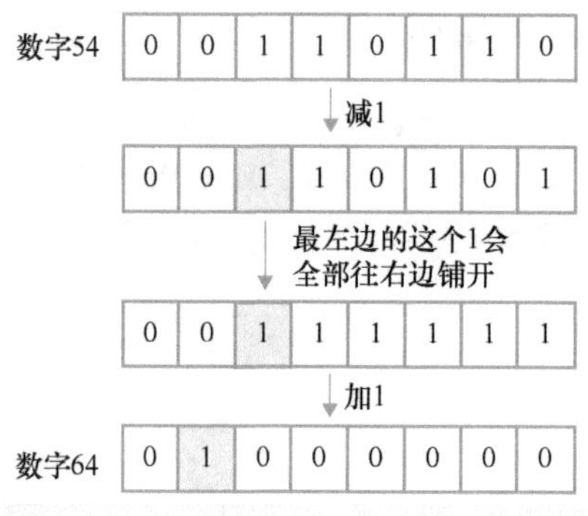

图 1-21

第三种方式，首先判断如果本来就是 2 的幂次方，直接返回，2 的幂次方在二进制中只有一个 1，其他位都是 0。否则也是把最左边的 1 往右边铺开，然后只保留最左边的 1，其他的都减掉，最后往左移一步就行了。

```
public static int tableSizeFor(int i) {
    if ((i&(i-1))==0)
        return i;
    i |=(i>>1);
    i |=(i>>2);
    i |=(i>>4);
    i |=(i>>8);
    i |=(i>>16);
    return (i-(i>>>1))<<1;
}
```

3. ArrayMap

除了 HashMap 以外，还有一个类是 ArrayMap，它是一种纯数组的数据结构，由两个数组构成，一个存放哈希值，另一个存放 key 和 value，其中存放 key 和 value 的数组长度是存放哈希值数组长度的 2 倍，并且存放哈希值的数组是有序的，查找的时候是通过二分法进行查找。当出现哈希冲突的时候，说明哈希值是一样的，它们在哈希数组中是挨着的，查找的时候如果有相同的哈希值，但 key 值不一样，我们还需要往两边进行查找，如图 1-22 所示。

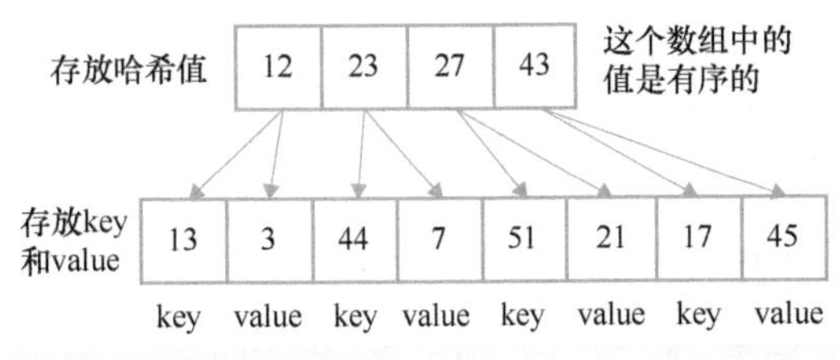

图 1-22

4. SparseArray

还有一个和 ArrayMap 非常相似的数据结构，它就是 SparseArray，SparseArray 也有两个数组，和 ArrayMap 不同的是这两个数组长度都是一样的，一个数组存放的是 key 值，另一个数组存放的是 value 值，大家可能会有疑惑，怎么没有存放哈希值的，其实这里的 key 值可以把它看作是哈希值，因为这里的 key 值必须是 int 类型，并且存放 key 值的数组也是有序的，查找的时候也是通过二分法进行查找，如图 1-23 所示。

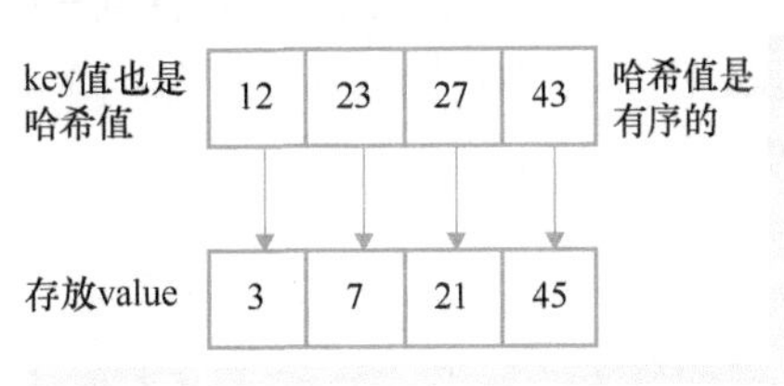

图 1-23

1.6 树

树是一种由有限节点组成的具有层次关系的集合，把它叫作树是因为它看起来像一棵倒挂的树，也就是说它是根朝上，叶朝下。每个节点有零个或多个子节点，没有父节点的节点称为根节点，除了根节点以外，每个节点都有且仅有一个父节点，并且树里面没有环路。空集合也是树，称为空树，空树中没有节点。

1. 树的常见术语

父节点：若一个节点含有子节点，则这个节点称为其子节点的父节点。

子节点：一个节点含有的子树的根节点称为该节点的子节点。

叶子节点：没有子节点的节点称为叶子节点。

兄弟节点：具有相同父节点的节点互称为兄弟节点。

节点的度：一个节点含有的子节点的个数称为该节点的度。

树的度：一棵树中，最大节点的度称为树的度。

节点的层次：根节点的层次为 1，其他节点的层次等于它父节点的层次数加 1。

节点的深度：根节点的深度为 0，其他节点的深度等于它父节点的深度数加 1。

树的深度：距离根节点最远的节点的深度即为树的深度。

节点的高度：所有叶子节点的高度为 0，其他节点的高度等于它所有子节点中的最大高度加 1。

树的高度：从根节点到达一个叶子节点的最长路径长度。

堂兄弟节点：父节点在同一层的节点互为堂兄弟节点。

节点的祖先：从根节点到该节点这条分支上的所有节点。

子孙：以某节点为根的子树中任一节点都称为该节点的子孙。

森林：指若干棵互不相交的树的集合。

树的种类比较多，我们只介绍一些常见的树，这里先简单介绍 3 种，还有一些会在后面详细介绍。

二叉树：每个节点最多含有两个子树的树称为二叉树。

完全二叉树：对于一棵二叉树，除了最下面一层外，其他各层的节点数目均已达最大值，且最后一层的所有节点从左向右连续地紧密排列，这样的二叉树被称为完全二叉树。

满二叉树：所有叶节点都在同一层的完全二叉树称为满二叉树，如图 1-24 所示，中间的二叉树，虽然上面各层的节点数目都已达到最大值，但最后一层的节点不是从左往右紧密排列的，所以它不是完全二叉树。

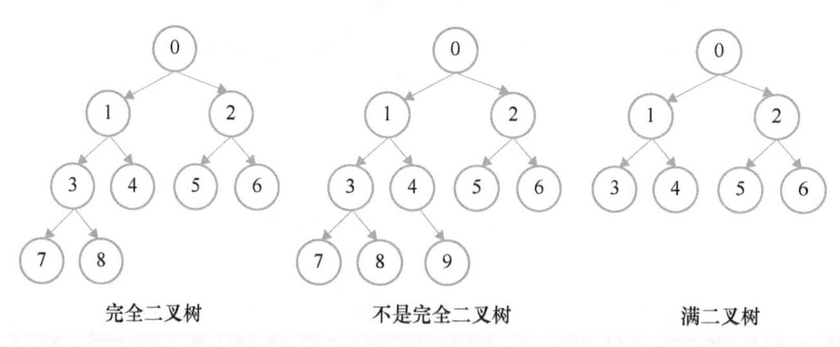

● 图 1-24

2. 完全二叉树的特性

- 第 i 层上的节点数目最多为 2^(i-1)。
- 度为 1 的节点仅有 1 个或 0 个（叶子节点尽可能往左排）。
- 叶子节点的个数=(n+1)/2（n 是二叉树所有节点的数量）。

如果我们让完全二叉树的根节点编号为 0，把其他节点从上到下、从左到右逐个编上号，会有下面的对应关系。

```
父节点的下标=(子节点下标-1)>>1;(根节点不考虑)
左子节点下标=父节点下标 * 2+1;
右子节点下标=父节点下标 * 2+2;
```

3. 满二叉树的特性

- 共有(2^k)-1 个节点（k 是总的层数）。
- 节点个数一定是奇数。
- 第 i 层有 2^(i-1)个节点。
- 有(n+1)/2 个叶子节点（n 是总的节点数量）。
- 叶子节点的度都为 0，非叶子节点的度都是 2，没有度为 1 的节点。

1.6.1 二叉搜索树

二叉搜索树（Binary Search Tree）也叫作二叉查找树，它是具有下列性质的一种二叉树。

- 若左子树不空，则左子树上所有节点的值都小于根节点的值；
- 若右子树不空，则右子树上所有节点的值都大于根节点的值；
- 任意节点的子树也都是二叉搜索树。

二叉搜索树有一个重要的特性就是它的**中序遍历结果一定是有序的**。如图 1-25 所示，二叉搜索树的中序遍历结果是［1,3,4,6,8,9］。

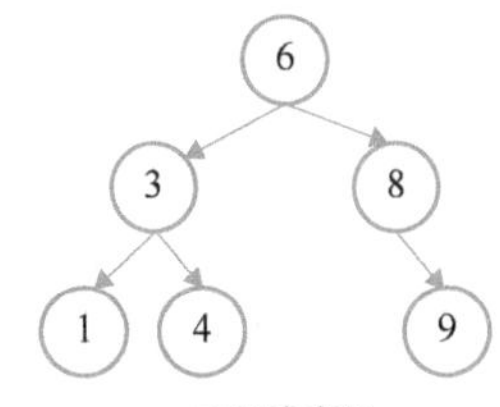

图 1-25

1. 二叉搜索树的查找

二叉搜索树的查找可以通过递归的方式，也可以通过 while 循环的方式，原理都一样，如图 1-26 所示，步骤如下：

- 如果当前节点为空，则搜索失败。
- 如果当前节点的值等于要查找的值，则直接返回。
- 如果要查找的值比当前节点小，就往当前节点的左子树找。如果要查找的值比当前节点值大，就往当前节点的右子树找。

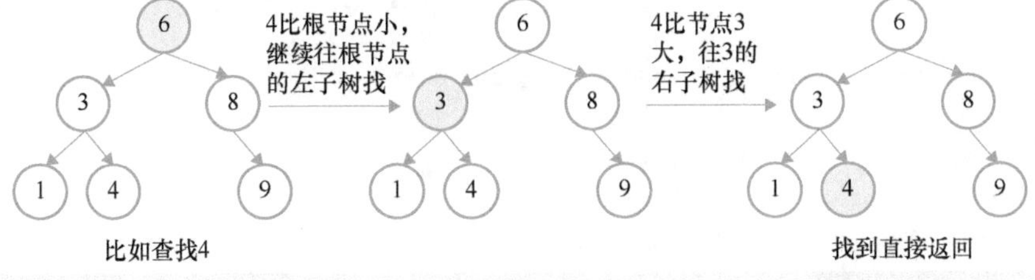

图 1-26

```
private TreeNode searchBST(TreeNode root, int val) {
    if (root==null) { // 查找不成功。
```

```
        return null;
    } else if (val==root.val) { // 查找成功。
        return root;
    } else if (val<root.val) // 往左子树找。
        return searchBST(root.left, val);
    else // 往右子树找。
        return searchBST(root.right, val);
}
```

2. 二叉搜索树的插入

二叉搜索树插入的时候首先要找到它需要插入的位置，然后插入，如图 **1-27** 所示，步骤如下：

- 如果当前节点为空，则直接创建一个新的节点返回。
- 如果要插入的值比当前节点小，就往当前节点的左子树查找插入的位置。
- 如果要插入的值比当前节点大，就往当前节点的右子树查找插入的位置。

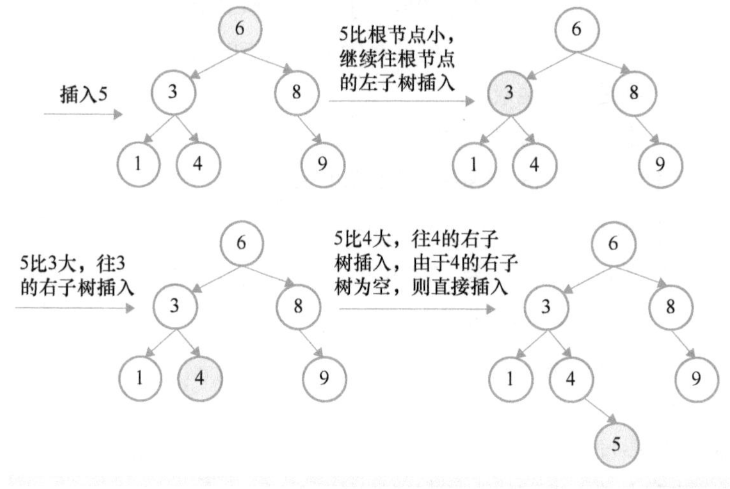

图 1-27

```
private TreeNode insertBST(TreeNode root, int val) {
    if (root==null)
        return new TreeNode(val);
    else if (val<root.val)// 插入左子树。
        root.left=insertBST(root.left, val);
    else // 插入右子树。
        root.right=insertBST(root.right, val);
    return root;
}
```

以上使用的是递归的方式，递归将在第 **5** 章介绍。如果看不明白，还可以使用非递归方式。

```java
private TreeNode insertBST(TreeNode root, int val) {
    TreeNode newNode=new TreeNode(val);// 创建要插入的节点。
    if (root==null)// 如果 root 为空,直接返回。
        return newNode;
    TreeNode cur=root;// 当前节点,始终是变动的。
    while (true) {
        if (val<cur.val) {// 在左子树中查找插入位置。
            if (cur.left==null) {
                cur.left=newNode;// 左子树为空,就插入到左子树中。
                break;// 终止循环。
            } else {
                cur=cur.left;// 左子树不为空,就在左子树中查找。
            }
        } else {// 在右子树中查找插入位置,同上。
            if (cur.right==null) {
                cur.right=newNode;
                break;
            } else {
                cur=cur.right;
            }
        }
    }
    return root;
}
```

3. 二叉搜索树的删除

二叉搜索树的删除相对来说要麻烦一些，如果删除的是叶子节点还好，可以直接删除。如果删除的节点只有一个子节点，可以让这个仅有的子节点替代它。如果删除的节点有两个子节点，我们就需要考虑删除当前节点后，子节点该怎样存放。在讲解二叉搜索树的删除之前，先来了解一下二叉树的前驱节点和后继节点。

前驱节点： 对一棵二叉树进行中序遍历，遍历后的结果中，当前节点的前一个节点为该节点的前驱节点。

后继节点： 对一棵二叉树进行中序遍历，遍历后的结果中，当前节点的后一个节点为该节点的后继节点。

如图 1-28 所示，二叉树中节点 4 的前驱节点是 3，后继节点是 5。假设要删除节点 4，有两种方式。一种方式是让待删除节点的右子节点成为它前驱节点的右子节点，这样待删除的节点就只有一个子节点了，如图 1-29 所示。

还有一种方式是让待删除节点的左子节点成为它后继节点的左子节点，如图 1-30 所示。

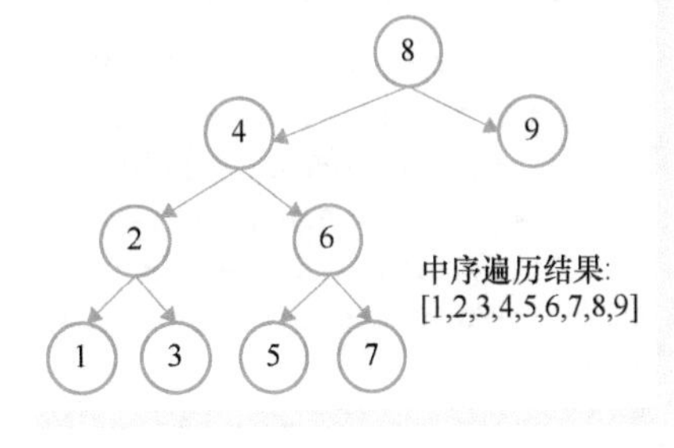

● 图 1-28

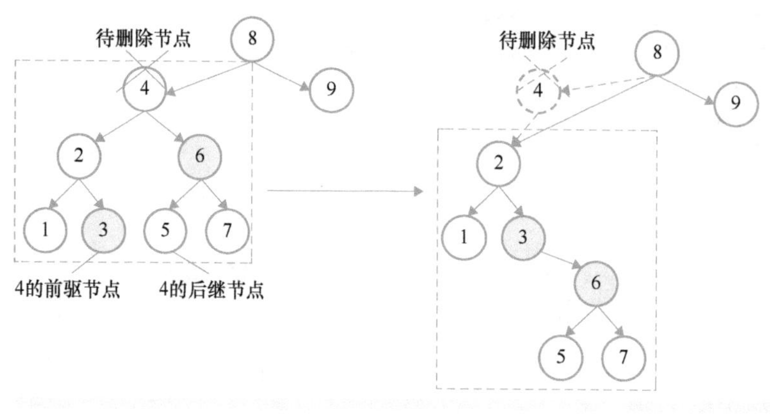

● 图 1-29

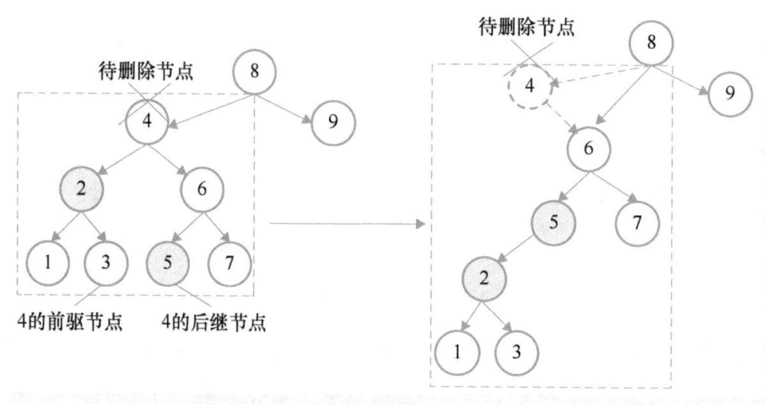

● 图 1-30

这里的关键是怎样查找一个节点的前驱节点和后继节点，有的读者认为通过打印二叉树的中序遍历结果即可找到，但实际上不需要那么麻烦。一个节点的前驱节点是其左子树中的最大节点，那么这个节点就是其左子树往右一直走下去的节点。同理，一个节点的后继节点就是其右子树的最小节点，这个节点就是其右子树往左一直走下去的节点。

```
// 查找节点 treeNode 的前驱节点。
static TreeNode preNode(TreeNode treeNode) {
    TreeNode leftBig=treeNode.left;
    while (leftBig.right!=null)
        leftBig=leftBig.right;
    return leftBig;
}

 // 查找节点 treeNode 的后继节点。
```

```
static TreeNode postNode(TreeNode treeNode) {
    TreeNode rightSmall=treeNode.right;
    while (rightSmall.left!=null)
        rightSmall=rightSmall.left;
    return rightSmall;
}
```

找到要删除节点的前驱节点或者后继节点，就可以将其删除了，删除的步骤如下，假设删除的节点是 p：

- 如果 p 是叶子节点，则直接删除。
- 如果 p 不是叶子节点，并且 p 仅有一个子节点，只需要让 p 的父节点变成 p 的子节点的父节点即可，也可以理解为让 p 的子节点替换 p 的位置。
- 如果 p 有两个子节点，就像上面讲的，有两种方式。一种方式是让 p 的右子节点成为它前驱节点的右子节点。还有一种方式是让 p 的左子节点成为它后继节点的左子节点，两种方式可以随便选一个。

```
public TreeNode deleteNode(TreeNode root, int val) {
    if (root==null)
        return null;
    if (root.val==val) {
        // 这里把 root 是叶子节点和 root 只有一个子节点的情况合并了。
        if (root.left==null)
            return root.right;
        if (root.right==null)
            return root.left;

        // 这里 root 有两个子节点,找到 root 的前驱节点。
        TreeNode leftBig=root.left;
        while (leftBig.right!=null)
            leftBig=leftBig.right;
        // 让 root 的右子节点成为它前驱节点的右子节点。
        leftBig.right=root.right;
        // 直接返回要删除节点的左子树。
        return root.left;
    } else if (val<root.val) {
        // 要删除的节点在左子树上。
        root.left=deleteNode(root.left, val);
        return root;
    } else {
        // 要删除的节点在右子树上。
        root.right=deleteNode(root.right, val);
        return root;
    }
}
```

注意：删除节点一般有两种实现方式，一种就是上面讲的，但这种方式有个缺点，就是会严重破坏树的平衡性。还有一种方式就是移形换位，不把待删除的节点删除，而是用它的前驱或者后继节点的值来替换它，然后把这个前驱或后继节点删除，后面讲 AVL 树和红黑树的时候会用这种方式。

1.6.2 AVL 树

对于有 n 个元素的二叉搜索树，它的平均查找时间复杂度是 O(logn)，但如果创建二叉搜索树的时候插入的是一组升序或者降序的数值，就会导致二叉搜索树始终偏向一方，变成类似链表的形状，查找时间复杂度变成了 O(n)，如图 1-31 所示。

有没有一种方式不让它变成这种形状呢？实际上是有的，这就是本节要讲的 AVL 树（Adelson-Velsky and Landis Tree），AVL 树得名于它的发明者 G. M. Adelson-Velsky 和 Evgenii Landis。在 AVL 树中，任何节点的两个子树高度差小于等于 1，所以它也被称为高度平衡树，增加和删除操作需要通过一次或多次旋转来重新平衡这棵树，我们先来看一下 AVL 树的节点类。

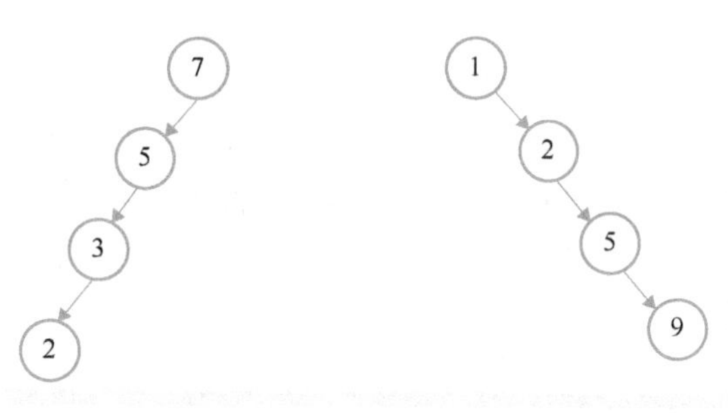

图 1-31

```
public class TreeNode {
    public int val;// 节点数据。
    public TreeNode left;// 左子树。
    public TreeNode right;// 右子树。
    public int height;// 当前节点高度。

    public TreeNode(int val) {
        this.val=val;
    }
}
```

为了方便计算，我们在节点类中添加一个变量 height，它表示当前节点的高度，默认叶子节点高度为 1。如果没有这个变量，每次获取节点高度的时候，都需要重新计算一遍，增加了时间复杂度，而有了这个变量以后，每次使用的时候直接从节点中取即可。

在 AVL 树中，每个节点左子树与右子树的高度差称为节点的平衡因子，任一节点的平衡因子只能是-1、0 和 1，如果一个节点的平衡因子绝对值大于 1，表示这棵二叉搜索树失去了平衡，不再是 AVL 树。

1. AVL 树的插入

AVL 其实就是一棵二叉搜索树，它的查找和前面讲的二叉搜索树的查找是一样的，查找操作就不介绍了，来看一下它的插入操作。AVL 树的插入操作和二叉搜索树的插入操作类似，也是先找到待插入的位置，然后插入，因为 AVL 树是高度平衡的二叉搜索树，所以插入之后还需要进行调整，防止出现偏向一边的情况。

```
public TreeNode root;// AVL 树的根节点。

// AVL 树在插入节点之后,为了保持树的平衡,可能会进行旋转,导致根节点不固定。
public void insert(int val) {
    root=add(root, val);
}

// 插入节点。
private TreeNode add(TreeNode node, int val) {
    if (node==null)
        node=new TreeNode(val);
    if (val<node.val) {// 插入到左子树。
        node.left=add(node.left, val);
    } else if (val>node.val) {// 插入到右子树。
        node.right=add(node.right, val);
    }
    return balanceTree(node);// 插入之后对树进行调整。
}
```

AVL 树插入的时候为了保证树的平衡，会进行旋转，所以根节点不是固定的，每次插入的时候都需要更新根节点，所以插入的核心代码是 add 函数，我们看到它使用的是递归的实现方式，递归在这里非常重要，它最后一行的 balanceTree 函数是对树进行调整，也就是说它是自下往上一直到根节点，只要遇到不平衡的节点都会调整，我们暂时还没讲到递归，如果看不懂也没关系，只需要知道有这个过程就行。AVL 树的节点在插入的时候会有 4 种情况，我们来分别看一下（小括号内数字表示左右子节点的高度差）。

情况一：LL 类型

这种情况直接对不平衡的节点右旋即可，如图 1-32 所示。

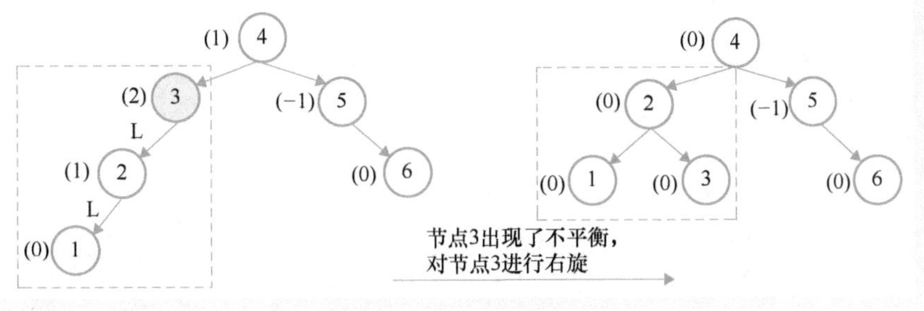

● 图 1-32

情况二：LR 类型

这种情况需要对不平衡节点的左子节点左旋，然后就会变成 LL 类型，接着对不平衡节点右旋，如图 1-33 所示。

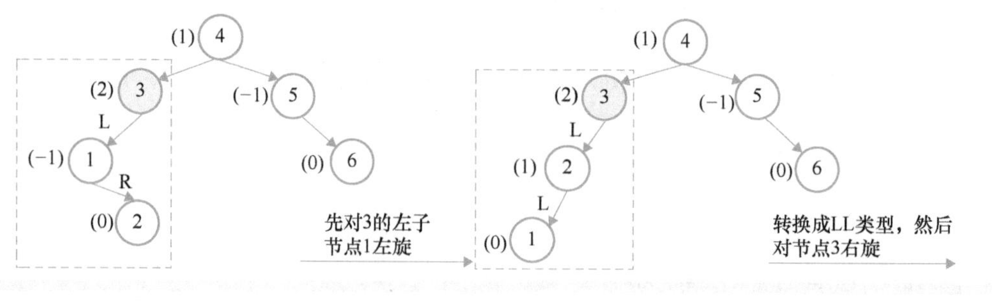

图 1-33

情况三：RR 类型

这种情况直接对不平衡节点左旋，如图 1-34 所示。

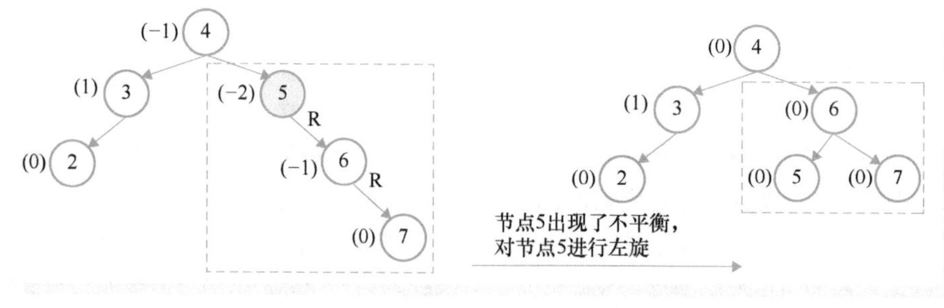

图 1-34

情况四：RL 类型

这种情况需要对不平衡节点的右子节点右旋，然后就会变成 RR 类型，接着对不平衡节点左旋，如图 1-35 所示。

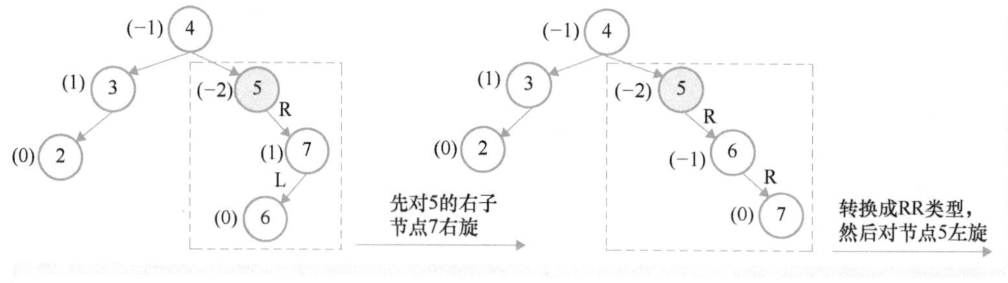

图 1-35

我们来整理一下：

```
左左类型(LL):直接对不平衡节点右旋。
左右类型(LR):先对不平衡节点的左子节点左旋,然后对不平衡节点右旋。
右右类型(RR):直接对不平衡节点左旋。
右左类型(RL):先对不平衡节点的右子节点右旋,然后对不平衡节点左旋。
```

到底是哪种类型，只需要计算每个节点的左右子树高度差即可判断，如果当前节点的左子树高度与右子树高度的差超过 1，基本上可以判定是 L（?）类型，那么？究竟是 L 还是 R，还需要继续判断，判断方式直接看一下代码即可。

```
// 对树进行调整。
private TreeNode balanceTree(TreeNode node) {
    if (node==null)
        return null;
    if (getNodeHeight(node.left)-getNodeHeight(node.right)>1) {// 左侧失衡。
        if (getNodeHeight(node.left.left)>=getNodeHeight(node.left.right)) {
            node=balanceLL(node);// LL 情况。
        } else {
            node=balanceLR(node);// LR 情况。
        }
    } else if (getNodeHeight(node.right)-getNodeHeight(node.left)>1) {
        if (getNodeHeight(node.right.right)>=getNodeHeight(node.right.left)) {
            node=balanceRR(node); // RR 情况。
        } else {
            node=balanceRL(node);// RL 情况。
        }
    }
    // 更新 node 节点的高度。
    node.height=Math.max(getNodeHeight(node.left),
                         getNodeHeight(node.right))+1;
    return node;
}
```

无论是左旋还是右旋，都会导致不平衡节点的高度发生改变，所以旋转之后还需要更新不平衡节点的高度，我们来看一下其他函数的代码。

```
// LL 情况,需要右旋。
private TreeNode balanceLL(TreeNode node) {
    TreeNode left=node.left;
    node.left=left.right;
    left.right=node;
    resetHeight(node);// 重新计算 node 节点的高度。
    resetHeight(left);// 重新计算 left 节点的高度。
    return left;
}

// RR 情况,需要左旋。
private TreeNode balanceRR(TreeNode node) {
```

```
    TreeNode right=node.right;
    node.right=right.left;
    right.left=node;
    resetHeight(node);
    resetHeight(right);
    return right;
}

// LR 情况,需要先左旋,然后右旋。
private TreeNode balanceLR(TreeNode node) {
    node.left=balanceRR(node.left);// 左旋。
    return balanceLL(node);// 右旋。
}

// RL 情况,需要先右旋,然后左旋。
private TreeNode balanceRL(TreeNode node) {
    node.right=balanceLL(node.right);// 右旋。
    return balanceRR(node);// 左旋。
}

// 获取节点高度,为了方便计算,我们让叶子节点高度为 1。
private int getNodeHeight(TreeNode node) {
    return node==null? 0:node.height;
}

// 重新计算 node 节点的高度。
private void resetHeight(TreeNode node) {
    node.height=Math.max(getNodeHeight(node.left),
            getNodeHeight(node.right))+1;
}
```

再来看一下节点的左旋和右旋，先来看一下左旋，如图 1-36 所示，虽然它已经平衡了，但它并不影响我们对树旋转的研究。左旋是逆时针旋转两个节点，使不平衡节点被其右子节点取代，而该节点成为其右子节点的左子节点。左旋会导致不平衡节点以及它的右子节点高度发生变化，所以旋转之后它们的高度需要更新一下。

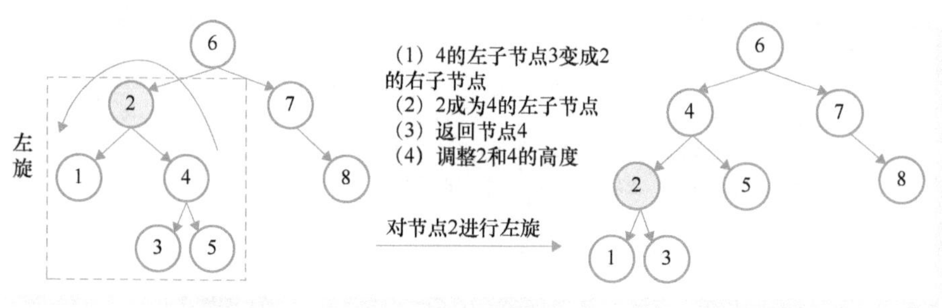

● 图 1-36

再来看一下右旋，如图 1-37 所示。右旋是顺时针旋转两个节点，使不平衡节点被其左子节点取代，而该节点成为其左子节点的右子节点。关于左旋和右旋的代码，大家可以直接通过图来理解，这里就不再逐步分析。

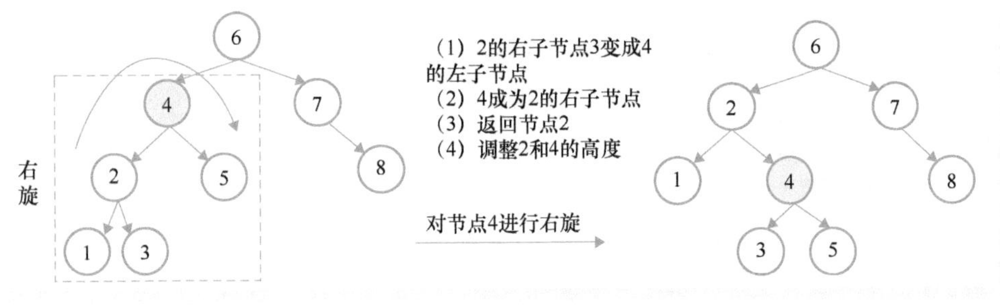

● 图 1-37

2. AVL 树的删除

AVL 树的删除，如果删除的是叶子节点或只有一个子节点的节点，则直接删除，否则使用移形换位法，用它的前驱节点或者后继节点替换它，然后删除它的前驱节点或者后继节点。我们看一下代码，注意删除的时候可能会出现不平衡，所以最后还需要进行调整。

```
// 删除节点。
public void deleteNode(int val) {
    root=deleteNode(root, val);
}

private TreeNode deleteNode(TreeNode root, int val) {
    if (root==null)
       return null;
    if (val < root.val)// 在左子树删除。
        root.left=deleteNode(root.left, val);
    else if (val>root.val)// 在右子树删除。
        root.right=deleteNode(root.right, val);
    else {// root 就是要删除的节点。
        if (root.left==null || root.right==null) {
            // 如果 root 是叶子节点或者只有一个子节点,直接删除。
            root=root.left==null ? root.right: root.left;
        } else {
            // 先查找 root 的后继节点。
            TreeNode tmp=postNode(root);
            // 移形换位,把后继节点的值赋值到 root 节点,删除后继节点。
            root.val=tmp.val;
            // 删除后继节点,tmp.val 就是后继节点的值。
            root.right=deleteNode(root.right, tmp.val);
        }
    }
```

```
    // 删除之后可能会导致树的不平衡,所以需要调整。
    return balanceTree(root);
}

// 查找 root 的后继节点。
private TreeNode postNode(TreeNode root) {
    TreeNode cur=root.right;
    while (cur.left!=null)
        cur=cur.left;
    return cur;
}
```

我们回过头来看一下 balanceTree 这个函数，其中有下面两行代码。

```
if (getNodeHeight(node.left.left)>=getNodeHeight(node.left.right))
    ……
if (getNodeHeight(node.right.right)>=getNodeHeight(node.right.left))
```

旋转的时候其实就是哪边低先往哪边旋转，但如果两边子树高度都一样呢？如图 1-38 所示。

我们看到节点 12 出现了不平衡，而节点 16 的两个子树高度都是一样的，是按照 RR 处理还是按照 RL 处理呢？实际上尝试着旋转一下就知道，按照 RR 处理才能保证平衡。有的读者可能会说这个图是不可能存在的，因为它早已经出现了不平衡。实际上如果添加节点的时候，这个图是不会存在的，但删除的时候就不一定了，比如 9 还有一个节点，但我们把它删除了。

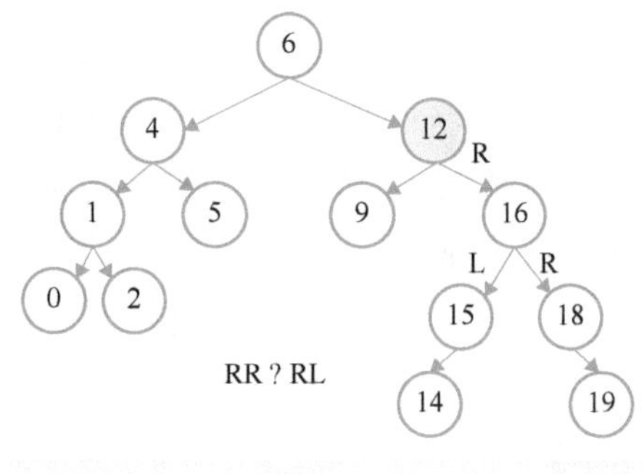

图 1-38

1.6.3 红黑树

AVL 树是高度平衡的二叉搜索树，使用它主要是为了方便查找，以及减少查询次数，但如果添加和删除的次数比较多的时候，使用它显然就不合适了，因为它频繁地旋转，增加了算法的时间复杂度，这个时候就可以使用另外一种树——红黑树，红黑树也会旋转，但不会像 AVL 树那么频繁。红黑树有 5 个重要的性质。

（1）节点是红色或黑色。

（2）根节点是黑色。

（3）所有叶子都是黑色（叶子是 null 节点）。

（4）从根节点到所有的叶子节点的路径上不能有两个连续的红色节点。

（5）从任一节点到其每个叶子的路径都包含相同数目的黑色节点。

其中如果不理解第 3 条，基本上是搞不懂红黑树的，这里的叶子不是二叉树中定义的叶子节点，而是一种空的节点，它告诉我们任一节点如果只有一个子节点，那么该节点也是有两条路径的，这样就限制了另一条路径的长度。其实也在变相告诉我们红黑树中如果一个节点只有一个子节点，那么这个子节点必定是叶子节点，并且是红色的，结合第 4 和第 5 条就明白了。

红黑树中根到叶子的所有路径中，最长路径不会超过最短路径的两倍。可以反证一下，假设超过两倍会怎样？比如最短路径长度是 a，最长路径长度是 2a+1。根据性质 4，路径上不能有两个连续的红色节点，即便最短路径上全部是黑色节点，那么在最长路径上也会有 a+1 个红色节点，因为根节点是黑色的，也就是说在剩下的 a−1 个黑色节点之间插入 a+1 个红色的节点，并且红色节点不能有连续的，无论如何也是做不到的，所以最长路径不可能超过最短路径的两倍。

1. 红黑树的插入

红黑树也是一棵二叉搜索树，它的查找、插入和删除可以参照前面讲的二叉搜索树和 AVL 树，不过在插入和删除之后，有可能打破树的平衡，所以在插入和删除之后，还需要进行调整，先来看一下红黑树插入的调整。

如果插入的是黑色节点，根据红黑树的性质 5，肯定会破坏这一规则，所以这里插入的节点都是红色的。但插入红色节点有可能会破坏性质 4，也有可能不会。如果没有破坏就不需要调整，如果破坏我们再调整。下面来分别讨论插入遇到的几种情况，为了方便描述，把父节点的父节点称为爷爷节点，和父节点有共同父节点的称为叔叔节点。插入之后主要涉及涂色和旋转，这里只讨论插入节点的父节点是它爷爷的左子节点的情况，如果是右子节点就不再介绍，因为原理都一样，只是左旋和右旋的区别。

（1）如果插入的是根节点。

如果插入的是根节点，直接把它涂黑，然后返回即可。

（2）如果插入节点的父节点是黑色。

如果插入节点的父节点是黑色，但插入的节点是红色，没有破坏任何一条性质，不需要做任何调整。

（3）如果插入节点的父节点是红色，叔叔节点也是红色。

因为插入的节点是红色，而父节点也是红色，所以破坏了性质 4，需要把父节点涂成黑色。因为父节点之前是红色的，所以它肯定不是根节点，所以插入的节点肯定有爷爷节点，并且爷爷节点一定是黑色的。把父节点涂成黑色之后，经过父节点的这条路径就多了一个黑色节点，根据性质 5，需要把爷爷节点涂成红色，但这样叔叔节点这条路径上少了一个黑色节点，所以还需要把叔叔节点涂成黑色。如果爷爷节点是根节点，还需要把它涂成黑色（根节点是黑色的），否则爷爷的父节点如果也是红色，就破坏了性质 4，需要继续往上判断，如图 1-39 所示。

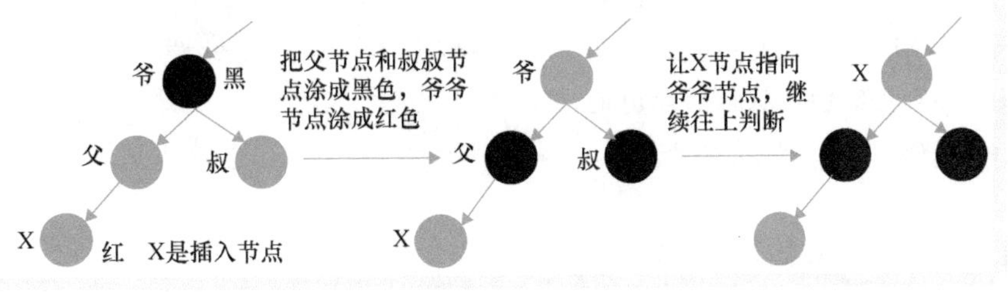

图 1-39

总结： 把父节点和叔叔节点涂成黑色，把爷爷节点涂成红色，继续往上判断爷爷节点。

（4）如果插入节点的父节点是红色，叔叔节点是黑色，当前节点是父节点的左子节点。

这种情况下也是先把父节点涂成黑色，因为父节点变成黑色的之后，经过父节点的这条路径上多了一个黑色节点，所以还需要把爷爷节点涂成红色。那么这里有个疑问，叔叔节点该怎样处理？有的读者可能会说像前面介绍的情况（如果插入节点的父节点是红色，叔叔节点也是红色）那样把叔叔节点也涂成黑色就可以了。其实这样是不行的，主要有两点，第一：如果叔叔节点是空的怎么办，因为根据性质 3，空节点也是黑色的，所以这样就没法涂了。第二：如果叔叔节点不是空的，那么它就是从前面介绍的情况（如果插入节点的父节点是红色，叔叔节点也是红色）转换过来的（涂完之后会继续往上判断），这种情况下其本来就是黑色的，再把它涂成黑色相当于没涂。既然不能改变叔叔节点的颜色，那么叔叔节点这条路径就比父节点这条路径少了一个黑色节点（因为爷爷节点变红了，叔叔节点这条路径就少了一个黑色的），唯一的解决方式就是对爷爷节点进行右旋，让父节点成为这棵子树的根节点，那么这个父节点黑色的个数就可以被它的两棵子树共享了，如图 1-40 所示。

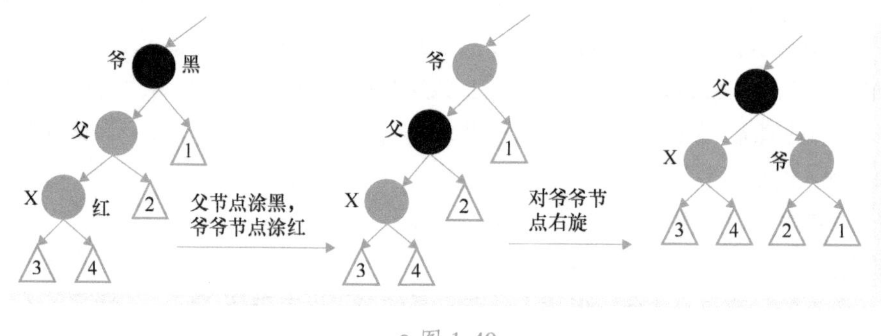

● 图 1-40

总结： 父节点涂黑，爷爷节点涂红，对爷爷节点右旋，因为父节点已经变黑了，就不再继续判断。

（5）如果插入节点的父节点是红色，叔叔节点是黑色，当前节点是父节点的右子节点。

这种情况下和“如果插入节点的父节点是红色，叔叔节点是黑色，当前节点是父节点的左子节点”中讲的类似，如果对爷爷节点右旋，会导致一条路径缺少了一个黑色节点，如图 1-41所示。注意这里大家可能会有疑惑，插入的 X 节点怎么会有子节点？实际上这里的 X 节点有可能是插入的，也有可能是（如果插入节点的父节点是红色，叔叔节点也是红色）往上调整得到的，所以要放在一起看。

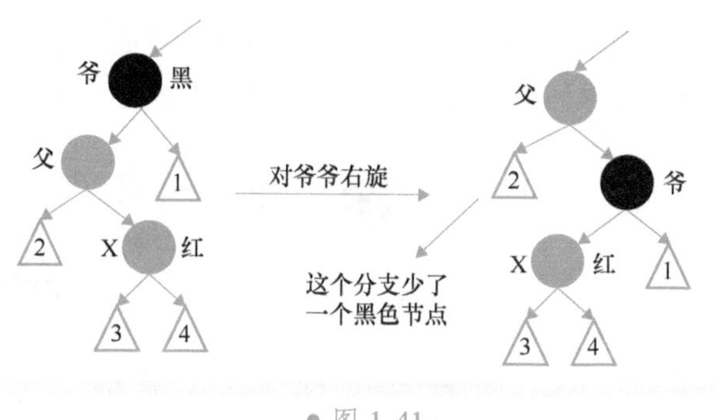

● 图 1-41

很明显直接对爷爷节点旋转是不行的，那么该怎么办呢？其实可以对 X 的父节点进行左旋，就变成“如果插入节点的父节点是红色，叔叔节点是黑色，当前节点是父节点的左子节点”中介绍的那样了，后面按照“如果插入节点的父节点是红色，叔叔节点是黑色，当前节点是父节点的左子节点”中的那样处理即可，如图 1-42 所示。

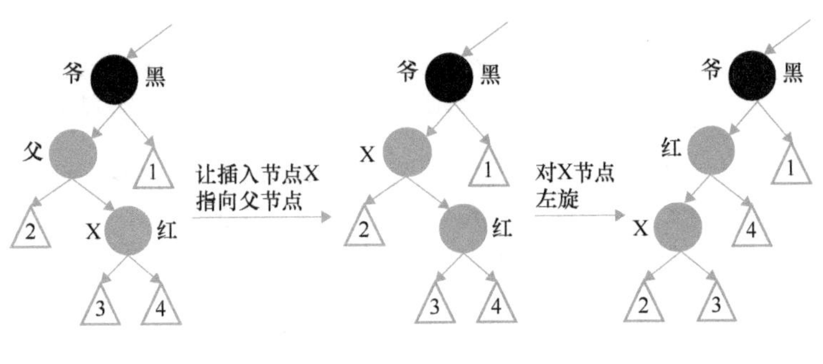

● 图 1-42

总结：让 X 节点指向父节点，对 X 节点左旋，后面参照“如果插入节点的父节点是红色，叔叔节点是黑色，当前节点是父节点的左子节点”。

（6）如果插入节点的父节点是红色，父节点是爷爷节点的右子节点。

这里也分几种情况，和上面类似，只不过是左旋和右旋的区别，这里就不再介绍。最后来看一下代码。

```
// 如果是空节点就返回黑色。
private static <K, V> boolean colorOf(TreeMap.Entry<K, V> p) {
    return (p==null ? BLACK:p.color);
}

// 对插入元素的调整。
private void fixAfterInsertion(TreeMap.Entry<K, V> x) {
     x.color=RED;// 插入节点是红色的。

     // 只有父节点不为空,且是红色才会操作。
     while (x!=null&&x!=root&&x.parent.color==RED) {
         if (parentOf(x)==leftOf(parentOf(parentOf(x)))) {
             // 父节点是爷爷的左子节点。
             // y 是叔叔节点。
             TreeMap.Entry<K, V> y=rightOf(parentOf(parentOf(x)));
             if (colorOf(y)==RED) {// 叔叔节点是红色,参考(如果插入节点的父节点是红色,叔叔节点
                                               // 也是红色)。
                 setColor(parentOf(x), BLACK);// 父节点涂黑。
                 setColor(y, BLACK);// 叔叔节点也涂黑。
                 setColor(parentOf(parentOf(x)), RED);// 爷爷节点涂红。
                 x=parentOf(parentOf(x));// 继续往上判断爷爷节点。
```

```
            } else {
                // 当前节点是父节点的右子节点,参考(如果插入节点的父节点是红色,叔叔节点是黑色,当
                // 前节点是父节点的右子节点)。
                if (x==rightOf(parentOf(x))) {
                    x=parentOf(x);// X 节点指向父节点。
                    rotateLeft(x);// 对父节点左旋,变成(如果插入节点的父节点是
                                  // 红色,叔叔节点是黑色,当前节点是父节点的左子节点)。
                }
                // 参考(如果插入节点的父节点是红色,叔叔节点是黑色,当前节点是父节点的左子节点)。
                setColor(parentOf(x), BLACK);// 父节点涂黑。
                setColor(parentOf(parentOf(x)), RED);// 爷爷节点涂红。
                rotateRight(parentOf(parentOf(x)));// 对爷爷节点右旋。
            }
        } else {
            // 父节点是爷爷的右子节点,和上面类似。
            TreeMap.Entry<K, V> y=leftOf(parentOf(parentOf(x)));
            if (colorOf(y)==RED) {
                setColor(parentOf(x), BLACK);
                setColor(y, BLACK);
                setColor(parentOf(parentOf(x)), RED);
                x=parentOf(parentOf(x));
            } else {
                if (x==leftOf(parentOf(x))) {
                    x=parentOf(x);
                    rotateRight(x);
                }
                setColor(parentOf(x), BLACK);
                setColor(parentOf(parentOf(x)), RED);
                rotateLeft(parentOf(parentOf(x)));
            }
        }
    }
    // 最后把根节点变成黑色。
    root.color=BLACK;
}
```

2. 红黑树的删除

删除操作可以参考 AVL 树的删除，我们也可以看一下，这是红黑树 TreeMap 中的源码。

```
private void deleteEntry(TreeMap.Entry<K, V> p) {
    modCount++;
    size--;
    // 如果 p 有两个子节点,找到它的后继节点,移形换位。
    if (p.left!=null&&p.right!=null) {
        // 查找 p 的后继节点 s。
```

```
            TreeMap.Entry<K, V> s=successor(p);
            // 把 s 的值赋给 p,相当于删除 s。
            p.key=s.key;
            p.value=s.value;
            p=s;// p 用 s 替换。
        } // p has 2 children

        // replacement 是 p 的子节点,p 最多只有一个子节点。
        TreeMap.Entry<K, V> replacement=(p.left!=null? p.left: p.right);
        // 判断 p 是不是叶子节点。
        if (replacement!=null) {
            // p 不是叶子节点,先删除 p 节点。
            replacement.parent=p.parent;
            if (p.parent==null)
                root=replacement;
            else if (p==p.parent.left)
                p.parent.left=replacement;
            else
                p.parent.right=replacement;
            p.left=p.right=p.parent=null;

            // 如果删除的是黑色节点,则 replacement 节点必定是红色的。
            if (p.color==BLACK)
                fixAfterDeletion(replacement);
        } else if (p.parent==null) { // p 是根节点。
            root=null;
        } else { //p 是叶子节点。
            if (p.color==BLACK)// p 是黑色才会调整。
                fixAfterDeletion(p);
            // 删除 p 节点。
            if (p.parent!=null) {
                if (p==p.parent.left)
                    p.parent.left=null;
                else if (p==p.parent.right)
                    p.parent.right=null;
                p.parent=null;
            }
    }
}
```

如果 p 有两个子节点，删除的时候不是直接删除 p 节点，而是用 p 的后继节点来替换 p 节点，然后删除 p 的后继节点。所以删除的节点要么是叶子节点，要么只有一个子节点，不可能有两个子节点。我们看到上面的代码中，如果 p（这里的 p 已经被替换了）是叶子节点，并且是黑色，则先调整 p 节点，然后删除，如果不是叶子节点，则先删除 p 节点，然后调整 replacement，为什么不是调整完之后再删除呢？这是因为删除调整的节点必须是黑色的，如果 p 不是叶子节点，它就只能有一个子节点 replacement，根据红黑树性质，这个子节点必定是红色的，如果先把 p 节点删除，调整 replacement

节点的时候，直接把它变成黑色，不需要做任何其他变色和旋转操作，简单省事。

```
private void fixAfterDeletion(TreeMap.Entry<K, V> x) {
    while (x!=root && colorOf(x)==BLACK) {// 是黑色才会调整。
        if (x==leftOf(parentOf(x))) {
            // ……
        } else { // symmetric
            // ……
        }
    }
    setColor(x, BLACK);
}
```

fixAfterDeletion 函数到底是调整 p 节点还是调整 p 的子节点，我们不需要管，只需要记住在调整的这个节点的路径上少了一个黑色节点即可，大家可以自己看，这里就不逐步分析了。

1.6.4 字典树

字典树又称为 Trie 树、单词查找树、前缀树，也是一种树状结构，它主要利用字符串的公共前缀来减少查询次数，最大限度地减少字符串比较，比如要查找一个字符串是否存在，或者是否存在×××开头的字符串。假设字符串只包含小写字母，那么可以把字典树看作是一棵（每个节点最多有 26 个子节点的）树。字典树中的根节点是不存储数据的，除了根节点以外，每个节点代表一个字符，从根节点到某一节点，将路径上经过的字符连接起来，为该节点对应的字符串。比如有 wang、yi、bo、yibo 等字符串，只需要把它添加到字典树中，然后在每个字符串末尾标记为一个完整的字符串即可，如图 1-43 所示。

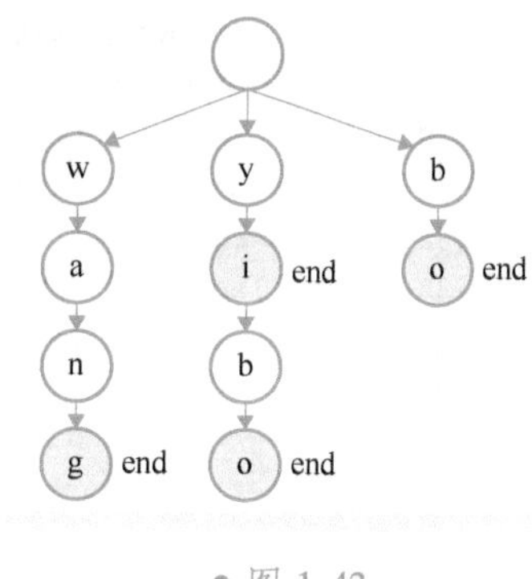

● 图 1-43

比如查找 wan，因为字母 n 在字典树中没有标记，所以 wan 不是一个完整的字符串。在字典树中每个节点只需要两个变量，一个是记录子节点的数组，另一个是标记从根节点到当前节点为止，是否是一个完整的字符串。

```
// 节点类。
class TrieNode {
    boolean isWord;      // 标记是否为完整的字符串。
    TrieNode[] children; // 子节点数组。

    public TrieNode() {
        isWord=false;// 默认不是完整的字符串。
        // 默认每个节点最多有 26 个子节点,还可以使用 map。
        children=new TrieNode[26];
    }
}
```

这里我们规定只查询小写字母，当然如果包含其他字母，可以使用 Map。

```
public Map<Character, TrieNode> children=new HashMap<>();
```

字典树的常见操作包括插入和查询，一般查询是否是一个完整的字符串，或者查询是否有某个字符串的前缀，或者查询字符串的数量，或者查询某个字符串前缀的数量，但也有删除，删除比较少见。这里不讲那么复杂，只讲简单的插入、字符串查询和前缀查询。对于其他的操作，还需要在每个节点添加一个变量，计算当前节点出现的次数即可。对于删除来说，必须先判断要删除的字符串存在，才能执行删除操作。

1. 字典树的插入

先来看一下字典树的插入，它的原理就是沿着一条路径往下插入字符，如果路径上对应的节点存在，就继续往下判断下一个字符，如果不存在，就创建对应的节点，当字符串插入完之后，把它标记为完整的字符串，也就是说，从根节点到我们标记的那个字符连接起来就是一个完整的字符串，如图 1-44所示。

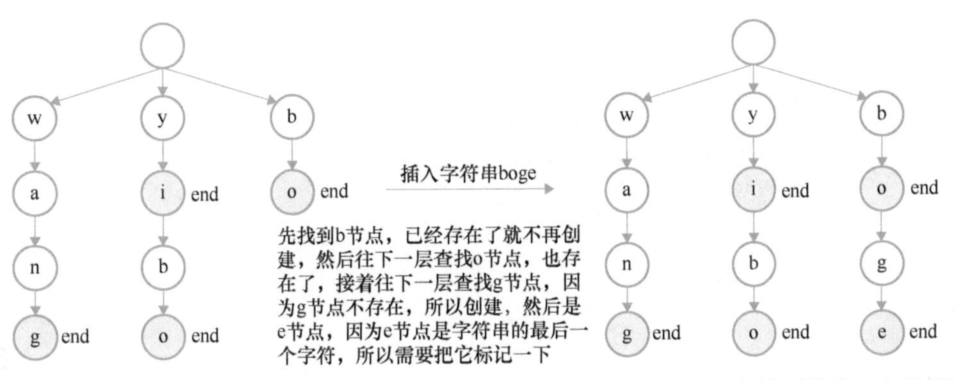

● 图 1-44

```
// 插入字符串。
public void insert(String word) {
    TrieNode parentNode=root;// 根节点。
    for (int i=0; i<word.length(); i++) {// 遍历字符串中的字符。
        int index=word.charAt(i)-'a';
        // 子节点如果不存在就创建。
        if (parentNode.children[index]==null)
            parentNode.children[index]=new TrieNode();
        parentNode=parentNode.children[index];
    }
    // 插入完了,标记为是一个完整的单词。
    parentNode.isWord=true;
}
```

2. 字典树的查询

这里有两种查询，一种是查询前缀是否存在，另一种是查询字符串是否存在，原理比较简单，我们直接看一下代码。

```
// 判断 word 是否是完整的单词。
public boolean search(String word) {
    TrieNode current=find(word);
    return current!=null&&current.isWord;
}

// 前缀 prefix 是否存在。
public boolean startsWith(String prefix) {
    return find(prefix)!=null;
 }

 // 查询字符串 str。
 private TrieNode find(String str) {
     TrieNode parentNode=root;
     for (int i=0; i<str.length(); i++) {
         int index=str.charAt(i)-'a';
         // 只要有一个字符节点不存在,就返回 null。
         parentNode=parentNode.children[index];
         if (parentNode==null)
             return null;
     }
     return parentNode;
 }
```

1.6.5 哈夫曼树

哈夫曼树（Huffman Tree），也叫作霍夫曼树，或者赫夫曼树，又称为最优树，学习哈夫曼树之前，先了解几个概念。

路径：从任一个节点往下到达其他节点之间的通路。

路径长度：路径中线段的个数。

节点的权：节点的值。

节点的带权路径长度：从根节点到该节点之间的路径长度与该节点的权的乘积。

树的带权路径长度：所有叶子节点的带权路径长度之和。

在讲解哈夫曼树之前，来看这样一个问题，我们都知道现在有个词叫作大数据杀熟，也就是说用户在某一个平台消费越多，折扣就越少，消费越少折扣越多，而平台根据消费情况，把用户分成 5 个等级，等级从高到低分别为：贵宾卡>豪卡>金卡>银卡>铜卡。也就是说用户消费越低等级就越高，优惠力度就越大。

每次消费的时候，平台会根据用户以往的消费金额来判断是什么级别的用户，然后给用户什么样的优惠额度，如图 1-45 所示，每次都这样查询。后来平台发现用户的消费金额小于 1000 的只有 1%，如果每次先判断是否小于 1000，很明显大多数情况下是无效的。为了减少判断次数，最有效的查询方式就是用户最多的离根节点越近。假设消费金额在 5000~20000 的有 40%，消费金额在 20000~50000 的有 45%，这两类用户占 85%了，这种情况下可以像图 1-46 中这样查询。

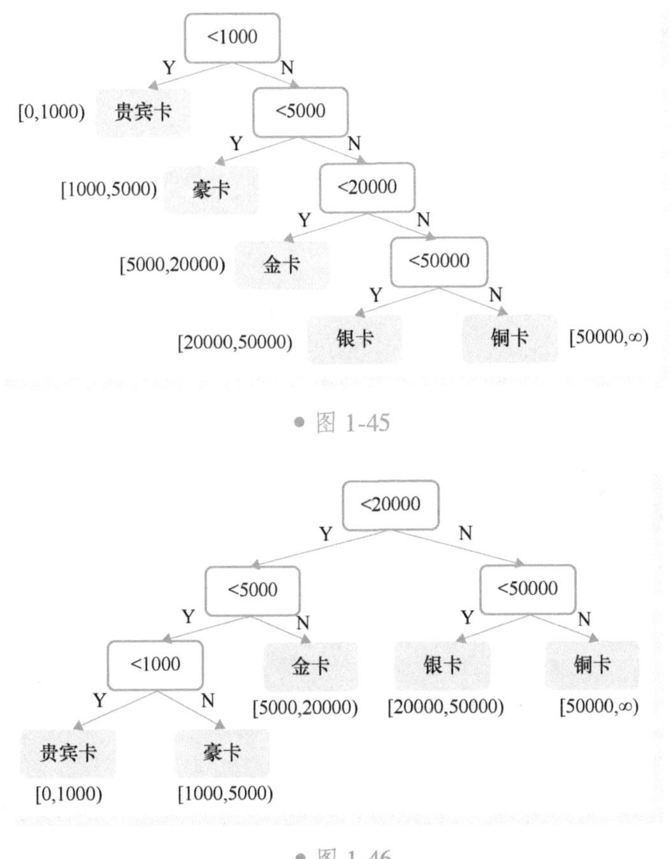

● 图 1-45

● 图 1-46

这里的百分比就相当于叶子节点的权值，假设用它构造一棵二叉树，这棵二叉树可以有多种，其中带权路径长度最小的就是最优树，也就是哈夫曼树。哈夫曼树就是给定 n 个权值作为叶子节点，构造一棵二叉树，使该树的带权路径长度达到最小。树的带权路径长度 WPL（Weighted Path Length of Tree）可以记为 WPL=（W1 * L1+W2 * L2+W3 * L3+…+Wn * Ln），其中 W? 表示节点的权值，L? 表示从根节点到该节点的路径长度。要想让 WPL 最小，权值最大的节点要离根节点最近。如图 1-47 所示，图中展示的是用权值 9，3，2，8 构造的两棵树。

1. 哈夫曼树的构造

哈夫曼树的构造原则是权值越大离根节点越近，权值越小离根节点越远。哈夫曼树的构造使用的是贪心算法，如图 1-48 所示，它的步骤如下：

（1）用给定的 n 个权值创建 n 棵只有一个节点的树，把它们添加到集合 S 中。

（2）每次从集合 S 中取出两棵权值最小的子树，组成一棵新的二叉树，该树的权值为它的两个子树的权值之和，然后把这棵树添加到集合 S 中。

（3）重复步骤（2），直到集合中只有一棵树为止，这棵树就是哈夫曼树。

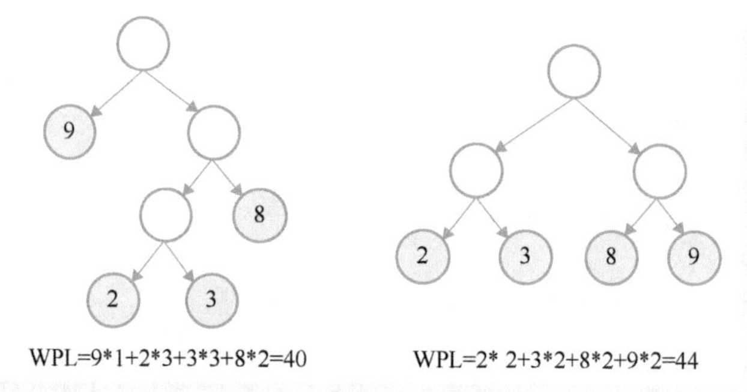

● 图 1-47

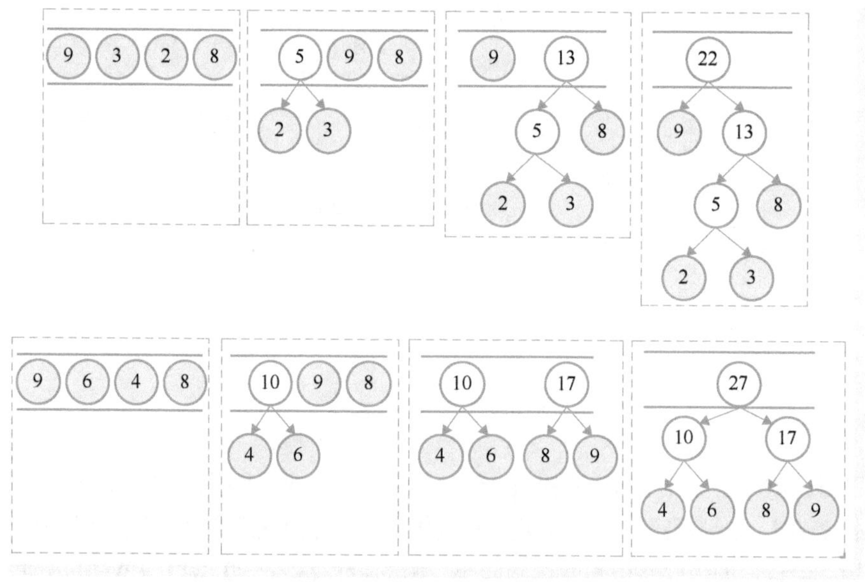

● 图 1-48

因为每次都是选择两棵子树合并成一棵，所以哈夫曼树只有度为 0 和 2 的节点，没有度为 1 的节点，也就是说哈夫曼树中每个节点要么没有子节点，要么有两个子节点，不可能只有一个子节点。一棵有 n 个叶子节点的哈夫曼树总共有 2＊n－1 个节点。每次从集合中取出权值最小的两棵树，可以使用最小堆，来看一下代码。

```
// 哈夫曼树的节点类。
public static class HNode {
    private int value;// 权值。
    private HNode left;// 左子节点。
    private HNode right;// 右子节点。
    private int deep;// 路径长度,也是节点的深度。

    public HNode(int value) {
        this.value=value;
    }

    public HNode(HNode left, HNode right, int value) {
        this.left=left;
        this.right=right;
        this.value=value;
    }
}

private HNode root;// 根节点。

public void createTree(int[] nums) {
    // 优先队列,也是最小堆。
    Queue<HNode> queue=new PriorityQueue<>(Comparator.
                                   comparingInt(o->o.value));
    // 创建节点并全部添加到队列中。
    for (int num: nums)
        queue.offer(new HNode(num));
    while (queue.size()>1) {// 大于 1 就合并。
        HNode left=queue.poll();// 出队。
        HNode right=queue.poll();
        // 两棵子树合并成一棵。
        HNode parent=new HNode(left, right, left.value+right.value);
        // 把合并之后的子树添加到队列中。
        queue.add(parent);
    }
    root=queue.poll();//最后一个出队。
}

// 树的 BFS 遍历,计算树的带权路径长度。
public int getWeight() {
    Queue<HNode> queue=new LinkedList<>();
    queue.add(root);// 把根节点添加到队列中。
    int res=0;// 树的带权路径长度。
    while (!queue.isEmpty()) {
        HNode cur=queue.poll();// 出队。
        // 一个节点要么是叶子节点,要么有两个子节点,不可能只有一个子节点。
        if (cur.left!=null) {
```

```
            // 非叶子节点计算它们的深度,子节点深度比父节点深度大1。
            cur.left.deep=cur.deep+1;
            cur.right.deep=cur.deep+1;
            queue.add(cur.left);// 添加到队列中。
            queue.add(cur.right);
        } else {
            // 累加叶子节点的带权路径长度。
            res+=cur.deep * cur.value;
        }
    }
    return res;
}
```

2. 哈夫曼编码

哈夫曼树的最大用处就是哈夫曼编码，它是一种用于无损数据压缩的权编码算法。比起定长的ASCII编码来说，哈夫曼编码能节省很多空间，尤其是对于重复率比较高的字符数据。比如一个字符串有67个字母，其中有50个字母a，2个字母b，5个字母c，10个字母d。如果使用定长的比特来表示它们，那么每个字母至少需要2个比特，总共需要67 * 2=134个比特。

```
00 表示 a
01 表示 b
10 表示 c
11 表示 d
```

来看一下使用哈夫曼编码需要多少比特。看之前需要构建哈夫曼树，每个字母的个数相当于该字母的权值，如图1-49所示，构建之后规定哈夫曼树中左分支为0，右分支为1，从根节点到每个叶节点路径上由0和1组成的序列，就是该叶子节点对应字符的编码。比如a是根节点的右分支，所以它是1，c从根节点往下是左左右，所以是001，可以这样表示。

```
1 表示 a
000 表示 b
001 表示 c
01 表示 d
```

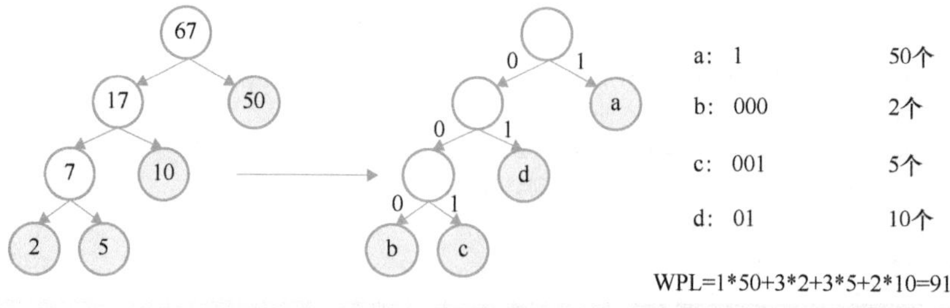

● 图 1-49

通过计算发现它们需要的比特是91，比定长的比特134少，节省了不少空间。值得一提的是，在一个哈夫曼树编码中，不会出现某个编码是另一个编码的前缀。什么意思呢？比如选择001表示a，00表示b，1表示3，当出现001的时候它是表示a还是表示bc？我们没法确定，但哈夫曼编码不会出现这种情况，因为在哈夫曼树中，每个字母对应的节点都是叶子节点，而它们对应的二进制码是由根节点到各自节点的路径所决定的，正因为它们都是叶子节点，所以每个节点的路径不可能是其他节点路径的前缀。来看一下哈夫曼树的节点类。

```
static class HNode {// 哈夫曼树的节点类。
    private Character ch;// 节点对应的字符,只有叶子节点有。
    private int count;// 节点的权值。
    private HNode left=null;// 左子节点。
    private HNode right=null;// 右子节点。

    HNode(Character ch, int freq) {
        this.ch=ch;
        this.count=freq;
    }

    public HNode(HNode left, HNode right, int freq) {
        this.count=freq;
        this.left=left;
        this.right=right;
    }
}
```

来看一下哈夫曼树的创建，和前面讲的类似，只不过这里多了统计字符串频率的步骤。

```
public HNode createTree(String str) {// 创建哈夫曼树。
    // 统计每个字符出现的次数。
    Map<Character, Integer> freq=new HashMap<>();
    for (char ch: str.toCharArray())
        freq.put(ch, freq.getOrDefault(ch, 0)+1);
    // 优先队列,也是最小堆。
    Queue<HNode> queue=new PriorityQueue<>(Comparator.
                                comparingInt(a->a.count));
    // 为每个字母创建一个节点,并添加到队列中。
    for (Map.Entry<Character, Integer> entry: freq.entrySet())
        queue.add(new HNode(entry.getKey(), entry.getValue()));
    while (queue.size()>1) {// 大于1就合并。
        HNode left=queue.poll();// 出队。
        HNode right=queue.poll();
        // 两棵子树合并成一棵。
        HNode parent=new HNode(left, right, left.count+right.count);
        queue.add(parent);// 把合并之后的子树添加到队列中。
    }
    return queue.poll();//最后一个出队。
}
```

接着来看哈夫曼树的编码和解码。

```
// 把叶子节点映射的编码存放到 map 中。
private static Map<Character, String> encodeMap(HNode root) {
    Map<Character, String> map=new HashMap<>();
    traverseTree(root, "", map);
    return map;
}

// 递归哈夫曼树并将叶子节点的编码存储到 map 中。
private static void traverseTree(HNode root, String bitStr,
                                 Map<Character, String> map) {
    if (root==null)
        return;
    if (isLeaf(root)) { // 找到叶子节点,存储到 map 中。
        map.put(root.ch, bitStr.length()>0 ? bitStr: "1");
        return;
    }
    // 分别遍历左右子节点,左分支为 0,右分支为 1。
    traverseTree(root.left, bitStr+"0", map);
    traverseTree(root.right, bitStr+"1", map);
}

// 哈夫曼编码。
private static String encode(String str, Map<Character, String> map) {
    StringBuilder sBuilder=new StringBuilder();
    // 字符串中的字母换成对应的编码。
    for (char ch: str.toCharArray())
        sBuilder.append(map.get(ch));
    return sBuilder.toString();
}

// 哈夫曼解码的第一种方式。
private static String decode(String encodeStr, Map<Character, String> map) {
    StringBuilder decodeStr=new StringBuilder();
    while (encodeStr.length()>0) {
        // 遍历字符对应的编码,从 encodeStr 中截取。
        for (Map.Entry<Character, String> entry: map.entrySet()) {
            String charEncode=entry.getValue();
            if (encodeStr.startsWith(charEncode)) {
                decodeStr.append(entry.getKey());
                // 截取。
                encodeStr=encodeStr.substring(charEncode.length());
                break;
            }
        }
    }
```

```
    return decodeStr.toString();
}

// 哈夫曼解码的第二种方式。
private static String decode(HNode root, String encodeStr) {
    StringBuilder sBuilder=new StringBuilder();
    if (isLeaf(root)) {// 只有一个字母,直接添加。
        while (root.count-->0)
            sBuilder.append(root.ch);
    } else {// 根据编码字符串进行解码。
        int index=0;
        while (index<encodeStr.length()) {
            int[] res=decode(root, index, encodeStr);
            index=res[0];
            sBuilder.append((char) res[1]);
        }
    }
    return sBuilder.toString();
}

// 遍历哈夫曼树并解码。
private static int[] decode(HNode root, int index, String encodeStr) {
    if (isLeaf(root)) // 找到叶子节点。
        return new int[]{index, root.ch};
    root=encodeStr.charAt(index++)=='0'? root.left: root.right;
    return decode(root, index, encodeStr);// 递归。
}

// 判断该节点是否是叶子节点。
public static boolean isLeaf(HNode root) {
    return root.left==null && root.right==null;
}
```

关于哈夫曼树的解码笔者列出了两种方式，大家选择其中的一种即可，我们来测试一下。

```
public static void main(String[] args) {
    String str="aabcddcaaaadcbbb";// 源字符串。
    HuffmanCode mHuffmanCode=new HuffmanCode();
    HNode root=mHuffmanCode.createTree(str);// 创建哈夫曼树。
    Map<Character, String> map=encodeMap(root);
    System.out.println("字母映射关系:"+map);
    System.out.println("解码之前的字符串:"+str);
    String encodeStr=encode(str, map);// 编码。
    System.out.println("编码之后的字符串:"+encodeStr);
    String decodeStr=decode(root, encodeStr);// 解码。
    System.out.println("解码之后的字符串:"+decodeStr);
}
```

看一下运行结果：

```
字母映射关系:{a=0,b=10,c=110,d=111}
解码之前的字符串:aabcddcaaaadcbbb
编码之后的字符串:0010110111111110000011111010101010
解码之后的字符串:aabcddcaaaadcbbb
```

1.6.6 线段树

假设需要频繁求数组的区间和，可能会想到树状数组，或者是前缀和，如果是求区间的最大值或者区间最小值呢？很明显，使用树状数组或者前缀和是无能为力了，但可以使用另外一种数据结构——线段树。

线段树是一棵平衡的二叉搜索树，它将每个长度大于 1 的区间划分为左右两个区间递归求解。如果整个区间的长度为 n，则线段树有 n 个叶子节点，每个叶子节点代表一个单位区间，每个内部节点可以直接获取区间的值（最大值、最小值、区间和等）。线段树是建立在线段的基础上，每个节点都代表了一条线段 [a, b]，在叶子节点中 a==b，对于非叶子节点，它的左子节点区间为 [a,(a+b)/2]，右子节点区间为 [(a+b)/2+1,b]。在前面讲树状数组的时候，提到了树状数组可以进行区间的修改及查询，但树状数组主要用于区间的求和，功能比较单一，而线段树不但能用于区间的求和，还能用于区间求最大值、最小值、最大公约数等。

能用于线段树的两个子节点的结果必须能合并，比如求和以及求最大值等，区间和=左子节点和+右子节点和，区间最大值=max（左子节点的最大值，右子节点的最大值）。如果不能合并，是没法使用线段树的，比如求众数，左子节点的众数和右子节点的众数可能不是一个，没法合并。这里以求"区间和"为例来介绍线段树，求区间的最大值和最小值原理基本一样，这里不再介绍。假设有一个长度为 10 的数组 [1,2,3,4,5,6,7,8,9,10]，通过它来构建线段树，如图 1-50 所示。

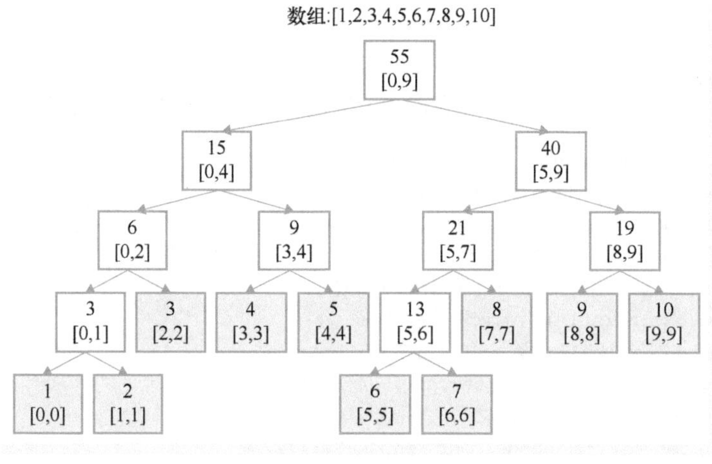

图 1-50

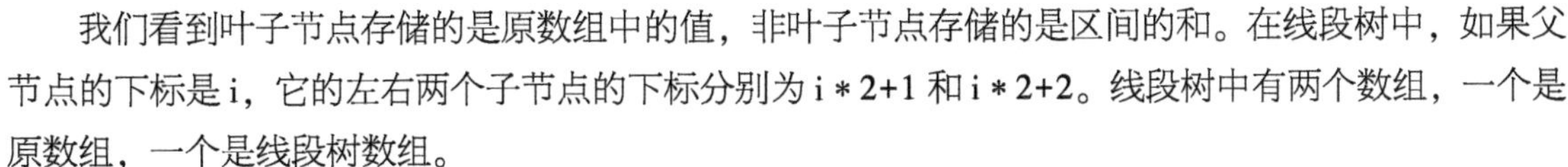
我们看到叶子节点存储的是原数组中的值，非叶子节点存储的是区间的和。在线段树中，如果父节点的下标是 i，它的左右两个子节点的下标分别为 i * 2+1 和 i * 2+2。线段树中有两个数组，一个是原数组，一个是线段树数组。

```
int[] nums;// 原数组。
int[] trees;// 线段树数组,长度是原数组长度的 4 倍。
```

1. 构建线段树

线段树是一棵平衡的二叉搜索树，构建的时候可以使用递归的方式。

```
// 调用方式 build(0,0,nums.length-1);
// 调用之前要先初始化 nums 和 trees 数组。
void build(int root,int left, int right) {
    if(left==right){// 到叶子节点,直接对线段树数组赋值。
        trees[root]=nums[left];
    } else {
        // 递归构建左子树和右子树。
        int mid=(left+right) >>> 1;
        build(root * 2+1, left, mid);
        build(root * 2+2, mid+1, right);
        // 类似于二叉树的后序遍历,子节点计算完之后,再计算当前节点。
        pushUp(root);
    }
}

// 往上推。
void pushUp(int i) {
    // 求区间和,父节点的值等于左右子节点之和。
    trees[i]=trees[i * 2+1]+trees[i * 2+2];
    // 如果是求区间最大值,可以这样写。
    // trees[i]=Math.max(trees[i * 2+1], trees[i * 2+2]);
}
```

2. 单点查询

单点查询是从线段树的根节点开始往下查询，直到叶子节点，最后叶子节点的值就是我们要查找的结果。

```
// 单点查询。
int querySingle(int pos) {
    if (pos<0 ||pos>=nums.length)
        return -1;
    return querySingleHelper(0, 0, nums.length-1, pos);
}

/**
 * @param root 当前节点。
```

```
 * @param start      当前节点的左区间。
 * @param end        当前节点的右区间。
 * @param pos        要查询的值。
 * @return
 */
int querySingleHelper(int root, int start, int end, int pos) {
    if (start==end)// 到叶子节点直接返回。
        return trees[root];
    int mid=(start+end)>>>1;
    if (pos<=mid)// 在左子节点查找。
        return querySingleHelper(root*2+1, start, mid, pos);
    // 在右子节点查找。
    return querySingleHelper(root*2+2, mid+1, end, pos);
}
```

3. 单点修改

单点修改和单点查询类似，它是先找到叶子节点，然后进行修改，修改完之后，父节点的值也会发生变动，所以还需要往上推，更改父节点的值，一直到根节点，如图 1-51 所示。

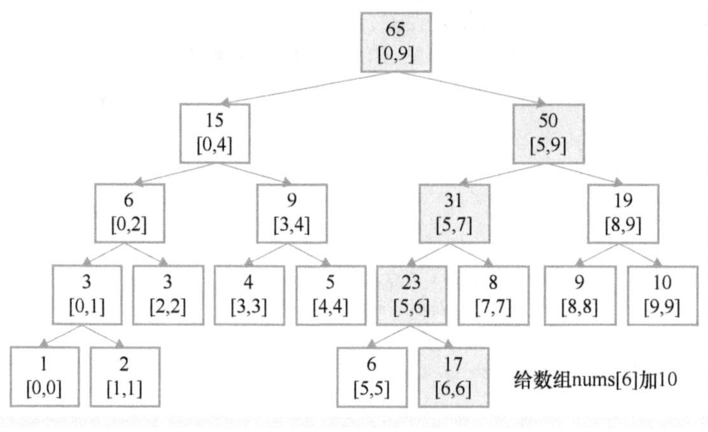

● 图 1-51

我们看到子节点的值改了，父节点的值也要跟着改变。

```
// 单点更新,nums[pos]+=val
void updateSingle(int pos, int val) {
    if (pos<0 ||pos>=nums.length)
        return;
    updateSingleHelper(0, 0, nums.length-1, pos, val);
}

void updateSingleHelper(int root, int start, int end, int pos, int val) {
    if (start==end) {// 已经到叶子节点了,直接更新。
        trees[root]+=val;// 这里是相对值,所以是加,不是直接赋值。
```

```
    } else {
        int mid=(start+end)>>>1;
        if (pos<=mid)// 目标位置在左边。
            updateSingleHelper(root*2+1, start, mid, pos, val);
        else// 目标位置在右边。
            updateSingleHelper(root*2+2, mid+1, end, pos, val);
        pushUp(root);// 往上推,更新父节点的值。
    }
}
```

4. 区间查询

区间查询会有下面 4 种情况。如果查找区间非常大，包含了节点区间，直接返回当前节点值即可。如果查找区间只在左子树，就在左子树查找；如果查找区间只在右子树，就在右子树查找，否则左右两棵子树都要查，如图 **1-52** 所示。

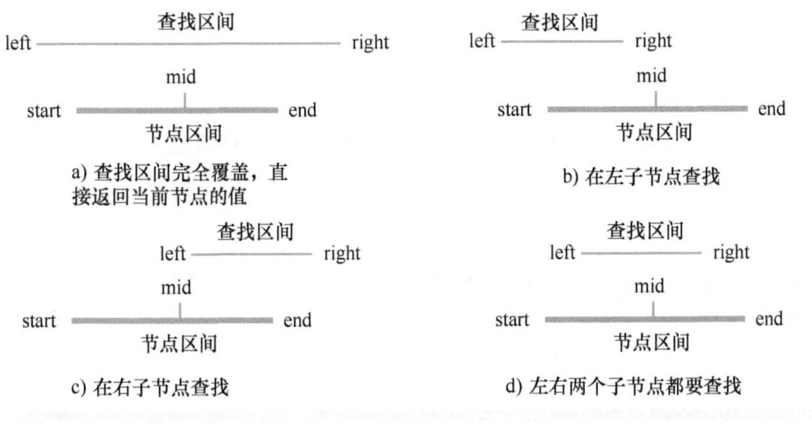

● 图 1-52

假设查找［**2,5**］区间的和，查找步骤如图 **1-53** 所示。

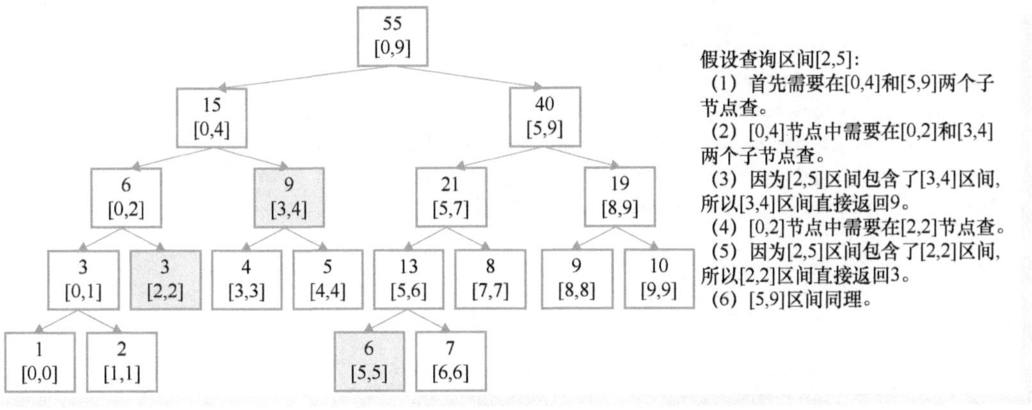

● 图 1-53

```
// 区间查询。
int queryRange(int left, int right) {
    return queryRangeHelper(0, 0, nums.length-1, left, right);
}

int queryRangeHelper(int root, int start, int end, int left, int right) {
    // 当前节点在查找的区间之内,直接返回该节点的值。
    if (left<=start && right>=end)
        return trees[root];
    int mid=(start+end)>>>1;
    int sum=0;
    if (left<=mid)// 在左边查找。
        sum+=queryRangeHelper(root*2+1, start, mid, left, right);
    if (right>mid)// 在右边查找,注意这里没有 else,因为查找区间可能两边都有。
        sum+=queryRangeHelper(root*2+2, mid+1, end, left, right);
    return sum;
}
```

5. 区间修改

区间修改可以参考单点修改，一直往下找到叶子节点，把它的值修改一下，然后还要一直往上修改父节点值。区间修改不同于单点修改的地方在于（区间修改）可能两个子节点都要修改，就像区间查询一样。

```
// 区间修改,把区间[left,right]中所有的数字加上 val。
void updateRange(int left, int right, int val) {
    updateRangeHelper(0, 0, nums.length-1, left, right, val);
}

void updateRangeHelper(int root, int start, int end, int left,
                       int right, int val) {
    if (start==end) {
        trees[root]+=val;// 到叶子节点,值加上 val。
    } else {
        int mid=(start+end) / 2;
        if (left <=mid)// 在左子节点修改。
            updateRangeHelper(root*2+1, start, mid, left, right, val);
        if (right>mid)// 在右子节点修改,和查询一样,也是没有 else。
            updateRangeHelper(root*2+2, mid+1, end, left, right, val);
        pushUp(root);// 往上推,更新父节点的值。
    }
}
```

6. 懒标记

我们看到区间修改的时候，会把每一个叶子节点都进行修改，然后往上更新父节点，但实际上可以不这样做，如果某棵子树的值全部要修改，只需要更改这棵子树的根节点即可，给它加个标记，然后这棵子树的子节点都不需要修改了。就像过年别人给你压岁钱一样，这笔钱不是直接给你，而是先给你的家长，然后你的家长再给你。由于给的人太多（类似于区间的频繁修改），你的家长说这笔钱就不逐一发给你们了，放我这保管，需要的时候再给你们。

假设需要给区间［3,9］中的所有元素加上 10，当我们找到需要更新的节点区间［3,4］和［5,9］的时候，只需要修改它们的值就可以了，然后给它加个懒标记值，它们的子节点就不再修改了，但它们的父节点还是要更新，如图 1-54 所示。

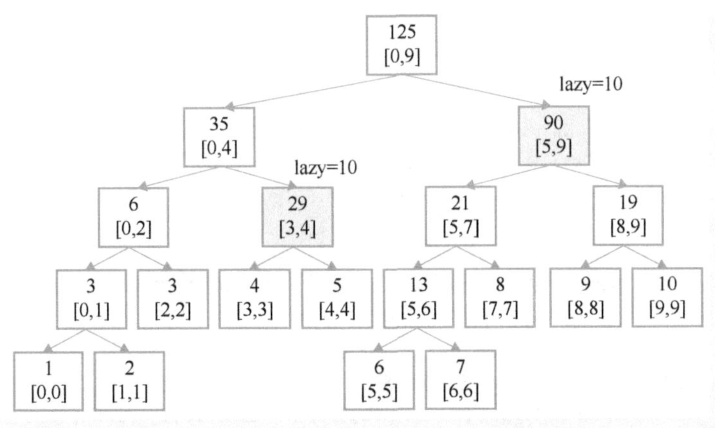

● 图 1-54

假如需要查询区间［3,7］，首先它会在［0,4］和［5,9］两个子节点中查找，节点［0,4］又会在节点［3,4］查找，而［3,7］区间包含［3,4］区间，可以直接返回区间［3,4］的值。而［3,7］区间不全部包含［5,9］区间，所以会到节点［5,9］的子节点去找，因为节点［5,9］有懒标记，所以在到子节点查找之前，懒标记必须下发到子节点，代码中因此多了一个懒标记数组 lazy。

```
int[] nums;// 原数组。
int[] trees;// 线段树数组。
int[] lazy;// 懒标记数组。
```

我们来看一下懒标记下发的代码，这里是区间求和，所以需要对左右子节点的个数进行累加，如果是求最大值就不需要。

```
/**
 * 懒标记下发。
 *
 * @param index  当前节点。
 * @param lCount 当前节点左子节点的个数。
 * @param rCount 当前节点右子节点的个数。
 */
 void pushDown(int index, int lCount, int rCount) {
     if (lazy[index]!=0) {// 懒标记不为 0 开始处理。
         trees[index*2+1]+=lCount*lazy[index];// 更新左子节点的值。
```

```
        trees[index*2+2]+=rCount*lazy[index];// 更新右子节点的值。
        lazy[index*2+1]+=lazy[index];// 左子节点懒标记累加。
        lazy[index*2+2]+=lazy[index];// 右子节点懒标记累加。
        lazy[index]=0;// 清空当前节点的懒标记。
    }
}
```

再来看一下有懒标记的区间更新，当区间被完全覆盖的时候，就不再往下走了，直接在当前节点上改，然后加上懒标记值。

```
void updateRangeHelper(int root, int start, int end, int left, int right,int val) {

    if (left<=start && right>=end) {// 当前节点全部被更新区域覆盖。
        trees[root]+=val*(end-start+1);// val*子节点的个数。
        lazy[root]+=val;// 当前节点要加上懒标记。
    } else {
        int mid=(start+end) / 2;
        // 当前节点没有全部被[left, right]覆盖,说明只更新当前子树的一部分,
        // 需要把懒标记下发到当前节点的两个子节点中。
        pushDown(root, mid-start+1, end-mid);
        if (left<=mid)// 在左子节点修改。
            updateRangeHelper(root*2+1, start, mid, left, right, val);
        if (right>mid)// 在右子节点修改,和查询一样,也是没有 else。
            updateRangeHelper(root*2+2, mid+1, end, left, right, val);
        pushUp(root);// 往上推,更新父节点的值。
    }
}
```

再来看一下有懒标记的区间查询。

```
int queryRangeHelper(int root, int start, int end, int left, int right) {
    // 当前节点在查找的区间之内,直接返回该节点的值。
    if (left<=start && right>=end)
        return trees[root];
    int mid=(start+end)>>>1;
    // 查找区域没有把当前节点的区域覆盖,说明会到子节点中查找,
    // 需要把当前节点的懒标记下发到子节点中。
    pushDown(root, mid-start+1, end-mid);
    int sum=0;
    if (left<=mid)// 在左边查找。
        sum+=queryRangeHelper(root*2+1, start, mid, left, right);
    if (right>mid)// 在右边查找,注意这里没有 else,因为查找区间可能两边都有。
        sum+=queryRangeHelper(root*2+2, mid+1, end, left, right);
    return sum;
}
```

7. 动态开点

线段树虽然是一棵平衡的二叉搜索树，但创建的时候并没有看到它的节点类，因为我们使用的是

纯数组 trees，类似于堆，但又不同于堆，因为堆可以看作是一棵完全二叉树，但线段树不是。这就导致了 trees 的长度是原数组长度的 4 倍，其中有很多空间是没有存储的。有的读者可能会说，既然没有存储，为何还要申请那么大的空间，这里就来讲一下线段树数组 trees 为何要申请 4 倍空间。比如用长度为 n 的数组来创建线段树，那么线段树中肯定有 n 个叶子节点，并且还有 n-1 个祖先节点（n 不等于 1，否则没有祖先节点），对于线段树的最后一行不一定都是完全填满的，最后一行的节点前面必须要有空间填充，极端情况下是 2 * (n-2) 个节点，所以总共需要 4 * n-5 个节点，如图 1-55 所示。

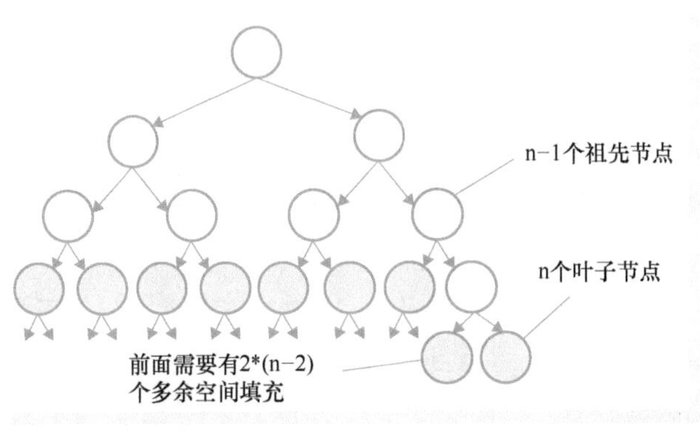

● 图 1-55

既然使用纯数组会造成空间的极大浪费，可以使用另外一种方式，为每个节点创建一个实体类，这样最后一层就不需要填充了。但这样还不够，还可以继续优化，如果某些节点暂时没用到，就不需要创建，只有在需要的时候才会创建，也就是动态创建节点，我们称为动态开点。只有在数据量比较大，但查询比较少的情况下，动态开点才能发挥更大作用，我们先来看一下节点类。

```
static class SegmentNode {
    SegmentNode left;// 左子节点。
    SegmentNode right;// 右子节点。
    int val;// 节点值,这里是区间和。
    int start;// 区间左边界。
    int end;// 区间右边界。
    int lazy;// 懒加载标记。

    public SegmentNode(int start, int end) {
        this.start=start;
        this.end=end;
    }
}
```

代码和前面使用数组的原理一样，这里就不再写了。只不过在下推 pushDown 的时候，如果子节点没有创建，需要先创建子节点，用下面的代码来测试一下。

```
private void test() {
    nums=new int[]{1, 2, 3, 4, 5, 6, 7, 8, 9, 10};
    build();// 构建线段树。
    bfs(root);// 打印线段树。
    System.out.println("查询区间[0,4]的值:"+queryRange(0, 4));
    bfs(root);// 查询之后打印线段树。
}
```

运行结果如下：

```
线段树的节点值:[55,]------>节点个数:1
查询区间[0,4]的值:15
线段树的节点值:[55,15,40,]------>节点个数:3
```

如图 1-56 所示，也就是说创建的时候只会创建根节点，查询的时候会把从根节点到当前节点路径上的节点全部创建出来。大家也可以尝试用非递归的方式写一下线段树。

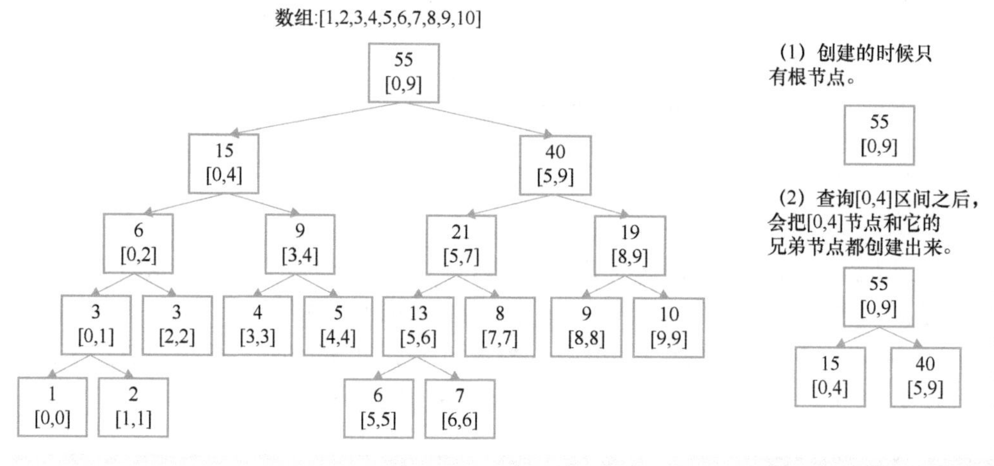

● 图 1-56

1.6.7 笛卡儿树

笛卡儿树不是特别常见的数据结构，如果熟练掌握它，对刷题也是非常有帮助的。比如有这样一道题，给定 n 个非负整数，用来表示柱状图中各个柱子的高度。每个柱子彼此相邻，且宽度为 1。求在该柱状图中，能够勾勒出来的矩形的最大面积，如图 1-57 所示。

```
输入:heights=[2,1,5,6,2,3]
输出: 10
```

此题除了使用单调栈以外，还可以使用笛卡儿树。讲此题之前来看一下什么叫作笛卡儿树。笛卡儿树是一种二叉树，它的每个节点有两个值（x,y），其中一个满足二叉搜索树，一个满足堆。也就是说笛卡儿树同时具有二叉搜索树和堆的两种特性。假设每个节点的两个值分别是元素的下标和元素的值，使用的是最小堆，笛卡儿树的构建如下：

（1）用数组中的第一个元素创建根节点。

（2）遍历数组中剩下的元素，如果当前元素比根节点小，让根节点成为当前节点的左子节点，然后当前节点成为根节点。

（3）如果当前节点比根节点大，就从根节点沿着最右边这条路径往右走，直到找到比当前节点大的节点 node，也可能没找到。如果找到，就让当前节点替换 node 节点的位置，让 node 节点变成当前节点的左子节点。如果没找到，就让当前节点成为最后查找的那个节点的右子节点。

（4）重复上面步骤（2）、（3），直到元素全部遍历完成。

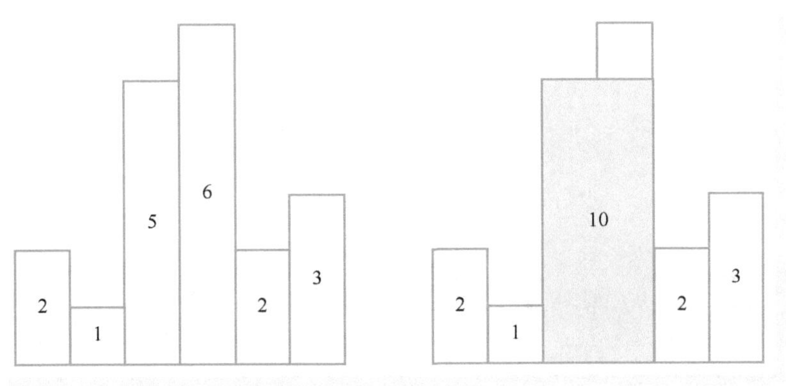

图 1-57

我们来分析一下上面的步骤，首先是第（2）步，如果新节点比根节点小，根据最小堆（元素的值满足最小堆）的性质，那么新节点一定是根节点的父节点。又因为根节点的下标比新节点小，根据二叉搜索树（元素的下标满足二叉搜索树）的性质，根节点只能是新节点的左子树。再来看第（3）步，如果新节点比根节点大，那么新节点只能往右边查找，如果往左边就不满足二叉搜索树的性质了。如果比右子节点还大，就继续往右，所以只要比右子节点大，就会一直往右。如果比右子节点小，根据最小堆的性质，新节点就会成为这个右子节点的父节点，根据二叉搜索树的性质，这个右子节点要成为新节点的左子节点（因为右子节点的下标比新节点小），如图 1-58 所示。

我们看到笛卡儿树的一个重要特性就是求一个元素的左右延伸区间。比如数字 3，在笛卡儿树中节点 3 往左一直延伸的数字是 5，往右一直延伸的数字是 9，也就是说在原数组中从 5 到 9 之间的数字都是大于 3 的（不包含自己）。笛卡儿树还有一个非常重要的特性就是如果求一个区间［a,b］中的最小值，只需要找到 a、b 节点的最近公共祖先节点即可。比如找 6 和 8 之间的最小值，因为它们最近公共祖先节点的值是 3，所以在原数组中 6 和 8 的最小值就是 3。如果想求区间最大值呢？只需要在构建笛卡儿树的时候使用最大堆即可。我们看一下笛卡儿树的节点类。

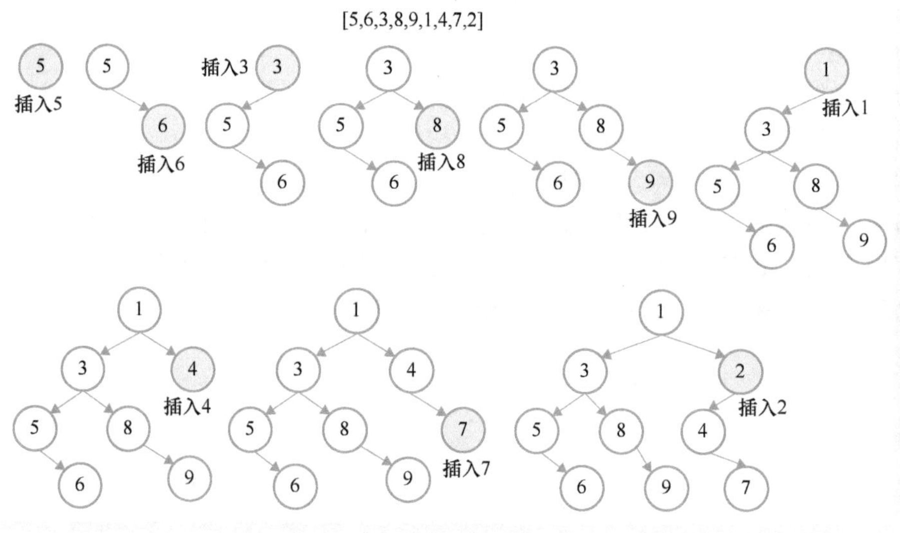

● 图 1-58

```
class TreeNode {
    public int val;// 节点的值。
    public TreeNode left;
    public TreeNode right;
    public int index;// 节点的下标。

    public TreeNode(int x, int i) {
        val=x;
        index=i;
    }
}
```

再来看一下笛卡儿树的构建，构建的时候我们需要使用一个单调栈（从栈顶到栈底是递减的，栈底存储的是根节点）来存储最右边这条路径的节点，这条路径从上到下是递增的，每次查找的时候从下往上进行查找，也就是从栈顶元素开始比较，比新节点大的都要出栈，最后要记得把新节点入栈。

```
private TreeNode create(int nums[]) {
    // 单调栈,从栈顶到栈底是递减的。
    Stack<TreeNode> stack=new Stack<>();
    // 创建根节点,这个根节点不是固定的,有可能会变。
    TreeNode root=new TreeNode(nums[0], 0);
    stack.push(root);// 根节点入栈。
    for(int i=1; i<nums.length; i++){
        TreeNode newNode=new TreeNode(nums[i], i);// 创建新节点。
        if(newNode.val<root.val){
            // 新节点比根节点小,让根节点成为新节点的左子节点,让新节点成为根节点。
            newNode.left=root;
```

```
            root=newNode;
            // 根节点改变了,要把栈清空,最后新节点再入栈。
            stack.clear();
        }else{
            // 插入位置原来的节点要成为新节点的左子节点。
            TreeNode leftSon=null;
            // 比新节点大的都要出栈。
            while(stack.peek().val>newNode.val)
                leftSon=stack.pop();
            newNode.left=leftSon;
            stack.peek().right=newNode;// 新节点插入的位置。
        }
        stack.push(newNode);// 最后新节点入栈。
    }
    return root;
}
```

我们再来看一下开始讲的那道题，把它转换为笛卡儿树，前面说过笛卡儿树的一个重要特性就是求一个元素的左右延伸区间，我们只要计算每一个节点的左右延伸长度，然后计算它的面积即可，左右延伸的长度就是矩形的宽，当前节点的值就是矩形的高。怎样求左右延伸的长度呢？其实仔细观察就会发现，这个长度就是以当前节点为子树的节点个数。通过后序遍历的方式从下往上遍历每一个节点，就可以计算每一棵子树中节点的个数，最后看一下代码。

```
int res=0;// 全局的,记录面积的最大值。

public int largestRectangleArea(int[] heights){
    TreeNode root=create(heights);// 创建笛卡儿树。
    post(root);// 后序遍历。
    return res;// 返回最大面积值。
}

// 后序遍历,统计子节点的个数。
private int post(TreeNode root) {
    if (root==null)
        return 0;
    int count=1;// 当前节点的个数。
    count+=post(root.left);// 累加左子节点个数。
    count+=post(root.right);// 累加右子节点个数。
    res=Math.max(res, count * root.val);// 计算保存最大值。
    return count;// 返回节点个数。
}
```

1.6.8 其他树

关于树的种类非常多，除了书中介绍的以外，还有很多，比如 B 树、2-3 树、四叉树、八叉树，散列树、伸展树、Treap 树等。剩下的就不在书中逐一介绍了，如果大家有兴趣，可以自己研究。

1.7 堆

前面讲优先队列的时候提到过堆，因为优先队列可以通过堆来实现，也可以把堆看作是一棵完全二叉树。堆一般分为两种，一种是最大堆（有的也叫作大根堆、大顶堆），另一种是最小堆。最大堆根节点的值是堆中最大的，最小堆根节点的值是堆中最小的。两者原理差不多，这里只介绍其中一种，我们就拿最小堆来讲解。因为堆是一棵完全二叉树，所以如果知道子节点的下标，那么一定知道父节点的下标；如果知道父节点的下标，也一定知道子节点的下标（假设有子节点），如图 1-59 所示。

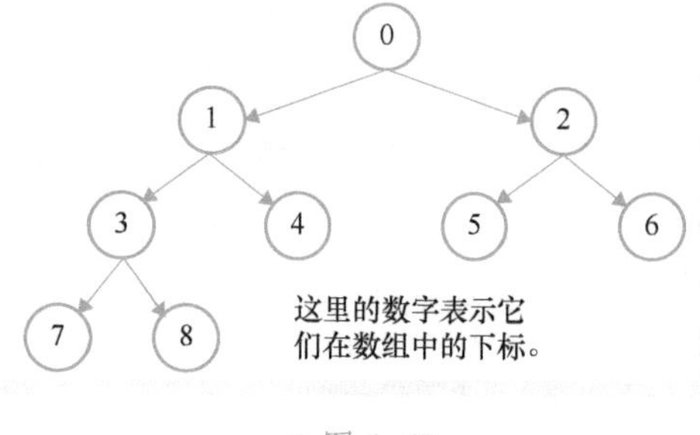

图 1-59

它们的关系如下：

```
父节点的下标=(子节点下标-1)>>1;
左子节点下标=父节点下标*2+1;
右子节点下标=父节点下标*2+2;
```

1. 在堆中添加元素

堆的常见操作有两种，一种是往堆中添加元素，另一种是删除堆顶元素。往堆中添加元素实际上相当于在完全二叉树中添加一个叶子节点，添加完之后还需要往上调整，就是和父节点比较谁的值小（这里介绍的是最小堆），如果比父节点小，就和父节点交换，交换完之后，还要继续往上比较，如果比父节点值大，就不再交换，如图 1-60 所示。

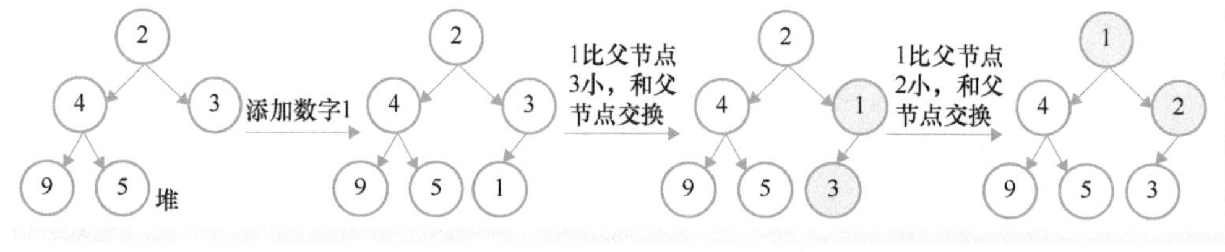

图 1-60

这样通过不断和父节点比较，如果添加的元素是堆中最小的，它就会跑到根节点，也就是最小堆的根节点是堆中所有元素中最小的。如果添加元素不比父节点小，就不需要交换。

2. 在堆中删除元素

堆中元素的添加只需要和父节点比较即可，因为一个节点最多只能有一个父节点（根节点没有父节点）。但堆的删除就有点麻烦了，因为如果直接删除，就会把一棵二叉树变成两棵二叉树。实际上堆的删除并不是直接删除，而是让最后一个叶子节点（二叉树最下面一行最右边的节点）替换根节点，然后根节点往下调整，如图1-61所示，往下调整的步骤如下：

（1）如果根节点比它的两个子节点都小，就不需要往下调整。

（2）如果其中的一个子节点比根节点小，那么根节点就和那个比它小的子节点交换，交换完之后继续往下比较。

（3）如果根节点比它的两个子节点都大，那么根节点就和那个最小的子节点交换，交换完之后继续往下比较。

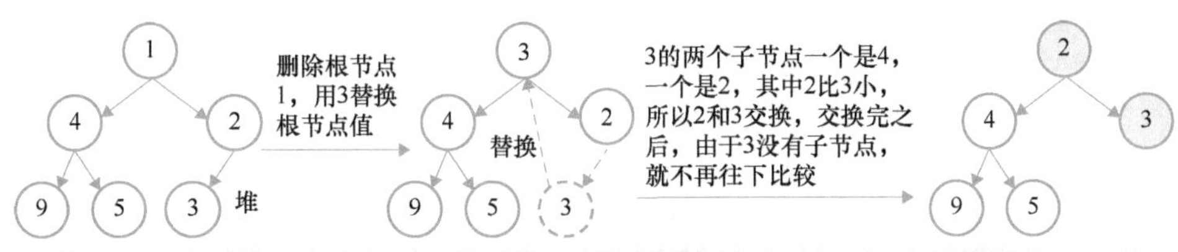

图 1-61

所以堆的添加会涉及往上调整，而堆的删除会涉及往下调整，这里的删除只是删除堆顶元素，如果不是堆顶元素，两个方向都要考虑，我们来看一下代码。

```
public class MyHeap<E> {
    private Object[] data;// 数据存放区。
    private int size;// 堆的大小。
    private Comparator<? super E> comparator;// 比较器。

    public MyHeap(int initialCapacity) {
        this(initialCapacity, null);
    }

    public MyHeap(int initialCapacity, Comparator<? super E> comparator) {
        if (initialCapacity<1)
            throw new IllegalArgumentException("堆的大小必须大于 0");
        this.data=new Object[initialCapacity];
        this.comparator=comparator;
    }

    // 向堆中添加元素。
    public boolean add(E e) {
        if (e==null)// 不能为空。
            throw new NullPointerException();
        if (size>=data.length)// 如果堆的空间不够了就扩容,这里是扩大 2 倍。
            data=Arrays.copyOf(data, data.length<<1);
        if (size==0)// 如果堆是空的,直接添加就可以了,不需要调整。
            data[0]=e;
        else// 如果堆不是空的,就要往上调整。
            siftUp(e);
```

```
        size++;// 添加完之后 size 要加 1。
        return true;
    }

    public int getSize() {
        return size;
    }

    // 删除堆顶元素。
    public E remove() {
        if (size==0)
            return null;
        size--;
        E result=(E) data[0];// 获取堆顶的元素。
        E x=(E) data[size];// 取出数组的最后一个元素。
        data[size]=null;// 然后把最后一个元素的位置置空。
        // 这里实际上是把数组的最后一个元素取出放到堆顶,然后往下调整。
        if (size!=0)
            siftDown(x);
        return result;
    }

    // 获取堆顶元素,不删除。
    public E peek() {
        return (size==0)? null: (E) data[0];
    }

    // 往上调整只需要和父节点比较即可,如果比父节点大,就不需要再调整。
    private void siftUp(E e) {
        int s=size;
        while (s>0) {
            int parent=(s-1)>>>1;// 父节点的位置。
            Object pData=data[parent];
            // 和父节点比较,如果比父节点大,就退出循环不再调整。
            if (comparator!=null) {
                if (comparator.compare(e, (E) pData)>=0)
                    break;
            } else {
                if (((Comparable<? super E>)e).compareTo((E) pData)>=0)
                    break;
            }
            // 如果比父节点小,就和父节点交换,然后继续往上调整。
            data[s]=pData;
            s=parent;
        }
        // 通过调整,找到合适的位置,再把 e 放进去。
        data[s]=e;
```

```
    }

    // 往下调整需要和它的两个子节点(如果有两个子节点)都进行比较,
    // 哪个最小就和哪个交换,如果比两个子节点都小,就不用再交换。
    private void siftDown(E e) {
        int half=size>>>1;
        int index=0;// 从根节点开始往下调整。
        while (index<half) {
            int min=(index<<1)+1;// 左子节点的位置。
            Object minChild=data[min];
            int right=min+1;// 右子节点的位置。
            if (right<size) {
                // 如果有右子节点,肯定会有左子节点。左右两个子节点比较取最小值。
                if (comparator!=null) {
                    if (comparator.compare((E) minChild,
                                           (E) data[right])>0)
                        minChild=data[min=right];
                } else {
                    if (((Comparable<? super E>) minChild).
                            compareTo((E) data[right])>0) {
                        minChild=data[min=right];
                    }
                }
            }
            // 节点 e 和它最小的子节点比较,如果小于它最小的子节点就退出循环,
            // 不再往下调整了,
            if (comparator!=null) {
                if (comparator.compare(e, (E) minChild)<=0)
                    break;
            } else {
                if (((Comparable<? super E>) e).compareTo((E) minChild)<=0)
                    break;
            }
            // 如果 e 比它最小的子节点小,就用最小的子节点和 e 交换位置,然后继续往下调整。
            data[index]=minChild;
            index=min;
        }
        data[index]=e;
    }
}
```

1.8 图

图（Graph）是一种非线性的数据结构，图在实际生活中有很多例子，比如交通运输网、地铁网络，朋友关系等都可以抽象成图结构。图 G 是由 V(G)和 E(G)两个集合组成的，记为 G=(V,E)，

其中 V(G)是顶点（vertexes）的非空有限集，E(G)是边（edges）的有限集合。

图的基本术语

顶点：图中的每个节点就是顶点。

边：图中两个顶点之间的线就叫作边。

路径：路径就是从某个顶点到另一个顶点所要经过的顶点序列。

路径长度：一条路径上经过的边的数量。

回路：一条路径的起点和终点为同一个顶点。

度：在无向图中，点的度是指与该点相连的边的数量。在有向图中，分为出度和入度，指向该点的边数称为入度；反之，则称为出度。有向图某点度的大小等于该点出度和入度之和。

1.8.1 图的分类

图的种类比较多，比如无向图、有向图、完全图、加权图等，下面我们来看一下。

1. 无向图

如果一个图结构中，所有的边都没有方向，那么这种图称为无向图，无向图类似于情侣关系，比如在情侣中 A 喜欢 B，那么 B 也喜欢 A。由于无向图中的边没有方向，所以在表示边的时候对两个顶点的顺序没有要求，用小括号（?,?）表示边。如图 1-62 所示，顶点 V2 和顶点 V4 之间的边，可以表示为（V2,V4），也可以表示为（V4,V2）。

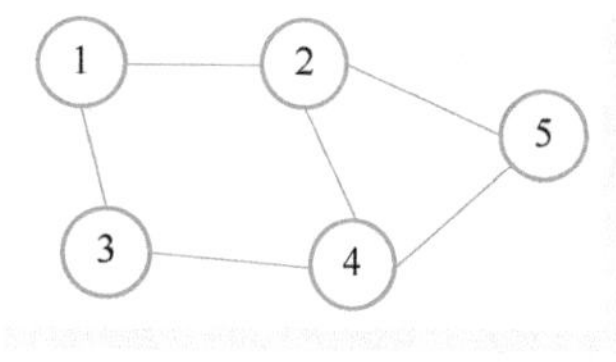

图 1-62

对应的顶点集合与边集合如下：

```
V(G)={V1,V2,V3,V4,V5}
E(G)={(V1,V2),(V1,V3),(V2,V4),(V2,V5),(V3,V4),(V4,V5)}
```

2. 有向图

如果一个图结构中，所有的边都有方向，那么这种图称为有向图。有向图类似于“单相思”，比如 A 喜欢 B，但 B 不一定喜欢 A。在有向图中，与一个顶点相关联的边有出边和入边之分。由于有向图的边是有方向的，所以在表示边的时候，对两个顶点的顺序就有要求。用尖括号<?,?>表示边，如图 1-63 所示，<V1,V3>表示从顶点 V1 到顶点 V3，而<V3,V1>表示从顶点 V3 到顶点 V1。

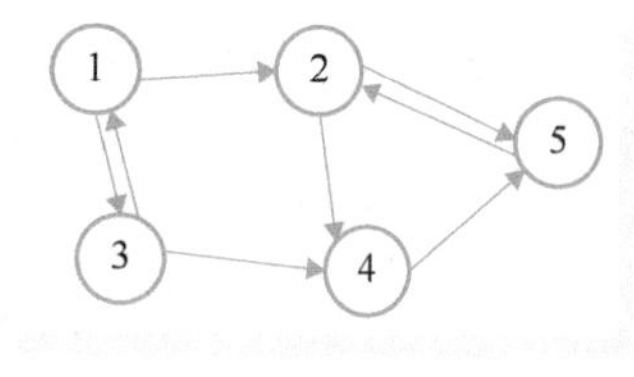

图 1-63

对应的顶点集合与边集合如下：

```
V(G)={V1,V2,V3,V4,V5}
E(G)={<V1,V2>,<V1,V3>,<V2,V4>,<V2,V5>,<V3,V1>,<V3,V4>,<V4,V5>,<V5, V2>}
```

3. 完全图

在完全图中任意一对顶点之间都有边相连。根据边是否有方向，完全图又可以分为无向完全图与有向完全图，在无向图中如果任意两个顶点之间都存在边，则称该图为无向完全图，同理在有向图中如果任意两个顶点之间都存在方向相反的两条边，则称该图为有向完全图，如图 1-64 所示。有向完全图有 n∗(n-1) 条边，无向完全图有 n∗(n-1)/2 条边。

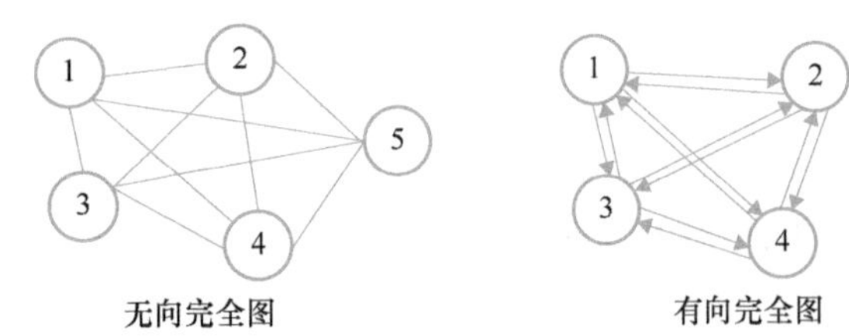

● 图 1-64

4. 混合图

在一个图中，边既包括有方向，也包括无方向的图称为混合图。

5. 稀疏图

边很少的图称为稀疏图。

6. 稠密图

边相对比较多的图称为稠密图。

7. 子图

对于两个图 G=(V,E)和 G′=(V′,E′)，如果 V′是 V 的子集并且 E′也是 E 的子集，我们称 G′是 G 的子图，如图 1-65 所示。

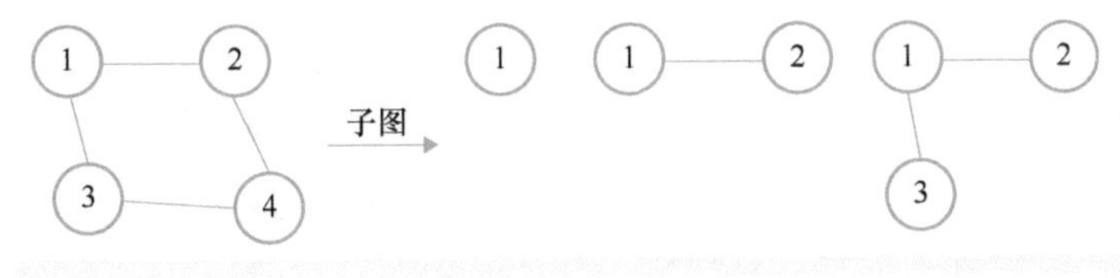

● 图 1-65

8. 简单图

在图中如果任意两顶点之间最多只有一条边（在有向图中为两顶点之间每个方向最多只有一条边），边集中不存在环，这样的图称为简单图。如图 1-66 所示，都不属于简单图。

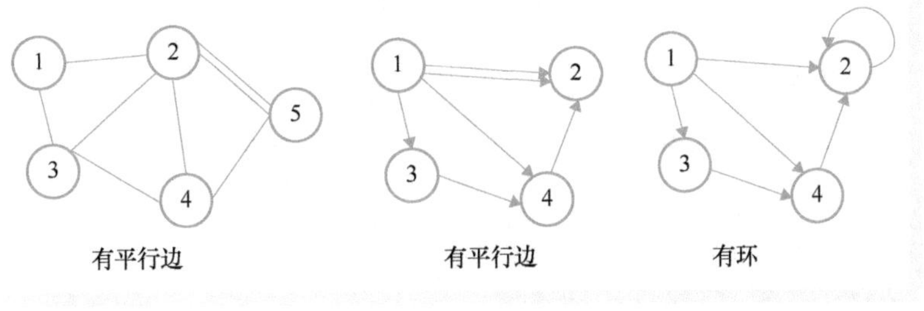

● 图 1-66

9. 加权图

对图 G 的每一条边 e 来说，都对应于一个值 v，我们把这个 v 称为 e 的权，把这样的图 G 称为加权图，这个 v 可以表示两点之间的距离、花费时间等。如果每条边没有对应的值，我们称它为非加权图，对于非加权图两点之间如果有边用 1 表示，如果没边可以用 0 表示，如图 1-67 所示。

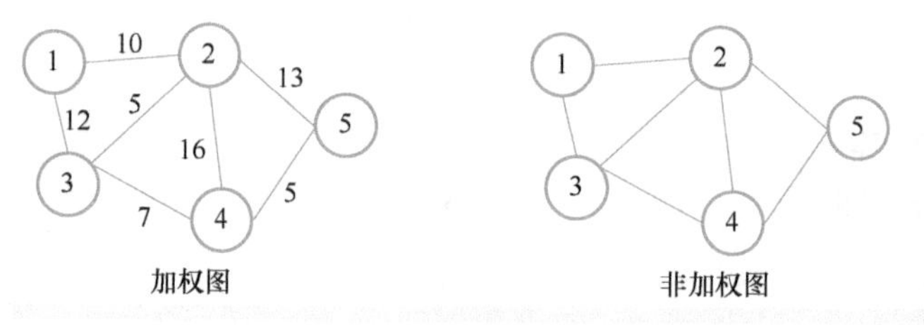

● 图 1-67

10. 有向无环图

如果一个有向图无法从某个顶点出发经过若干条边回到该点，则这个图是一个有向无环图，如图 1-68所示。

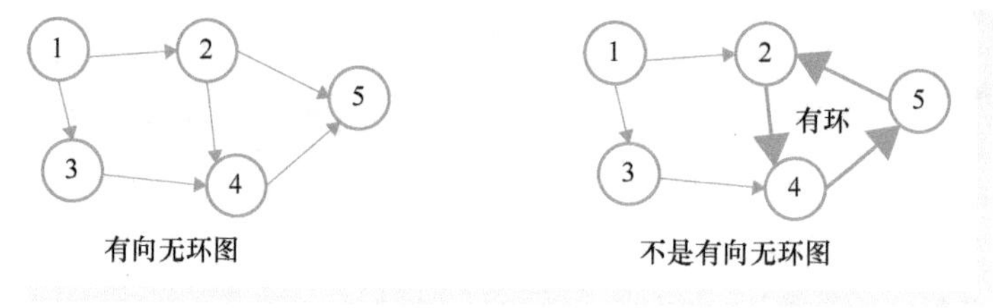

● 图 1-68

11. 连通图

在无向图中，对于每一对顶点 V1 和 V2 有路径相连，则称此图是连通图，如图 1-69 所示。

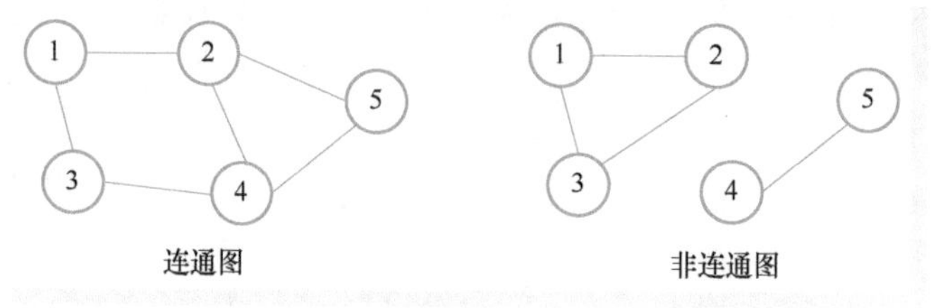

● 图 1-69

12. 强连通图

在有向图中，对于任意一对顶点 V1 和 V2 都存在从 V1 到 V2 和 V2 到 V1 的路径，则称此图是强

连通图。

13. 弱连通图

把有向图的所有有向边替换成无向边，所得到的图称为原图的基图。如果一个有向图的基图是连通图，则原图就是弱连通图。可以看到无论是强连通图，还是弱连通图，都是对于有向图来说的。

1.8.2 图的表示方式

图的表示方式常见的有三种，分别是邻接矩阵、邻接表和边集数组。邻接矩阵是表示图最直观的一种方式，可以看到各顶点之间的关系，而邻接表可以看到一个顶点指向其他顶点的数量，而边集数组就是记录每条边的起点、终点和权值的数组。

1. 邻接矩阵

邻接矩阵就是使用一个 n * n（n 是图的顶点个数）的矩阵 A。对于无向图来说，如果顶点 i 和顶点 j 之间相连，则把 A[i][j]和 A[j][i]标记为相同的值。如果是非加权图，标记为 1 即可，如果是加权图，标记为这条边的权值。对于有向图来说，如果是顶点 i 指向顶点 j，只需要记录 A[i][j]的值即可，如图 1-70 所示。

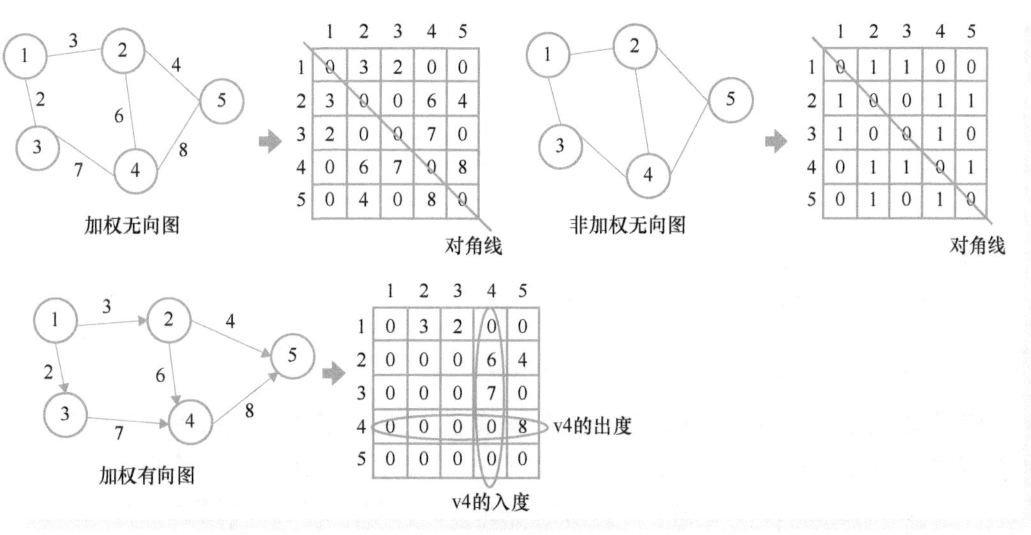

图 1-70

我们看到对于简单无向图来说，它的邻接矩阵是关于从左上角到右下角这条线对称的，因为在无向图中 A[i][j]和 A[j][i]的值是一样的。对于有向图来说，A[i][?]不为 0 的个数就是点 i 的出度个数，A[?][j]不为 0 的个数是点 j 的入度个数。

2. 邻接表

对于稠密图（边相对比较多）来说，使用邻接矩阵表示会更合适一些，如果是稀疏图（边相对比较少），使用邻接矩阵就会造成矩阵中很多元素是0，从而导致存储空间的浪费，这个时候可以考虑使用邻接表。邻接表是一种链式存储结构，对于图中的每一个顶点v都可以建一个单向链表，将顶点v相关的信息存储在表头，链表的其余节点用来存放和顶点v相连的顶点。如果是加权图，需要在链表的节点中添加权值，否则可以不加，如图1-71所示。

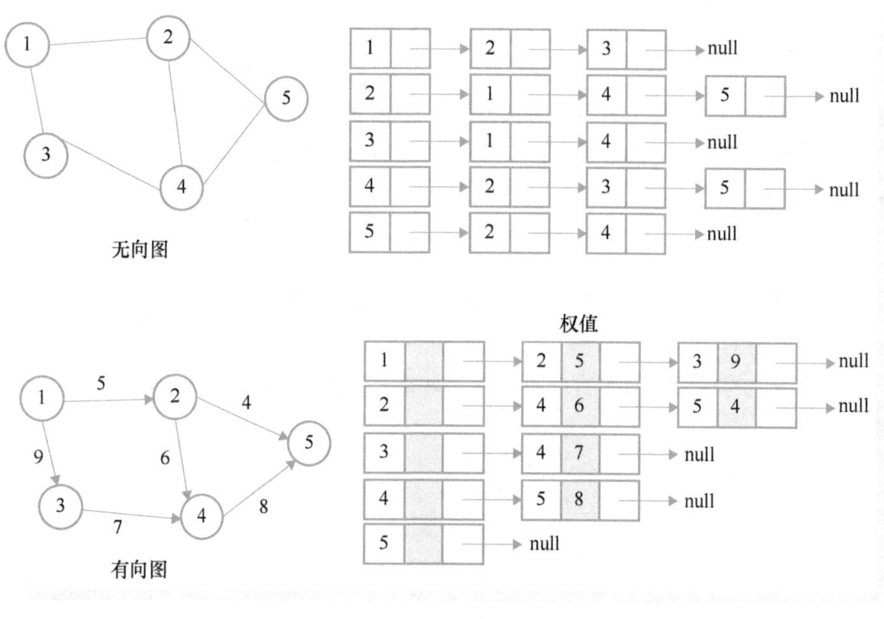

● 图 1-71

邻接表的特点：

- 通过邻接表方便找任一顶点的所有邻接点。
- 节约稀疏图的存储空间。
- 方便计算无向图的度，方便计算有向图的出度。

对于有向图的入度，使用邻接表的方式就不太好算了，这时候还可以使用十字链表来表示图，图的十字链表和邻接表类似，都是使用链表的方式，不过十字链表的头节点会有两个指针，分别指向两个链表，一个是指向出度的链表，另一个是指向入度的链表，十字链表更方便查找一个顶点的出度和入度。

3. 边集数组

边集数组是使用一维数组来存储边，一维数组中每个元素由3个成员组成，分别是边的起点、终点、权值，当然也可以写成二维数组edges[m][3]，其中m是边的数量，如图1-72所示。

```
edges[i][0]表示第 i 条边的起点
edges[i][1]表示第 i 条边的终点
edges[i][2]表示第 i 条边的权值
```

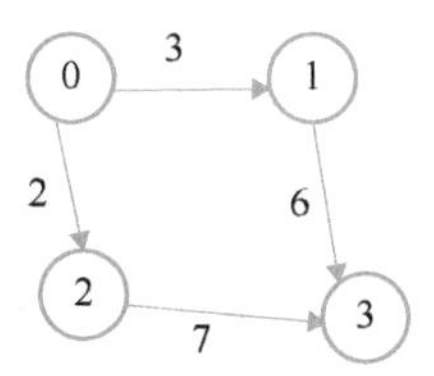

边集数组

	start	end	weight
edges[0]	0	1	3
edges[1]	1	3	6
edges[2]	0	2	2
edges[3]	2	3	7

● 图 1-72

1.8.3 图的遍历

图的遍历方法主要有深度优先搜索（DFS）和广度（宽度）优先搜索（BFS），关于 DFS 和 BFS 我们在第 9 章也会介绍。

1. 深度优先搜索（DFS）

DFS 的思想类似于树的前序遍历。其遍历过程可以描述为：从图中某个顶点 v 出发，沿着一个方向一直访问下去，当访问到这个方向上最后一个顶点（这个顶点之后没有下一个顶点了，或者和这个顶点相连的都被访问完了）的时候，往回退一步，查看和上一个顶点相连的有没有可访问的，如果有就继续重复上面的方式沿着另一个方向继续访问，如果没有可访问的，就再回到上一个顶点，重复同样的步骤，如图 1-73 所示。如果一个顶点被访问之后，就不能再被访问了，所以需要使用一个数组 visited 来记录哪些顶点被访问过。

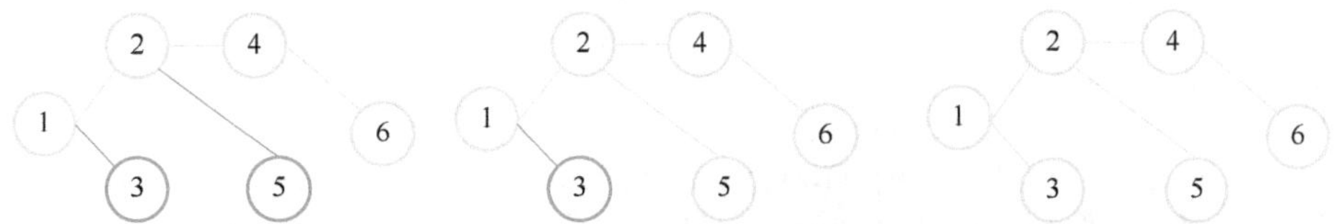

● 图 1-73

可以看一下代码的大致结构，这里的图使用的是邻接表，假设从顶点 u 开始访问。

```
public void dfsGraph(int u) {
    System.out.println("这里可以打印 u 这个顶点的信息");
    visited[u]=true;// 标记为被访问过,防止重复访问。
    for(遍历从 u 出发能到达的所有顶点 v){
        if(visited[v])// 如果当前顶点被访问过了,直接跳过。
            continue;
```

```
        dfsGraph(v);// 递归。
    }
}
```

这里只是从图的一个顶点开始访问，如果要遍历整个图，需要从图的所有顶点开始，否则在有向图中有些顶点是访问不到的。我们来看一下图的访问过程，如图 1-74 所示，这里选择的是非加权有向图。

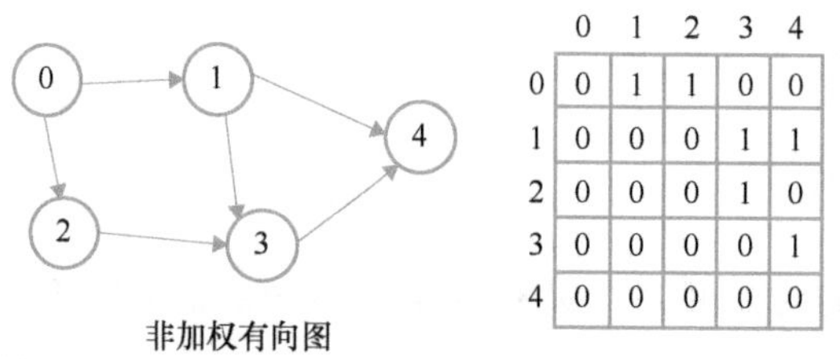

● 图 1-74

测试代码如下：

```
public static void main(String[] args) {
    int size=5;// 顶点个数。
    boolean visited[]=new boolean[size];// 标记顶点是否被访问过。
    int[][] g={{0, 1, 1, 0, 0},// 图的邻接矩阵。
            {0, 0, 0, 1, 1},
            {0, 0, 0, 1, 0},
            {0, 0, 0, 0, 1},
            {0, 0, 0, 0, 0}};
    for (int i=0; i < visited.length; i++) {
        if (!visited[i])// 只有当前顶点没被访问过才会访问。
            dfsGraph(g, visited, i);
    }
}

private static void dfsGraph(int[][] g, boolean visited[], int v) {
    System.out.print(v+",");// 打印当前顶点。
    visited[v]=true;    // 标记已访问。
    for (int i=0; i<g.length; i++) {
        if (visited[i])// 如果访问过则跳过。
            continue;
        if (g[v][i]==1) // 如果相连就访问。
            dfsGraph(g, visited, i);
    }
}
```

打印结果：0,1,3,4,2,

2. 广度优先搜索（BFS）

DFS 是从一个点沿着一个方向一直走下去，而 **BFS** 是从一个点开始，先访问和它相连的，然后访问和它相连顶点的邻接点，一圈一圈往外访问，如图 **1-75** 所示。

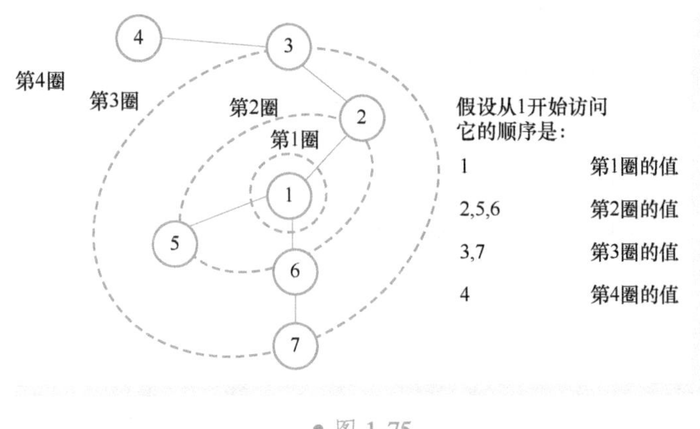

● 图 1-75

访问图的时候需要标记哪些点被访问过，防止出现重复访问的情况，来看一下图的 **BFS** 访问过程，如图 **1-76** 所示。

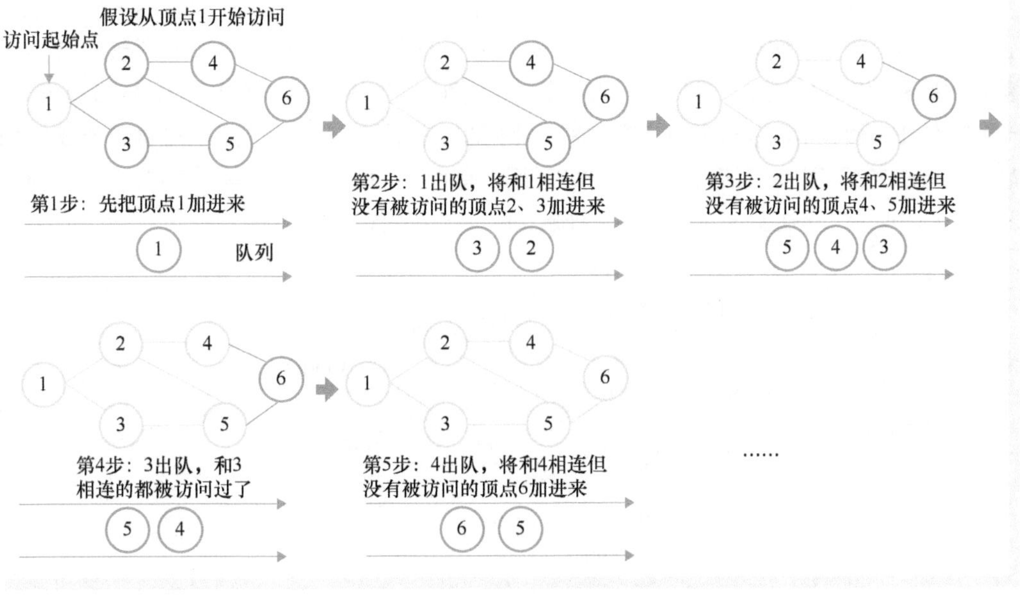

● 图 1-76

结合上面的图，我们来看一下它的大致模板。

```
// 从图的 v 位置开始访问。
private static void bfsGraph(int[][] g, boolean visited[], int v) {
    Queue<Integer> queue=new LinkedList<>();// 队列。
    queue.offer(v); // 把开始访问的点放入到队列中。
    while (!queue.isEmpty()) {// 队列不为空就一直循环。
        int u=queue.poll();// 出队。
        System.out.print(u+",");// 打印当前顶点。
        for (int i=0; i<g.length; i++) {
            if (visited[i])// 不能重复访问。
                continue;
            if (g[u][i]==1) {
                // 标记已访问,这里实际上还没打印,先添加到队列中。
                visited[i]=true;
                queue.offer(i);// 将当前顶点加入到队列中。
            }
        }
    }
}
```

1.8.4 迪杰斯特拉（Dijkstra）算法

迪杰斯特拉（Dijkstra）算法也叫作狄克斯特拉算法，它使用类似广度优先搜索的方法解决从一个顶点到其他所有顶点的最短路径算法，它解决的是加权图（不能有负权）的最短路径问题，采用的是贪心算法的思想。解题思路是，每次选择一个没被标记且距离起始点最近的顶点，把它标记一下，然后更新和它邻接的顶点，重复上面的步骤，直到标记完所有的顶点为止。比如一个人现在在上海，老家在信阳，假设他回老家不想直接到家，只能通过南京、杭州、武汉、合肥这四个城市中的几个中转。如图 1-77 所示，下面是中转所需要的时间，有的坐飞机，有的开车，还有的可能会骑单车，所以边表示的是时间而不是距离，问应该怎样走，时间才会更短？

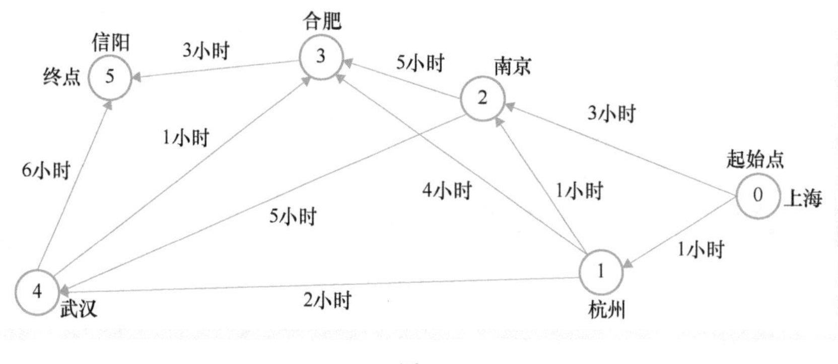

图 1-77

我们从起始点开始，使用一个数组 dis，数组中 dis[j]的值表示从顶点 j 到起始点的时间，刚开始的时候，起始点到自己为 0，到其他顶点为无穷大，如图 1-78 所示。

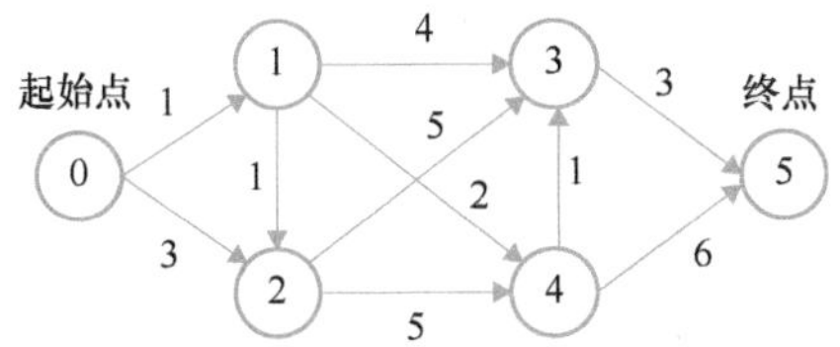

顶点	0	1	2	3	4	5
时间	0	∞	∞	∞	∞	∞

● 图 1-78

如果想要减少从起始点到 j 的时间，唯一的方式就是需要寻找一个中转站 k。从起始点到 k 的时间为 dis[k]，从 k 到 j 的时间为 g[k][j]，然后判断中转的总时间 dis[k]+g[k][j]是否小于 dis[j]，如果中转时间小于 dis[j]，就更新 dis[j]。如图 1-77 所示，从起始点到南京的时间是 3 小时，如果通过杭州中转，时间就会变成 2 小时。核心代码是下面这行。

```
dis[j]=Math.min(dis[j], dis[k]+g[k][j]);
```

计算过程如图 1-79 所示。

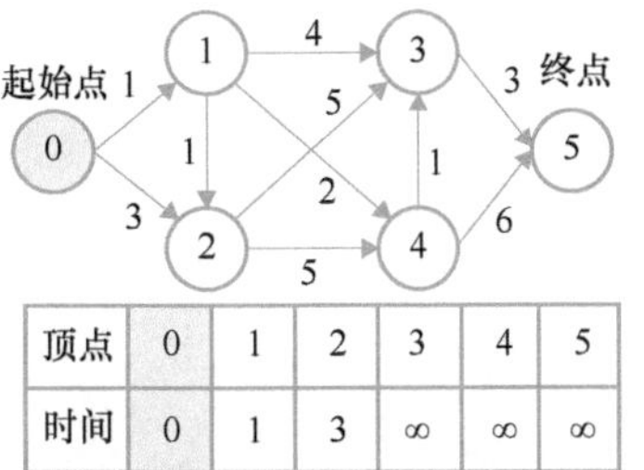

顶点	0	1	2	3	4	5
时间	0	1	3	∞	∞	∞

(1) 顶点0距离起始点最近且没被标记，把它标记一下，然后更新与它邻接的顶点1和顶点2的值

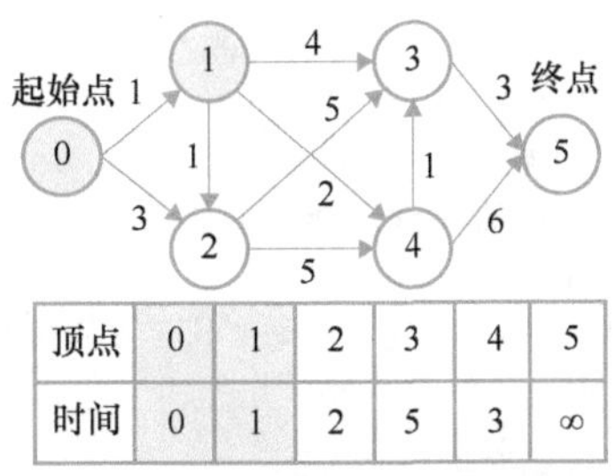

顶点	0	1	2	3	4	5
时间	0	1	2	5	3	∞

(2) 顶点1距离起始点最近且没被标记，把它标记一下，然后更新与它邻接的顶点2、顶点3和顶点4的值

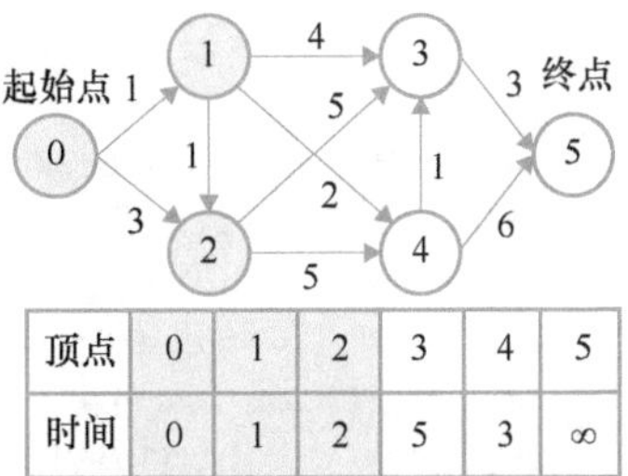

顶点	0	1	2	3	4	5
时间	0	1	2	5	3	∞

(3) 顶点2距离起始点最近且没被标记，把它标记一下，然后更新与它邻接的顶点3和顶点4的值

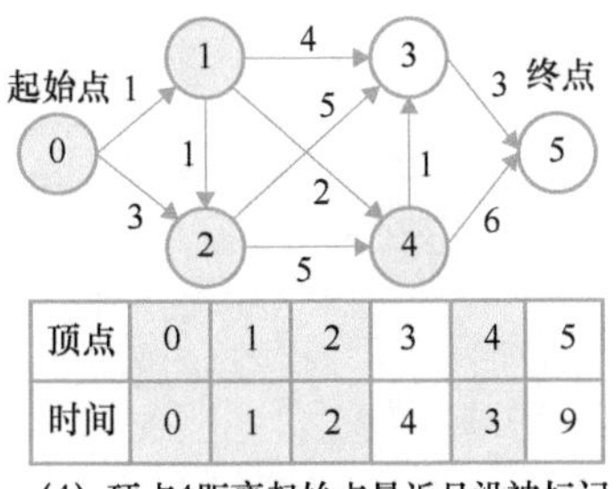

顶点	0	1	2	3	4	5
时间	0	1	2	4	3	9

(4) 顶点4距离起始点最近且没被标记，把它标记一下，然后更新与它邻接的顶点3和顶点5的值

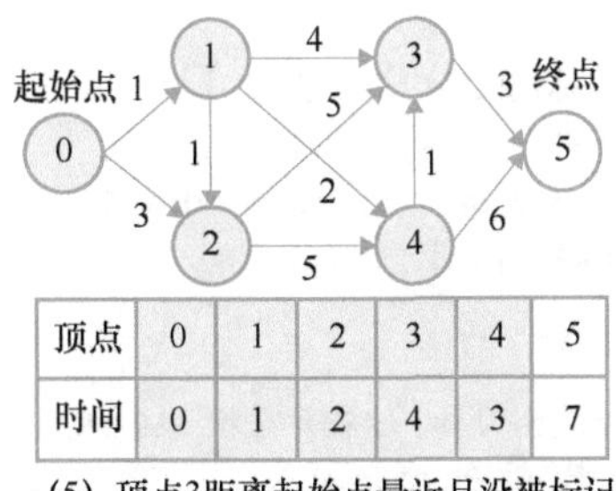

顶点	0	1	2	3	4	5
时间	0	1	2	4	3	7

(5) 顶点3距离起始点最近且没被标记，把它标记一下，然后更新与它邻接的顶点5的值

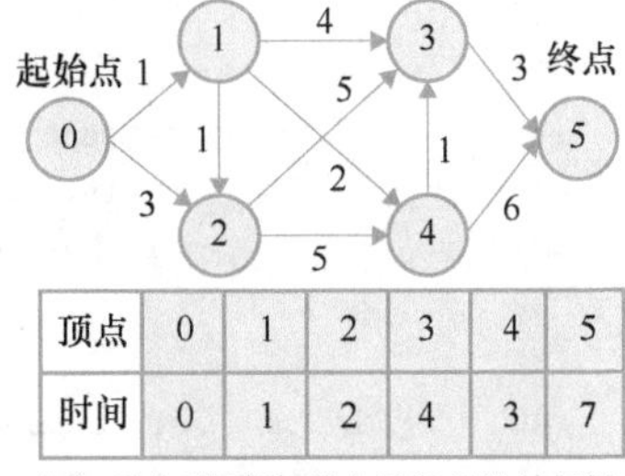

顶点	0	1	2	3	4	5
时间	0	1	2	4	3	7

(6) 顶点5距离起始点最近且没被标记，把它标记一下，已经没有可更新的了，直接结束

● 图 1-79

```
public static void main(String[]args) {
    int size=6;// 顶点个数。
```

```
    boolean visited[]=new boolean[size];// 标记顶点是否被访问过。
    int max=100;// 最大值默认给 100。
    int[][] g={{max, 1, 3, max, max, max},// 图的邻接矩阵。
            {max, max, 1, 4, 2, max},
            {max, max, max, 5, 5, max},
            {max, max, max, max, max, 3},
            {max, max, max, 1, max, 6},
            {max, max, max, max, max, max}};
    int[] dis=new int[size];
    Arrays.fill(dis, max);// 默认到起始点给一个最大值。
    dijkstra(g, visited, dis, 0);
}

/**
 * @param g            图的邻接矩阵。
 * @param visited      标记哪些顶点被更新过。
 * @param dis          每个顶点到起始点的值。
 * @param start        起始点。
 */
static void dijkstra(int[][] g, boolean visited[], int[] dis, int start) {
    dis[start]=0;// 起始点到自己的值是 0。
    int n=g.length;// 顶点的个数。
    int k=-1;// 下一个没被更新且离起始点最近的顶点。
    for (int i=0; i<n; i++) {
        int min=Integer.MAX_VALUE; // min 是 k 到起始点的值。
        for (int j=0; j<n; j++) {// 寻找 k。
            if (!visited[j]&&dis[j]<min) {
                min=dis[j];
                k=j;
            }
        }
        visited[k]=true;// 标记已经更新过了。
        for (int j=0; j<n; j++) {// 核心代码。
            if (!visited[j] && dis[k]+g[k][j]<dis[j])
                dis[j]=dis[k]+g[k][j];
        }
    }
    for (int i=0; i<dis.length; i++)// 打印数组 dis 的值。
        System.out.print(dis[i]+",");
}
```

我们来看一下打印结果：0，1，2，4，3，7，也就是说从起始点到其他顶点的最短时间分别是1，2，4，3，7，和图中分析的完全一样。时间复杂度：O(n^2)，n 是顶点的个数。

1. 堆优化

我们看到代码中外面的循环是遍历顶点，里面的循环主要是查找最近的顶点，然后更新和它邻接的顶点。如果这张是稀疏图，且边特别少，再一个个查找效率明显不高，在这种情况下，可以使用最

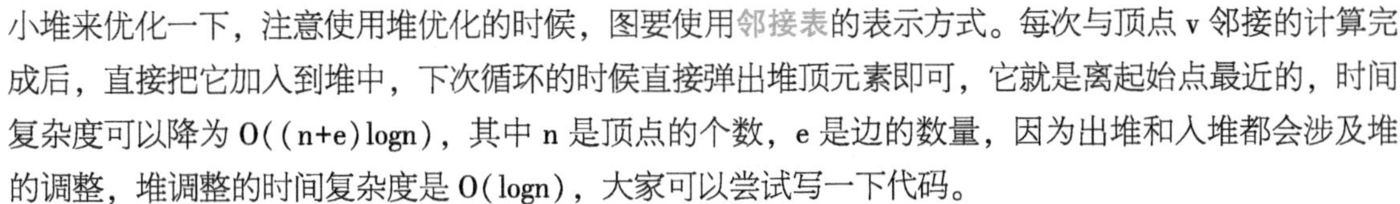

小堆来优化一下，注意使用堆优化的时候，图要使用邻接表的表示方式。每次与顶点 v 邻接的计算完成后，直接把它加入到堆中，下次循环的时候直接弹出堆顶元素即可，它就是离起始点最近的，时间复杂度可以降为 O((n+e)logn)，其中 n 是顶点的个数，e 是边的数量，因为出堆和入堆都会涉及堆的调整，堆调整的时间复杂度是 O(logn)，大家可以尝试写一下代码。

2. 不能处理带有负权边的图

为什么通过上述的操作可以保证得到的 dis 值最小？因为这里的图是没有负权边的，值只能越加越大，所以这里的最小值不可能再被更新了。我们不断选择最小值进行标记，然后更新和它邻接的点，即贪心的思路，最终保证起始点到每个顶点的值都是最小的。如果有负权边，再使用 Dijkstra 算法就行不通了，如图 1-80 所示。

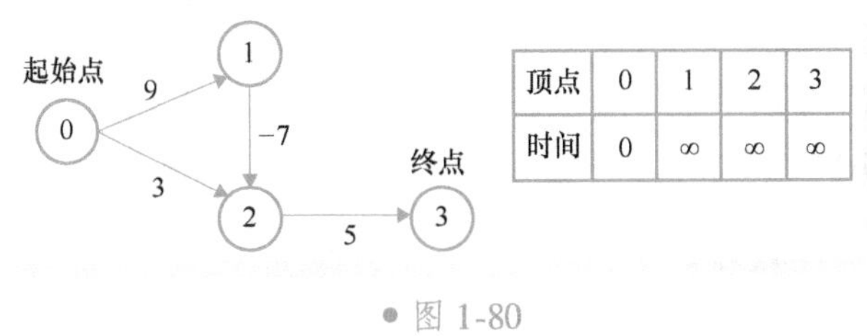

顶点	0	1	2	3
时间	0	∞	∞	∞

● 图 1-80

```
从顶点 0 开始,把顶点 0 标记,更新和它邻接的顶点 1 和 2,即 1->9,2->3。
选择未被标记且最近的顶点 2,把顶点 2 标记,更新和它邻接的顶点 3,即 3->8。
选择未被标记且最近的顶点 3,把顶点 3 标记,与顶点 3 相连的没有了。
选择未被标记且最近的顶点 1,把顶点 1 标记,与顶点 1 相连的顶点 2 已经被标记了。
```

最后的结果是起始点到顶点 3 的值是 8，但实际上如果选择 0->1->2->3 这条路径的值是 7，会更小，所以有负权边并不适合 Dijkstra 算法。如果图是有环的，可不可以使用 Dijkstra 算法呢？实际上只要没有负权边，无论有环还是无环，都是可以使用 Dijkstra 的。

1.8.5 贝尔曼-福特（Bellman-Ford）算法

上一节我们讲到 Dijkstra 算法，它是求单源点的最短路径，但是不能有负权边，如果有负权边该怎么办呢？可以使用 Bellman-Ford 算法。Bellman-Ford 算法可以解决有负权边的问题，但不能有负权回路，它也可以检测是否有负权回路问题。解题思路就是假设有一条边{begin,end,value}，如果 dis[begin]+value<dis[end]，可以更新 dis[end]的值为 dis[begin]+value，如图 1-81 所示。

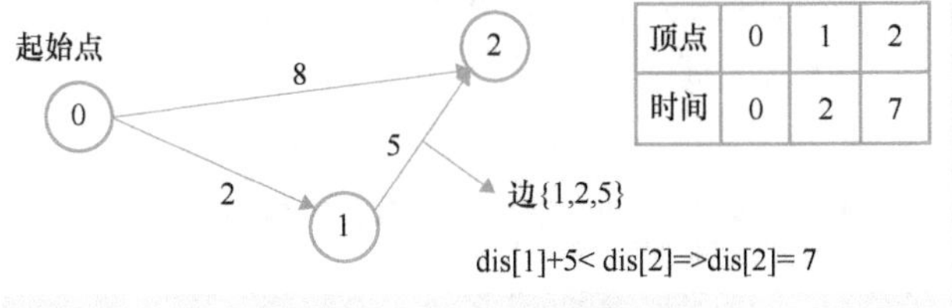

顶点	0	1	2
时间	0	2	7

● 图 1-81

所以只需要枚举所有的边即可，代码如下。

```
for (int j=0; j < edges.length; j++) {// 遍历边。
    int begin=edges[j][0];// 边的起点。
    int end=edges[j][1];// 边的终点。
    int value=edges[j][2];// 边的权值。
    if (dis[begin]+value < dis[end])// 松弛。
        dis[end]=dis[begin]+value;
}
```

如果只枚举一遍，有可能只会更新和起始点邻接的点（也就是起始点直接指向的点），与起始点没有邻接的点可能没更新。也就是说如果枚举一遍，可以更新从起始点通过一条边到达的点，如果枚举两次，可以更新从起始点通过两条边到达的点。而在一个含有 n 个点的图中，一个点最多只有 n-1 条边和起始点相连。所以只需要枚举 n-1 次，即可计算起始点到其他所有点的距离。Bellman-Ford 算法虽然可以计算带有负权边的图，但不能计算有负权回路的图，因为在负权回路中，如果一直转圈，值就会一直变小，如图 1-82 所示。

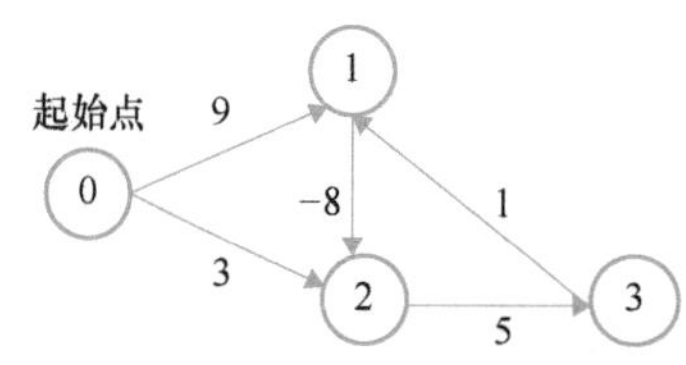

有负权环1→2→3

路径：0→1→2→3的值是6
路径：0→1→2→3→1→2→3的值是4
路径：0→1→2→3→1→2→3→1→2→3的值是2
路径：0→在1→2→3上一直转圈，值会越来越小

● 图 1-82

如果没有负权回路，最多枚举 n-1 次就可计算出起始点到其他所有点的最短路径，最后枚举一遍，所有的值不会再更新。如果有负权回路，最后枚举一遍，有些值还是会更新。所以在计算完之后，还需要再枚举一遍，判断有没有负权回路，代码如下。

```
public static void main(String[] args) {
    int size=4;// 顶点个数。
    int max=100;// 最大值默认给 100。
    int[][] edges={{0,1,9},{0,2,3},{1,2,-7},{2,3,5}};// 边集数组。
    int start=0;// 起始点。
    int[] dis=new int[size];
    Arrays.fill(dis, max);// 默认到起始点给一个最大值。
    bellMan(edges, size, dis, start);// Bellman-Ford 算法。
    for (int i=0; i<dis.length; i++)// 打印数组 dis 的值。
        System.out.print(dis[i]+",");
}

static void bellMan(int[][] edges, int n, int[] dis, int start) {
    dis[start]=0;// 起始点到自己的距离为 0。
    for (int i=1; i<n; i++) {// 遍历 n-1 次。
        for (int j=0; j<edges.length; j++) {// 遍历边。
```

```
                int begin=edges[j][0];// 边的起点。
                int end=edges[j][1];// 边的终点。
                int value=edges[j][2];// 边的权值。
                if (dis[begin]+value<dis[end])// 松弛。
                    dis[end]=dis[begin]+value;
            }
        }
        // 检测是否有负权回路。
        for (int i=0; i<edges.length;++i)
            if (dis[edges[i][0]]+edges[i][2]<dis[edges[i][1]]) {
                Arrays.fill(dis, -1);// 有负权边,dis 数组值设置无效。
                return;// 还能松弛,说明有负权回路。
            }
}
```

我们只需要看 bellMan 函数即可，上面的测试数据如图 1-83 所示，打印结果是：0,9,2,7。也就是说如果有负权边，但没有负权回路，BellMan-Ford 算法也是可以计算的。

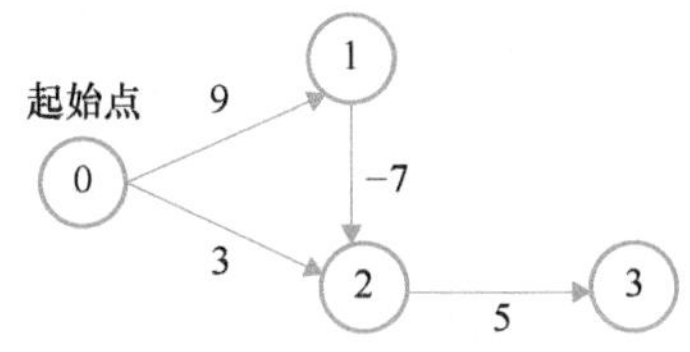

顶点	0	1	2	3
时间	0	9	2	7

● 图 1-83

BellMan-Ford 算法虽然可以计算含有负权边的图，但时间复杂度还是比较高的 O(ne)，n 是顶点的个数，e 是边的个数。其实还可以优化一下，如果在某一次枚举的时候没有顶点被更新，再枚举下去也不会更新了，可以直接终止。

```
static void bellMan(int[][] edges, int n, int[] dis, int start) {
    dis[start]=0;// 起始点到自己的距离为 0。
    for (int i=1; i<n; i++) {// 遍历 n-1 次。
        boolean check=true;// 检测是否更新完了。
        for (int j=0; j<edges.length; j++) {// 遍历边。
            int begin=edges[j][0];// 边的起点。
            int end=edges[j][1];// 边的终点。
            int value=edges[j][2];// 边的权值。
            if (dis[begin]+value<dis[end]) {
                dis[end]=dis[begin]+value;
                check=false;// 还可以更新。
            }
        }
        if (check)// 如果更新完了就不再枚举了。
            return;
```

```
    }
    // 检测是否有负权回路。
    for (int i=0; i<edges.length; ++i)
        if (dis[edges[i][0]]+edges[i][2]<dis[edges[i][1]]) {
            Arrays.fill(dis, -1);// 有负权边,dis 数组值设置无效。
            return;// 还能松弛,说明有负权回路。
        }
}
```

1.8.6 SPFA 算法

SPFA（Shortest Path Faster Algorithm）即最短路径快速算法，实际上它是对 Bellman-Ford 算法使用队列的一种优化，也是求单源点最短路径的，可以有负权边，但不能有负权回路。我们再来回顾一下 Bellman-Ford 算法的原理，它是每次遍历所有的边，然后判断是否能松弛。如图 1-84 所示，假设第一步先计算<1，2>这条边，因为顶点 1 的值还没有更新，它到起始点的距离是无穷大，我们用它更新顶点 2 的值明显是更新不了的，同理如果顶点 2 的值没有更新，那么<2，3>这条边计算顶点 3 的值也是更新不了的。也就是说使用 Bellman-Ford 算法会出现大量的无效计算。

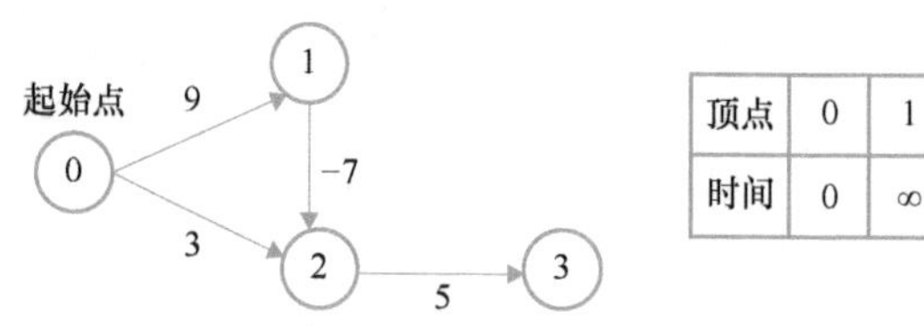

顶点	0	1	2	3
时间	0	∞	∞	∞

● 图 1-84

通过 Bellman-Ford 算法发现一个问题，就是在遍历<x，y>这条边的时候，如果顶点 x 的值没有改变，那么通过这条边计算 y 的值也不会改变。所以有一种解决方式就是如果某个顶点的值改变了，它不在队列中，就把它添加到队列中，因为它改变了，和它邻接的顶点才有可能改变，所以这里只需要遍历队列中的顶点即可，如图 1-85 所示。

我们先来看一下边的类，只有两个属性，一个是指向另一个的顶点，一个是边的权值，使用 list 集合存储邻接表，所以就不需要 next 指针了。

```
static class Edge {
    int to=-1;// 这条边指向的点。
    int value;// 这条边的权值。

    public Edge(int to, int value) {
        this.to=to;
        this.value=value;
    }
}
```

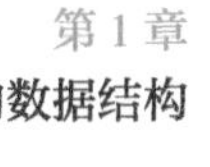

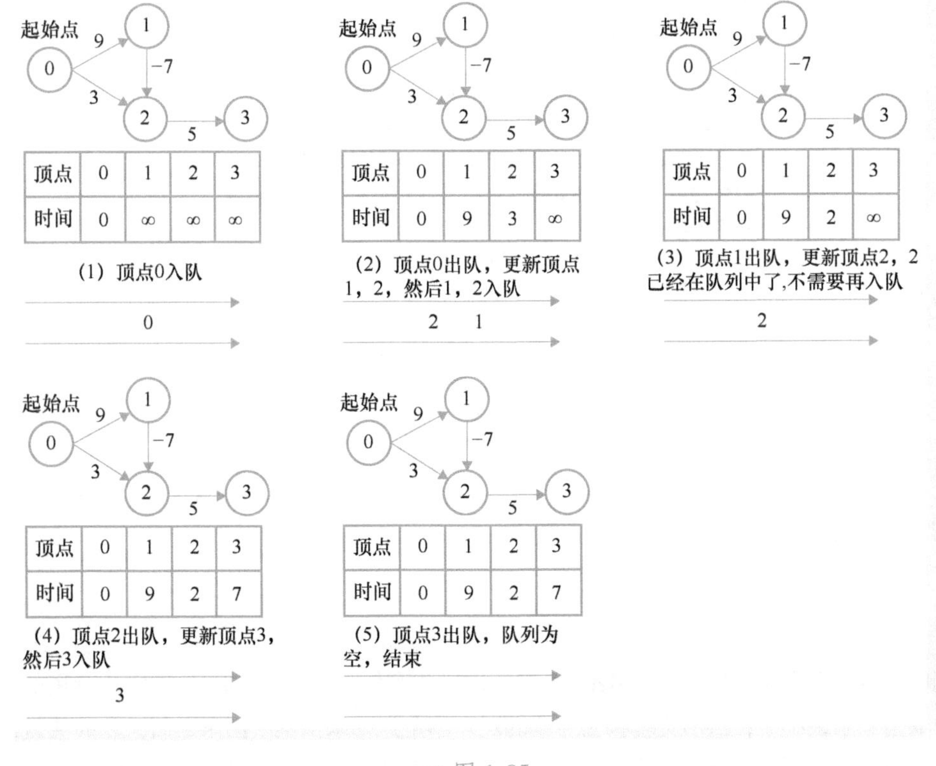

● 图 1-85

这里要注意有负权回路的也是不能解决的，所以最后还需要判断图是否有负权回路。判断方式比较简单，因为如果有负权回路，为了获取最小值，它会在负权回路上绕圈，在一个有 n 个顶点的图中，一个点到起始点最多只能有 n-1 条边，如果一个点入队的次数超过 n-1，就说明出现了负权回路，来看一下代码。

```
/**
 * @param edges 邻接表。
 * @param dis   标记每个顶点到起始点的距离,需要初始化为一个最大值。
 * @param start 起始点。
 * @return true 表示没负权回路,false 表示有负权回路。
 */
static boolean spfa(List<Edge>[] edges, int[] dis, int start) {
    int n=edges.length;// 顶点的个数。
    Queue<Integer> queue=new LinkedList<>();// 队列。
    // 标记当前顶点是否入队,同一顶点可能会多次入队,但不会同时出现在队列中。
    boolean[] visited=new boolean[n];
    int[] count=new int[n]; // 统计每个点入队的次数。
    dis[start]=0;// 起始点到自己的距离为 0。
    queue.add(start);// 起始点入队。
```

```
    visited[start]=true;// 标记起始点入队。
    count[start]++;// 统计起始点入队的次数。
    while (!queue.isEmpty()) {
        int x=queue.poll();// 出队的点。
        visited[x]=false;// 标记出队,可以重复入队。
        for (Edge e:edges[x]) {// 遍历和顶点 x 邻接的边。
            int v=e.to;// 与 x 邻接的顶点。
            if (dis[x]+e.value < dis[v]) {
                dis[v]=dis[x]+e.value;// 松弛。
                if (++count[v]>=n)// 有负权回路。
                    return false;
                // 邻接的顶点不在队列中可以入队。
                if (!visited[v]) {
                    visited[v]=true;
                    queue.offer(v);// 顶点 v 入队。
                }
            }
        }
    }
    return true;
}
```

我们仔细看一下上面的代码和 Dijkstra 算法的堆优化有什么区别？Dijkstra 堆优化使用的是堆，每次从堆中取出一个最小值，然后更新和它邻接的点，一个点如果从堆中出来之后，它的值就已经被确定了，不可能再改变了，也不可能再入堆了，所以它只能处理没有负权的图。而 SPFA 算法使用的是队列，每次顶点出队之后，只要它的值被改变，还可以再次入队的。

细心的读者可能发现，使用队列每次遍历一个点相邻的顶点，这不是和图的 BFS 遍历一样吗。提到 BFS，大家可能也会想到 DFS，也就是一个点被更新之后，和它邻接的点可能会被更新，可以参考 DFS 的写法，当一个点被更新之后，可以沿着这个点朝一个方向一直走下去，来更新这条路径上的所有点，这里就不再过多介绍，有兴趣的读者可以试着写一下。

1.8.7 弗洛伊德（Floyd）算法

前面介绍的几个都是求单源点路径的，其中 Dijkstra 算法是不能解决有负权值的图。而 Bellman-Ford 算法和 SPFA 算法是可以解决有负权值，但不能有负权回路的图。这节要介绍的 Floyd 算法是解决多源点路径的，它可以解决图中任何两点之间的距离，图中也是可以有负权值的，但不能有负权回路。大家可能会说前面刚讲过求单源点路径的算法，如果把每个点都当作起始点计算一次，不就可以计算出任意两点之间的距离了吗，这种方式也是可以的，但我们这里要讲的是另一种解决方式——Floyd 算法。

Floyd 算法相比前面讲的几个求单源点的算法更简单，也更容易理解。我们来思考这样一个问题，如果知道 A 到 B 的距离是 x，这个 x 可能是一个确定的值，也可能是无穷大，怎样才能使 x 的值变小呢？唯一的解决方式就是找一个中转站 C，判断 A 到 C 的距离加上 C 到 B 的距离是否小于 A 到 B 的距离，如果小于，就更新 A 到 B 的值，如果不小于，A 到 B 的值就不变，如图 1-86 所示。

我们只需要把所有的点作为中转站枚举一遍即可，很明显这是一道动态规划的问题，关于动态规划在第 11 章会进行介绍。我们定义 dp[k][i][j]表示经过前 k 个顶点从 i 到 j 的最短距离。

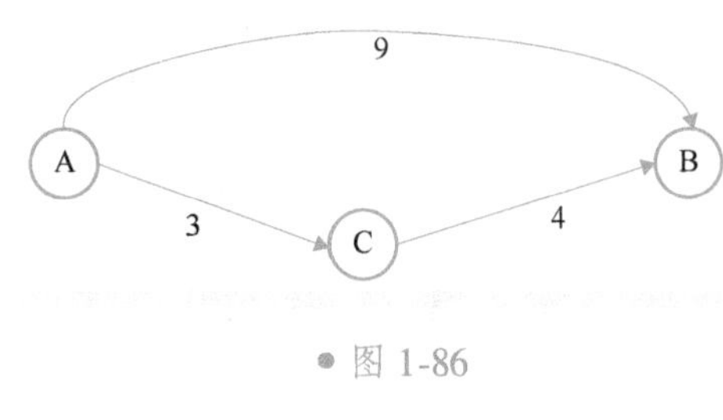

● 图 1-86

- 如果不经过第 k 个顶点中转，那么 dp[k][i][j]=dp[k-1][i][j]。
- 如果经过第 k 个顶点中转，那么 dp[k][i][j]=dp[k-1][i][k]+dp[k-1][k][j]。

只需要取它们的最小值即可，也就是：

```
dp[k][i][j]=Math.min(dp[k-1][i][j], dp[k-1][i][k]+dp[k-1][k][j]);
```

这里要注意初始条件，以及最后距离的合并，来看一下代码。

```
static int[][]floyd(int[][] g){
    int n=g.length;// 顶点的个数。
    int[][][] dp=new int[n+1][n+1][n+1];
    // 初始化,两点之间的距离,不经过任何其他顶点。
    for (int i=1; i<=n; i++)
        for(int j=1; j<=n; j++)
            dp[0][i][j]=g[i-1][j-1];
    // 自己到自己的距离为 0。
    for (int i=0; i <=n; i++)
         for (int k=0; k<=n; k++)
             dp[k][i][i]=0;
     // 动态规划通过其他顶点求两点之间的最小距离。
     for (int k=1; k <=n; k++)// 枚举中转点。
         for (int i=1; i <=n; i++)// 枚举起点。
             for (int j=1; j <=n; j++)// 枚举终点。
                 dp[k][i][j]=Math.min(dp[k-1][i][j],
                                      dp[k-1][i][k]+dp[k-1][k][j]);
     // 每两点之间距离的数组,初始化一个最大值。
     int[][] res=new int[n][n];
     for (int i=0; i<n; i++)
         for (int j=0; j<n; j++)
             res[i][j]=Integer.MAX_VALUE;
     // 查找最短距离。
     for (int k=0; k<=n; k++)
         for (int i=1; i <=n; i++)
             for (int j=1; j <=n; j++)
                 res[i-1][j-1]=Math.min(res[i-1][j-1],dp[k][i][j]);
     return res;
}
```

这里只需要看下面几行代码，它才是这道题的核心代码。

```
for (int k=1; k<=n; k++)// 枚举中转点。
    for (int i=1; i<=n; i++)// 枚举起点。
        for (int j=1; j<=n; j++)// 枚举终点。
            dp[k][i][j]=Math.min(dp[k-1][i][j],
                                  dp[k-1][i][k]+dp[k-1][k][j]);
```

我们看到 dp 是一个三维数组，计算的时候 dp[k][?][?]只和 dp[k-1][?][?]有关，所以可以把它压缩成二维数组，这样代码就会更加简洁。

```
static int[][] floyd(int[][] g){
    int n=g.length;// 顶点的个数。
    for(int k=0; k<n; k++)
        for(int i=0; i<n; i++)
            for(int j=0; j<n; j++)
                if(g[i][k]+g[k][j]<g[i][j])
                    g[i][j]=g[i][k]+g[k][j];
    return g;
}
```

时间复杂度是：O(n^3)，空间复杂度是 O(1)，只需要一个变量 n 即可，因为我们是直接在矩阵数组中计算的，如果题中要求不能在矩阵数组中修改，还需要申请一个二维数组，空间复杂度就是 O(n^2)。注意这三层 for 循环的嵌套顺序，遍历 k 的时候不能放到最里面一层，因为这是通过三维数组状态压缩出来的。Floyd 算法使用的是动态规划思想，更适合稠密图，也可以处理负权边，但不能处理有负权回路的图。它更容易理解，三层循环，代码比较简洁，可以计算任意两点之间的最短距离。缺点是时间复杂度比较高，不适合计算顶点比较多的图。

1.8.8 普里姆（Prim）算法

Prim 算法和下一小节要讲的 Kruskal 算法都是实现最小生成树的一种算法，Prim 是通过点来实现的，而 Kruskal 是通过边来实现的，这一小节先讲 Prim 算法。对于一个有 n 个顶点的无向图，如果只需要使用 n-1 条边，即可把图中的所有点连接起来，那么这 n 个顶点和这 n-1 条边构成的图就是生成树，如图 1-87 所示。

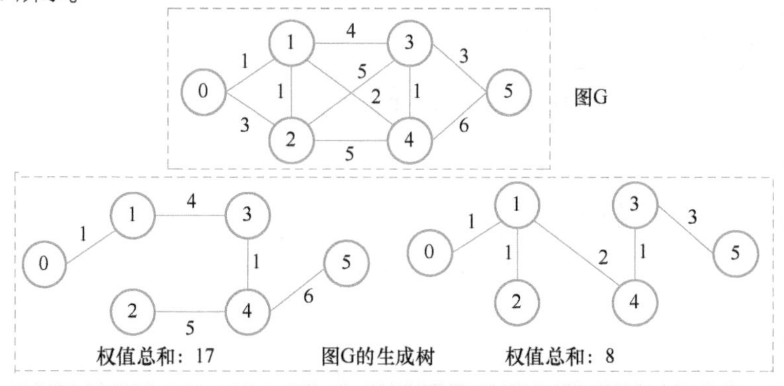

图 1-87

一张图的所有生成树中权值总和最少的就是**最小生成树**。Prim 算法就是求最小生成树的，它使用的是贪心算法。解题思路是需要把图中的点分成两部分，一部分是已经选择的，我们用集合 S 记录，一部分是还没选择的，我们用集合 T 记录。刚开始的时候集合 S 为空，集合 T 中包含图中的所有顶点，如图 1-88 所示，步骤如下。

(1) 第一步从集合 T 中任选一个顶点 v，把顶点 v 放到集合 S 中。

(2) 更新集合 T 中和 v 相邻的顶点值。

(3) 继续从集合 T 中选择离集合 S 最近的顶点 v，把它加入到集合 S 中，更新集合 T 中和 v 相邻的顶点值。

(4) 一直重复下去，直到集合 T 为空。

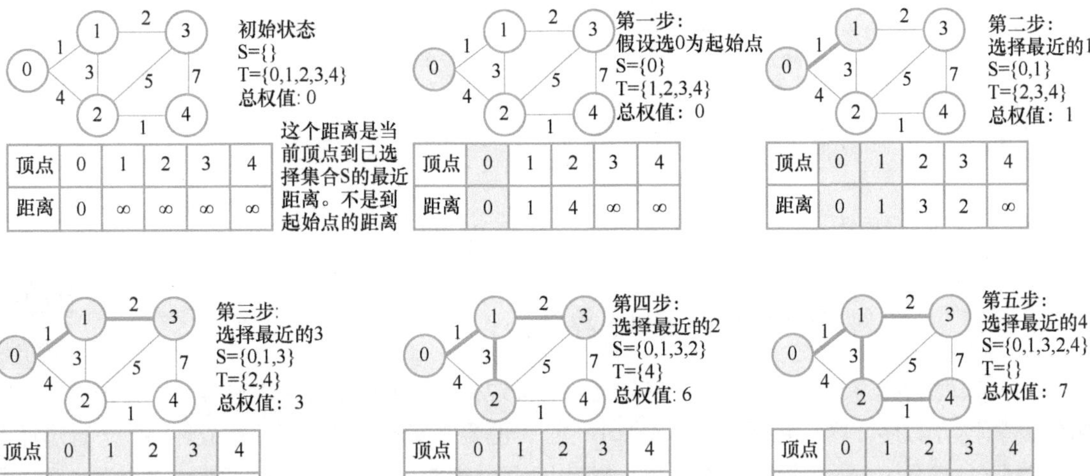

● 图 1-88

```
/**
 * @param g 图的邻接矩阵。
 * @return 返回最小生成树的值。
 */
private static int prim(int[][] g) {
    int n=g.length;// 图中顶点的个数。
    boolean[] visited=new boolean[n];
    // 没被选择的点到集合 S 的距离。
    int[] dis=new int[n];
    int max=100;// 默认最大值。
    Arrays.fill(dis,max);// 刚开始的时候距离都默认最大值。
    visited[0]=true; // 选取顶点 0 作为起始点。
    for(int i=0; i<n; i++)
        dis[i]=g[0][i];// 更新 0 到其他点的距离。
```

```
    int sum=0;// 最小生成树总的权值。
    // 继续查找 n-1 次。
    for (int i=1; i<n; i++) {
        int v=-1;// 查找集合 T 中距离 S 的最小顶点 v。
        int minDis=max;// 记录顶点 v 的值。
        for (int j=0; j<n; j++) {// 查找。
            if (!visited[j]&&(dis[j]<minDis)) {
                minDis=dis[j];
                v=j;
            }
        }
        System.out.print(v+",");// 打印选择的点。
        visited[v]=true;// 把 v 加到集合 S 中,表示已经被选择了。
        sum+=dis[v];// 累加总权值。
        for(int j=0; j<n; j++) {// 更新集合 T 中和 v 邻接的顶点。
            if (!visited[j]&&g[v][j]<dis[j])
                dis[j]=g[v][j];
        }
    }
    return sum;
}
```

1.8.9 克鲁斯卡尔（Kruskal）算法

Kruskal 算法也是求最小生成树的，它是通过选择边来实现的，它的实现原理是，首先需要对图中的边根据大小排序，然后每次选择一个最小的边，但要保证选的时候不能构成环路，一直选择下去，直到不能选择为止。判断能不能构成环路可以使用并查集，就是判断边的两个点是否在一个连通分量，如果在一个连通分量，这条边就不能选，否则可以选，如图 1-89 所示。

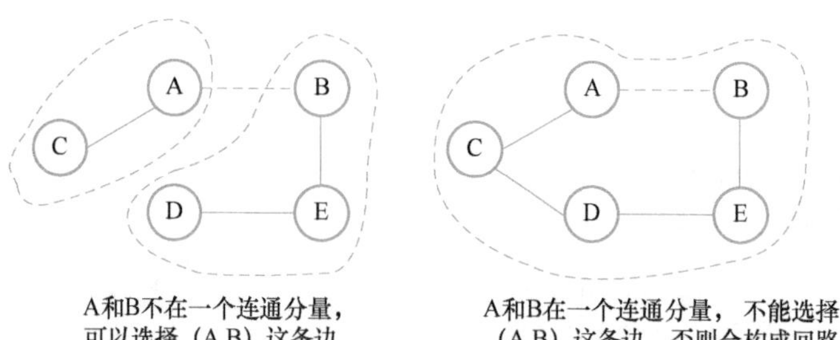

● 图 1-89

实现步骤如图 1-90 所示。

来看一下代码，代码会涉及并查集的知识，如果不熟悉也没有关系，只需要知道 find 这个方法可以判断是否是同一连通分量即可，关于并查集的知识，我们在第 12 章并查集中会进行介绍。

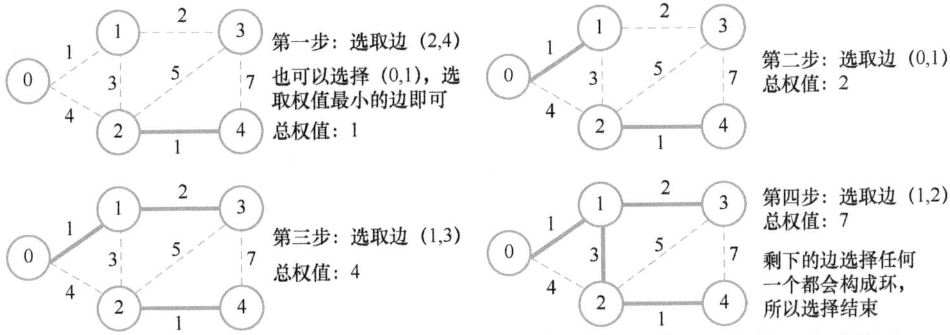

● 图 1-90

```
public static void main(String[] args) {
    int[][] edges={// 边集数组。
            {0, 1, 1},
            {0, 2, 4},
            {1, 2, 3},
            {1, 3, 2},
            {2, 3, 5},
            {2, 4, 1},
            {3, 4, 7}};
    // 按照边的权重从小到大排序。
    Arrays.sort(edges, Comparator.comparingInt(a->a[2]));
    int res=kruskal(edges, 5);// kruskal 算法。
    System.out.println(res);
}

/**
 * @param edges 边集数组,不是邻接矩阵。
 * @param n     顶点个数。
 * @return 返回最小生成树的值。
 */
private static int kruskal(int[][] edges, int n) {
    // 记录一个顶点的终极父顶点,并查集的时候顶点会合并。
    int[] parent=new int[n];
    for(int i=0; i<n; i++)// 默认为自己。
        parent[i]=i;
    int sum=0;// 最小生成树总的权值。
    for(int[] edge: edges) {// 遍历边集数组。
        int start=edge[0];// 每条边的起始点。
        int end=edge[1];// 每条边的终点。
        int value=edge[2];// 每条边的权值。
        // 分别查找起始点和终点的终极父顶点。
        int uStart=find(parent, start);
```

```
            int uEnd=find(parent, end);
            // 如果不相等,把它们合并,如果相等,就不能合并,否则会构成环。
            if (uStart!=uEnd) {
                parent[uStart]=uEnd;// 合并到一个集合中。
                System.out.println("访问到了边:{"+start+","
                        +end+"},权值:"+value);// 打印连接的过程。
                sum+=value;//累加权值。
            }
        }
        return sum;
    }

    private static int find(int parent[], int index) {
        while (index!=parent[index])
            index=parent[index];
        return index;
    }
```

看一下运行结果：

```
访问到了边:{0,1},权值:1
访问到了边:{2,4},权值:1
访问到了边:{1,3},权值:2
访问到了边:{1,2},权值:3
7
```

和上面的图中分析得差不多，因为权值相同的时候先选择哪个都是一样的。

1.8.10 博鲁夫卡（Boruvka）算法

Boruvka 算法是最小生成树最古老的一种算法，最早可以追溯到 1926 年，当时用于构建高效电力网络。它的实现原理就是刚开始的时候把每一个顶点看作是一个连通分量，接着计算与每个连通分量距离最短的连通分量，然后把它们连接起来。如果还有没连通的连通分量，继续计算离它们最近的连通分量，继续连接，直到都连通为止，如图 1-91 所示。

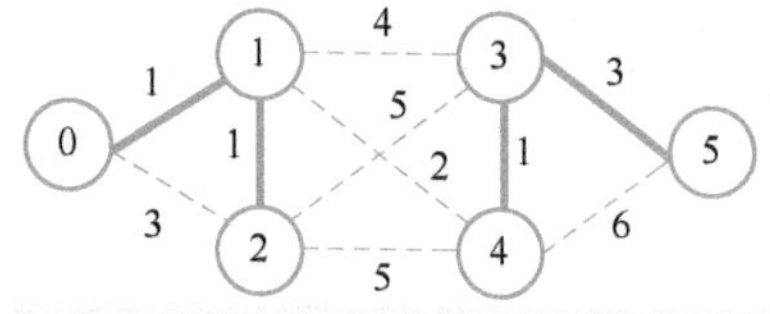

第一步：计算离每个连通分量最近的连通分量。
离顶点0最近的是顶点1，离顶点 1最近的是顶点0
离顶点2最近的是顶点1，离顶点 3最近的是顶点4
离顶点4最近的是顶点3，离顶点5最近的是顶点3
首先把（0,1），（2,1），（3,4），（5,3）连接起来

● 图 1-91

如图 1-92 所示，离顶点 1 最近的顶点除了顶点 0 还有顶点 2，连通的时候不能重复连接，比如连接了（0,1），就不能再连接（1,0）。连接之后只剩下两个连通分量，我们找到它们之间最短的边连接起来即可。

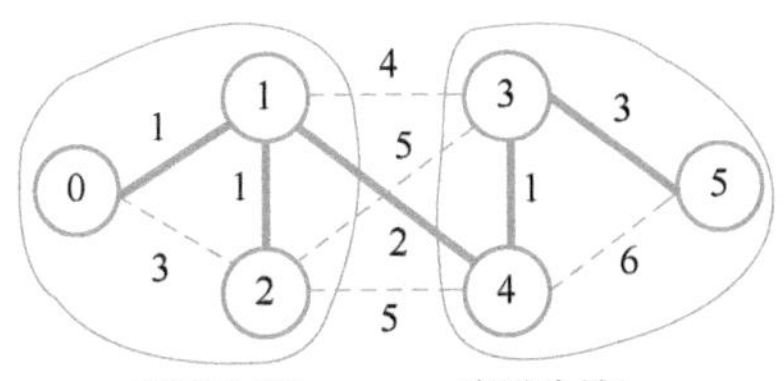

第二步：剩下两个连通分量，只需要计算它们之间的最小距离，连接起来即可。它们的最小距离是顶点1到顶点4的距离。连接完之后只剩一个连通分量了，直接结束

● 图 1-92

```java
public static void main(String[] args) {
    int[][] edges={
            {0, 1, 1},
            {0, 2, 3},
            {1, 2, 1},
            {1, 3, 4},
            {1, 4, 2},
            {2, 3, 5},
            {2, 4, 5},
            {3, 4, 1},
            {3, 5, 3},
            {4, 5, 6}};// 边集数组。
    int res=boruvka(edges, 6);// boruvka 算法。
    System.out.println(res);
}

/**
 * @param edges 边集数组。
 * @param n     顶点个数。
 * @return 返回最小生成树的值。
 */
private static int boruvka(int[][] edges, int n) {
    int m=edges.length-1;// 边的个数。
    int parent[]=new int[n];// 并查集使用。
    for (int i=0; i<n; i++)// 每个是单独的连通分量。
        parent[i]=i;
    int p[]=new int[n];// 记录距离某个连通分量最短的边。
    int sum=0;// 最小生成树总的权值。
    int size=0;// 连接边的数量,达到 n-1 终止循环。
    while (size<n-1) {
        Arrays.fill(p, -1);// 默认值为-1。
        for (int i=0; i<m; i++) {// 遍历边。
            int uStart=find(parent, edges[i][0]);
            int uEnd=find(parent, edges[i][1]);
            if (uStart==uEnd)// 起点和终止在一个连通分量跳过。
                continue;
```

```
            // 查找到边的起点所在连通分量最短的边。
            if (p[uStart]==-1 ||edges[i][2]<edges[p[uStart]][2])
                p[uStart]=i;
            // 查找到边的终点所在连通分量最短的边。
            if (p[uEnd]==-1 ||edges[i][2]<edges[p[uEnd]][2])
                p[uEnd]=i;
        }

        for (int i=0; i<n; i++) {// 遍历顶点。
            if (p[i]!=-1) {
                int uStart=find(parent, edges[p[i]][0]);
                int uEnd=find(parent, edges[p[i]][1]);
                if (uStart==uEnd)// 在一个连通分量跳过。
                    continue;
                parent[uStart]=uEnd;// 不在一个连通分量,让它们连在一起。
                sum+=edges[p[i]][2];// 累加权值。
                size++;// 多了一条边。
                // 打印连接的过程。
                System.out.println("连接边:{"+edges[p[i]][0]+","
                        +edges[p[i]][1]+"},权值:"+edges[p[i]][2]);
            }
        }
        System.out.println();// 打印的时候为了换行。
    }
    return sum;
}

private static int find(int parent[], int index) {
    while (index!=parent[index])
        index=parent[index];
    return index;
}
```

来看一下打印结果：

```
连接边:{0,1},权值:1
连接边:{1,2},权值:1
连接边:{3,4},权值:1
连接边:{3,5},权值:3

连接边:{1,4},权值:2

8
```

打印顺序和图中分析的完全一样。

总结：无论是求单源点路径还是多源点路径，图中都不能有负权回路，因为负权回路每绕一圈，距离就会变小，如果有负权回路，永远没有最小值，我们来对上面几种算法做一个简单的总结。

Dijkstra：求单源点路径，不能有负权值。

Bellman-Ford：求单源点路径，可以有负权值，但不能有负权回路。

SPFA：是使用队列对 Bellman-Ford 算法的一种优化，可以有负权值，但不能有负权回路。

Floyd：求多源点路径，可以有负权值，但不能有负权回路。

Prim：通过查找最近的点，计算最小生成树。

Kruskal：通过查找最小的边，计算最小生成树。

Boruvka：通过不停合并连通分量，计算最小生成树。

1.8.11 拓扑排序

拓扑排序就是在一个有向无环图中，对图的顶点进行排序，排序的条件是对于任意一条有向边<v1,v2>，排序的结果中顶点 v1 一定在顶点 v2 的前面。如图 1-93 所示，对于<起床，刷牙>这条边排序的结果中，起床一定在刷牙之前。

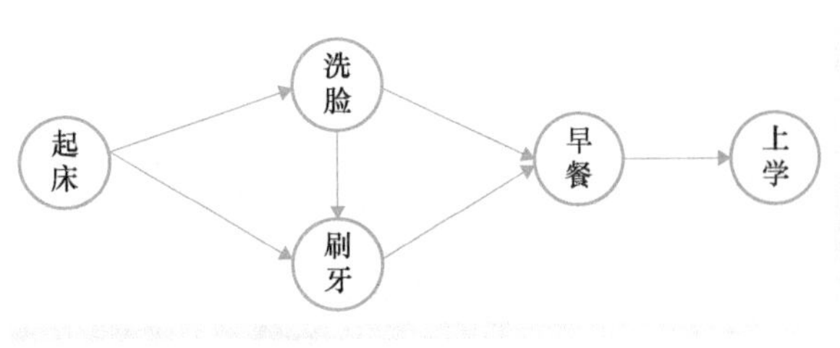

图 1-93

拓扑排序的思路就是首先从图中选择入度为 0 的顶点，把它加入到队列中，然后逐步输出队列中的元素 v，其中 v 指向的顶点入度要减 1，如果减 1 之后入度为 0，也要加入到队列中。重复这个步骤直到没有入度为 0 的顶点为止。其实也很好理解，入度为 0，说明在它前面没有顶点了，我们直接输出就行，如果入度不为 0，说明在它前面还有顶点，需要先输出它前面的顶点才能输出它，如图 1-94 所示。

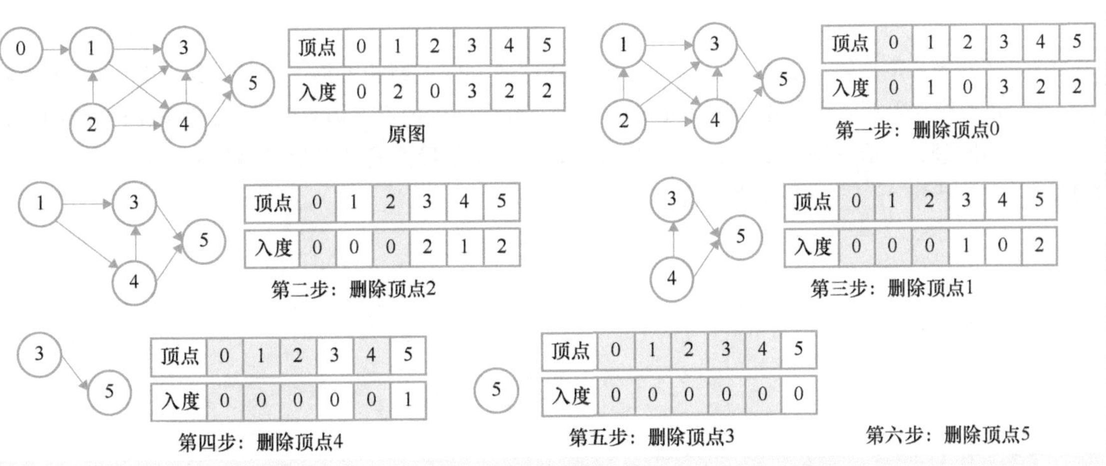

图 1-94

```
/**
 * @param edges 邻接表。
 * @param size 图的顶点个数。
 */
static void topSort(List<Integer>[] edges, int size) {
    int[] inDegree=new int[size];// 记录每个顶点的入度。
    // 统计所有顶点的入度。
    for (List<Integer> edgeList: edges)
        for (int v: edgeList)
            inDegree[v]++;
    Queue<Integer> queue=new LinkedList();// 队列。
    // 将入度为 0 的顶点入队。
    for(int i=0; i<size; i++)
        if (inDegree[i]==0)
            queue.offer(i);
    while (!queue.isEmpty()) {
        int v=queue.poll();// 将入度为 0 的顶点出队。
        System.out.print(v+",");// 打印入度为 0 的顶点。
        // v 指向的顶点入度都要减 1,如果为 0,需要加入到队列中。
        for (int u: edges[v])
            if (--inDegree[u]==0)
                queue.offer(u);
    }
}
```

1.9 数据结构总结

数据结构常见的有数组、链表、队列、栈、散列表、树、堆和图这 8 大类。如果细分就比较多了，当然还有很多我们不常见的，所以本书中也没有介绍。因为本书页数的限制，有些数据结构只是介绍了基本原理，没有代码实现。关于代码实现笔者放在了我们的算法学习网站 wansuanfa. com（玩算法）上了，大家可以在网站上浏览或下载。

CHAPTER 2

第2章

排序算法

数据结构介绍得差不多了，这一章开始介绍排序算法。排序算法的种类非常多，并且现在还在不断增加，比如前几年网上流行的睡眠排序，还有 bogo 排序等，虽然并不适用，但也为我们解决问题提供了一种思路，这种思路可能并不是我们想要的，所以排序算法非常多，但没必要全部掌握。排序算法分为升序和降序两种，在下面的排序算法中，如果没有特别说明，都按照升序来介绍。

2.1 冒泡排序

冒泡排序就像水里的气泡一样，一直往上浮，所以称它为冒泡排序。它的原理是依次比较相邻的两个元素，如果前面的比后面的大，就交换这两个数字的值，这样一轮比较完之后，数组中最后一个元素就是最大的了，如图 2-1 所示。

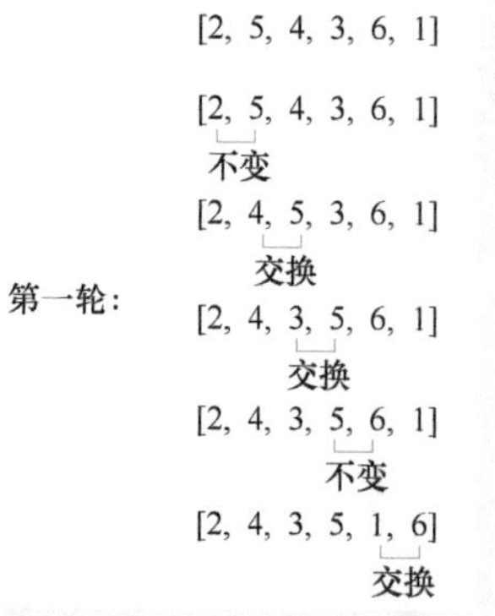

[2, 5, 4, 3, 6, 1]

第一轮：

[2, 5, 4, 3, 6, 1]
不变

[2, 4, 5, 3, 6, 1]
交换

[2, 4, 3, 5, 6, 1]
交换

[2, 4, 3, 5, 6, 1]
不变

[2, 4, 3, 5, 1, 6]
交换

● 图 2-1

这样只需要经过 n-1 轮比较，即可完成排序。实现过程如下。

- 首先比较相邻的两个元素，如果当前元素比下一个大，就交换它们的值。然后继续下一对相邻元素的比较，一直比较下去，直到没有元素可比较为止，这一轮结束之后，基本上就把最大的元素放到最后了。
- 除了最后一个元素不参与比较之外，继续上一步的操作，这一轮比较之后，就会把第二大的元素放到数组的倒数第二个位置。
- 重复上面的步骤，我们会发现每次比较的元素越来越少，直到最后没有元素可比较为止。

```java
// 冒泡排序。
public void sort(int[] nums) {
    int length=nums.length;
    for (int i=1; i<length; i++) {
        for (int j=0; j<length-i; j++) {
            // 如果当前元素大于它的下一个元素，则交换它们的值。
            if (nums[j]>nums[j+1]) {
                swap(nums, j, j+1);
            }
        }
    }
}

// 交换数组中两个元素的值。
private void swap(int[] nums, int i, int j) {
    int tmp=nums[i];
    nums[i]=nums[j];
    nums[j]=tmp;
}
```

1. 冒泡排序的优化

如果一个数组是有序的或者在排序几轮之后剩下的都是有序的，基本上就不需要再排了，比如数组［6,1,2,3,4,5］，当第一轮把6放到后面之后，就变成了［1,2,3,4,5,6］，剩下的就不需要再排了，直接终止即可。

```
public void sort(int[] nums) {
    int length=nums.length;
    for (int i=1; i<length; i++) {
        boolean ordered=true;// 标记,判断剩下的元素是否是有序的。
        for (int j=0; j<length-i; j++) {
            if (nums[j]>nums[j+1]) {
                swap(nums, j, j+1);
                ordered=false;// 如果发生了交换,说明不是有序的。
            }
        }
        if (ordered)// 如果没有发生交换,说明是有序的,剩下的不需要再排了。
            break;
    }
}
```

2. 稳定性分析

冒泡排序是相邻两个元素的比较，只有当前元素比下一个大才会交换，所以即使是相等的，它们的相对顺序也始终保持不变，所以它是稳定的。

时间复杂度：O(n^2)

稳定性：稳定

2.2 选择排序

选择排序的原理是每次在未排序的序列中找到最小的元素，放到已排序的序列后面，然后从剩余未排序的元素中继续寻找最小元素，继续放到已排序的序列后面。重复上面的步骤，直到所有的元素选择完为止，如图2-2所示。

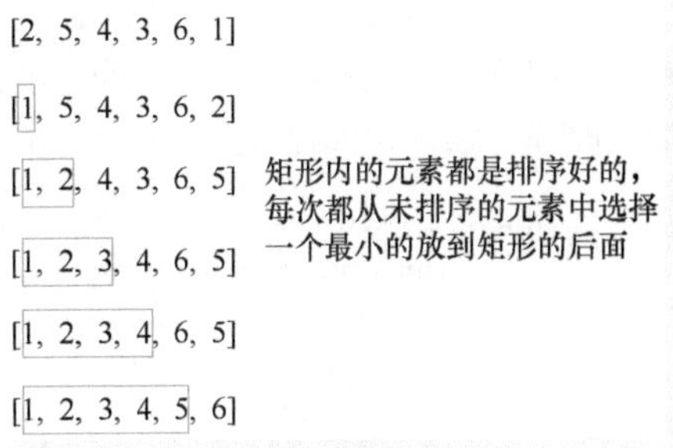

我们只要按照上面的步骤写就可以了，最开始的时候默认已排序的序列为空，然后逐步从后面选择剩余最小的元素。

[2, 5, 4, 3, 6, 1]

[1, 5, 4, 3, 6, 2]

[1, 2, 4, 3, 6, 5]

[1, 2, 3, 4, 6, 5]

[1, 2, 3, 4, 6, 5]

[1, 2, 3, 4, 5, 6]

矩形内的元素都是排序好的，每次都从未排序的元素中选择一个最小的放到矩形的后面

● 图2-2

```
public void selectSort(int[] nums) {
    int length=nums.length;
    for (int i=0; i<length-1; i++) {
```

```
        int minIndex=i;// 剩余序列中最小元素的下标。
        // 查找剩余序列中最小元素的下标。
        for (int j=i+1; j<length; j++) {
            if (nums[j]<nums[minIndex])
                minIndex=j;
        }
        // 如果有最小元素就交换。
        if (i!=minIndex)
            swap(nums, i, minIndex);
    }
}
```

稳定性分析

选择排序是从剩余部分选择最小的和前面的交换，会破坏相同元素的相对位置，所以它是不稳定的。比如数组［3,4,3,1］，第一步从数组中选择最小的元素和数组的第一个元素交换，比如最小元素 1 和第一个 3 进行交换，那么第一个 3 就跑到第二个 3 的后面了，它们的相对顺序改变了。为了区分两个 3，这里第二个 3 用 third 表示，我们来看一下。

原始数据：［3，4，third，1］

第一步：［1，4，third，3］

第二步：［1，third，4，3］

第三步：［1，third，3，4］

我们看到排序之前和排序之后两个 3 的位置的确发生了变化，所以选择排序是不稳定的。

时间复杂度：O(n^2)

稳定性：不稳定

2.3 插入排序

插入排序的原理是默认前面的元素都是已经排序好的，然后从后面逐个读取元素并插入到前面排序好的序列中，就相当于打扑克的时候，每获取一张牌，就插入到合适的位置一样。如果只有一个元素的时候，默认它是有序的，然后从第二个元素开始逐个往前插入，如图 2-3 所示。

```
public void insertSort(int[] nums) {
    int length=nums.length;
    for (int i=1; i<length; i++) {
        int key=nums[i];
        int j=i-1;
        // 大于 key 的往后挪。
        for (; j>=0&&nums[j]>key; j--)
            nums[j+1]=nums[j];
        nums[j+1]=key;// 把 key 放到合适的位置。
    }
}
```

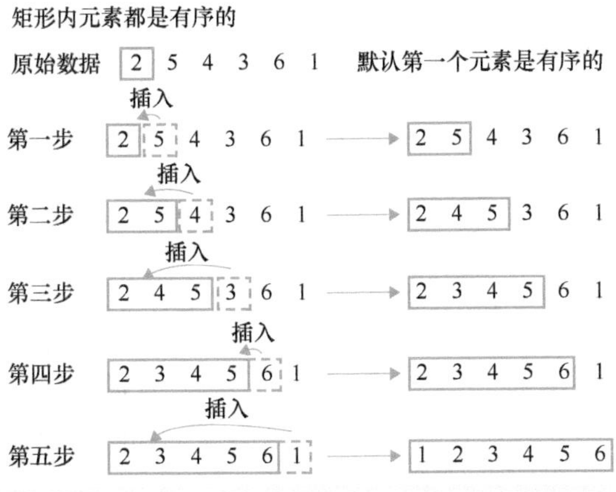

矩形内元素都是有序的

原始数据	[2] 5 4 3 6 1	默认第一个元素是有序的
第一步	[2] [5] 4 3 6 1 （插入）	→ [2 5] 4 3 6 1
第二步	[2 5] [4] 3 6 1 （插入）	→ [2 4 5] 3 6 1
第三步	[2 4 5] [3] 6 1 （插入）	→ [2 3 4 5] 6 1
第四步	[2 3 4 5] [6] 1 （插入）	→ [2 3 4 5 6] 1
第五步	[2 3 4 5 6] [1] （插入）	→ [1 2 3 4 5 6]

● 图 2-3

稳定性分析

插入排序是把待插入的元素放到前面有序序列的合适位置，当前元素只有比前面的小才会往前挪，如果有相同的元素，它们的相对位置是不会变的，所以它是稳定的。

时间复杂度：O(n^2)

稳定性：稳定

2.4 快速排序

快速排序的原理就是先把数组分成两部分，其中左边的任何一个元素都小于右边的任何一个元素，通俗一点就是左边的最大值小于右边的最小值。分成两部分之后，继续对左边和右边进行同样的操作，实际上就是把一个大问题拆成两个小问题，我们发现它就是一个递归，那么递归的终止条件是什么呢？就是数组为空或者只剩下一个元素为止，因为这样就没法再分了。怎样分呢？这里有多种方式，一种是用待排序序列的第一个元素作为中枢值，把序列中小于中枢值的往前挪，最后把中枢值放到合适的位置，如图 2-4 所示，它的步骤如下：

（1）选择待排序序列的第一个元素作为中枢值，并使用两个指针 i 和 j，其中 j 指向待排序列的第一个元素，i 指向待排序列的第二个元素。

（2）如果 nums[i]比中枢值大，i 往右移一步，j 不动。

（3）如果 nums[i]比中枢值小，j 先往右移一步，然后和 i 指向的值交换（目的就是把小的往前挪），接着 i 往右移，继续重复上面的步骤。

上面只是进行了第一轮的划分，划分为两部分之后，左边的值比右边的值小，然后对左边和右边进行同样的划分，直到不能划分为止。

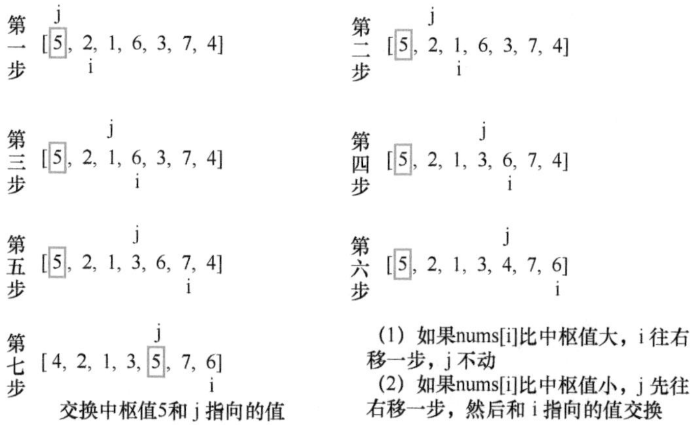

第一步 [5, 2, 1, 6, 3, 7, 4]

第二步 [5, 2, 1, 6, 3, 7, 4]

第三步 [5, 2, 1, 6, 3, 7, 4]

第四步 [5, 2, 1, 3, 6, 7, 4]

第五步 [5, 2, 1, 3, 6, 7, 4]

第六步 [5, 2, 1, 3, 4, 7, 6]

第七步 [4, 2, 1, 3, 5, 7, 6]

交换中枢值5和 j 指向的值

（1）如果nums[i]比中枢值大，i 往右移一步，j 不动

（2）如果nums[i]比中枢值小，j 先往右移一步，然后和 i 指向的值交换

● 图 2-4

```
public void quickSort(int[] nums) {
    quickSort(nums, 0, nums.length-1);
}

/**
 * @param nums          待排序的数组。
 * @param start         待排序开始的位置,闭区间。
 * @param end           待排序结束的位置,闭区间。
 */
public void quickSort(int[] nums, int start, int end) {
    if (start<end) {
        // 划分,把数组分为两部分。
        int j=partition(nums, start, end);
        quickSort(nums, start, j-1);// 递归左边部分。
        quickSort(nums, j+1, end); // 递归右边部分。
    }
}

// 这个是快排的重点,使用数组中的第一个元素作为中枢值,把数组分为两部分。
private int partition(int[] nums, int start, int end) {
    // 默认数组的第一个元素作为中枢值。
    int pivotValue=nums[start];
    int j=start;
    for (int i=start+1; i<=end; i++) {
        // 当前元素始终和中枢值进行比较,如果小于中枢值就往前挪。
        if (nums[i]<pivotValue)
            swap(nums,++j, i); // 交换之前,j 需要先往后挪一步。
    }
    swap(nums,j, start);// 交换位置。
```

```
    return j;// 返回中枢值的下标。
}
```

上面的数组划分，最开始的时候中枢值位置始终保持不动，等划分之后，再把中枢值放到合适的位置，其实还有一种方式就是中枢值始终是变动的，如图 **2-5** 所示，它的实现原理如下。

- 使用数组的第一个元素作为中枢值，从后面往前查找小于中枢值的元素，然后交换。
- 交换完之后，从前往后查找大于中枢值的元素，然后交换。
- 继续上面的步骤。

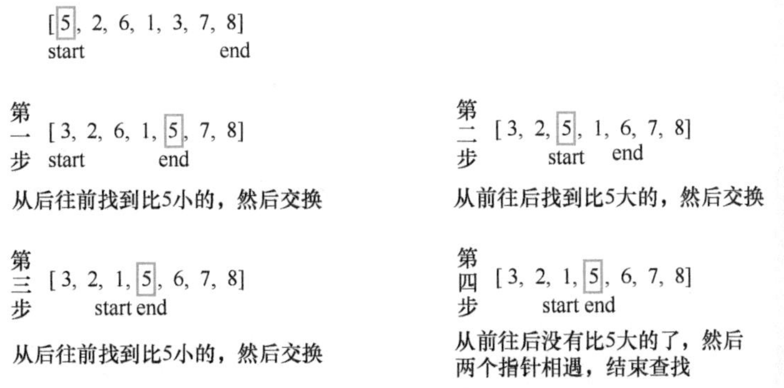

[5, 2, 6, 1, 3, 7, 8]
start end

第一步 [3, 2, 6, 1, 5, 7, 8]
start end
从后往前找到比5小的，然后交换

第二步 [3, 2, 5, 1, 6, 7, 8]
start end
从前往后找到比5大的，然后交换

第三步 [3, 2, 1, 5, 6, 7, 8]
start end
从后往前找到比5小的，然后交换

第四步 [3, 2, 1, 5, 6, 7, 8]
start end
从前往后没有比5大的了，然后两个指针相遇，结束查找

● 图 2-5

第一轮结束之后，就把数组分成了两部分，我们来看一下代码，主要看数组划分的这个方法，其他都是一样的。

```
private int partition(int[] nums, int start, int end) {
    // 默认数组的第一个元素作为中枢值。
    int pivotValue=nums[start];
    while (start<end) {
        // 从后往前查找小于中枢值的元素。
        while (start<end&&nums[end]>=pivotValue)
          --end;
        swap(nums, start, end);// 将这个小的元素和中枢值交换
        // 从前往后查找大于中枢值的元素。
        while (start<end&&nums[start]<=pivotValue)
           ++start;
        swap(nums, start, end);// 将这个大的元素和中枢值交换
    }
    return start;// 返回中枢值所在的位置。
}
```

稳定性分析

快速排序的原理是把小于中枢值的元素往前挪，挪的时候涉及交换，就有可能打乱原来相同元素的相对顺序，比如数组［2,3,3,1］为了区分两个 3，用 third 来表示第二个 3，也就是［2,3,third,1］。

刚开始的时候因为中枢值不变，并且1小于3，所以就会和第一个3交换，变成了［2，1，third，3］，然后把中枢值放到合适的位置［1,2,third,3］，其实我们发现在第一轮交换的时候，两个3的相对位置就已经发生了变化，所以快速排序是不稳定的。可以把它看作是二叉树的前序遍历，就是先分割数组，然后递归左右两个子数组，时间复杂度是O(n∗log(n))，空间复杂度是O(log(n))。

时间复杂度：O(n∗log(n))

稳定性：不稳定

2.5 归并排序

如果我们把快速排序看作二叉树的前序遍历，那么归并排序就可以看作二叉树的后序遍历。归并排序的原理是先把数组分成两部分，然后每部分再分成两部分，一直拆分下去，直到不能拆分为止，最后进行合并，如图2-6所示。合并的时候实际上就是合并两个有序数组，对于有序数组的合并，使用双指针即可实现。

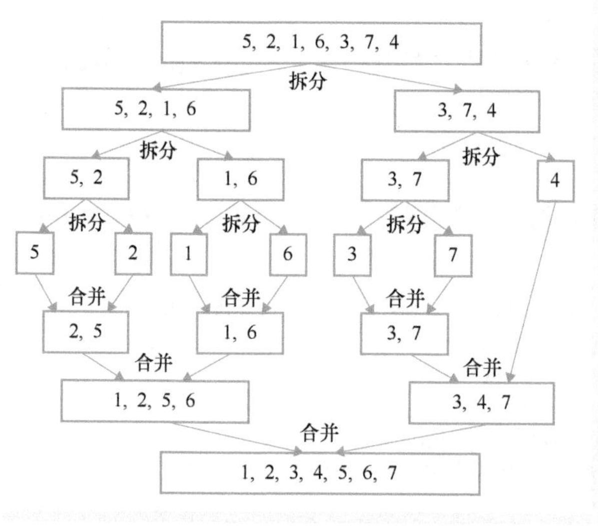

● 图2-6

```
public void mergeSort(int nums[]) {
    mergeSort(nums, 0, nums.length-1);
}

public void mergeSort(int nums[], int left, int right) {
    if (left<right) {
        // 通过递归先对数组进行拆分。
        int center=(left+right)>>>1;
```

```
        mergeSort(nums, left, center);
        mergeSort(nums, center+1, right);
        // 合并两个有序的数组。
        merge(nums, left, center, right);
    }
}

// 合并两个有序的数组。
// 前面数组的范围[left,center],后面数组的范围[center+1,right]。
private void merge(int[] nums, int left, int center, int right) {
    int length=right-left+1;
    // 创建一个临时数组。
    int[] tmp=new int[length];
    int index=0;
    int start1=left;// 前面数组开始的位置。
    int start2=center+1;// 后面数组开始的位置。
    // 使用双指针合并两个有序数组。
    while (start1<=center&&start2<=right) {
        if (nums[start1]<=nums[start2]) {
            tmp[index++]=nums[start1++];
        } else {
            tmp[index++]=nums[start2++];
        }
    }
    // 如果第一个数组后面还有数字,就把它添加到临时数组中。
    while (start1<=center)
        tmp[index++]=nums[start1++];
    // 同理,如果第二个数组后面还有数字,就把它添加到临时数组中。
    while (start2 <=right)
        tmp[index++]=nums[start2++];
    // 把临时数组中的元素放回原数组。
    index=0;
    while (index<length)
        nums[left+index]=tmp[index++];
}
```

稳定性分析

归并排序的时候是先把数组一直拆分下去，拆分的时候并没有打乱相同元素的相对位置。拆分完之后合并，合并的时候实际上就是合并两个有序数组，我们来看一下这段代码的第二行。

```
1 while (start1<=center && start2<=right) {
2     if(nums[start1]<=nums[start2]){// 注意这行代码
3         tmp[index++]=nums[start1++];
4     }else {
5         tmp[index++]=nums[start2++];
6     }
7 }
```

像上面这种写法就是稳定的，因为如果有相同的元素，先取前面的，所以相同元素的相对位置并没有改变，如果像下面这样写，就不是稳定的了。

```
while (start1<=center&&start2<=right) {
    if (nums[start1]<nums[start2]) {// 注意这种写法,把<=改成<。
        tmp[index++]=nums[start1++];
    }else {
        tmp[index++]=nums[start2++];
    }
}
```

时间复杂度：O(n * log(n))

稳定性：稳定

2.6 堆排序

可以把堆看作是一棵完全二叉树，关于堆的原理和实现可以看 1.7 节。把数组中的元素全部放到堆中，最后把堆中所有元素放到数组中即可完成排序，来看一下代码。

```
public void heapSort(int[] nums) {
    MyHeap<Integer> myHeap=new MyHeap(10);
    for (int i=0; i<nums.length; i++)
        myHeap.add(nums[i]);// 添加到堆中。
    int index=0;
    // 取出堆中的元素。
    while (index < nums.length)
        nums[index++]=myHeap.remove();
}
```

上面使用的是最小堆，每次往堆中添加元素会往上调整，删除堆顶元素会往下调整。实际上还可以使用最大堆，使用最大堆只需要往下调整即可，不需要往上调整。首先需要建堆，建堆的时候从最后一个非叶子节点往下调整。堆建完之后，因为是最大堆，每次只需要取出堆顶元素放到已排序列的前面，然后剩下序列的最后一个元素和堆顶元素交换，继续往下调整。我们先看一下建堆的流程，如图 2-7 所示。

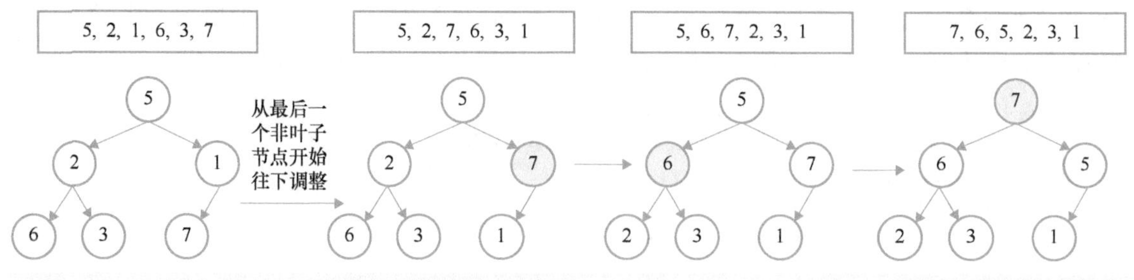

图 2-7

堆建好之后，堆顶元素就是堆中最大值，用数组末尾元素和堆顶元素交换，交换完之后数组末尾元素就是最大值了。然后堆顶元素往下调整，调整范围不包含数组末尾元素。接着用数组倒数第二个元素和堆顶元素交换，交换完之后数组倒数第二个元素就是数组中第二大的值了，然后堆往下调整，调整范围不包含数组后面两个元素，重复上面的过程，直到堆中只有一个元素，如图 2-8 所示。

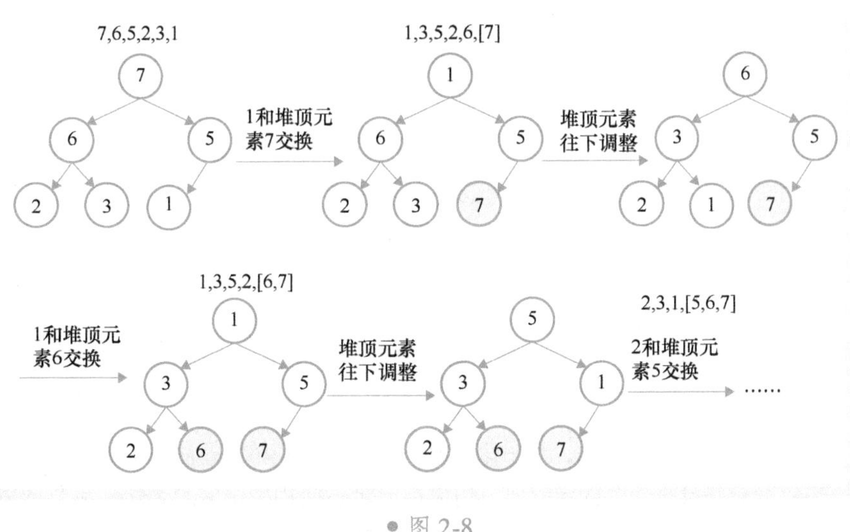

● 图 2-8

```
public void heapSort(int[] nums) {
    int length=nums.length;
    buildMaxHeap(nums, length);// 创建堆。
    for (int i=length-1; i>0; i--) {
        swap(nums, 0, i);// 交换。
        downHeap(nums, 0, i);// 剩余的往下调整,注意调整范围。
    }
}

// 构建堆(最大堆)。
private void buildMaxHeap(int[] nums, int heapSize) {
    // 从最后一个非叶子节点开始循环,往下调整。
    for (int i=(heapSize-2)>>1; i>=0; i--)
        downHeap(nums, i, heapSize);
}

// 往下调整。
private void downHeap(int[] nums, int index, int heapSize) {
    int left=index*2+1;// 左子节点的下标。
    int right=index*2+2;// 右子节点的下标。
    int largest=index; // 找出子节点中最大的,也可能没有。
    if (left<heapSize&&nums[left]>nums[largest])
        largest=left;
```

```
    if (right<heapSize&&nums[right]>nums[largest])
        largest=right;
    if (largest!=index) {
        swap(nums, largest, index);// index 和它最大的子节点交换。
        downHeap(nums, largest, heapSize);// 继续往下调整。
    }
}
```

稳定性分析

堆排序会导致堆中节点的上下调整，在移除堆顶元素的时候，它会用数组后面的元素替代，如果有相同的元素，后面的有可能会挪到前面，所以它是不稳定的。

时间复杂度：O(n * log(n))

稳定性：不稳定

2.7 桶排序

桶排序是把数组放到 n 个桶里面，然后每个桶里的元素分别单独排序，单独排序时可以使用其他排序方式，桶的数量 n 并没有一个固定的值，可以自己定。使用桶排序的时候，每个桶里的元素不是随便放的，要保证当前桶里最大值小于下一个桶的最小值。使用桶排序时，需要先计算数组的最大值和最小值，比如有数组［5,13,9,7,2,12,8］，数组的最大值和最小值分别是 13 和 2，假设使用 3 个桶，那么每个桶里元素的范围就是(13-2)/3+1=4，所以这 3 个桶每个桶里的元素区间分别为［2,5］，［6,9］，［10,13］。把数组中的元素放到 3 个桶里，分别为［5,2］，［9,7,8］，［13,12］，放完之后分别对每个桶进行单独排序，如图 2-9 所示。

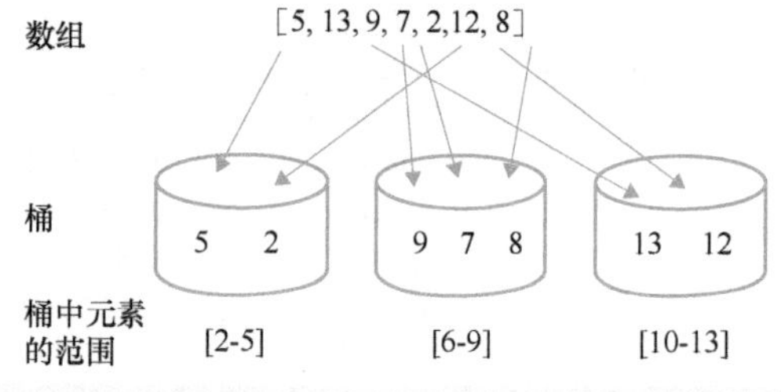

图 2-9

```
private void bucketSort(int[] nums) {
    int length=nums.length;
    // 桶的数量,这里定义为 3。
    int bucketSize=3;
    // 分别计算数组的最大值和最小值。
    int max=Arrays.stream(nums).max().getAsInt();
    int min=Arrays.stream(nums).min().getAsInt();

    // 创建桶,这里使用 list 集合表示桶。
    List<List<Integer>> buckets=new ArrayList<>(bucketSize);
    for (int i=0; i<bucketSize; i++) {
        buckets.add(new ArrayList<>());
    }

```

```
    // bucketRange 表示桶中元素的范围。
    int bucketRange=(max-min)/bucketSize+1;
    for(int i=0;i<length;i++){
        // 根据数组中元素的大小,把数组中的元素放到指定的桶里。
        buckets.get((nums[i]-min) / bucketRange).add(nums[i]);
    }

    // 对每个桶再单独排序。
    int bucketIndex=0;
    for (int i=0; i<buckets.size(); i++) {
        List<Integer> mList=buckets.get(i);
        // 每个桶里的元素再单独排序。
        Collections.sort(mList);
        for (int j=0; j<mList.size(); j++) {
            nums[bucketIndex++]=mList.get(j);
        }
    }
}
```

稳定性分析

桶排序是先把数组中的元素放到桶里，然后每个桶再单独排序。放到桶里是从前往后遍历数组，不会打乱相同元素的相对位置，而每个桶里的排序可以使用稳定的排序算法，所以桶排序是稳定的。桶排序的时间复杂度依赖桶的大小，如果桶足够大，时间复杂度可以达到 n。

时间复杂度：n

稳定性：稳定

2.8 基数排序

基数排序可以排列整数和字符串，它的排序原理就是首先第一位排序，然后第二位排序，直到所有的位排完为止。基数排序分为两种，分别是 LSD（Least Significant Digital）和 MSD（Most Significant Digital），一个从右边开始，一个从左边开始，假设有一个数组［352,576,34,7,125］，我们从右边开始对它进行排序，如图 2-10 所示。

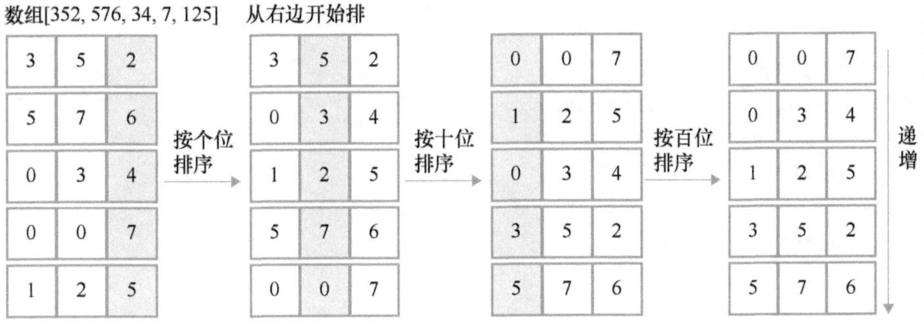

图 2-10

```
public void radixSort(int[] nums){
    int digitCount=19;// 从-9 到 9 最多 19 位数。
    int maxCount=maxLength(nums);
    int radix=1;
    int[][] tmpArr=new int[digitCount][nums.length];
    // 按照位数进行排序。
    for(int i=0;i<maxCount;i++){
        // 记录每个数字出现的数量。
        int[] count=new int[digitCount];
        for(int j=0;j<nums.length;j++){
            // 获取当前位置上的数字,为了防止出现负数,把它加上 9。
            int temp=((nums[j]/radix)% 10)+9;
            tmpArr[temp][count[temp]++]=nums[j];
        }
        int index=0;
        for(int j=0;j<digitCount;j++){
            if(count[j]==0)// 当前数字没出现过可直接跳过。
                continue;
            for(int k=0; k<count[j]; k++) {
                nums[index++]=tmpArr[j][k];
            }
        }
        // 先从个位开始,然后是十位、百位……
        radix *=10;
    }
}

// 获取最长数字的长度。
private int maxLength(int[] nums){
    int max=Arrays.stream(nums).max().getAsInt();
    int min=Arrays.stream(nums).min().getAsInt();
    if (min>=0)
        return getBitCount(max);
    return Math.max(getBitCount(max), getBitCount(-min));
}

// 计算数字的长度。
private int getBitCount(int num) {
    int count=0;
    while (num!=0) {
        count++;
        num/=10;
    }
    return count;
}
```

稳定性分析

基数排序首先记录每一位（个位、十位、百位……）上每个数字出现的次数，然后把它放到数组 tmpArr 中，取的时候是从前往后遍历 count 数组，并没有打乱相同元素的相对位置，所以是稳定的。

时间复杂度：O（n＊k），k 是数字的长度

稳定性：稳定

2.9 希尔排序

希尔排序使用的是增量递减排序法，就是首先使用一个增量 step，这个增量可以理解为元素之间的间隔，把数组分组，然后单独排序，这样每组都是有序的，然后增量减半，当增量为 1 的时候，相当于对整个数组进行排序。这个增量不一定每次非要减半，减三分之一也可以，但无论怎样减，都要保证最后一次增量一定是 1，如图 2-11 所示。

5,2,8,4,3,7,1,9,6

第一轮增量为4

3	2	8	4	5	7	1	9	6	5和3交换
3	2	8	4	5	7	1	9	6	2和7不交换
3	2	1	4	5	7	8	9	6	8和1交换
3	2	1	4	5	7	8	9	6	4和9不交换
3	2	1	4	5	7	8	9	6	5和6不交换

第二轮增量为2，排序之后的结果

1	2	3	4	5	7	6	9	8
1		3		5		6		8
	2		4		7		9	

第三轮增量为1，排序之后的结果

1	2	3	4	5	6	7	8	9

● 图 2-11

假设第一轮增量值是 4，相当于把相距为 4 的元素分为一组，然后排序，接着减少增量，继续比较，当增量为 1 的时候，相当于前后两个比较，然后交换，再往前面的都是比较小的，没必要再交换了。可以看到如果增量 step 为 1 的时候，代码和插入排序完全一样。

```
public void shellSort(int[] nums) {
    int length=nums.length;
    for (int step=length>>1; step>=1; step>>=1) {
        for (int i=step; i<length; i++) {
            int key=nums[i];
            int j=i-step;
            // 大于 key 的往后挪。
            for (; j>=0&&nums[j]>key; j-=step)
               nums[j+step]=nums[j];
```

```
            nums[j+step]=key;// 把 key 放到合适的位置。
        }
    }
}
```

稳定性分析

希尔排序使用的是增量递减法，可以理解为分组，相同的元素可以分到不同组。如果有相同的元素，后面的有可能会挪到前面，所以它是不稳定的。上面嵌套有 3 个 for 循环，其中第一个每次减半，时间复杂度是 O(log(n))，第二个时间复杂度是 O(n)，第三个最开始的时候间隔比较大，执行次数比较少，到最后间隔比较小的时候，很多区域都是有序的了，比如当间隔为 1 的时候，相当于前后比较两两交换，最多执行 1 次，总体来说时间复杂度可以认为是 O(log(n))，所以整个希尔排序的时间复杂度是 O(log(n) * n * log(n))。

时间复杂度：O(n * log(n)^2)

稳定性：不稳定

2.10 计数排序

计数排序是一种非基于比较的排序算法，它的排序原理和桶排序有点类似，不同的是桶排序中桶的尺寸比较小，有些桶里可能有不同的元素，所以桶排序中还要对每个桶进行单独排序。计数排序可以把它看作一个非常大的桶，足够存储所有的元素，并且每个桶里只能有相同的元素，从桶值最小的开始取，如图 2-12 所示。

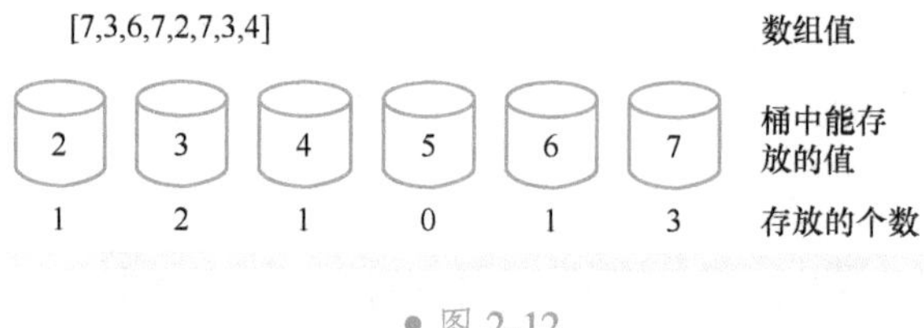

● 图 2-12

```
private void countingSort(int[] nums) {
    int length=nums.length;
    int max=Arrays.stream(nums).max().getAsInt();
    int min=Arrays.stream(nums).min().getAsInt();
    int bucketLength=max-min+1;// 桶的大小。
    int[] buckets=new int[bucketLength];
    for (int i=0; i < length; i++)
      buckets[nums[i]-min]++;// 把数组元素放到对应的桶里。
    // 遍历所有桶,取出桶里的元素。
    for (int i=0, j=0; j<bucketLength; j++) {
```

```
        if (buckets[j]==0)// 当前桶里元素的个数。
            continue;
        for (int k=0; k<buckets[j]; k++)
            nums[i++]=j+min;
    }
}
```

稳定性分析

从前往后遍历数组，相同的值在桶里的相对顺序并没有被打乱，从桶里取值的时候，相同的值也是先取前面的，所以是稳定的。我们看一下代码中有 3 个 for 循环，其中第一个 for 循环的时间复杂度是 O(n)，第二个和第三个属于嵌套，嵌套的时间复杂度是 O(n+m)，m 是桶的大小，所以计数排序总的时间复杂度是 O(n+m)。

时间复杂度：O(n+m)，m 是数组中最大值和最小值的差，也是桶的大小

稳定性：稳定

2.11 其他排序

排序算法不止上面介绍的 10 种，其实还有，但很多都不实用，比如位图排序，它是用二进制来记录，但不能有重复数字。还有 Bogo 排序，它其实就是把数据随机打乱，然后判断是否有序，如果不是有序，就继续随机打乱，直到有序为止。这个其实就和无限猴子定理一样，无限猴子定理说的是让一只猴子在打字机上随机地按键，当按键次数达到无穷时，能够打出任何给定的文字，比如莎士比亚的全套著作。

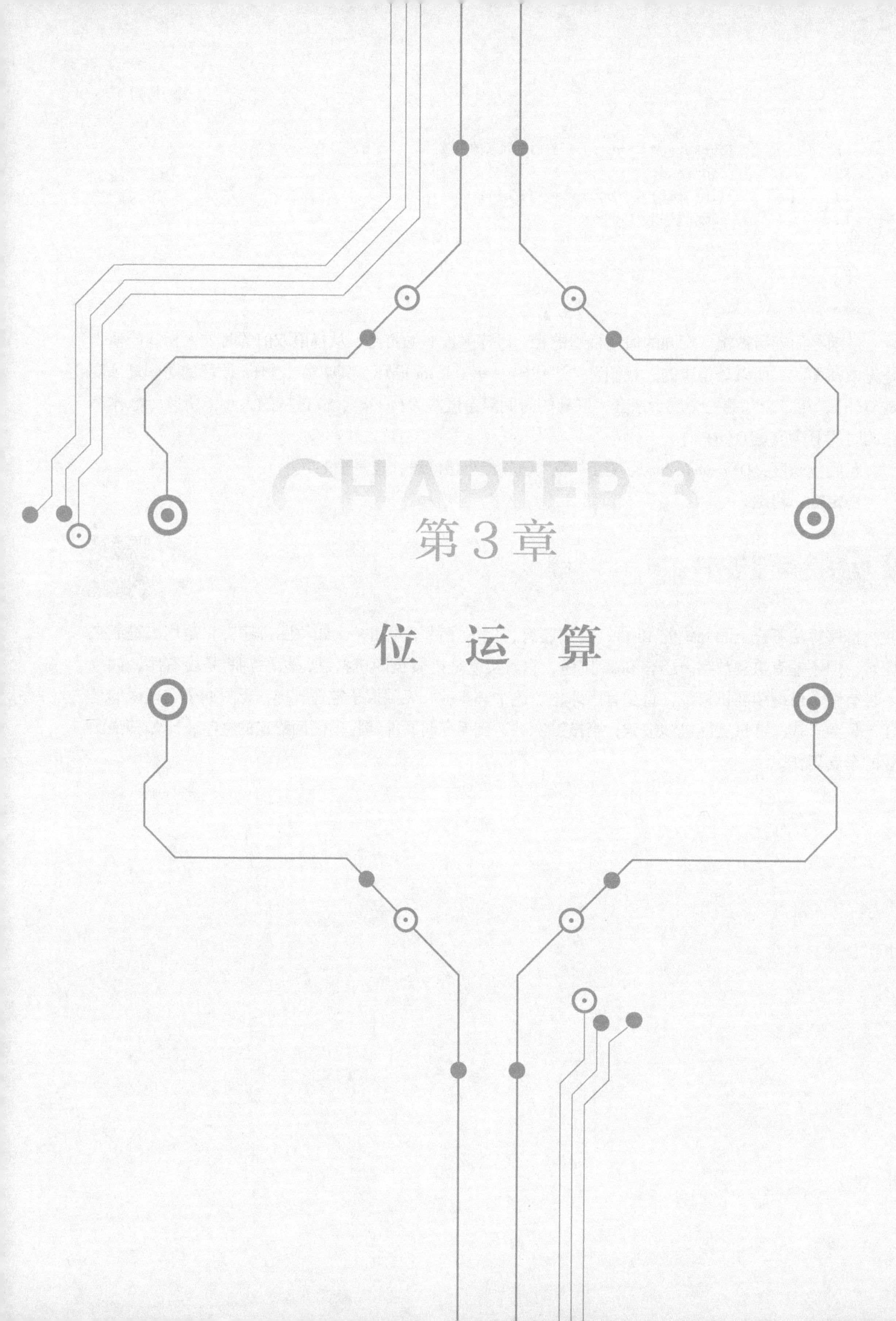

CHAPTER 3

第3章

位 运 算

数据在计算机中都是以二进制形式存储的。比如在 int 类型中，最高位是符号位，1 表示负数，0 表示非负数，如表 3-1 所示。

表 3-1　正整数与负整数

	正 整 数	负 整 数
源码	二进制中最高位是 0	二进制中最高位是 1
反码	和源码相同	最高位不变，其他位按位取反
补码	和源码相同	反码+1

在计算机中整数都是以补码的方式进行存储的，正整数的源码、反码和补码都是一样的，负整数的源码、反码、补码都不一样。

```
10000000 00000000 00000000 00001101 (-13 的源码)
11111111 11111111 11111111 11110010 (-13 的反码,除了最高位不变,其他位都取反)
11111111 11111111 11111111 11110011 (-13 的补码,反码加 1)
```

3.1 位运算的常见操作符

常见的位运算操作符有下面几种（注意，本书主要以 Java 语言来写的，有些操作符在其他语言中不一定有），如表 3-2 所示。

表 3-2　常见的位运算操作符

<table>
<tr><th>序　号</th><th>运 算 符</th><th>说　明</th><th>使　用</th></tr>
<tr><td>1</td><td>&</td><td>按位与</td><td>只要有一个是 0，结果就为 0</td></tr>
<tr><td>2</td><td>|</td><td>按位或</td><td>只要有一个是 1，结果就为 1</td></tr>
<tr><td>3</td><td>~</td><td>按位非</td><td>如果是 0 就变成 1，如果是 1 就变成 0</td></tr>
<tr><td>4</td><td>^</td><td>按位异或</td><td>相同的为 0，不同的为 1</td></tr>
<tr><td>5</td><td><<</td><td>左移运算符</td><td>往左移一位，相当于放大一倍（特殊情况除外）</td></tr>
<tr><td>6</td><td>>></td><td>右移运算符</td><td>往右移一步，相当于缩小一倍（特殊情况除外）</td></tr>
<tr><td>7</td><td>>>></td><td>无符号右移运算符（Java）</td><td>无符号右移，高位补 0</td></tr>
</table>

1：& 按位与，只要有一个是 0，结果就是 0。

```
0&0=0
0&1=0
1&0=0
1&1=1(都是 1 的时候,结果才为 1)
```

2：| 按位或，只要有一个是 1，结果就是 1。

```
0|0=0(都是0的时候,结果才为0)
0|1=1
1|0=1
1|1=1
```

3：~按位非，如果是0就变成1，如果是1就变成0。

```
~1=0
~0=1
```

4：^按位异或，相同的为0，不同的为1。

```
1^1=0
1^0=1
0^1=1
0^0=0
```

5：<< 左移运算符，往左移一位，相当于放大一倍。

```
1<<1 结果为 2
2<<1 结果为 4
2<<3 结果为 16
```

移动1位相当于乘以2，移动2位相当于乘以4，移动3位相当于乘以8。特殊情况时，比如出现溢出，又比如0无论怎样移还是0。

6：>>右移运算符，往右移一位，相当于缩小一倍。

```
32>>1 结果为 16
32>>2 结果为 8
32>>3 结果为 4
```

注意：右移的时候高位如果是0，移动的时候补0；高位如果是1，移动的时候补1。

```
00000000 00000000 00000000 00100000 (是十进制的 32)
00000000 00000000 00000000 00001000 (右移两位变成 8,最高位补 0)

11111111 11111111 11111111 11100000 (是十进制的-32)
11111111 11111111 11111111 11111000 (右移两位变成-8,最高位补 1)
```

7：>>>无符号右移运算符，无符号右移，高位一律补0。

```
00000000 00000000 00000000 00100000 (是十进制的 32)
00000000 00000000 00000000 00001000 (右移两位变成 8,最高位补 0)

11111111 11111111 11111111 11100000 (是十进制的-32)
00111111 11111111 11111111 11111000 (右移两位变成 1073741816,最高位补 0)
```

3.2 位运算的一些简单操作

（1）判断x是奇数还是偶数。

```
x&1
(x&1)==0 是偶数
(x&1)==1 是奇数
```

（2） x 乘以 2 的 n 次方。

```
x<<n
比如 x=3,n=5
则 x<<n 结果是 3*32=96
```

（3） x 除以 2 的 n 次方。

```
x>>n
比如 x=31,n=3
则 x>>n 结果是 31/8=3
```

（4） 消去 x 二进制中最右边的 1。

```
x&(x-1)

00000000 00000000 00000000 00001101 (x=13)
00000000 00000000 00000000 00001100 (x-1=12)
00000000 00000000 00000000 00001100 运算之后把 x 最右边的 1 消掉了(结果)

11111111 11111111 11111111 11110011 (x=-13)
11111111 11111111 11111111 11110010 (x-1=-14)
11111111 11111111 11111111 11110010 运算之后把 x 最右边的 1 消掉了(结果)
```

（5） 求 x 的相反数。

```
除了在前面加个符号以外,还可以这样写:~(x-1)或者~x+1
比如 x 等于 10,计算结果为-10。如果 x=-10,计算结果为 10。
```

（6） x 的非运算。

```
~x=-x-1

比如~6=-6-1=-7
或者~(-6)=6-1=5
```

（7） x 的二进制中从右边数第 n 位变成 1 （n 从 1 开始）。

```
x|(1<<(n-1))

比如 x=13,n=7
00000000 00000000 00000000 00001101 (x=13)
00000000 00000000 00000000 01000000 (1<<(n-1))
00000000 00000000 00000000 01001101 右边数第 7 位变成了 1(结果)
```

（8） x 的二进制中从右边数第 n 位变成 0 （n 从 1 开始）。

```
x&(~(1<<(n-1)))
比如 x=13,n=3
```

```
00000000 00000000 00000000 00001101(x=13)
11111111 11111111 11111111 11111011(~(1<<(n-1)))
00000000 00000000 00000000 00001001 右边数第3位变成了0(结果)
```

(9) 截取 x 二进制中最后 n 位的值。

```
x&((1<<n)-1)
比如 x=179,n=5
00000000 00000000 00000000 10110011(x=179)
00000000 00000000 00000000 00011111((1<<n)-1)
00000000 00000000 00000000 00010011 截取二进制中的后面5位(结果)
```

(10) 只保留 x 二进制中右边第一个 1，其他的全部置为 0。

```
x&(-x)或者 x&~(x-1)
比如 x=12
00000000 00000000 00000000 00001100(x=12)
11111111 11111111 11111111 11110100(-x=-12)
00000000 00000000 00000000 00000100 只保留 x 二进制中右边的第一个1(结果)
```

(11) 判断 x 的二进制中从右边数第 n 位是 0 还是 1。

```
(x&(1<<(n-1)))
(x&(1<<(n-1)))==0 第n位是0
(x&(1<<(n-1)))!=0 第n位是1
```

(12) 不使用 if 语句求 x 的绝对值。

```
(x^(x>>31))-(x>>31)或者(x+(x>>31))^(x>>31)
如果 x 是非负数,直接返回 x 的值。如果 x 是负数,则返回它的绝对值。
```

(13) 返回 x 的符号（正数返回 1，负数返回-1，0 返回 0）。

```
(x>>31)|(-x>>>31)
如果 x=12,则返回1,如果 x=-12,则返回-1。
```

上面只是列出了位运算的一部分操作，实际上位运算的操作远不止这些。有些同学可能会说，简单的问题变复杂了，尤其是第 5、12、13 题，没必要那么麻烦。其实在工作中，代码尽量写的让大家都能看得懂。那么这里为什么要列出来，第一：可以帮助大家更好地理解二进制在计算机中的存储，第二：可以更好地理解二进制的运算，第三：可以更好地阅读官方源码。学过 Java 的读者应该知道，上面第 10、13 题就是 Integer 类中的方法。我们写代码一方面给别人看，另一方面还要学会看懂别人的代码。

```
/**
 * Returns the signum function of the specified {@code int} value. (The
 * return value is -1 if the specified value is negative; 0 if the
 * specified value is zero; and 1 if the specified value is positive.)
 *
 * @param i the value whose signum is to be computed
 * @return the signum function of the specified {@code int} value.
```

```
 * @since 1.5
 */
public static int signum(int i) {
    // HD, Section 2-7
    return (i>>31) |(-i>>>31);
}
```

3.3 示例练习

3.3.1 交换两个数字的值

交换两个数字可以使用一个临时变量 tmp，或者还可以使用加法、减法，除此之外，还可以使用逻辑运算符^来交换。

```
a^=b;
b^=a;
a^=b
```

如果要明白上面的代码为什么能完成 a 和 b 的交换，需要明白逻辑运算符 ^ 的几个公式。

```
a^a=0            任何数字和自己异或都是 0
a^0=a            任何数字和 0 异或都是自己
0^a=a            0 和任何数字异或还是那个数字
a^b^c=a^c^b      异或运算具有交换律
a^b^a=a^a^b=0^b=b
```

3.3.2 只出现一次的数字

给定一个长度为 N 的整数数组，数组中除了一个元素出现一次，其他元素都出现两次，找出只出现一次的元素。

```
Input: Arr[]={8, 8, 7, 7, 6, 6, 1}
Output:1
```

问题分析

题中说了只有一个元素出现一次，其他的都出现两次，可以把它们都异或一遍，因为异或运算具有交换律，相同的元素异或结果为 0，所以最后异或的结果就是我们要求的值。

```
int getSingle(int nums[], int n) {
    int res=0;
    for (int num: nums) // 将所有数字全部异或一遍。
        res^=num;
    return res;
}
```

这道题还可以换种说法，只有一个数字出现奇数次，其他数字出现偶数次，让我们找出只出现奇数次的数字，也可以使用上面的代码。假设有两个数字出现奇数次，其他数字出现了偶数次，找出只出现奇数次的两个数字。

题中说的是只有两个数字出现奇数次，其他数字出现偶数次，假设出现奇数次的两个数字分别为a和b，先把数组中的所有元素异或一遍，因为出现偶数次的异或结果为0，所以数组元素最终的异或结果就是a^b，这个结果必定不等于0，因为只有相同的元素异或结果才会是0，不同的元素它们的二进制位至少有一个不同，可以根据这个不同的位把数组分为两组，这个时候a和b肯定是在不同的两组，然后这道题就变成了上面的“只有一个数字出现奇数次，其他数字出现偶数次”了，我们只需要对每组单独异或运算即可。

```
public int[] singleElement(int[] nums) {
     int xorRes=0;
     // 把数组中的所有元素全部异或一遍。
     for (int num:nums)
        xorRes^=num;
     // 还记得这个运算吗,不记得的可以看一下 3.2 节位运算的一些简单操作
     // 的第 10 题,它只保留最右边的 1,其他的都让它变为 0。
     xorRes&=-xorRes;
     int[] rets={0,0};
     for(int num:nums) {
          // 然后把数组分为两部分,每部分再分别异或。
          if ((num&xorRes)==0) {
              rets[0]^=num;
          }else{
              rets[1]^=num;
          }
     }
     return rets;
}
```

假设只有一个数字出现一次，其他数字出现三次，找出只出现一次的数字。

这道题说的是只有一个数字出现一次，其他数字出现3次。假设所有数字出现3次，那么在32位二进制中每一位数字的和都能够被3整除，比如数组［5，5，9，9，5，9］，如图3-1所示。

我们看到3个5和3个9它们的二进制中每一位相加都能被3整除，如果再出现一个数字，那么就有可能导致某些位上的数字相加之后不能被3整除，只需要根据每一位相加之后能不能被3整除，即可判断只出现一次数字的二进制在某个位置是否是1，比如在上面的数组中添加一个数字6，如图3-2所示。

```
public int singleElement(int[] nums) {
    int res=0;// 只出现一次的数字。
    // int 类型有 32 位,统计每一位 1 的个数。
    for(int i=0;i<32;i++) {
         int oneCount=0;//统计第 i 位中 1 的个数。
```

```
        for(int j=0; j<nums.length; j++) {
            oneCount+=(nums[j]>>>i)&1;
        }
        // 如果 1 的个数不是 3 的倍数,说明只出现一次,数字二进制位在这一位是 1。
        if (oneCount%3!=0)
            res |=1<<i;
    }
    return res;
}
```

总共32位

5	……	0	0	1	0	1
5	……	0	0	1	0	1
9	……	0	1	0	0	1
9	……	0	1	0	0	1
5	……	0	0	1	0	1
9	……	0	1	0	0	1
每一位的和	……	0	3	3	0	6

● 图 3-1

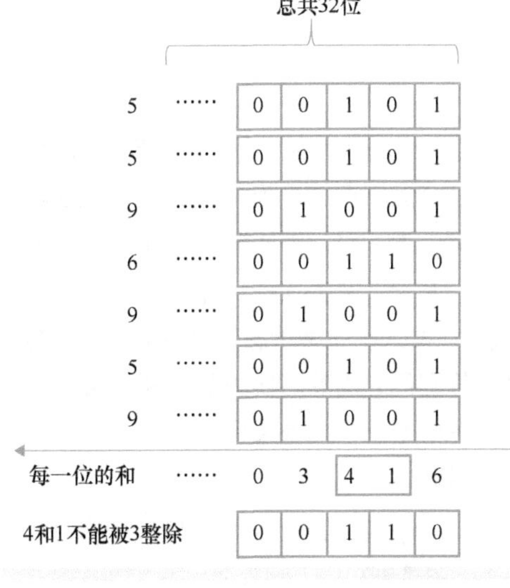

● 图 3-2

对于这道题，还可以扩展一下。

如果只有一个数字出现一次，其他数字出现偶数次，只需要把所有数字异或一遍即可。

如果只有一个数字出现一次，其他数字出现奇数次，可以用下面代码来解决。

```
// n 是出现的次数。
public int singleElement(int[] nums, int n) {
    int res=0;
    for (int i=0; i<32; i++) {
        int oneCount=0;
        // 统计每一位 1 的个数。
        for (int j=0; j<nums.length; j++) {
            oneCount+=(nums[j]>>>i)&1;
        }
        // 判断每一位 1 的个数能不能被 n 整除。
        if (oneCount % n !=0)
            res |=(1<<i);
```

```
    }
    return res;
}
```

3.3.3 有限状态机

如果想要了解有限状态机，最好能有数字电路设计的基础。我们这样思考一下，假设有一种运算符＊它具有以下功能。

```
1*1*1=0
1*0=1
0*1=1
1*1=x
```

这个 x 是多少暂且不管，只知道这个运算符＊（自己发明的）具有交换律，并且每 3 个相同的数字通过这个运算符结果为 0，那么这道题就很容易解了，我们只需要把数组中的所有数字通过这个运算符运算一遍即可，但问题的关键是怎样来设计这个运算符。

我们看到上面有 3 种状态，分别是 0，1，x，如果是两种状态，只需要使用 0 和 1 即可（只需要 1 位数），如果是 3 种状态，至少需要 2 位数，注意这里是至少，也可以使用 3 位、4 位、5 位，关键是要找好它们之间的转换关系。这里就以 2 位来分析一下，要注意 0 和任何数字运算的结果都不变。按照题意的要求，如果某个数出现 4 次，就让它的结果出现 1 次，也就是说周期是 3，每个数都会有下面几种状态。

```
出现 1 次
出现 2 次
出现 3 次
```

看到这里其实大家已经想到了，这不就是 3 进制吗？在二进制中一个位置要么是 1，要么是 0，只能表示两种状态，如果要表示 3 种状态，可以使用两位数字来表示。

```
00 表示出现 1 次
01 表示出现 2 次
10 表示出现 3 次
```

如果输入的是 0（状态始终不变），如表 3-3 所示。

表 3-3　状态始终不变

0 出现的次数	XY（输入之前的状态）	输入数字	XY（输入之后的状态）
1	00	0	00
2	01	0	01
3	10	0	10

如果输入的是1（始终跳到下一个状态），如表3-4所示。

表3-4 始终跳到下一个状态

1出现的次数	XY（输入之前的状态）	输 入 数 字	XY（输入之后的状态）
1	00	1	01
2	01	1	10
3	10	1	00

输入和输出的关系知道了，下面来找一下它们的推导公式，先看一下输入之后的状态X为1的有哪些，一个是0出现次数为3的那行，一个是1出现次数为2的那行，所以可以得出：

```
X=(X&~Y&~num)|(~X&Y&num)
这里num是输入的数字
```

如果看不懂，可以先看一下卡诺图化简法，这是数字电路设计中的知识（如果没学过，这里可以先跳过）。其实很简单，如果是1就用原来的数字表示，如果是0就在前面添加非运算符~，关于数字电路的知识，这里就不过多展开了。同理还可以推导出Y。

```
Y=(~X&Y&~num)|(~X&~Y&num)
```

通过上面的表格可以看到无论是0还是1，如果只出现1次，那么它就会保存在Y中，最后只需要返回Y的值即可。当然这里X和Y还是可以化简的，如果对卡诺图化简法不是很了解，不用化简，直接运行也是没问题的。

```
public int singleElement(int[] nums) {
    int x=0;
    int y=0;
    for (int num: nums) {
        // 为了防止变量x被覆盖,这里先把计算的结果保存起来,最后赋值给x。
        int tmp=x&~y&~num|~x&y&num;
        y=~x&y&~num|~x&~y&num;
        x=tmp;
    }
    return y;
}
```

前面说过，无论是使用2位数、3位数、4位数，都是可以的，只要能存储3种状态即可，下面就用一个3位数来计算一下，3位数可以表示8种状态，可以随便选。

```
001表示1次
010表示2次
100表示3次
```

如果输入的是0（状态始终不变），如表3-5所示。

表 3-5 状态始终不变

0 出现的次数	XYZ（输入之前的状态）	输 入 数 字	XYZ（输入之后的状态）
1	001	0	001
2	010	0	010
3	100	0	100

如果输入的是 1（始终跳到下一个状态），如表 3-6 所示。

表 3-6 始终跳到下一个状态

1 出现的次数	XYZ（输入之前的状态）	输 入 数 字	XYZ（输入之后的状态）
1	001	1	010
2	010	1	100
3	100	1	001

根据上面的状态可以推出如下转换关系。

```
X=X&~Y&~Z&~num |~X&Y&~Z&num
Y=~X&Y&~Z&~num |~X&~Y&Z&num
Z=~X&~Y&Z&~num |X&~Y&~Z&num
```

上面并没有化简，通过上面的表可以看到无论是 0 还是 1，如果只出现 1 次，它们都会保存在 Y 中所以最后只需要返回 Y 即可。

```
public int singleElement(int[] nums) {
    int x=0;
    int y=0;
    // 因为定义的 001 表示的是 1 次,所以初始化的时候让 z 的二进制位全部
    // 变为-1,-1 的二进制表示为 11111111 11111111 11111111 11111111
    int z=-1;
    for (int num: nums) {
        int tmpX=x&~y&~z&~num |~x&y&~z&num;
        int tmpY=~x&y&~z&~num |~x&~y&z&num;
        z=~x&~y&z&~num | x&~y&~z&num;
        x=tmpX;
        y=tmpY;
    }
    return y;
}
```

在 int 范围内能表示 3 种状态的可以挑选上亿个，那么这样写下去答案就非常多了。

3.3.4 二进制中 1 的个数

在 Integer 类中有这样一个函数 bitCount，它是计算二进制中 1 的个数，源码如下。如果暂时看不懂没关系，看到最后就懂了。

```
public static int bitCount(int i) {
    // HD, Figure 5-2
    i=i-((i>>>1)&0x55555555);
    i=(i&0x33333333)+((i>>>2)&0x33333333);
    i=(i+(i>>>4))&0x0f0f0f0f;
    i=i+(i>>>8);
    i=i+(i>>>16);
    return i&0x3f;
}
```

求一个数二进制中1的个数，除了上面的解决方式以外，还有其他解决方式，我们来看几个。

解法一：把数字n每次往右移，统计每一位是否是1。

```
public int bitCount(int n) {
    int count=0;
    for (int i=0; i<32; i++) {
        // 判断二进制中每一位是否是1。
        if (((n>>>i)&1)==1)
            count++;
    }
    return count;
}
```

还可以数字不动，1每次往左移

```
public int bitCount(int n) {
    int count=0;
    // 数字不动,1往左移。
    for (int i=0; i<32; i++) {
        if ((n&(1<<i))!=0)
            count++;
    }
    return count;
}
```

解法二：前面讲过n&(n-1)表示每次消去n的二进制中最右边的1，通过循环把二进制中的1全部消掉为止。

```
public int bitCount(int n) {
    int count=0;
    // 每次消去数字n的二进制中最右边的1。
    while (n!=0) {
        n&=n-1;
        count++;
    }
    return count;
}
```

或者这样写也可以。

```
public static int bitCount(int n) {
    int total=0;
    // 消去最右边的 1。
    while (n!=0) {
        n-=n&(-n);
        total++;
    }
    return total;
}
```

解法三：查表，因为一个 int 类型是 32 位，每四位一组来统计 1 的个数，四位数字包含的范围是 0000-1111（以二进制表示）。

```
public int bitCount(int n) {
    // table 中的元素是 0 到 15 转换为二进制时 1 的个数。
    int table[]={0, 1, 1, 2, 1, 2, 2, 3, 1, 2, 2, 3, 2, 3, 3, 4};
    int count=0;
    while (n!=0) {// 通过每 4 位计算一次,求出包含 1 的个数。
        count+=table[n&0xf];
        n>>>=4;
    }
    return count;
}
```

上面要么使用 for 循环，要么使用 while 循环，下面看几个不使用循环的。

解法四：每两位存储，使用加法。

在二进制中要么是 0 要么是 1，其中 1 就是我们要统计的数量，怎样把这些数字累加起来，其中一种方式就是把 32 位分成 16 组，每组计算 1 的个数，因为每组只有两个数字，最多也只能有 2 个 1，使用两位存储就足够了。

```
00(二进制位)------->00(表示二进制位中 1 的个数,00 是 0,表示没有 1)
01(二进制位)------->01(表示二进制位中 1 的个数,01 是 1,表示有 1 个 1)
10(二进制位)------->01(表示二进制位中 1 的个数,01 是 1,表示有 1 个 1)
11(二进制位)------->10(表示二进制位中 1 的个数,10 是 2,表示有 2 个 1)
```

这样把每组 1 的个数用两位二进制表示，每 4 位一组接着计算，每 8 位一组等，如图 3-3 所示。原理知道了，那么代码就简单了，这里有两种写法，一种是先运算再移位。

```
00000000000000000000000000001011
每两位一组
00 00 00 00 00 00 00 00 00 00 00 00 00 00 10 11 这是原式 1

每组中先保留左边 1 的个数(这里只保留左边的 1,右边的忽略)
00 00 00 00 00 00 00 00 00 00 00 00 00 00 10 10
然后往右移一位(这个时候每两位表示的数字值就是这两位中左边 1 的个数)
00 00 00 00 00 00 00 00 00 00 00 00 00 00 01 01 这个是结果 1

```

```
然后统计原式 1 每组中右边 1 的个数(这里只统计右边的 1,左边的忽略)
00 00 00 00 00 00 00 00 00 00 00 00 00 00 00 01 这个是结果 2

结果 1 和结果 2 相加
00 00 00 00 00 00 00 00 00 00 00 00 00 00 01 10
这个时候每组数字就是真实的数值了,01 表示 1,10 表示 2,总共是 3 个 1。
```

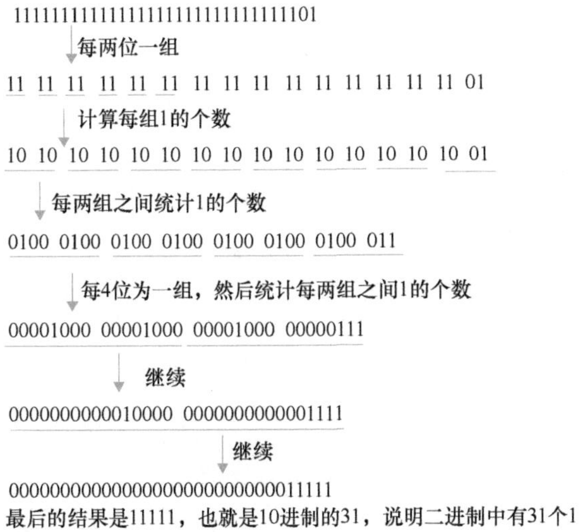

11111111111111111111111111111101

↓ 每两位一组

11 11 11 11 11 11 11 11 11 11 11 11 11 11 11 01

↓ 计算每组1的个数

10 10 10 10 10 10 10 10 10 10 10 10 10 10 10 01

↓ 每两组之间统计1的个数

0100 0100 0100 0100 0100 0100 0100 011

↓ 每4位为一组，然后统计每两组之间1的个数

00001000 00001000 00001000 00000111

↓ 继续

0000000000010000 0000000000001111

↓ 继续

00000000000000000000000000011111

最后的结果是11111，也就是10进制的31，说明二进制中有31个1

图 3-3

这个就是先运算再移位，后面就可以使用上面的方式来统计了。

```java
public int bitCount(int n) {
    n=((n&0xaaaaaaaa)>>>1)+(n&0x55555555);// 每两位之间统计 1 的个数。
    n=((n&0xcccccccc)>>>2)+(n&0x33333333);// 每四位之间统计。
    n=((n&0xf0f0f0f0)>>>4)+(n&0x0f0f0f0f);// 每八位之间统计。
    n=((n&0xff00ff00)>>>8)+(n&0x00ff00ff);// 每十六位之间统计。
    n=((n&0xffff0000)>>>16)+(n&0x0000ffff);// 统计 32 位中 1 的个数。
    return n;
}
```

注释如下。

```
上面一些十六进制的二进制位如下。
0xaaaaaaaa---->10101010 10101010 10101010 10101010 (1 和 0 交替出现)
0x55555555---->01010101 01010101 01010101 01010101 (0 和 1 交替出现)
0xcccccccc---->11001100 11001100 11001100 11001100 (两个 1 和两个 0 交替出现)
0x33333333---->00110011 00110011 00110011 00110011 (两个 0 和两个 1 交替出现)
0xf0f0f0f0---->11110000 11110000 11110000 11110000 (下面就不再写了)
0x0f0f0f0f---->00001111 00001111 00001111 00001111
```

因为 int 类型最多只有 32 个 1，32 在二进制中就是 100000，总共 6 位，所以当超过 6 位计算的时候，比如每 8 位一组计算，没必要把前面 8 位变为 0，因为它已经超过 32 的范围了，最后只需要截取后面的 6 位即可，后面的 6 位截取可以使用 6 个 1 和它进行“与运算”，111111 也就是十进制 63。

```
public int bitCount(int n) {
    n=((n&0xaaaaaaaa)>>>1)+(n&0x55555555);
    n=((n&0xcccccccc)>>>2)+(n&0x33333333);
    n=(((n&0xf0f0f0f0)>>>4)+(n&0x0f0f0f0f));
    n=n+(n>>>8);
    n=n+(n>>>16);
    return n&63;// 63 的二进制表示为 00111111。
}
```

其实还可以先移位再计算，原理其实都一样，这个就不再详细介绍，直接看一下代码。

```
public int bitCount(int n) {
    // n 先往右移一位,然后统计 1 的个数。
    n=((n>>>1)&0x55555555)+(n&0x55555555);
    n=((n>>>2)&0x33333333)+(n&0x33333333);
    n=(((n>>>4)&0x0f0f0f0f)+(n&0x0f0f0f0f));
    n=n+(n>>>8);
    n=n+(n>>>16);
    return n&63;
}
```

解法五：每两位存储，使用减法。

在统计每两位中 1 的个数时，除了使用加法，还可以使用减法，它的原理是使用这个两位数减去这两位数中左边的数字，如图 3-4 所示。

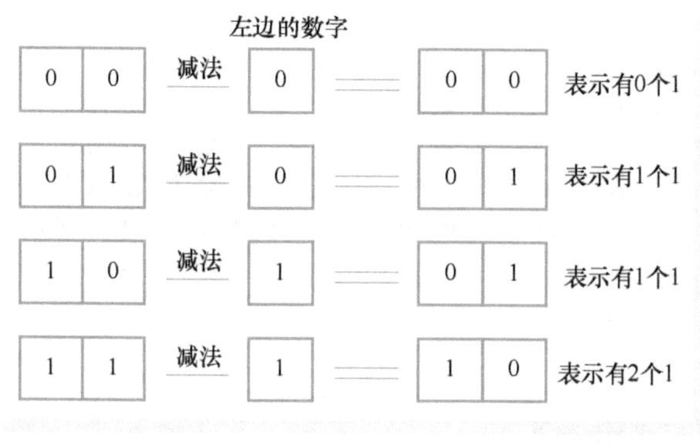

图 3-4

每两位之间计算之后，后面的基本上都一样了，来看一下代码，是不是很熟悉。

```
public int bitCount(int n) {
    // 使用减法
```

```
    n=n-((n>>>1)&0x55555555);
    n=((n>>>2)&0x33333333)+(n&0x33333333);
    n=(((n>>>4)&0x0f0f0f0f)+(n&0x0f0f0f0f));
    n=n+(n>>>8);
    n=n+(n>>>16);
    return n&0x3f;
}
```

解法六：每多位存储。

通过上面的分析，我们发现只要在开始的时候先统计每 n 位数字中 1 的个数，后面就很简单了。统计每 n 位数字中 1 的个数就像上面讲的一样，有两种方式，一种是加法，一种是减法。那么这样可写的答案就比较多了，比如可以每 4 个一组来计算。

（1）每四位一组使用加法。

```
public int bitCount(int n) {
    n=(n&0x11111111)+((n>>>1)&0x11111111)+
        ((n>>>2)&0x11111111)+((n>>>3)&0x11111111);
    n=(((n&0xf0f0f0f0)>>>4)+(n&0x0f0f0f0f));
    n=n+(n>>>8);
    n=n+(n>>>16);
    return n&63;
}

```

当然还可以每 3 个一组，或者每 5 个、7 个、8 个等都是可以的。这里要注意，如果不是 32 的约数，还要单独处理，比如每 3 个一组，最后还剩下两个数字，所以需要单独处理，有兴趣的读者可以看一下。

（2）每三位一组使用加法。

```
public int bitCount(int n) {
    n=(n&011111111111)+((n>>>1)&011111111111)
        + ((n>>>2)&011111111111);
    n=((n+(n>>>3))&030707070707);
    n=((n+(n>>>6))&07700770077);
    n=((n+(n>>>12))&037700007777);
    return ((n+(n>>>24)))&63;
}
```

（3）每三位一组使用减法。

```
public int bitCount(int n) {
    n=n-((n>>>1)&033333333333)-((n>>>2)&011111111111);
    n=((n+(n>>>3))&030707070707);
    n=((n+(n>>>6))&07700770077);
    n=((n+(n>>>12))&037700007777);
```

```
    return ((n+(n>>>24)))&63;
}
```

（4）汉明距离。

汉明距离是两个字符串对应位置不同的个数。对于整数来说就是它们对应二进制位不同位置的数目。我们只需要把两个整数进行异或运算，并统计 1 的个数，那么这个数就是汉明距离，使用上面的代码也可以很容易计算出汉明距离，代码就不再写了。

3.3.5 总的比特位数

给定一个数字 N，计算从 1 到 N 中所有数字的比特位之和。

```
Input: N=4
Output: 5
解释:
1(数字)---1(二进制)---1(1 的个数)
2(数字)---10(二进制)---1(1 的个数)
3(数字)---11(二进制)---2(1 的个数)
4(数字)---100(二进制)---1(1 的个数)
因此,总的比特位数是 5。
```

问题分析

这道题说的是给定一个整数 n，返回从 1 到 n 之间所有整数的二进制中 1 的个数，最简单的一种方式就是一个个计算，关于计算一个整数二进制中 1 的个数，前面刚讲过，这种解决方式就不再介绍了。

我们仔细观察一下，如果一个数字是偶数，那么二进制中最右边一位就是 0，也就是说其往右移一位的数字和原来数字二进制中 1 的个数是一样的。如果一个数字是奇数，那么二进制中最右边一位是 1，其往右移一位的数字中二进制 1 的个数比原来数字少 1，我们举几个例子来看一下。

```
如果 n 是偶数,那么 n 的二进制中 1 的个数和 n/2 的二进制中 1 的个数一样。
二进制:1110(14),有 3 个 1
二进制:0111(7),有 3 个 1

如果 n 是奇数,那么 n 的二进制中 1 的个数比 n/2 的二进制中 1 的个数多 1。
二进制:1101(13),有 3 个 1
二进制:0110(6),有 2 个 1
```

明白了这个原理，代码就容易写了。

```
// 如果是偶数,等于它的一半,如果是奇数等于它的一半加 1。
public static int countSetBits(int n) {
    int sum=0;
    int[] bits=new int[n+1];
    for (int i=1; i<=n; i++) {
        bits[i]=bits[i >> 1]+(i&1);
```

```
        sum +=bits[i];
    }
    return sum;
}
```

前面讲过 x&(x-1)会消掉二进制中最右边的 1，所以还可以像下面这样写。

```
public static int countSetBits(int n) {
    int sum=0;
    int[] bits=new int[n+1];
    for (int i=1; i<=n; i++) {
        // 统计消去最右边 1 的个数,再加 1。
        bits[i]=bits[i&(i-1)]+1;
        sum +=bits[i];
    }
    return sum;
}
```

3.3.6 反转二进制

在 Integer 类中还有这样一个函数 reverse，它是把二进制位进行反转。

```
Input:00000000 00000000 00000000 01100100
Output:00100110 00000000 00000000 00000000
```

如果是反转字符串，只需要使用两个指针即可完成，但这里是一个二进制数字，当然使用两个指针也是可以的。这里来看另一种实现方式，它首先是每两个之间内部进行交换，然后是每四个之间内部进行交换，如图 3-5 所示。

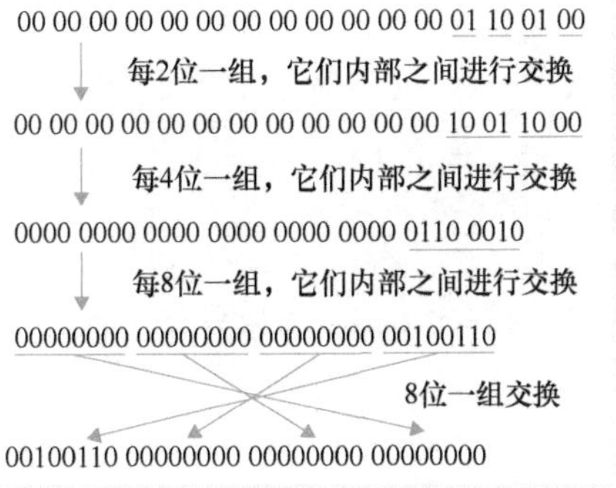

00 00 00 00 00 00 00 00 00 00 00 00 01 10 01 00
每2位一组，它们内部之间进行交换
00 00 00 00 00 00 00 00 00 00 00 00 10 01 10 00
每4位一组，它们内部之间进行交换
0000 0000 0000 0000 0000 0000 0110 0010
每8位一组，它们内部之间进行交换
00000000 00000000 00000000 00100110
8位一组交换
00100110 00000000 00000000 00000000

● 图 3-5

```
public static int reverse(int i) {
    // HD, Figure 7-1
    i=(i&0x55555555) << 1 | (i>>>1)&0x55555555;
```

```
    i=(i&0x33333333) << 2 | (i>>>2)&0x33333333;
    i=(i&0x0f0f0f0f) << 4 | (i>>>4)&0x0f0f0f0f;
    i=(i << 24) | ((i&0xff00) << 8) |((i>>>8)&0xff00) | (i>>>24);
    return i;
}
```

3.3.7 2的幂

前面在1.5节散列表中讲到HashMap中数组的长度必须是2的幂次方，通过位运算有两种实现方式，具体可以参考1.5节散列表。这里来讲一下如何判断一个数是否是2的幂。

```
Input:32
Output: true

Input:38
Output: false
```

我们来观察一下2的幂转化为二进制有什么特点？

```
0000010 是十进制 2
0000100 是十进制 4
0010000 是十进制 16
1000000 是十进制 64
上面的都是 2 的幂,下面的都不是 2 的幂
0010001 是十进制 17
0001010 是十进制 10
0000011 是十进制 3
```

我们看到如果一个数是2的幂，那么这个数肯定是大于0的，并且它的二进制位中只有一个1，其他位都是0。所以只需要判断这个数字的二进制中1的个数就可以了，关于二进制中1的个数我们前面刚讲过。

解法一：判断二进制中是否只有一个1（前提是必须大于0）。

```
public boolean isPowerOfTwo(int n) {
    return n>0&&bitCount(n)==1;
}
```

解法二：n&(n-1)表示消去二进制右边的1，如果只有一个1，消去之后就变成0了。

```
public boolean isPowerOfTwo(int n) {
    return n>0&&(n&(n-1))==0;
}
```

解法三：(n&-n) 表示只保留二进制中右边第一个1，其他的全部置为0，如果只有一个1，相当于没变。

```
public boolean isPowerOfTwo(int n) {
    return n>0&&(n&-n)==n;
}
```

3.3.8 4的幂

判断一个数是否是4的幂。

```
Input: 64
Output: true

Input: 32
Output: false
```

我们知道4的幂一定是2的幂，但2的幂不一定是4的幂。这里还要明白一点，就是2的任何偶数次幂一定是4的幂，举几个例子看一下。

```
00000000 00000000 00000000 00000001(1)
00000000 00000000 00000000 00000100(4)
00000000 00000000 00000000 00010000(16)
00000000 00000000 00000000 01000000(64)
00000000 00000000 00000001 00000000(256)
00000000 00000000 00000100 00000000(1024)
00000000 00000000 00010000 00000000(4096)
```

我们发现4的幂只在奇数位为1（从右边数），其他位都是0，首先判断数字是否是2的幂，然后判断二进制中1是否在奇数位上。

```
// (num&(num-1))判断只有一个1
// 0x55555555 的二进制是 01010101 01010101 01010101 01010101
public boolean isPowerOfFour(int num) {
    return num>0&&(num&(num-1))==0&&(num&0x55555555)==num;
}
```

或者还可以换种写法。

```
// 0xaaaaaaaa 的二进制是 10101010 10101010 10101010 10101010
public boolean isPowerOfFour(int num) {
    return num>0&&((num&(num-1))==0)&&(num&0xaaaaaaaa)==0;
}
```

或者还可以这样写。

```
public boolean isPowerOfFour(int num) {
    return num>0&&(num&(num-1))==0&&(num-1)%3==0;
}
```

也就是说一个数如果是2的幂，并且减1还能被3整除，说明这个数也是4的幂。简单提示一下，2的幂有两种，一种是奇次幂，一种是偶次幂，如下所示。

$2^{2k}-1=(2^k+1)*(2^k-1)$

因为连续的3个数字2^k-1，2^k，2^k+1必定有一个能被3整除，而2^k不能被3整除所以其他两个必定有一个能被3整除，所以$2^{2k}-1$一定能被3整除。

因为 $2^{2k}-1$ 能被 3 整除，所以 $2^{2k+1}-1=2^{2k}+2^{2k}-1$ 一定不能被 3 整除。

3.3.9 交替二进制数

给定一个整数 n，判断这个整数在其二进制表示中是否是 0、1 交替出现。

```
Input: n=12
Output: false,12 的二进制是"1100"。

Input: n=10
Output: true,10 的二进制是"1010"。
```

问题分析

0、1 交替出现，类似于......101010 或者......010101，如果是这种交替出现的，只需要把数字往右移一位，然后和原来的数字进行异或运算，就变成类似于......0000111111 的二进制位，把它加上 1，再与它进行“与运算”，结果必为 0。如果不是交替出现的，会不会出现这种情况呢？实际上是不会的。比如二进制 abcdef，这里的字母只能是 0 或 1，如图 3-6 所示，会有两种情况，无论是哪种情况，0 和 1 都是交替出现的。

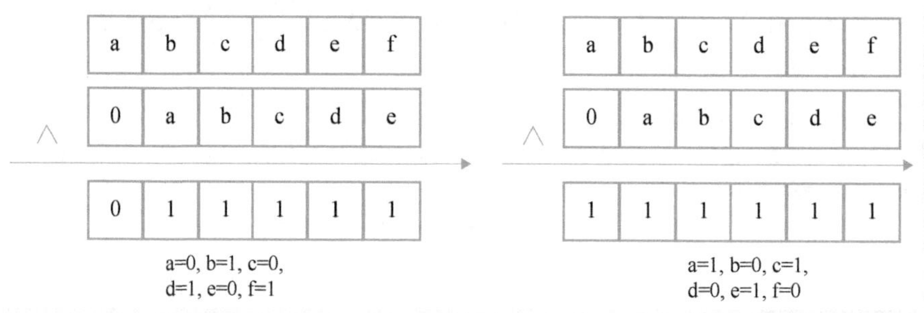

图 3-6

```
public boolean bitsAreInAltOrder(long n) {
    // 1 和 0 交替,右移一位错开,加 1 就变成类似于......11111 这样的二进制位。
    long a=n^(n>>1L);
    return(a&(a+1))==0;
}
```

3.3.10 数字范围的按位与

给定两个非负整数 x 和 y，并且 x<=y，计算 x 到 y 范围内所有整数“与运算”的结果。

```
Input:x=12,y=15
Output:12
解释:12&13&14&15=12
```

问题分析

这道题说的是求整数 x 到 y 之间所有整数“按位与”的结果，如图 3-7 所示，连续的数字在二进制中前面部分是不变的，只有后面有差异，并且这个后面部分如果单独来看，一定是连续的，它们的“与运算”结果一定是 0。所以这道题就可以转换为求最长公共前缀问题，只不过这里的公共前缀是二进制。

5	0	0	0	1	0	1
6	0	0	0	1	1	0
7	0	0	0	1	1	1

公共前缀

● 图 3-7

```
// 只需要找出 x 和 y 的最长公共前缀即可。
public int rangeBitwiseAnd(int x, int y) {
    int shift=0;// 往右移的步数。
    // 找到公共前缀。
    while (x!=y) {
        x>>=1;
        y>>=1;
        ++shift;
    }
     return x<<shift;
}
```

除了上面的写法之外，其实还有一种更简洁的写法，就是每次把 y 最右边的 1 移除，直到小于等于 x 为止。

```
public int rangeBitwiseAnd(int x, int y) {
    // 消去最右边的 1。
    while (x<y)
        y&=y-1;
    return y;
}
```

3.3.11 字符串长度的最大乘积

给定一个长度为 N 的字符串数组 arr[ ]，字符串仅由小写字母组成，找出字符串 arr[i]和 arr[j]长度的最大乘积，其中 arr[i]和 arr[j]不能包含公共字符。

```
Input: arr[]={"abcw", "baz", "foo", "bar", "xtfn", "abcdef"}
Output:16
解释: 字符串 "abcw"和"xtfn"没有公共字符,并且它们的乘积最大。
```

问题分析

这道题说的是找出两个字符串的最大乘积，并且这两个字符串不能有公共字符，计算乘积比较简单，关键是怎样判断有没有公共字符。因为题中说了字符串仅包含小写字母，小写字母最多 26 个，可以使用位运算，一个 int 类型是 32 位，每一位表示一个字母即可，如图 3-8 所示。

	……	i	h	g	f	e	d	c	b	a
……	0	0	0	0	0	0	0	0	0	0	0	0
ab	0	0	0	0	0	0	0	0	0	0	1	1
cd	0	0	0	0	0	0	0	0	1	1	0	0

● 图 3-8

如果出现了某个字母，就在对应的位置标 1，如果没有出现就标 0，如果想判断两个字符串是否有公共的字符，只需要把这两个字符串标记的二进制位进行“与运算”，如果结果为 0，说明它们没有公共的字符。

```
public int maxProduct(String[] words) {
    // 记录每个字符串中有哪些字母。
    int[] bits=new int[words.length];
    int res=0;
    for (int i=0; i<words.length; ++i) {
        // 标记当前字符串有哪些字母。
        for(char ch: words[i].toCharArray())
            bits[i] |=1<< (ch-'a');
        // 如果当前字符串和之前的字符串没有公共的字符,就计算它们的
        // 乘积,保留最大值即可。
        for (int j=0; j<i; ++j) {
            // 如果结果为 0,表示它们没有公共的字符。
            if ((bits[i]&bits[j])==0)
                res=Math.max(res, (words[i].length()* words[j].length()));
        }
    }
    return res;
}
```

3.3.12 两整数之和

计算两整数之和，直接使用符号+即可，但是这个+是怎样运算的呢？如果不让我们使用+-运算符，只使用 & |^ <<>> <<< ~等操作符，该怎样求两数之和呢？这里就来讲一下，假设在二进制中 a 和 b 只有一位，在不考虑进位的情况下，它们相加会有下面 4 种情况。

```
0+0=0
0+1=1
1+0=1
1+1=0(这里出现了进位)
```

我们看到在不考虑进位的情况下，相同的数字相加结果是 0，不同的数字相加结果是 1。这不就是我们前面讲的异或运算吗？

```
public int getSum(int a, int b) {
    return a^b;
}
```

但实际上在计算的时候不可能不考虑进位，仔细观察后发现只有两个都是 1 的情况下才出现进位这不就是我们前面讲的“与运算”吗？如果只有一个二进制位的时候，两数相加可以这样写。

```
public int getSum(int a, int b) {
    // 不考虑进位,相加的结果。
    int res=a^b;
    // 判断是否有进位,如果 carry 等于 0,表示没有进位,否则表示有进位。
    int carry=(a&b)<<1;
    return carry | res;
}
```

在计算两数之和的时候，不可能只有一位，如果出现了进位，还需要继续计算，直到没有进位为止，可以使用 while 循环，也可以使用递归来实现，这里使用 while 循环来看一下代码。

```
public int getSum(int a, int b) {
    while (b!=0) {
        int res=a^b;// 不考虑进位,相加的结果。
        int carry=(a&b) <<1;// 再计算进位的值。
        a=res;// 相加的结果赋值给 a。
        // 把进位的值赋给 b,如果没有进位就不再循环。
        b=carry;
    }
    return a;
}
```

3.3.13 集合的所有子集

给定一个没有重复元素的整数集合 S，求 S 的所有子集。子集中的元素必须按升序排列，解集中不能出现重复的子集。

```
输入:nums=[1,2,3]
返回值:[[],[1],[2],[3],[1,2],[1,3],[2,3],[1,2,3]]
```

问题分析

这道题让找出数组的所有子集，最常见的解决方式是使用回溯算法，但这章讲的是位运算，我们把它放到这里来讲，是希望通过位运算来解决。数组的最长子集就是自己，随便从原数组中去掉一个元素也是它的一个子集，因为每个元素有选和不选两种状态，所以它所有的子集个数是 2^n，其中 n 是数组的长度，如图 3-9 所示。

通过图 3-9 可以看到，如果是 1 就选择，如果是 0 就不选择。

3	2	1		
0	0	0	[]	都没选
0	0	1	[1]	
0	1	0	[2]	
0	1	1	[1,2]	
1	0	0	[3]	
1	0	1	[1,3]	
1	1	0	[2,3]	
1	1	1	[1,2,3]	全选

● 图 3-9

```
public ArrayList<ArrayList<Integer>> subsets(int[] s){
    // 子集的长度是 2 的 length 次方,这里通过移位计算。
    int length=1<<s.length;
    ArrayList<ArrayList<Integer>> res=new ArrayList<>(length);
    // 遍历从 0 到 length 中的所有数字,根据数字中 1 的位置来找子集。
    for (int i=0; i<length; i++) {
        ArrayList<Integer> list=new ArrayList<>();
        // 判断数字 i 的二进制位每一位是 0 还是 1。
        for (int j=0; j<s.length; j++) {
            // 如果 i 的某一个位置是 1,就把数组中对应的数字添加到集合中。
            if (((i>>j)&1)==1)
                list.add(s[j]);
        }
        res.add(list);
    }
    return res;
}
```

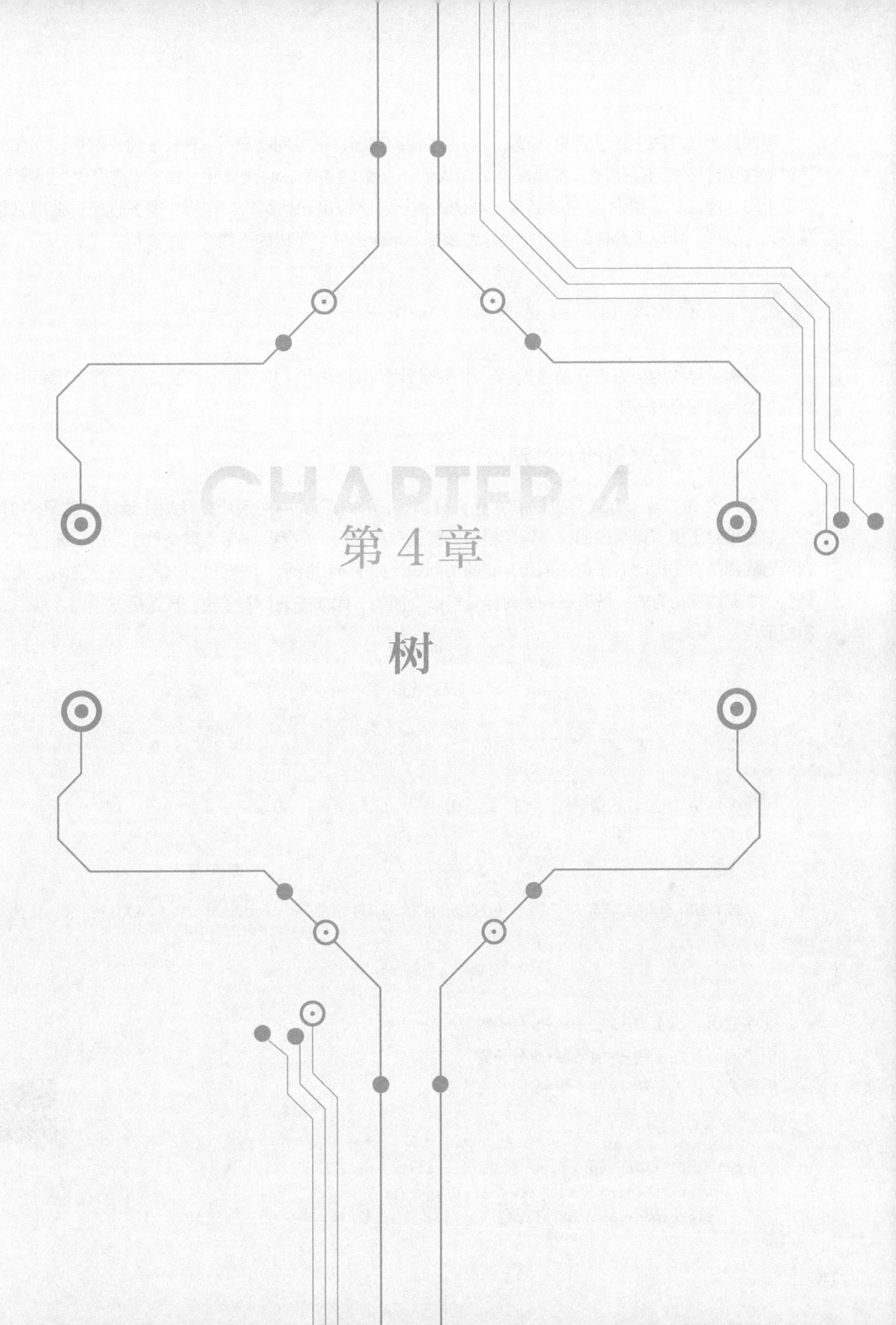

CHAPTER 4

第4章

树

树的遍历是算法中最重要的一部分，明白了树的遍历，很多问题都可以转换成树来解决，比如前面讲的快速排序和归并排序、堆排序，后面我们还要讲的递归、回溯算法、BFS（宽度优先搜索），以及 DFS（深度优先搜索），甚至还有一些图的遍历、字符串和数组的操作等，很多时候可以把它想象成为一棵树，所以理解树的遍历方式非常重要。下面来看一下树的一些常见的遍历方式。

4.1 二叉树的遍历方式

二叉树常见的遍历方式有前序遍历、中序遍历和后序遍历，并且每一种遍历方式都有很多种写法，下面就来逐个看一下。

4.1.1 二叉树的 DFS 遍历

二叉树的 DFS 遍历方式常见的有 3 种，分别是前序遍历、中序遍历以及后序遍历。这里的前、中、后是相对于根节点来说的，先遍历根节点就是前序遍历，后遍历根节点就是后序遍历。无论哪种遍历方式都是左子树比右子树先遍历，它的访问顺序如图 4-1 所示，注意根节点的位置。当然这些只是我们常见的遍历方式，解有些题的时候是可以交换的，比如先遍历右子树，再遍历左子树，最后遍历根节点。

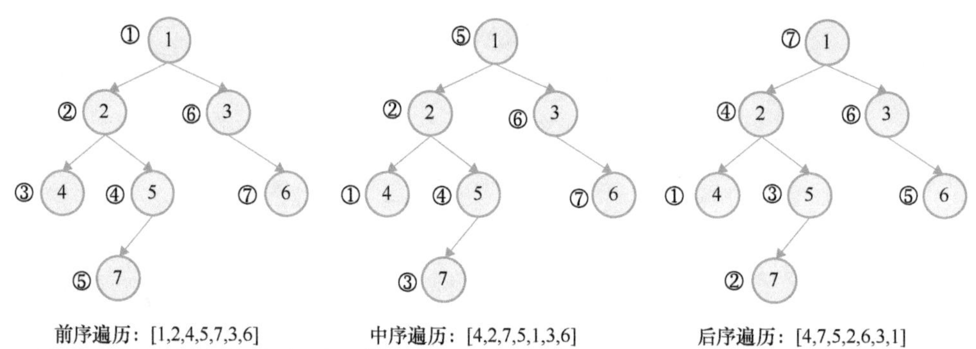

● 图 4-1

前序遍历：根节点->左子树->右子树

中序遍历：左子树->根节点->右子树

后序遍历：左子树->右子树->根节点

1. 二叉树的前序遍历

```
public List<Integer> preorderTraversal(TreeNode root) {
    List<Integer> mList=new ArrayList<>();
    preHelper(root, mList);
```

```
    return mList;
}

// 二叉树的前序遍历。
public void preHelper(TreeNode root, List<Integer> mList) {
    if (root==null)// 如果节点为空,直接返回。
        return;
    mList.add(root.val);// 先访问当前节点。
    preHelper(root.left, mList);// 递归访问左子树。
    preHelper(root.right, mList);// 递归访问右子树。
}
```

2. 二叉树的中序遍历

```
public void inorder(TreeNode root, List<Integer> mList) {
    if (root==null) // 递归的终止条件。
        return;
    inorder(root.left, mList); // 递归遍历左子节点。
    mList.add(root.val); // 访问当前节点。
    inorder(root.right, mList); // 递归遍历右子节点。
}
```

3. 二叉树的后序遍历

```
public void postorder(TreeNode root, List<Integer> mList) {
    if (root==null) // 递归的终止条件。
        return;
    postorder(root.left, mList); // 递归遍历左子节点。
    postorder(root.right, mList); // 递归遍历右子节点。
    mList.add(root.val);
}
```

上面的递归还可以换个方式来写，其实原理都类似，只是把它合并在一起了。

```
public List<Integer>preorderTraversal(TreeNode root) {
    List<Integer> mList=new ArrayList<>();
    if (root==null)
        return mList;
    // 先遍历左子树和右子树的结果。
    List<Integer> leftRes=preorderTraversal(root.left);
    List<Integer> rightRes=preorderTraversal(root.right);
    // 合并。
    // 如果是前序遍历,合并顺序是:[当前节点]->[左子树的结果]->[右子树的结果]
    // 如果是中序遍历,合并顺序是:[左子树的结果]->[当前节点]->[右子树的结果]
    // 如果是后序遍历,合并顺序是:[左子树的结果]->[右子树的结果]->[当前节点]
    mList.add(root.val);//这一行放的位置决定了是什么样的遍历方式。
    mList.addAll(leftRes);
```

```
        mList.addAll(rightRes);
        return mList;
    }
```

上面两种方式使用的都是递归的写法，当然还可以使用非递归的写法。二叉树的非递归写法一般是结合栈来实现的，因为栈是先进后出的，而递归实际上就相当于在不停地压栈和出栈。

4. 非递归前序遍历

我们先来看一下二叉树的前序遍历使用非递归写法的实现方式，因为前序遍历是先遍历根节点，再遍历两个子树，最开始的时候先把根节点入栈，然后出栈的时候先打印这个出栈的节点值，接着把出栈节点的右子节点和左子节点分别入栈（如果有右子节点或者左子节点），注意这里是左子节点后入栈，因为先打印的是左子节点，后入栈的最先出栈，这里顺序不能反了，如图 4-2 所示，总结如下：

- 根节点入栈。
- 栈顶节点出栈，打印出栈节点的值。
- 如果出栈的节点有右子节点，把它的右子节点添加到栈中。
- 如果出栈的节点有左子节点，把它的左子节点添加到栈中。
- 重复上面的 2，3，4，直到栈为空。

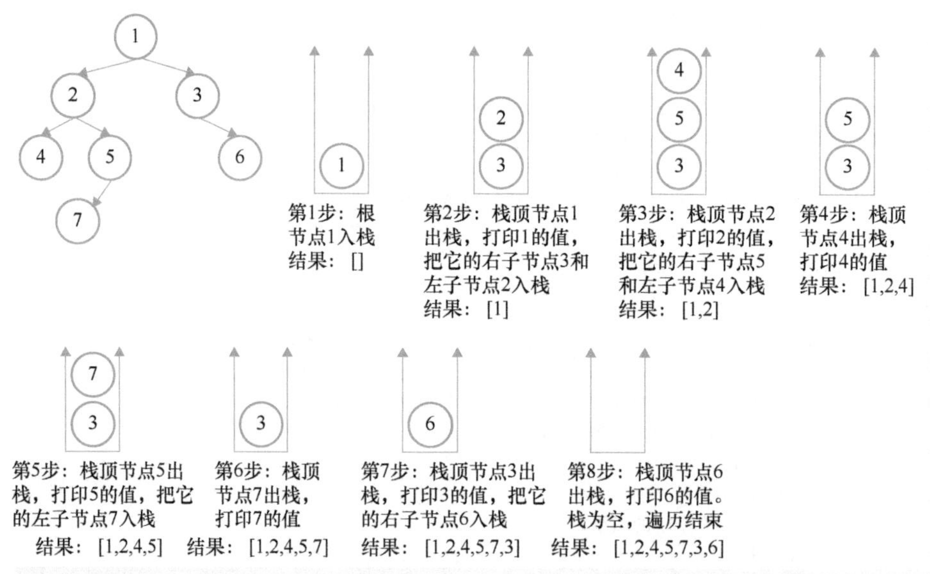

图 4-2

```
public List<Integer> preorderTraversal(TreeNode root) {
    List<Integer> preList=new ArrayList<>();
    if (root==null)
```

```
        return preList;
    Stack<TreeNode> stack=new Stack<>();
    stack.push(root);// 先把根节点入栈。
    while (!stack.isEmpty()) {
        TreeNode cur=stack.pop();// 出栈。
        preList.add(cur.val);// 打印出栈的节点。
        // 先把右子树压栈,再把左子树压栈。
        if (cur.right!=null)
            stack.push(cur.right);
        if (cur.left!=null)
            stack.push(cur.left);
    }
    return preList;
}
```

5. 非递归中序遍历

因为中序遍历是先打印左子树，再打印根节点，最后打印右子树。所以当遍历到一个节点的时候，要沿着的它的左子节点一直往下走，顺便把这些左子节点全部压栈，直到没有左子节点为止。然后栈顶元素出栈，打印出栈元素的值，继续使用上面的方式遍历出栈元素的右子节点..，如图 4-3 所示，总结如下：

- 如果当前节点不为空，就沿着它的左子节点一直往下走，顺便把走过的节点全部入栈，直到没有左子节点为止。
- 如果当前节点为空，栈顶元素出栈，打印出栈的元素。
- 访问出栈的右子节点，重复 1，2，直到当前节点和栈为空。

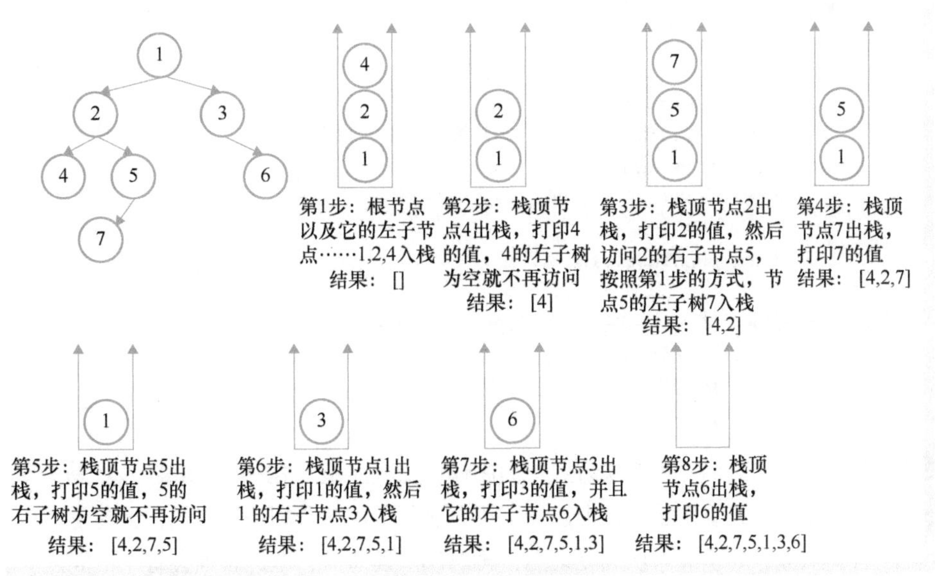

图 4-3

```
public List<Integer> inorderTraversal(TreeNode root) {
  List<Integer> inorderList=new ArrayList<>();
  Stack<TreeNode> stack=new Stack<>();
  while (root!=null||!stack.isEmpty()) {
      // 找当前节点的左子节点,一直找下去,直到为空。
      while (root!=null) {
         stack.push(root);
         root=root.left;
      }
      root=stack.pop();// 出栈。
      inorderList.add(root.val);// 打印出栈的节点。
      root=root.right;// 遍历出栈节点的右子树。
  }
   return inorderList;
}
```

6. 非递归后序遍历

后序遍历的非递归有两种实现方式，我们先来看第一种。二叉树的后序遍历是［左->右->根］，前序遍历是：［根->左->右］，在前序遍历中，如果遍历完根节点之后先遍历右子树，再遍历左子树就变成了：［根->右->左］，正好和后序遍历相反，最后把结果反转，就是二叉树后序遍历的结果。

```
public List<Integer> postorderTraversal(TreeNode root) {
    List<Integer> posList=new LinkedList<>();
    if (root==null)
        return posList;
    Stack<TreeNode> stack=new Stack<>();
    stack.push(root);// 压栈
    while (!stack.isEmpty()) {
        TreeNode cur=stack.pop();// 出栈
        posList.add(cur.val);
        // 这里和前序遍历相反。先把左子树压栈,再把右子树压栈。
        if (cur.left!=null)
            stack.push(cur.left);
        if (cur.right!=null)
            stack.push(cur.right);
    }
    // 遍历的结果是:根->右->左,把它反转变成:左->右->根,就是后序遍历的结果了。
    Collections.reverse(posList);
    return posList;
}
```

再来看一下后序遍历的另一种实现方式，后序遍历的顺序是［左->右->根］，就是子节点都访问完了才会访问根节点，可以看作从下往上遍历。可以参照中序遍历的访问方式，当左子节点访问完之后，就会访问右子节点，右子节点访问完之后，再访问当前节点，但这时候会有一个问题，就是当前节点已经出栈了，相当于当前节点丢了，所以在访问右子节点之前，需要把当前节点再次入栈，然后访问当前节点的右子节点，这里要注意的一点是，如果右子节点已经被访问完了，就不需要再访问了，所以需要记录一下，否则会重复进入右子节点造成死循环，如图 4-4 所示，总结如下。

- 如果当前节点不为空，就沿着它的左子节点一直往下走，走的时候把走过的节点全部入栈，直到没有左子节点为止。
- 如果当前节点为空，栈顶节点出栈。
- 如果出栈节点的右子树为空，或者被访问过了，说明当前子树的子节点都访问完了，直接打印这个出栈的节点值。
- 如果出栈节点的右子树没有被访问过，需要把出栈节点再次入栈，然后访问出栈节点的右子树，重复前面步骤，直到当前节点为空，或者栈为空。

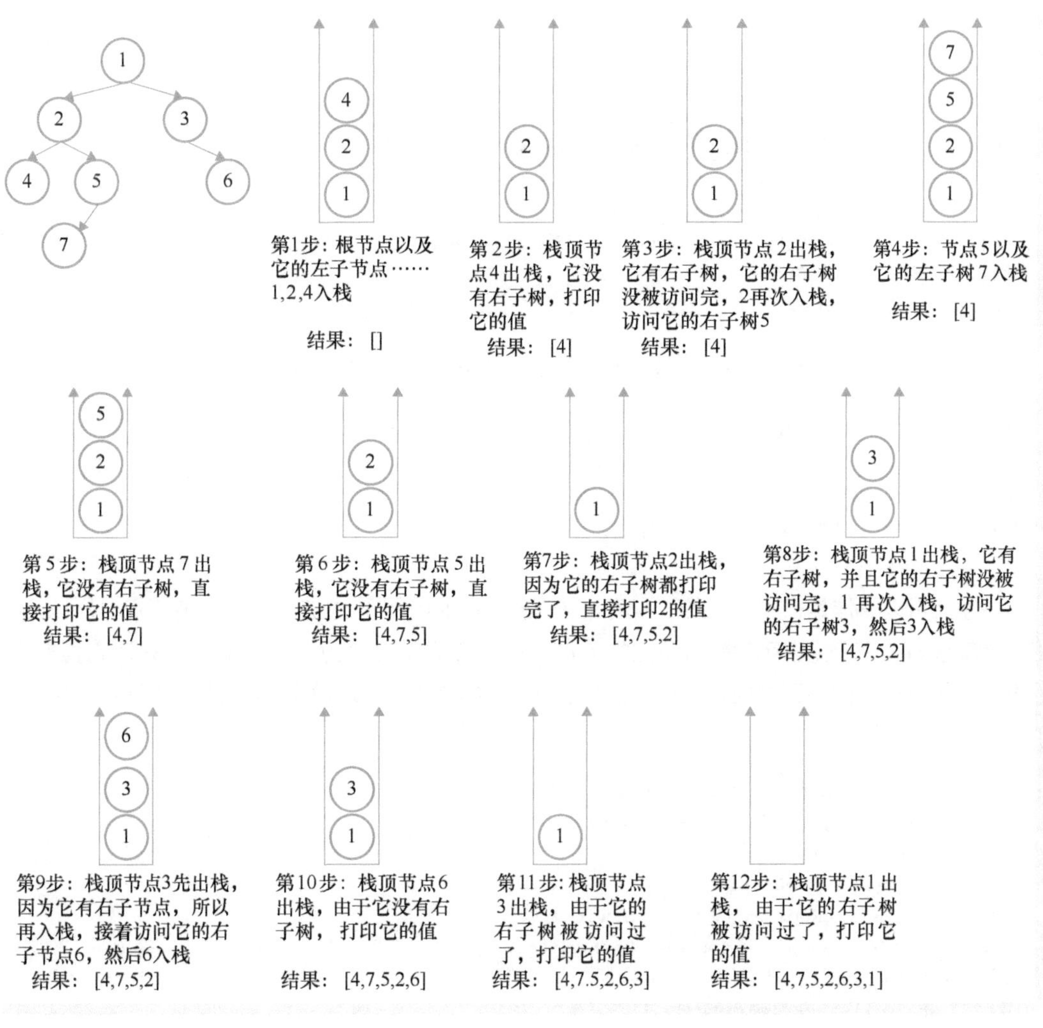

图 4-4

这个要稍微复杂一点，关键点是要记录一下已经打印过的右子树，可以使用一个变量来记录，只需要记录一下打印完的子树的根节点即可。

```
public List<Integer> postorderTraversal(TreeNode root) {
    List<Integer> posList=new LinkedList<>();
    if (root==null)
        return posList;
    Stack<TreeNode> stack=new Stack<>();
    // 记录已经访问完的子树的根节点,为了防止下面访问的时候出现死循环。
    TreeNode prev=null;
    TreeNode cur=root;// 当前节点。
    while (cur!=null||!stack.isEmpty()) {
        while (cur!=null) {
            stack.push(cur);
            cur=cur.left;
        }
        cur=stack.pop();
        // 如果 cur.right==prev 成立,表示当前子树已经访问完了。
        if (cur.right==null||cur.right==prev) {
            posList.add(cur.val);
            // 这里表示 cur 和它的子节点都已经被访问完了。
            prev=cur;
            cur=null;
        } else {
            // 如果右子树没有被访问,需要把当前节点再次压栈,然后访问它的右子树。
            stack.push(cur);
            cur=cur.right;// 访问当前节点的右子树。
        }
    }
    return posList;
}
```

后序遍历可以看作是自底往上的，只有当子节点都访问完了，才应该访问当前节点，所以还可以使用一个集合 Set 来记录子节点都访问完的节点，对于子节点没被访问完的节点，先让它再次入栈，然后把它的子节点入栈，因为栈是先进后出的，如果访问到当前节点的时候，它的子节点一定是访问完了。

```
public List<Integer> postorderTraversal(TreeNode root) {
    List<Integer> posList=new ArrayList<>();
    if (root==null)
        return posList;
    Stack<TreeNode> stack=new Stack<>();
    Set<TreeNode> visited=new HashSet<>();
    stack.push(root);
    while (!stack.isEmpty()) {
        TreeNode node=stack.pop();// 出栈。
        // 如果子节点都访问完了,访问当前节点。
```

```
        if (visited.contains(node)) {
            posList.add(node.val);
        } else {
            // 如果它的子节点没访问完,需要再次入栈。
            stack.push(node);
            // 先右子节点入栈,然后左子节点入栈。
            if (node.right!=null)
                stack.push(node.right);
            if (node.left!=null)
                stack.push(node.left);
            visited.add(node);
        }
    }
    return posList;
}
```

4.1.2 二叉树的 Morris 遍历

前面讲的二叉树的 DFS 非递归遍历方式，需要一个栈。如果使用 Morris 遍历就不需要了，因为二叉树的叶子节点是没有子节点的，也就是说它们是指向空，这样总感觉有点浪费，Morris 的实现原理其实就是把叶子节点的指针利用了起来。

Morris 的遍历过程如下：

- 如果当前节点 cur 没有左子节点，让 cur 指向它的右子节点，即 cur = cur. right。
- 如果当前节点 cur 有左子节点，则找到左子节点最右边的节点 pre。
  - 如果 pre 的右子节点为空，就让 pre 的右子节点指向 cur，即 pre. right = cur。然后 cur 指向它的左子节点，即 cur = cur. left。
  - 如果 pre 的右子节点不为空（说明当前节点 cur 的左子树都被遍历完了，要把树还原），就让它指向空，即 pre. right = null。然后将节点 cur 指向其右子节点，即 cur = cur. right。
- 重复上面步骤，直到节点 cur 为空。

如果看不懂没关系，下面我们来一步步分析。

如果当前节点 cur 没有左子节点，让 cur 指向它的右子节点，即 cur = cur. right。没有左子节点，就只能访问右子节点了，如图 4-5 所示。

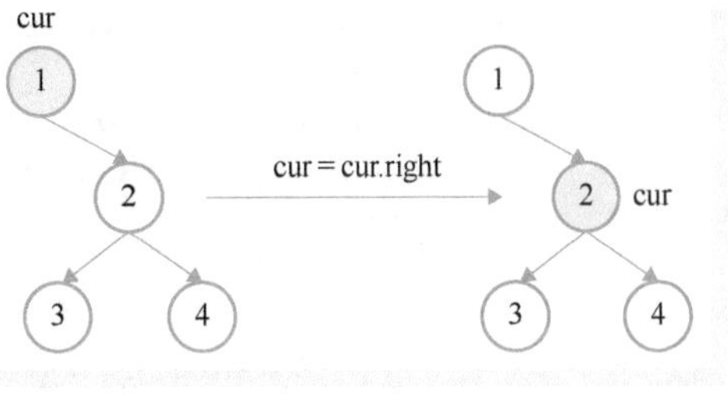

图 4-5

如果当前节点 cur 有左子节点，则从左子节点中找到最右边的节点 pre。

这个是找到左子节点中最右边的节点 pre，就是在 cur 的左子节点一直往右找，其实也就是中序遍历中 cur 的前一个节点，下面举几个例子，如图 4-6 所示。

如果 pre 的右子节点为空，就让 pre 的右子节点指向 cur，即 pre.right = cur。然后 cur 指向它的左子节点，即 cur=cur.left。

这个很容易理解，如果当前节点 cur 的左子树还没有被访问，那么 pre 的右指针肯定是为空的，如果 pre 的右指针为空，让 pre 的右指针指向 cur，也就是 pre. right=cur，相当于串成了一个环，如图 4-7所示。

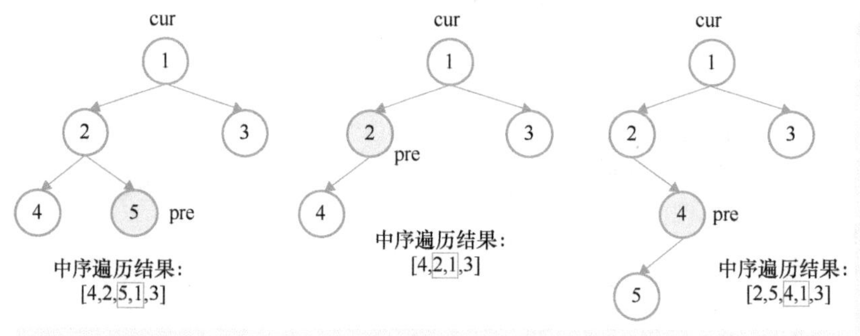

图 4-6

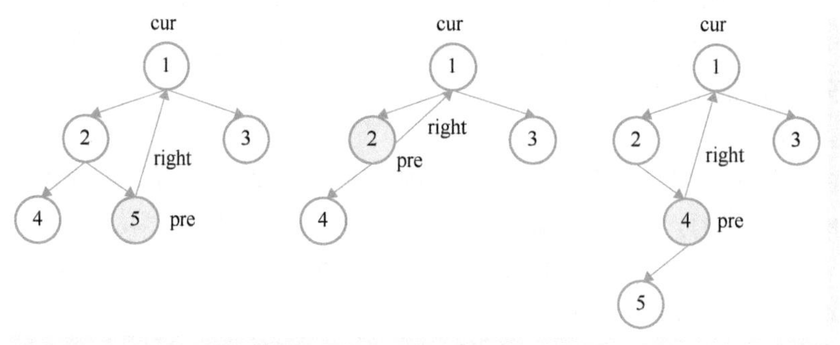

图 4-7

如果 pre 的右子节点不为空，就让它指向空，即 pre. right=null，并将节点 cur 指向其右子节点，即 cur=cur. right。

如果 pre 的右指针不为空，那么它肯定是指向节点 cur 的，这个时候说明当前节点 cur 的左子树都已经访问完了，需要把这棵树还原，让 pre 的右指针指向空。

这就是二叉树的 Morris 遍历，我们来看一下代码：

```
public void morrisTraversal(TreeNode root) {
    TreeNode cur=root;// 记录当前访问的节点。
    while (cur !=null) {
        if (cur.left==null) {
            // System.out.println(cur.val); 打印位置 1。
            // 如果当前节点 cur 没有左子节点,让 cur 指向它的右子节点。
            cur=cur.right;
```

```
        } else {
            // 如果 cur 有左子节点,要找到左子树的最右节点 pre。
            TreeNode pre=cur.left;
            // 查找 pre 节点,注意这里有一个判断,就是 pre 节点不能等于 cur。
            while (pre.right!=null&&pre.right!=cur)
                pre=pre.right;
            // System.out.println(cur.val); 打印位置 2。
            // 如果 pre 节点的右指针指向空,说明 cur 的左子树没被访问。
            if (pre.right==null) {// 第一次到当前节点(重要,先记住)。
                pre.right=cur;// 串成环。
                cur=cur.left;// 继续访问 cur 的左子树。
            } else {// 第二次到当前节点(重要,先记住)。
                // 如果 pre 的右指针不为空,那么它肯定是指向 cur 的,表示节
                // 点 cur 的左子树都访问完了,然后访问它的右子节点。
                pre.right=null;
                cur=cur.right;
            }
        }
    }
}
```

这个就是按照上面步骤总结的代码，其中有两行代码被注释掉了，分别是打印位置 1 和打印位置 2，我们把这两行代码放开，对下面这棵树进行打印，如图 4-8 所示。

● 图 4-8

打印的结果如下：

```
[1, 2, 4, 2, 5, 1, 3, 6]
```

我们发现有些节点被打印了一次，有些节点被打印了两次，那么哪些节点会被打印两次呢，细心的读者可能已经发现了，只要有左子节点的都会被打印两次，比如图中节点［1,2］，因为它们有左子节点，所以被打印两次，没有左子节点的只能被打印一次，比如图中节点［4,5,3,6］。

因为当前节点如果没有左子节点，那么只会被访问一次，然后就到它的右子节点了。如果当前节点有左子节点，那么访问完之后，会到它的左子节点，而它的左子节点访问完之后，又会回到当前节点，所以会访问两次，我们来看一下 Morris 前序和中序遍历的顺序（Morris 的后序遍历有点复杂，这个会放在后面讲）：

- 如果当前节点没有左子节点，在前序和中序遍历中直接打印当前节点。
- 如果当前节点有左子节点，那么在 Morris 遍历中，当前节点会被访问两次：
  - 在前序遍历中，先访问当前节点，再访问左子节点，所以第一次到当前节点的时候打印，第二次到当前节点的时候不要打印。
  - 在中序遍历中，先访问左子节点，再访问当前节点，所以第一次到当前节点的时候不要打印，第二次到当前节点的时候再打印。

因为在前序遍历中第一次到当前节点的时候，左子树还没有打印，直接打印当前节点即可。但中序遍历中必须要等左子树打印完之后，才能打印当前节点，所以必须要等第二次到当前节点的时候才能打印，因为第二次到当前节点的时候，它的左子树已经打印完了。我们把重复的结果删除掉再来看一下，如图 4-9 所示。

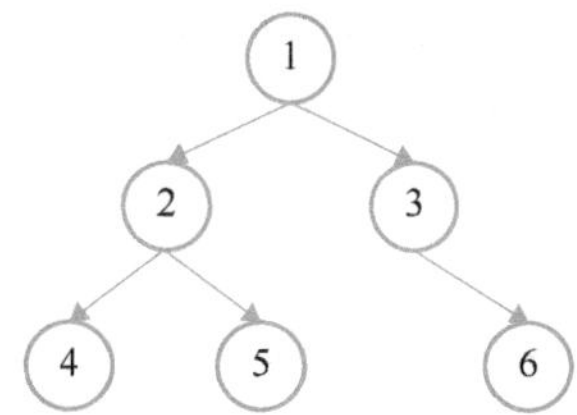

第二次出现的删除: [1, 2, 4, 2, 5, 1, 3, 6]　　前序遍历结果: [1, 2, 4, 5, 3, 6]

第一次出现的删除: [1, 2, 4, 2, 5, 1, 3, 6]　　中序遍历结果: [4, 2, 5, 1, 3, 6]

● 图 4-9

对于没有左子节点的只能被访问一次，不会出现重复。对于有左子节点的，我们怎样确定当前节点是第一次出现还是第二次出现呢，其实很简单，如果是第一次出现，那么它的 pre 节点的右指针必定是指向空的。如果是第二次出现，那么它的 pre 节点的右指针一定不为空。可以根据 pre 节点的右指针是否为空来判断当前节点是第一次出现还是第二次出现。

对于前序遍历就是：

- 如果当前节点 cur 没有左子节点，直接打印当前节点 cur 的值。
- 如果 pre 节点的右指针为空，也打印当前节点 cur 的值。

来看一下代码。

```
public List<Integer> preorderTraversal(TreeNode root) {
    List<Integer> preList=new ArrayList<>();
    TreeNode cur=root;// 记录当前访问的节点。
    while (cur!=null) {
        if (cur.left==null) {
            preList.add(cur.val);// 1,没有左子节点。
            cur=cur.right;
        } else {
```

```
                TreeNode pre=cur.left;
                while (pre.right!=null&&pre.right!=cur)
                    pre=pre.right;
                if (pre.right==null) {// 第一次到当前节点。
                    preList.add(cur.val);// 2,pre 节点的右指针为空。
                    pre.right=cur;
                    cur=cur.left;
                } else {// 第二次到当前节点。
                    pre.right=null;
                    cur=cur.right;
                }
            }
        }
        return preList;
}
```

对于**中序遍历**就是：

- 如果当前节点 cur 没有左子节点，直接打印当前节点 cur 的值。
- 如果 pre 节点的右指针不为空，也打印当前节点 cur 的值。

这个第一条和前序遍历的一样，都是左子节点为空的时候打印 cur 的值。这个第二条是 pre 的右指针不为空的时候打印 cur 的值，我们来看一下代码。

```
public List<Integer> inorderTraversal(TreeNode root) {
    List<Integer> inorderList=new ArrayList<>();
    TreeNode cur=root;// 记录当前访问的节点。
    while (cur!=null) {
        if (cur.left==null) {
            inorderList.add(cur.val);// 1,没有左子节点。
            cur=cur.right;
        } else {
            TreeNode pre=cur.left;
            while (pre.right!=null&&pre.right!=cur)
                pre=pre.right;
            if (pre.right==null) {// 第一次到当前节点。
                pre.right=cur;
                cur=cur.left;
            } else {// 第二次到当前节点。
                inorderList.add(cur.val);// 2,pre 节点的右指针不为空。
                pre.right=null;
                cur=cur.right;
            }
        }
    }
    return inorderList;
}
```

我们看到前序遍历和中序遍历只有一行代码的位置不同。先来消化一下前面讲的知识，如图 4-10 所示。

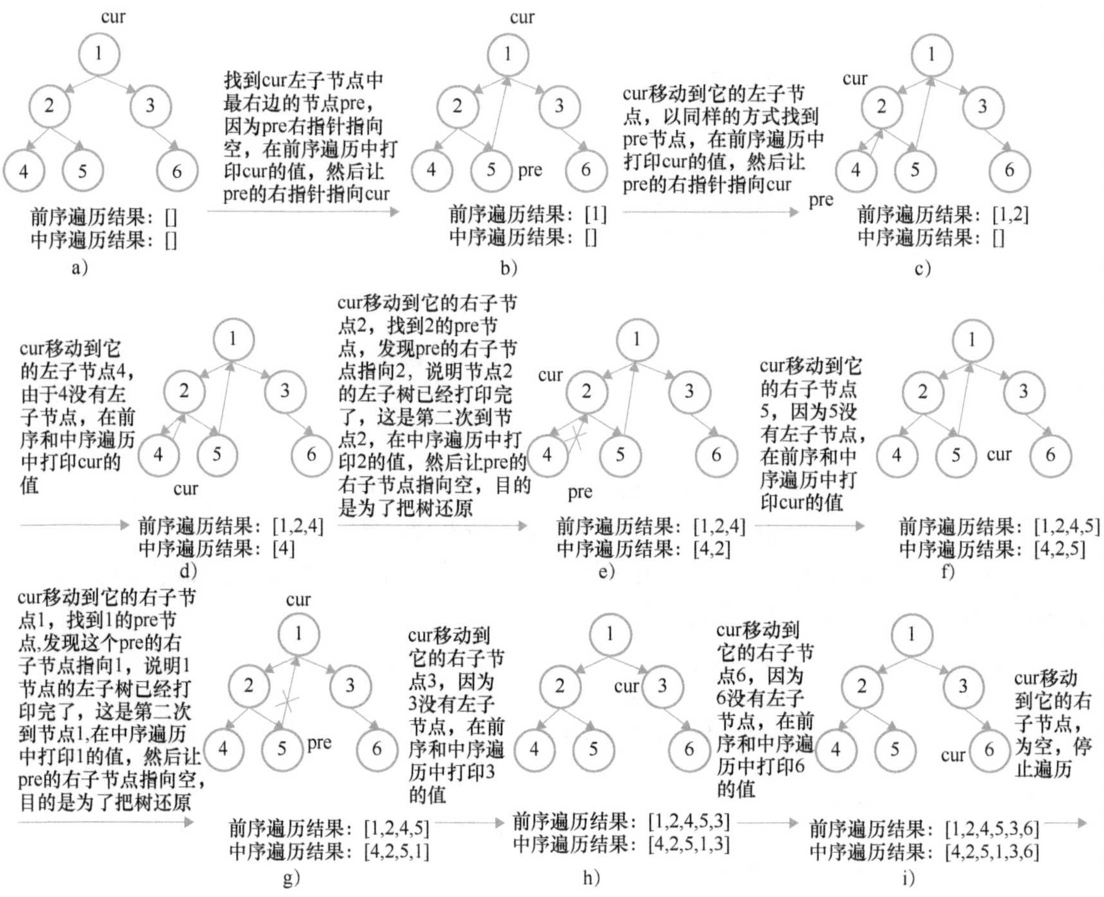

a) 前序遍历结果：[] 中序遍历结果：[]

找到cur左子节点中最右边的节点pre，因为pre右指针指向空，在前序遍历中打印cur的值，然后让pre的右指针指向cur

b) 前序遍历结果：[1] 中序遍历结果：[]

cur移动到它的左子节点，以同样的方式找到pre节点，在前序遍历中打印cur的值，然后让pre的右指针指向cur

c) 前序遍历结果：[1,2] 中序遍历结果：[]

cur移动到它的左子节点4，由于4没有左子节点，在前序和中序遍历中打印cur的值

d) 前序遍历结果：[1,2,4] 中序遍历结果：[4]

cur移动到它的右子节点2，找到2的pre节点，发现pre的右子节点指向2，说明节点2的左子树已经打印完了，这是第二次到节点2，在中序遍历中打印2的值，然后让pre的右子节点指向空，目的是为了把树还原

e) 前序遍历结果：[1,2,4] 中序遍历结果：[4,2]

cur移动到它的右子节点5，因为5没有左子节点，在前序和中序遍历中打印cur的值

f) 前序遍历结果：[1,2,4,5] 中序遍历结果：[4,2,5]

cur移动到它的右子节点1，找到1的pre节点,发现这个pre的右子节点指向1，说明1节点的左子树已经打印完了，这是第二次到节点1,在中序遍历中打印1的值，然后让pre的右子节点指向空，目的是为了把树还原

g) 前序遍历结果：[1,2,4,5] 中序遍历结果：[4,2,5,1]

cur移动到它的右子节点3，因为3没有左子节点，在前序和中序遍历中打印3的值

h) 前序遍历结果：[1,2,4,5,3] 中序遍历结果：[4,2,5,1,3]

cur移动到它的右子节点6，因为6没有左子节点，在前序和中序遍历中打印6的值

i) 前序遍历结果：[1,2,4,5,3,6] 中序遍历结果：[4,2,5,1,3,6]

cur移动到它的右子节点，为空，停止遍历

● 图 4-10

上面就是 Morris 的前序和中序遍历，而对于后序遍历稍微要复杂一些。关于前面讲的，如果没有左子节点，打印完当前节点之后，直接跳到它的右子节点；如果有左子节点，打印完当前节点和左子节点也跳到右子节点，而后序遍历的顺序是：左子树->右子树->根节点，所以没法在打印完两个子节点之后，再回来打印当前节点。

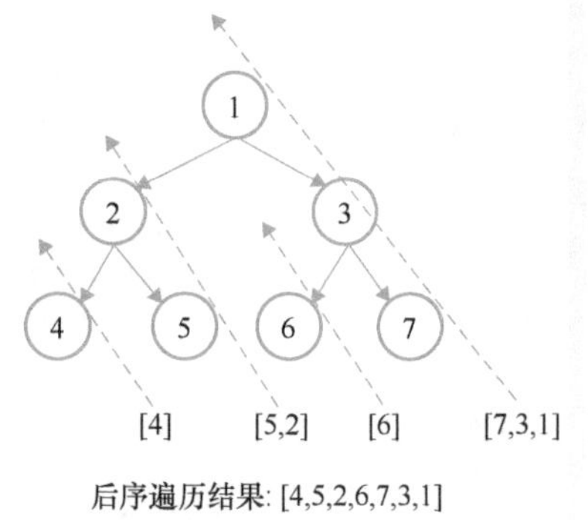

● 图 4-11

我们再来观察一下后序遍历的顺序，如图 4-11 所示，最先打印的是节点 4，这个是节点 2 的左子节点，接着打印的是节点［5，2］，这个是节点 1 的左子节点往右走的逆序，所以我们发现如果当前节点没有左子节点，不需要打印；如果有左子

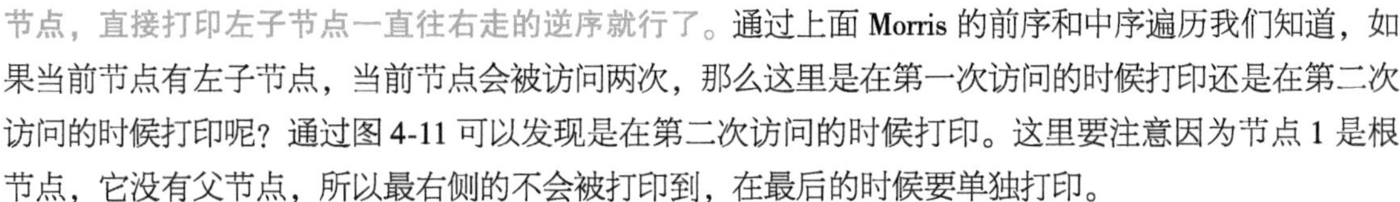

节点，直接打印左子节点一直往右走的逆序就行了。通过上面 Morris 的前序和中序遍历我们知道，如果当前节点有左子节点，当前节点会被访问两次，那么这里是在第一次访问的时候打印还是在第二次访问的时候打印呢？通过图 4-11 可以发现是在第二次访问的时候打印。这里要注意因为节点 1 是根节点，它没有父节点，所以最右侧的不会被打印到，在最后的时候要单独打印。

对于后序遍历就是：

- 如果当前节点 cur 没有左子节点，不用管。
- 如果当前节点 cur 有左子节点，需要在第二次访问 cur 的时候打印“左子节点一直往右走的逆序”。
- 最后根节点往右的逆序要单独打印。

最后来看一下代码。

```
public List<Integer> postorderTraversal(TreeNode root) {
    List<Integer> posList=new ArrayList<>();
    TreeNode cur=root;// 记录当前访问的节点。
    while (cur!=null) {
        if (cur.left==null) {// 左子节点为空,不用管。
            cur=cur.right;
        } else {
            TreeNode pre=cur.left;
            while (pre.right!=null&&pre.right!=cur)
                pre=pre.right;
            if (pre.right==null) {// 第一次到当前节点。
                pre.right=cur;
                cur=cur.left;
            } else {// 第二次到当前节点。
                pre.right=null;
                // 1,当前节点第二次访问的时候逆序打印。
                printList(cur.left, posList);
                cur=cur.right;
            }
        }
    }
    // 2,根节点往右的逆序要单独打印。
    printList(root, posList);
    return posList;
}

// 逆序打印
private void printList(TreeNode node, List<Integer> posList) {
    // 这里并不是直接逆序打印,而是在打印的时候往前插入。
    // 比如要逆序打印 1,2,3。首先打印 1,结果是[1]。
    // 再打印 2,打印的时候往前插入,结果是[2,1]
    // 接着打印 3,打印的时候往前插入,结果是[3,2,1]
    int size=posList.size();
```

```
    while (node!=null) {// 这里面是插入。
        posList.add(size, node.val);
        node=node.right;
    }
}
```

4.1.3 二叉树的 BFS 遍历

BFS 就是宽度优先搜索算法，又称为广度优先搜索，这个在第 9 章会有介绍，对于二叉树来说 BFS 就是从上到下一层一层打印，如图 4-12所示。

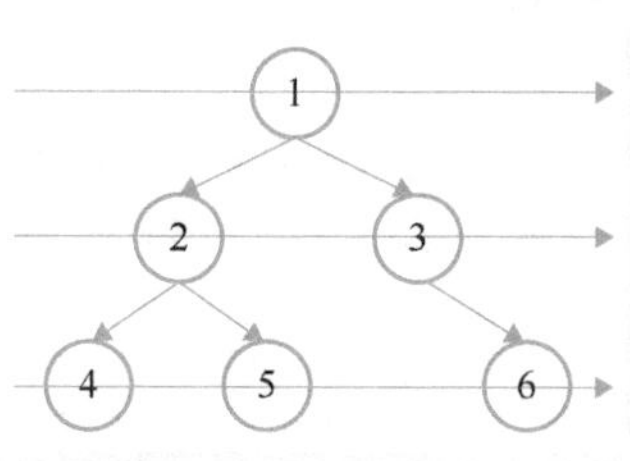

● 图 4-12

一般情况下，BFS 配合着队列来使用，具体可以看一下第 9 章的 BFS 的使用模板，这里不再重复介绍。除了使用队列实现以外，还可以使用递归来实现，递归的时候需要记录每次递归的层数，这个类似于二叉树的前序遍历，如图 4-13 所示。

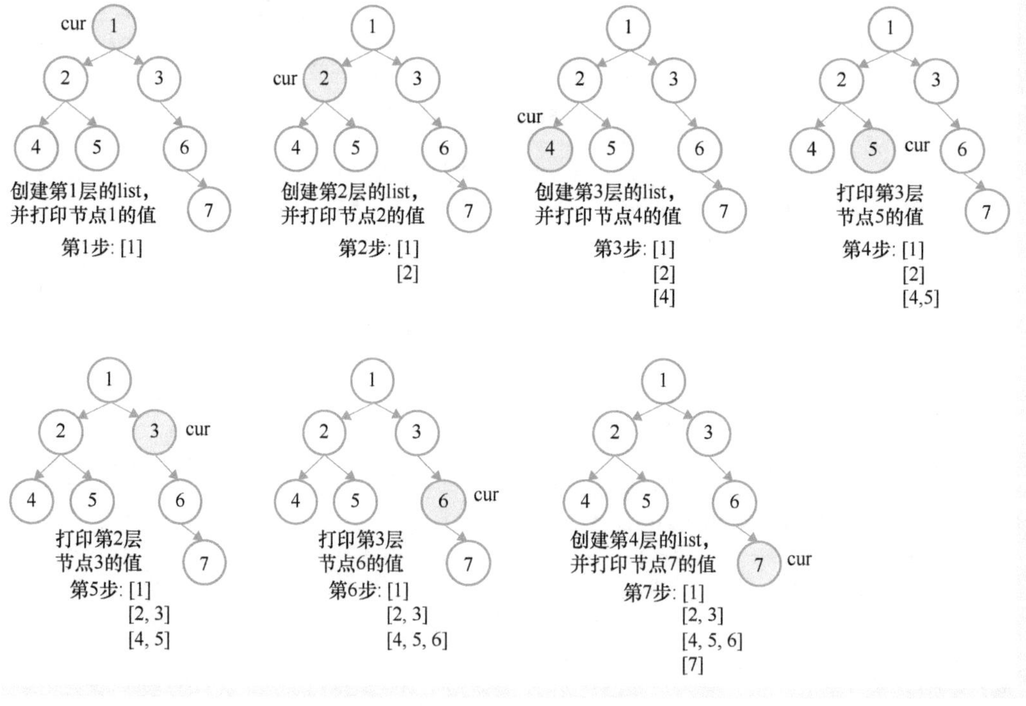

● 图 4-13

```
public List<List<Integer>> levelOrder(TreeNode root) {
    List<List<Integer>> res=new ArrayList<>();
    helper(res, root, 0);
```

```java
    return res;
}

public void helper(List<List<Integer>> res, TreeNode root, int level) {
    if (root==null)
        return;
    // 首次到当前层,需要先创建当前层的集合。
    if (level>=res.size())
        res.add(new ArrayList<>());
    // 把当前节点的值添加到当前层的集合中。
    res.get(level).add(root.val);
    // 递归遍历左子树和右子树。
    helper(res, root.left, level+1);
    helper(res, root.right, level+1);
}
```

4.1.4 N叉树的遍历

前面讲的都是二叉树的遍历，下面再来看一下N叉树的遍历，所谓N叉树就是每个节点最多有N个子节点。N叉树是没法确定中序遍历的，所以这里只看N叉树的前后，以及层序遍历。

1. N叉树的前序遍历

可以参照二叉树的遍历，二叉树的前序遍历递归写法是把它的两个子节点的递归方式写出来，因为二叉树最多有两个子节点，而N叉树中我们不知道N到底是多少，没法把它的所有子节点全部列出来，但可以使用for循环的方式来遍历，它的实现原理就是先打印当前节点，然后递归遍历它的所有子节点。

```java
public List<Integer> preorder(Node root) {
    List<Integer> mList=new ArrayList<>();
    if (root==null)
        return mList;
    mList.add(root.val);// 先把根节点的值添加进来。
    dfs(root, mList);
    return mList;
}

private void dfs(Node root, List<Integer> mList) {
    if (root==null)
        return;
    // 递归遍历所有子树。
    for (int i=0; i<root.children.size(); i++) {
        mList.add(root.children.get(i).val);
        dfs(root.children.get(i), mList);
    }
}
```

我们再来看一下 N 叉树前序遍历的非递归写法，这个也可以参考一下二叉树，在二叉树中当前节点打印完之后，是先把右子节点入栈，然后把左子节点入栈，对于 N 叉树来说，需要逆序遍历数组，也就是先让最右边的节点入栈，依次从右往左，最左边的节点是最后入栈的，和二叉树非常相似，图就不再画了，我们来看一下代码。

```
public List<Integer> preorder(Node root) {
    List<Integer> mList=new ArrayList<>();
    if(root==null)
        return mList;
    Stack<Node> stack=new Stack<>();
    stack.push(root);
    while(!stack.isEmpty()) {
        Node curNode=stack.pop();
        mList.add(curNode.val);
        List<Node> children=curNode.children;
        // 注意这里 for 循环是逆序。
        for(int i=children.size()-1; i>=0; i--) {
            stack.push(children.get(i));
        }
     }
     return mList;
}
```

2. N 叉树的后序遍历

这个可以参考一下二叉树后序遍历的非递归写法，修改一下代码即可，这里就不再过多叙述，先看一下递归写法。

```
public List<Integer> postorder(Node root) {
     List<Integer> mList=new ArrayList<>();
     dfs(root, mList);
     return mList;
}

private void dfs(Node root, List<Integer> mList) {
     if(root==null)
        return;
     // 先递归访问子节点,再访问当前节点。
     for(int i=0; i<root.children.size(); i++)
        dfs(root.children.get(i), mList);
     mList.add(root.val);
}
```

非递归写法，先遍历，最后反转。

```
public List<Integer> postorder(Node root) {
    List<Integer> mList=new ArrayList<>();
    if(root==null)
```

```
        return mList;
    Stack<Node> stack=new Stack<>();
    stack.add(root);
    while(!stack.isEmpty()){
        root=stack.pop();
        mList.add(root.val);
        // 子节点从左往右依次入栈。
        for(Node node: root.children)
            stack.add(node);
    }
    // 参考二叉树,最后反转。
    Collections.reverse(mList);
    return mList;
}
```

非递归的另一种写法。

```
public List<Integer> postorder(Node root){
    List<Integer> mList=new ArrayList<>();
    if(root==null)
        return mList;
    Stack<Node> stack=new Stack<>();
    Set<Node> visited=new HashSet<>();
    stack.push(root);
    while(!stack.isEmpty()){
        Node node=stack.pop();// 出栈。
        // 当前节点的子节点都被遍历过。
        if(visited.contains(node)){
            mList.add(node.val);// 打印当前节点的值。
        }else{
            stack.push(node);// 如果它的子节点没遍历完,需要再次入栈。
            // 访问所有子节点,同一行的从右到左依次压栈。
            for(int i=node.children.size()-1; i>=0; --i)
                stack.push(node.children.get(i));
            visited.add(node);
        }
    }
    return mList;
}
```

3. N 叉树的层序遍历

N 叉树的层序遍历就是从上到下一行一行打印，这个可以参照二叉树的层序遍历来写，需要使用一个队列来记录每层的节点。

```
public List<List<Integer>> levelOrder(Node root){
    List<List<Integer>> res=new ArrayList<>();
    if(root==null)
```

```
        return res;
    Queue<Node> queue=new LinkedList<>();
    queue.offer(root);
    while(!queue.isEmpty()){
        int levelSize=queue.size();// 当前层的节点个数。
        // 记录当前层的节点值。
        List<Integer> levelList=new ArrayList<>();
        // 访问当前层的所有节点。
        for(int i=0; i<levelSize; i++){
            Node curNode=queue.poll();
            levelList.add(curNode.val);
            // 把当前节点的所有子节点全部添加到队列中。
            queue.addAll(curNode.children);
        }
        res.add(levelList);
    }
    return res;
}
```

递归写法。

```
public List<List<Integer>> levelOrder(Node root){
    List<List<Integer>> res=new ArrayList<>();
    dfs(root, 0, res);
    return res;
}

// level 表示访问到树的第几层。
private void dfs(Node node, int level, List<List<Integer>> res){
    if(node==null)
        return;
    // 是否首次到当前层,如果是首次,就新建一个 list 集合。
    if(res.size()<=level)
        res.add(new ArrayList<>());
    // 取出当前层的集合。
    List<Integer> list=res.get(level);
    list.add(node.val);// 把访问的节点值添加进来。
    // 递归遍历当前节点的所有子节点。
    for(Node childrenNode: node.children){
        dfs(childrenNode, level+1, res);
    }
}
```

4.2 二叉树层次遍历习题

通过前面的讲解我们发现二叉树的遍历方式非常多，只要掌握了这些遍历方式，关于二叉树的大

多数问题都能迎刃而解。这里来看一些和二叉树层次遍历相关的试题。

1. 二叉树的右视图

给定一个二叉树，打印它的右视图。二叉树的右视图是从树的右侧访问时可见的一个节点。

```
Input:
           10
         /     \
       2         3
     /   \      /   \
   7       8   12    15
                    /
                  14
Output: 10 3 15 14
```

问题分析

二叉树的右视图也就是打印每层中最右边的节点，我们知道二叉树的 BFS 就是一层一层打印的，访问的时候只需要打印每层的最后一个节点即可。

```
public List<Integer> printRightView(TreeNode root){
    List<Integer> res=new ArrayList<>();
    if(root==null)
        return res;
    Queue<TreeNode> queue=new LinkedList();
    queue.offer(root);
    while(!queue.isEmpty()){
        int levelCount=queue.size();// 每层的节点数量。
        while(levelCount-->0){
             TreeNode cur=queue.poll();
             if (levelCount==0)// 每层的最后一个节点是我们需要的。
                 res.add(cur.val);
             if (cur.left!=null)
                 queue.offer(cur.left);
             if (cur.right!=null)
                 queue.offer(cur.right);
          }
      }
     return res;
 }
```

如果每层是从右往左遍历，只需要打印每层第一次出现的节点即可。

2. 二叉树的最左边的节点和最右边的节点

给定一棵二叉树，打印每一层的角节点。最左边的节点和最右边的节点，如图 4-14 所示。

问题分析

这道题让同时打印每行中最左边和最右边的节点，可以使用 BFS，只需要在遍历每行节点的时候，如果当前行节点个数大于 1，分别打印当前行第一个和最后一个节点即可，代码和上一题非常类似，就不再写了。

3. 二叉树中所有左叶子节点的和

给定一棵二叉树，求出其中所有左叶子节点的和，如图 4-15 所示。

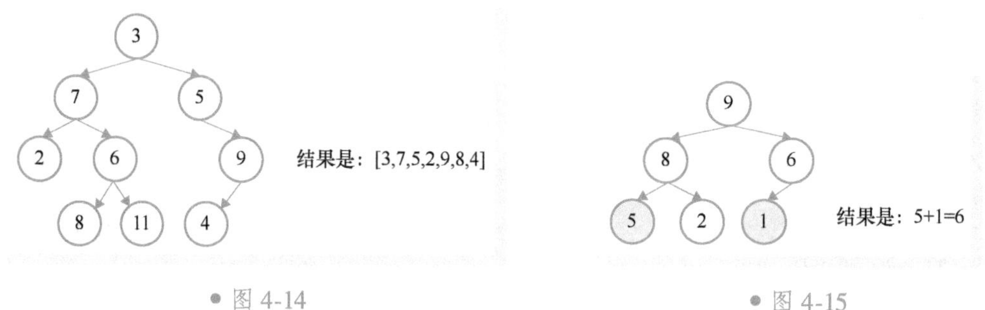

图 4-14　　　图 4-15

问题分析

这道题也是一层一层打印，如果到叶子节点的时候，并且叶子节点是父节点的左子节点，就累加这个叶子节点的值。这里需要使用两个队列，一个是记录节点的，一个是记录节点是否是父节点的左子节点，这两个队列要同步进行，也就是每次出队和入队的值是对应的。

```
int leftLeavesSum(TreeNode root) {
    int sum=0;
    if (root==null)
        return sum;
    Queue<TreeNode> queue=new LinkedList();// 节点队列。
    Queue<Boolean> queueDir=new LinkedList();// 是否是左子节点队列。
    queue.offer(root);
    queueDir.offer(false);
    while (!queue.isEmpty()) {
        // 同时出队。
        TreeNode cur=queue.poll();
        boolean isLeft=queueDir.poll();
        if (cur.left==null&&cur.right==null) {
            // 到叶子节点,如果当前节点是父节点的左子节点就累加。
            if (isLeft) sum+=cur.val;
        } else {
            if (cur.left!=null) {
                queue.offer(cur.left);
                queueDir.offer(true);// 是左子节点。
            }
            if (cur.right!=null) {
                queue.offer(cur.right);
                queueDir.offer(false);// 不是左子节点。
```

```
            }
        }
    }
    return sum;
}
```

4. 堂兄弟节点

给定一棵二叉树和一个节点 node，打印该节点的所有堂兄弟节点。

```
Input:
            1
          /   \
        2       3
      /   \   /   \
    4      5 6     7

Given node: 5
Output: 6 7
```

问题分析

堂兄弟节点就是在同一层，并且父节点不是同一个，既然都是在同一层，就使用 BFS 一层一层遍历。这里要明白 BFS 的遍历顺序，它是先打印当前节点，然后把当前节点的子节点添加到队列中，如果子节点中有我们要找的节点，直接打印子节点那一行即可，但要注意不要把要找的节点和它的兄弟节点添加到队列中。

```
public ArrayList<Integer> printCousins(TreeNode root, TreeNode node) {
    ArrayList<Integer> res=new ArrayList<>();
    Queue<TreeNode> queue=new LinkedList();
    queue.offer(root);
    while (!queue.isEmpty()) {
        int levelCount=queue.size();// 每层的节点数量。
        boolean find=false;// 下一层是否有 node 节点。
        while (levelCount-->0) {
            TreeNode cur=queue.poll();
            if (cur.left==node || cur.right==node) {
                // 如果下一层有 node 节点,不要把 node 节点以及它的
                // 兄弟节点添加到队列中,记得把 find 标记为 true。
                find=true;
            } else {
                if (cur.left!=null)
                    queue.offer(cur.left);
                if (cur.right!=null)
                    queue.offer(cur.right);
            }
        }
        if (find) {
```

```
            // 下一层有 node 节点,全部打印。
            while (!queue.isEmpty())
                res.add(queue.poll().val);
            break;// 打印完直接结束。
        }
    }
    return res;
}
```

5. 没有兄弟节点的节点

给定一棵二叉树，写一个程序打印没有兄弟节点的节点，如图 **4-16** 所示。

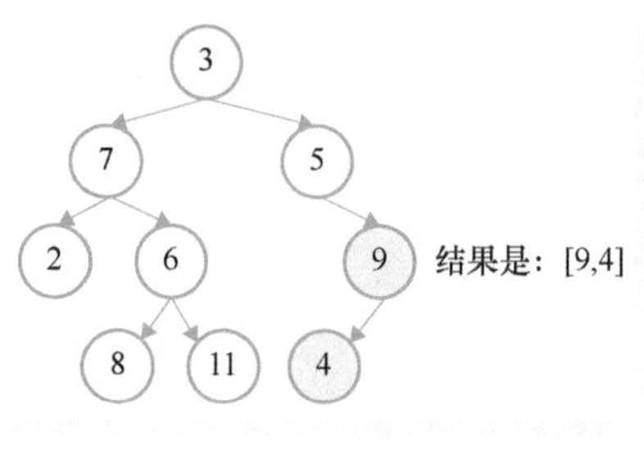

图 4-16

问题分析

没有兄弟节点可以理解为父节点只有它一个子节点，相当于独生子。在遍历当前节点的时候，如果它只有一个子节点，说明那个子节点没有兄弟节点，把那个子节点添加进来，只需要遍历二叉树的所有节点，然后判断它的子节点个数即可，所以这道题的解法非常多，代码就不再写了。

6. 完全二叉树校验

给定一个二叉树，编写一个函数来检查给定的二叉树是否是完全二叉树。完全二叉树是这样一种二叉树，它的每一层（最后一层除外）都是完全填充的，并且所有节点应该尽可能靠近左边。

```
Input:
     1
    / \
  2   3
Output:true

Input:
            1
         /    \
       2      3
          \   / \
           4  5  6
 Output:false
```

问题分析

我们仔细观察可以发现，完全二叉树有一个特点，就是除了最后一层没有被填满以外，上面的所有层被填满，并且最后一层如果没被填满，都是靠左的。对于这道题的解题思路，可以使用 **BFS** 遍历的方式，一层一层遍历，记录每个节点的两个子节点，不需要判断是否为空，直接添加到队列中即可。对于完全二叉树来说，队列中只要有一个为空，那么队列的后面就全部为空，如果队列中有空值，并且后面又出现了没有空值的节点，说明不是完全二叉树，我们先看一下完全二叉树，如图 **4-17** 所示。

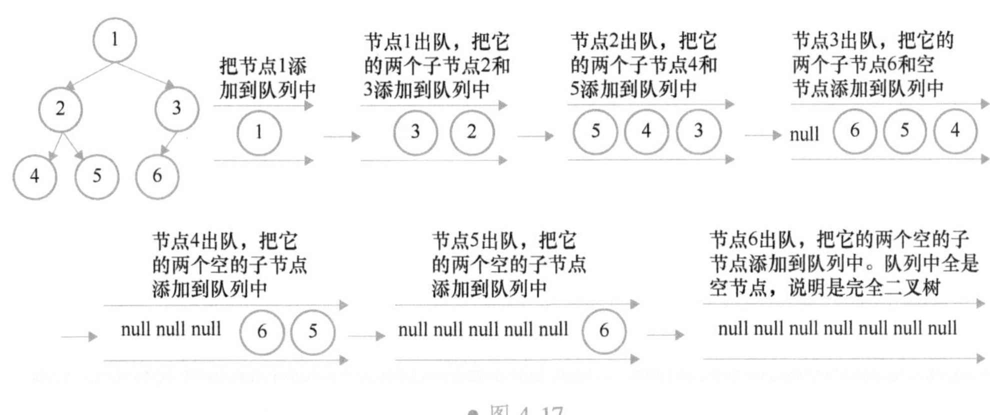

● 图 4-17

我们再来看一下，如果不是完全二叉树的情况，如图 **4-18** 所示。

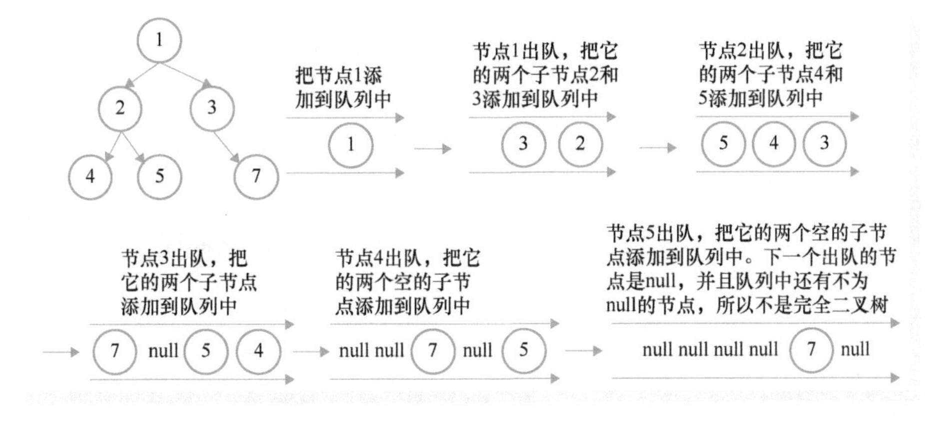

● 图 4-18

```java
public boolean isCompleteBT(TreeNode root) {
    Queue<TreeNode> queue=new LinkedList<>();
    queue.offer(root);
    // 如果遇到有空的,则停止循环。
    while (queue.peek()!=null) {
      TreeNode cur=queue.poll();
      // 把子节点添加到队列,不需要判断是否为空。
      queue.offer(cur.left);
      queue.offer(cur.right);
    }
    // 到这一步说明遇到空的了,需要判断队列中是否还有不为空的。
```

```
    while (!queue.isEmpty()&&queue.peek()==null)
        queue.poll();
    return queue.isEmpty();
}
```

7. 二叉树最大宽度

给定一棵二叉树，求它的最大宽度。本题中树第 i 层的宽度定义为：第 i 层最左边的节点到最右边之间的距离，中间空节点也计入距离，如图 4-19 所示。

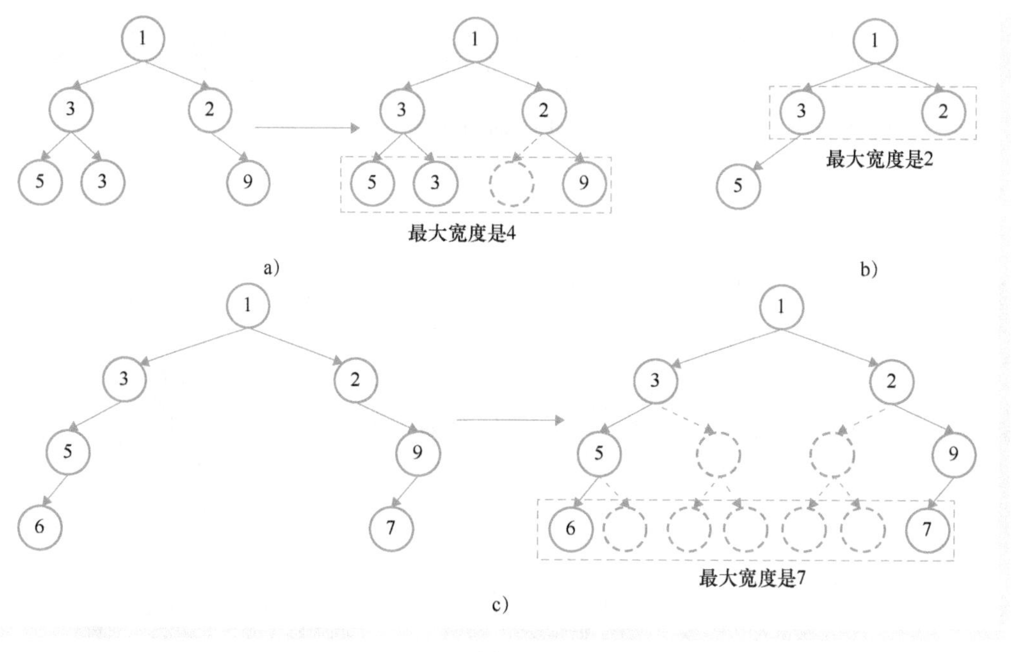

图 4-19

问题分析

这道题让求的是树的最大宽度，如果把每层最左边到最右边缺失的节点补全，如上面图中的（a）和（b），那么每层的宽度就是每层节点个数，只需要找出最大的宽度即可。但实际上补全难度太大，可以换个思路，如果给每个节点赋一个坐标值，那么每层的宽度就是每层最右边的节点坐标到最左边节点坐标的距离。怎样赋值呢？就像满二叉树一样，如果根节点的值为 1，那么它的左右子节点的值就分别为 2 和 3。也就是说，如果我们知道当前节点的坐标是 x，那么它的左子节点坐标就是 2 * x，右子节点坐标就是 2 * x+1，如图 4-20 所示。

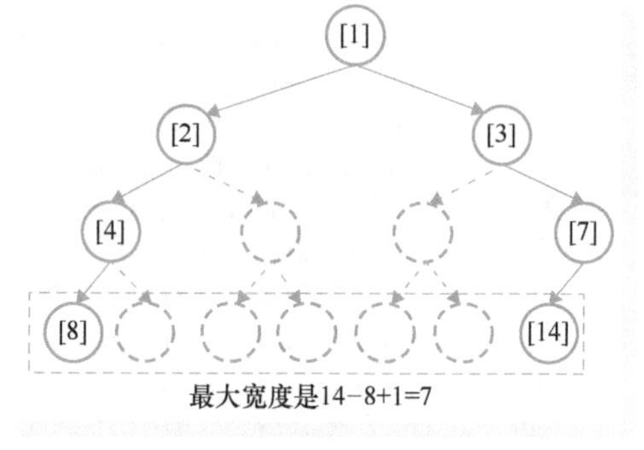

图 4-20

```java
public int widthOfBinaryTree(TreeNode root) {
    int max=1;// 记录最大宽度。
    root.val=1;// 根节点的坐标是 1。
    Deque<TreeNode> queue=new ArrayDeque<>();
    queue.offer(root);
    while (!queue.isEmpty()) {
        int levelCount=queue.size();// 当前层的节点数。
        // 如果当前层不止一个节点,计算最左边和最右边的差值。
        if (levelCount>1)
            max=Math.max(max, queue.peekLast().val
                            -queue.peekFirst().val+1);
        while (levelCount-->0) {
            TreeNode cur=queue.poll();
            int position=cur.val;// 当前节点的位置。
            if (cur.left!=null) {
                cur.left.val=position<<1;// 左子节点的位置。
                queue.offer(cur.left);
            }
            if (cur.right!=null) {
                cur.right.val=(position<<1)+1;// 右子节点的位置。
                queue.offer(cur.right);
            }
        }
    }
    return max;
}
```

4.3 二叉树的特性习题

1. 二叉树的最大深度

给定一棵二叉树，求其最大深度。

```
Input:
          1
        /   \
       3     2
      /
     4

Output: 3 (如图 4-21 所示)
```

问题分析

求二叉树的最大深度，其实就是要计算二叉树最多有多少层，那么这道题我们最容易想到的解决方式就是 BFS，统计总共有多少层即可。

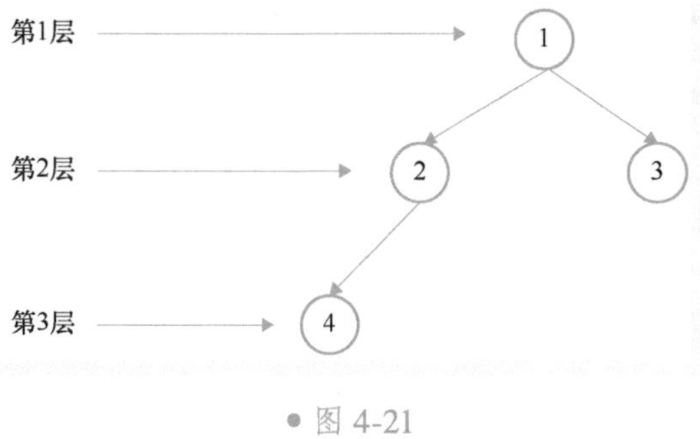

● 图 4-21

```
// 一层一层访问,记录有多少层。
public int maxDepth(TreeNode root) {
    if (root==null)
        return 0;
    Queue<TreeNode> queue=new LinkedList<>();
    queue.offer(root);
    int depth=0;// 二叉树的深度。
    while (!queue.isEmpty()) {
        int levelCount=queue.size(); // 当前层的节点数。
        while (levelCount-->0) {
            TreeNode cur=queue.poll();
            if (cur.left!=null)
                queue.offer(cur.left);
            if (cur.right!=null)
                queue.offer(cur.right);
        }
        depth++;// 每访问一层,深度就加 1。
    }
    return depth;
}
```

或者也可以使用 DFS，通过递归分别计算左子树和右子树的最大深度，然后合并，合并结果是取最大值，然后加 1。

```
public int maxDepth(TreeNode root) {
    if (root==null)
        return 0;
    int left=maxDepth(root.left);// 左子树的结果。
    int right=maxDepth(root.right);// 右子树的结果。
    // 取最大值加 1。
    return Math.max(left, right)+1;
}
```

2. N 叉树的最大深度

N 叉树就是每个节点最多有 N 个子节点，让求 N 叉树的最大深度，还是可以参照二叉树的解题方式使用 BFS，一层一层遍历，计算总共有多少层即可，代码比较简单，就不再写了。来看一下这道题的 DFS 解题思路，这里可以参考一下二叉树的 DFS 解题思路，二叉树是把它的两个子节点的结果都计算出来，最后合并，这道题也一样，虽然不知道 N 叉树具体有多少个子节点，没法一个个列出来，但可以使用一个 for 循环来遍历。

```
public int maxDepth(Node root) {
    if (root==null)
      return 0;
    int size=root.children.size();// 当前节点子节点的个数。
    int max=0;
    // 递归计算所有子节点的深度,保留最大值。
    for (int i=0; i<size; i++)
      max=Math.max(max, maxDepth(root.children.get(i)));
    // 当前树的最大深度就是子节点的最大深度加上 1。
    return max+1;
}
```

3. 二叉树的最小深度

二叉树的最小深度就是从根节点到最近叶子节点的路径上的节点数量，也是离根节点最近的叶子节点的层次数。

```
Input:
         1
       /   \
      3     2
     /
    4

Output: 2
```

可以使用 BFS 一层一层遍历，在第一次遇到叶子节点的时候，直接返回这个叶子节点的层数即可。

```
public int minDepth(TreeNode root) {
    if (root==null)
        return 0;
    Queue<TreeNode> queue=new LinkedList<>();
    queue.add(root);
    int level=0;
    while (!queue.isEmpty()) {
        level++;// 每往下一层就加 1。
        int size=queue.size();
        while (size-->0) {
            TreeNode cur=queue.poll();
            // 如果当前节点 cur 是叶子节点,直接返回 level 即可。
            if (cur.left==null&&cur.right==null)
```

```
                return level;
            if (cur.left!=null)
                queue.add(cur.left);
            if (cur.right!=null)
                queue.add(cur.right);
        }
    }
    return -1;
}
```

来看一下 DFS 解题思路，这个和二叉树的最大深度类似，首先递归计算左右子树的结果，最后合并，看一下代码。

```
public int minDepth(TreeNode root) {
    if (root==null)
        return 0;
    // 递归计算左右子树的结果。
    int left=minDepth(root.left);
    int right=minDepth(root.right);
    // 这里合并。
}
```

这里的关键点是怎样合并，计算二叉树最大深度的时候，最后取的是两个子节点的最大值，那么计算二叉树最小深度的时候，是不是取两个节点的最小深度呢，明显不是的。解这道题之前，首先要明白什么是最小深度，就是从根节点到最近叶子节点的最短路径上的节点数量，这里要注意的是到叶子节点，如果有两个子节点，取它们的最小值，但如果只有一个子节点，取不为空的那个子节点计算的结果，如果两个子节点都为空，直接取 0 即可。

```
public int minDepth(TreeNode root) {
    if (root==null)
        return 0;
    int left=minDepth(root.left);
    int right=minDepth(root.right);
    // 两个子树至少有一个为空的情况。
    if (left==0 || right==0)
        return left+right+1;
    // 两个子树都不为空。
    return Math.min(left, right)+1;
}
```

4. 相同的树

给定两个根节点分别为 root1 和 root2 的二叉树，请判断这两棵树是否完全相同，如图 4-22 所示。

问题分析

如果两棵树相同，除了当前节点的值相同以外，它们的子树也必须相同，如图 4-23 所示。判断是否是相同的树，要先判断根节点，如果根节点不相同，它们肯定不是相同的树，如果根节点相同，然后递归判断左右子节点。

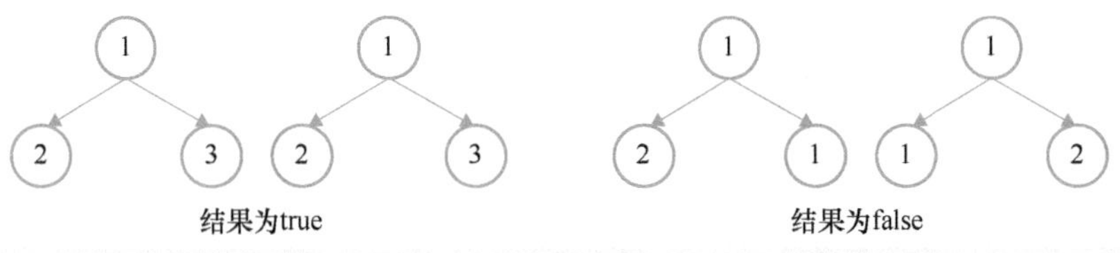

● 图 4-22

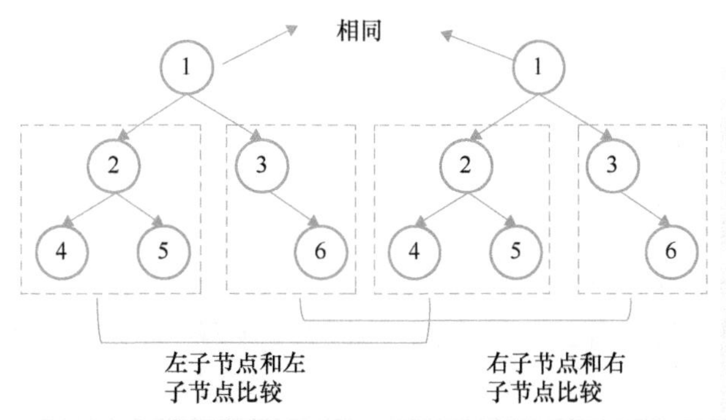

● 图 4-23

```
public boolean isSameTree(TreeNode p, TreeNode q) {
    // 如果都为空,就认为它是相同的。
    if (p==null &&q==null)
        return true;
    // 如果一个为空,一个不为空,很明显不可能是相同的树。
    if (p==null ||q==null)
        return false;
    // 如果这两个节点都不为空,并且值又不相等,也不可能是相同的树。
    if (p.val!=q.val)
        return false;
    // 递归左子树的结果。
    boolean left=isSameTree(p.left, q.left);
    // 递归右子树的结果。
    boolean right=isSameTree(p.right, q.right);
    // 合并返回结果,子树必须都是相同的才返回 true。
    return left&&right;
}
```

5. 对称二叉树

给定一个二叉树，检查二叉树是否对称。

```
Input:
        5
      /   \
     1     1
    /       \
   2         2
Output: True

Input:
        5
      /   \
     10    10
     / \     \
   20  20     30
 Output: False
```

问题分析

这道题判断二叉树是否对称，如果把根节点拿掉，就变成了判断两个子树是否对称，和上一题讲的两个子树是否相同代码非常相似。子树是否相同，只需要左子树和左子树比较，右子树和右子树比较即可。而判断子树是否对称，需要左子树和右子树比较，右子树和左子树比较，如图 4-24 所示。

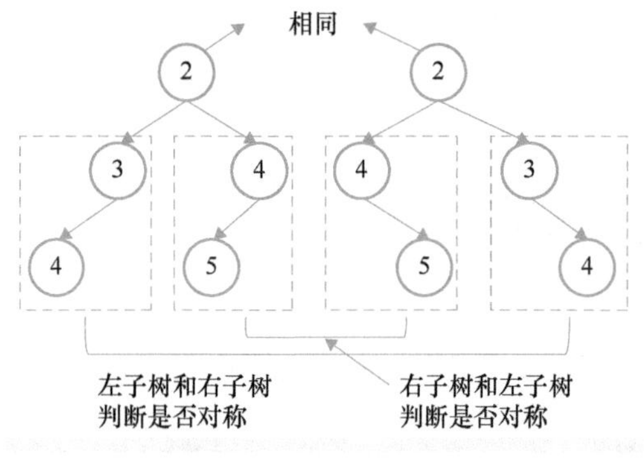

● 图 4-24

```
public boolean isSymmetric(TreeNode root) {
    return helper(root.left, root.right);
}

public boolean helper(TreeNode left, TreeNode right) {
    // 如果左右子节点都为空,说明当前节点是叶子节点,返回 true。
    if (left==null && right==null)
        return true;
    // 如果当前节点只有一个子节点或者有两个子节点,并且两个子节点的值不相同,返回 false。
    if (left==null || right==null || left.val!=right.val)
```

```
        return false;
    // 递归左子树的结果。
    boolean leftResult=helper(left.left, right.right);
    // 递归右子树的结果。
    boolean rightResult=helper(left.right, right.left);
    // 合并返回结果。
    return leftResult&&rightResult;
}
```

6. 判断子树

给定两棵二叉树 S 和 T，检查 S 是否是 T 的子树。

```
Input:
T:     1          S:   3
      / \             /
     2   3           4
    / \ /
   N  N 4
Output: true
```

问题分析

如果 S 和 T 相同，那么 S 就是 T 的子树。如果不相同，继续判断 S 和 T 的子树是否相同，如果还不相同，继续判断 S 和 T 的子子树是否相同，只要有一个相同，就返回 true，如图 4-25 所示。

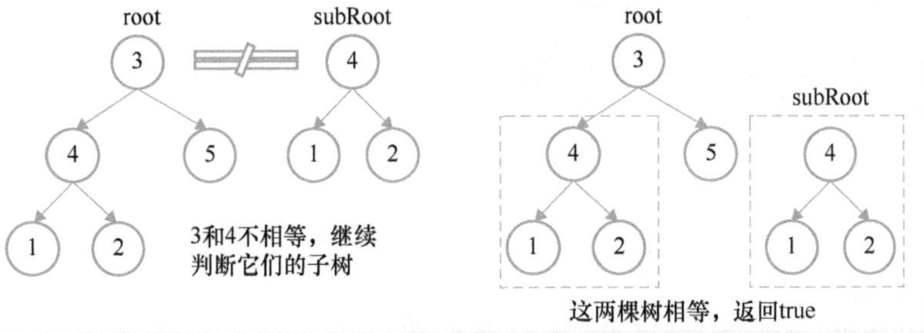

● 图 4-25

```
public boolean isSubtree(TreeNode root, TreeNode subRoot) {
    if (root==null)
        return false;
    // 判断 subRoot 和 root 是否相同。
    if (isSame(root, subRoot))// isSame 方法参考前面讲的"相同的树"。
        return true;
    boolean leftResult=isSubtree(root.left, subRoot);
    boolean rightResult=isSubtree(root.right, subRoot);
    return leftResult ||rightResult;
}
```

7. 堂兄弟节点

给定一棵二叉树和两个节点 x 与 y，检查这两个节点是否互为堂兄弟节点。

```
Input:
      1
    /   \
   2     3
a=2, b=3
Output: false

Input:
       1
     /   \
    2     3
   /       \
  5         4
a=5, b=4
Output: true
```

问题分析

堂兄弟节点也就是在同一层，但它们的父节点不是同一个，判断是否是堂兄弟节点，只需要找到 x 和 y 节点的深度，以及它们的父节点，如果深度相同并且父节点不同，那么它们就是堂兄弟节点，否则不是。只要能找到两个节点的父节点，以及它们的深度就可以，因为前面讲过二叉树的遍历方式比较多，随便挑一个修改一下就是这道题的答案。

```
private TreeNode xParent=null;// x 的父节点。
private TreeNode yParent=null;// y 的父节点。
private int xDepth=-1;// x 的深度。
private int yDepth=-2;// y 的深度。

public boolean isCousins(TreeNode root, int x, int y) {
   dfs(root, null, x, y, 0);
   // 如果深度相同,父节点不同,就是堂兄弟节点,否则不是。
   return xDepth==yDepth&&xParent!=yParent? true: false;
}

public void dfs(TreeNode root, TreeNode parent, int x, int y, int depth) {
    if (root==null)
        return;
    if (root.val==x) {
        // 如果找到了 x 节点,就把它的父节点和深度记录下来。
        xParent=parent;
        xDepth=depth;
    } else if (root.val==y) {
        // 如果找到了 y 节点,也把它父节点和深度记录下来。
        yParent=parent;
```

```
            yDepth=depth;
        }
        // 如果这两个节点的父节点都知道了,就不要再往下找了。
        if (xParent!=null&&yParent!=null)
            return;
        dfs(root.left, root, x, y, depth+1);
        dfs(root.right, root, x, y, depth+1);
    }
```

8. 验证二叉搜索树

给定一棵二叉树的根节点，检查它是否是二叉搜索树，二叉搜索树中不包含重复节点。

问题分析

这道题让我们验证二叉搜索树。我们知道二叉搜索树一个很重要的特性就是它的中序遍历结果一定是有序的，一种解决方式就是把这棵树的中序遍历结果打印出来，然后判断这个结果是否有序。实际上不需要那么麻烦，可以直接对这棵树进行中序遍历，遍历的时候和它的前一个节点比较即可。

```
TreeNode prev;

public boolean isBST(TreeNode root) {
    if (root==null)
        return true;
    // 递归访问左子树。
    if (!isBST(root.left))
        return false;
    // 访问当前节点,如果当前节点小于等于中序遍历的前一个节点,直接返回 false。
     if (prev!=null&&prev.val>=root.val)
         return false;
     prev=root;// 更新前一个节点。
     // 递归访问右子树。
     if (!isBST(root.right))
         return false;
     return true;
 }
```

4.4 二叉树的深度优先搜索习题

深度优先搜索（DFS）就是沿着一棵子树一直往下走，直到遇到叶子节点再返回，而其中的一些逻辑操作可以放到所有子节点访问之前，这就是我们常说的**自顶往下**，也可以放到所有子节点访问完之后，这就是**自底往上**，当然也可以放到两个子节点访问之间，它的模板大致如下：

```
// 模板 DFS,当然这里函数中的参数也可能会有多个。
public Object dfs(TreeNode root) {
    if (root==null) {// 递归必须要有终止条件。
```

```
        // 为空时的返回值和一些逻辑操作,可有可无,需要根据具体的题来确定。
        return null;
    }

    // root 节点的访问可以在下面 3 个中的任何一个地方
    // 如果放在(1)访问,可以看作二叉树的前序遍历
    // 如果放在(2)访问,可以看作二叉树的中序遍历
    // 如果放在(3)访问,可以看作二叉树的后序遍历

    // 可以在这里访问 root 节点,或者添加一些其他逻辑(1)

    // 递归访问左子树的结果,也可以没有返回值。
    Object leftResult=dfs(root.left);

    // 可以在这里访问 root 节点,或者添加一些其他逻辑(2)

    // 递归访问右子树的结果,也可以没有返回值。
    Object rightResult=dfs(root.right);

    // 可以在这里访问 root 节点,或者添加一些其他逻辑(3)

    // 如果没有返回值,这里不需要写。如果有返回值,这里需要
    // 结合左右子树的返回结果,以及当前 root 节点来确定返回值。
    return "result";
}
```

自底往上可以把它看作是二叉树的后序遍历，就是两个子节点操作完了，再来操作当前节点，它可以获取二叉树的所有子树，并且在当前节点的所有子树操作完之后，才操作当前节点（遍历每一个节点的时候，表示当前节点的子树都遍历完了）。

1. 平衡二叉树

给定一棵二叉树，判断它是否是平衡的。如果树的所有节点的左右子树的高度差不大于 1，则树是平衡的。

```
Input:
    1
   /
  2
   \
    3
Output: false
Input:
        10
       /  \
     20    30
    /  \
  40    60
Output: true
```

问题分析

这道题我们在讲 AVL 树的时候讲过，这里再来看一下。这道题有两种解决方式，一种是自顶往下，一种是自底往上。先看一下自顶往下，就是从上往下，计算每个节点的两个子树的高度差是否超过 1。如果超过 1，就表示不是平衡的，如果没有超过 1，就递归判断它的子树是否是平衡的。关于二叉树的最大高度，在前面也讲过。

```
// 自顶向下
public boolean isBalanced(TreeNode root) {
    if (root==null)
        return true;
    // 计算当前节点左右子节点的高度差,如果超过 1,说明是不平衡的,
    // 直接返回 false,如果没超过 1,继续判断子树是否平衡。
    if (Math.abs(depth(root.left)-depth(root.right))>1)
        return false;
    // 子树必须都是平衡的才返回 true。
    return isBalanced(root.left)&&isBalanced(root.right);
}

// 计算子树的深度。
public int depth(TreeNode root) {
    if (root==null)
        return 0;
    return Math.max(depth(root.left), depth(root.right))+1;
}
```

我们看到这道题自顶往下计算的时候有个弊端，就是有些节点的高度会重复计算，如图 4-26 所示。

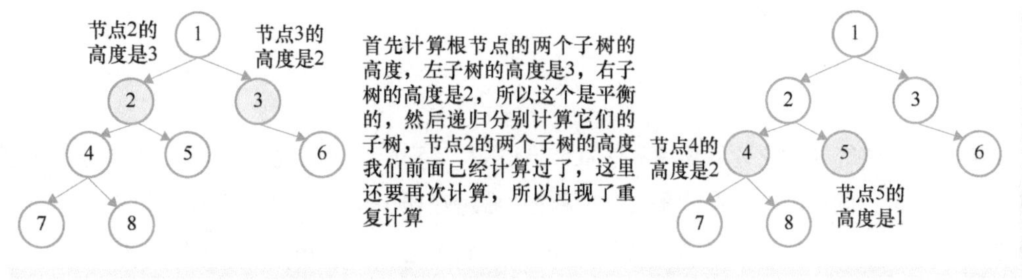

● 图 4-26

我们再来看一下树的高度是怎样计算的，实际上它是自底往上计算的，在往上走的时候，如果已经不平衡了，可以直接返回一个负数，表示子树出现了不平衡，后面也不需要计算它的父节点高度了，直接返回一个负数即可，如图 4-27 所示。

最后只需要判断根节点的高度是否为负数即可，如果是负数就表示不平衡，否则就是平衡。

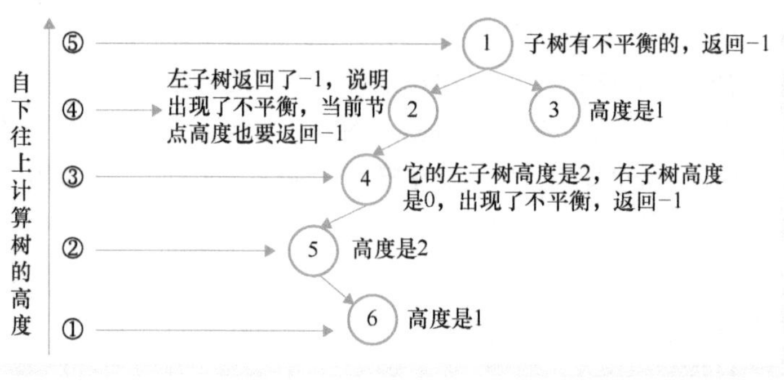

● 图 4-27

```
// 自底向上
public boolean isBalanced(TreeNode root) {
    return depth(root)>=0;
}

// 计算树的高度,如果是平衡的返回树的高度,如果是不平衡的返回-1。
public int depth(TreeNode root) {
    if (root==null)// 递归终止条件。
        return 0;
    int left=depth(root.left);// 递归左子树的结果。
    int right=depth(root.right);// 递归右子树的结果。

    // 只要有一个子树不平衡,或者当前树的两个子树的高度差超过 1,就返回-1。
    if (left==-1 || right==-1 || Math.abs(left-right)>1)
        return -1;
    // 返回当前子树的高度。
    return Math.max(left, right)+1;
}
```

2. 二叉树的最大路径和

二叉树里面的路径被定义为从该树的任意节点出发，经过父=>子或者子=>父的连接，达到任意节点的序列。注意：同一个节点在一条二叉树路径中最多出现一次，一条路径至少包含一个节点，且不一定经过根节点。给定一个二叉树的根节点 root，请计算它的最大路径和，如图 4-28 所示。

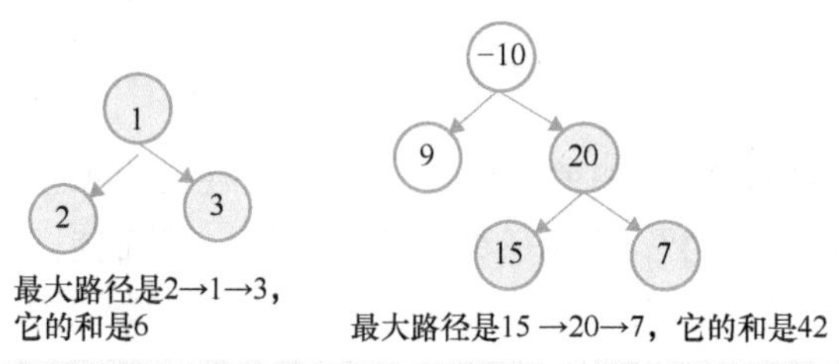

● 图 4-28

问题分析

这道题有一个重要条件就是同一个节点在一条路径中至多出现 1 次，先画一张图来消化一下哪些路径是有效的，哪些是无效的，如图 4-29 所示。

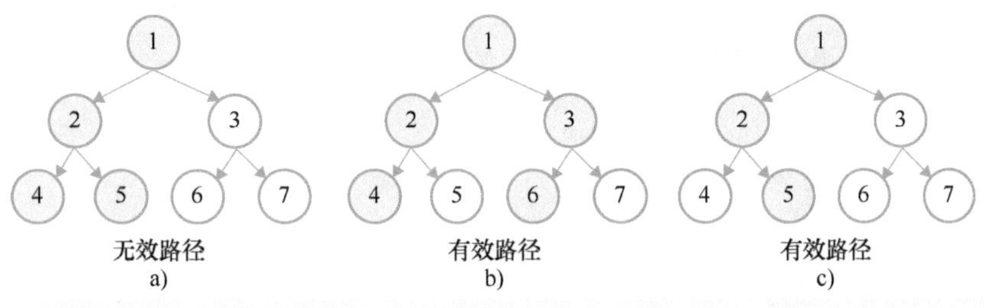

图 4-29

通过上面的图我们发现，如果一个路径是有效的，那么选择了父节点之后，两个子节点最多只能选择一个，如图 4-29a 中，如果选择了 2 的父节点，那么它的两个子节点最多只能选择一个。如果没有选择父节点，那么它的两个子节点都是可以选择的。可以从下往上，**计算选择当前节点，并且最多只能选择一个子节点的最大值**。因为如果最多只能选择一个子节点，还可以选择它的父节点，往上继续计算。如果两个子节点都选择了，就不能再选择父节点了，没法往上计算了。因为这里是求最大值，如果两个子树的最大路径都是负数，可以都不选，如图 4-30 所示。

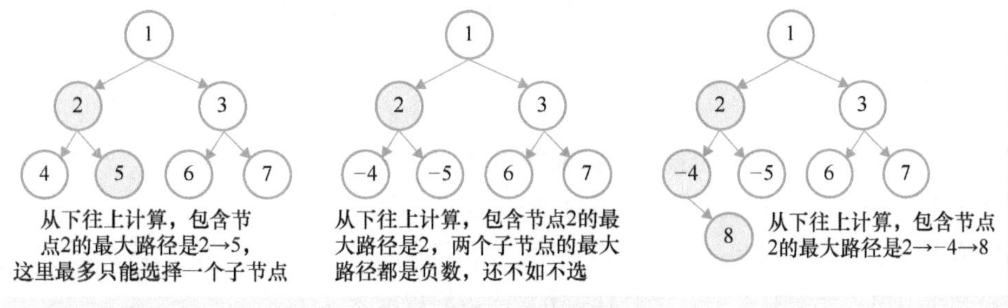

图 4-30

所以大致代码可以先写出来。

```java
private int dfs(TreeNode root) {
    if (root==null)
        return 0;
    int left=dfs(root.left);// 左子树的最大路径(包含左子节点)
    int right=dfs(root.right);// 右子树的最大路径(包含右子节点)
    // 返回包含当前节点的路径,路径不能分叉,所以两个子节点最多
    // 只能选择一个,如果两个子树的最大路径都小于 0,就不选了。
    return Math.max(0, Math.max(left, right))+root.val;
}
```

这个和求最大子序和很类似，只不过一个是计算数组的，一个是计算二叉树的。上面代码计算的是最多只能选择一个子节点，但实际上“最大路径和”是可以选择两个子节点的，所以这里从下往上计算的时候，如果两个子树的最大值都是正数，就都选择，然后计算一下它们的值，最后保存最大的即可，来看一下代码。

```
int max=Integer.MIN_VALUE;// 记录最大的路径和。

public int maxPathSum(TreeNode root) {
    dfs(root);
    return max;
}

// 包含当前节点 root 的最大路径。
private int dfs(TreeNode root) {
     if (root==null)
         return 0;
     int left=dfs(root.left);// 左子树的最大路径(包含左子节点)
     int right=dfs(root.right);// 右子树的最大路径(包含右子节点)
     // 两个子树计算的值只要是正的,就都选择。
     int curMax=Math.max(0, left)+Math.max(0, right)+root.val;
     // 记录最大值。
     max=Math.max(max, curMax);
     // 返回包含当前节点的路径。
     return Math.max(0, Math.max(left, right))+root.val;
}
```

3. 二叉树的直径

给定一颗二叉树，求二叉树的直径。该题的直径定义为：树上任意两个节点路径长度的最大值。该题路径长度定义为：不需要从根节点开始，也不需要在叶子节点结束，也不需要必须从父节点到子节点，一个节点到另一个节点所走的边的数量。这个路径可能穿过根节点，也可能不穿过，如图 4-31 所示。

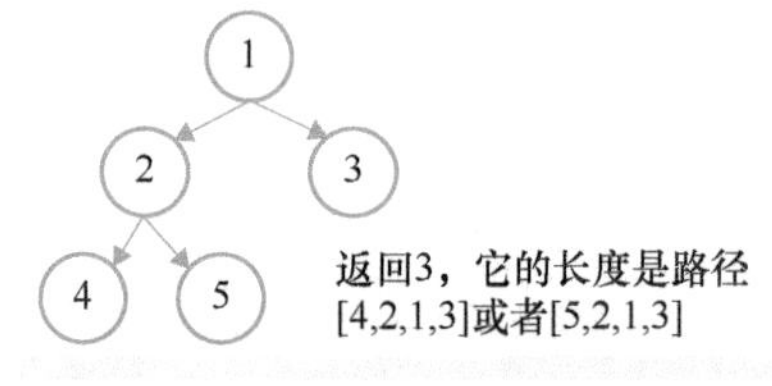

● 图 4-31

问题分析

这道题和上一题非常相似，上一题求的是路径和，因为路径和可能有负数，所以需要放弃值为负数的子树。而这一题可以看作是求树的最大深度，而树的深度是没有负数的，相比上一题会更简单一些，只需要把上一题的代码修改即可。

```
int max=0;// 记录最大直接。

public int diameterOfBinaryTree(TreeNode root) {
    maxDepth(root);
    return max;
}
```

```
// 计算二叉树的深度。
private int maxDepth(TreeNode root) {
    if (root==null)
        return 0;
    // 递归左右子树的深度。
    int left=maxDepth(root.left);
    int right=maxDepth(root.right);
    // 从下往上计算的时候顺便记录一下二叉树的最大直径。
    max=Math.max(max, left+right);
    // 最大深度取左右子树的最大值加 1。
    return Math.max(left,right)+1;
}
```

4. 具有相同值的最长路径

给定一棵二叉树，找出路径中每个节点具有相同值的最长路径的长度。这个路径可能经过根节点，也可能不经过。两个节点之间的路径长度是它们之间的边数，如图 4-32 所示。

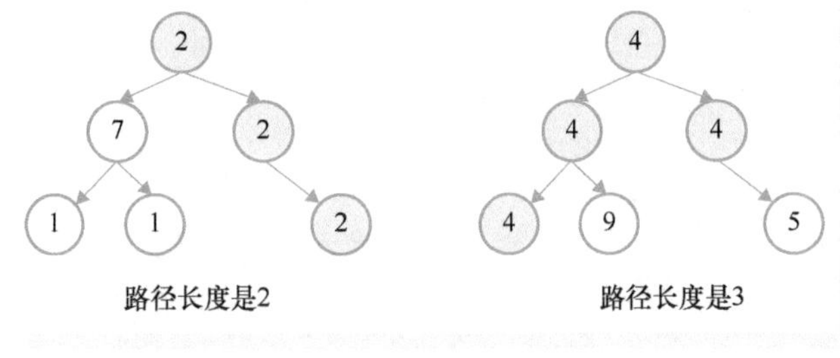

● 图 4-32

问题分析

这道题和上一题非常类似，上一题我们是从下往上计算树的高度，而这道题可以改成从下往上计算相同节点之间边的个数。怎样计算呢？其实很简单，就是计算子树的时候，把父节点的值传进来，如果当前节点的值和父节点的值相同，说明当前节点和父节点之间可以连成一条线，这条线上都是相同的值。如果当前节点的值和父节点的值不相同，说明当前节点不能和父节点连成一条线，可以把当前子树砍掉。代码可以参考上一题，修改一下即可。

```
int max=0;// 记录最大值。

public int longestSameValuePath(TreeNode root) {
    if (root==null)
        return 0;
    dfs(root, Integer.MAX_VALUE);
    return max;
}
```

```
// 返回的是以当前节点 cur 为根节点的子树最长路径(不能分叉)
private int dfs(TreeNode cur, int parentValue) {
    if (cur==null)
        return 0;
    int left=dfs(cur.left, cur.val);// 递归左子树。
    int right=dfs(cur.right, cur.val);// 递归右子树。
    // 保存最大值,注意这里是边的个数,不是节点的个数。
    max=Math.max(max, left+right);
    // 如果当前节点值和父节点值相同,因为从下往上计算不能分叉,所以左右
    // 子树只能选择一个,然后加上当前这个节点和父节点构成的路径 1。
    if (parentValue==cur.val)
        return Math.max(left, right)+1;
    // 如果当前节点值和父节点值不相同,返回 0,相当于把当前子树砍掉。
    return 0;
}
```

5. 分裂二叉树的最大乘积

给定一棵二叉树，删除 1 条边，使二叉树分裂成两棵子树，返回它们子树和的最大乘积，如图 4-33所示。

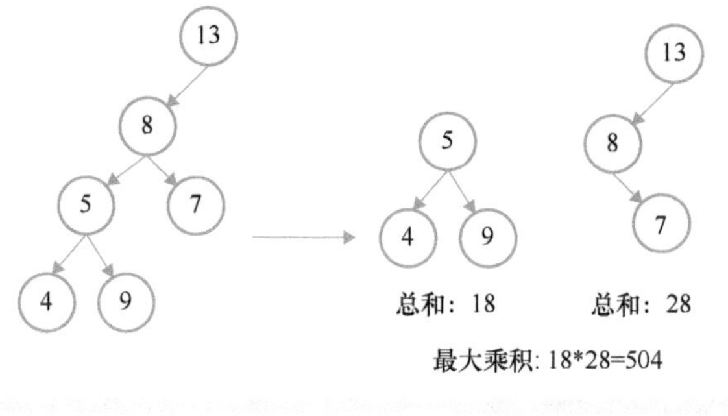

● 图 4-33

问题分析

这道题是删除二叉树中的一条边，让它变成两棵树，然后计算这两棵树的乘积，最后返回最大的乘积。这道题还是自底往上的思路，首先计算二叉树中所有节点的和，然后从下往上不断地累加子树的和，相当于把子树砍掉，顺便计算砍掉的这棵子树和剩余的子树和的乘积。代码和上一题中介绍的也非常相似。

```
private long max=Integer.MIN_VALUE;// 最大乘积。
private long sum;// 二叉树中所有节点的和。

public int maxProduct(TreeNode root) {
    sum=sum(root);
    dfs(root);
```

```
    return max;
}

// 累加树中的所有节点值。
public int sum(TreeNode node) {
    if (node==null)
        return 0;
    return node.val+sum(node.left)+sum(node.right);
}

// 返回子树和,包含当前节点。
public int dfs(TreeNode root) {
    if (root==null)
        return 0;
    int leftSum=dfs(root.left);
    int rightSum=dfs(root.right);
    // 计算子树和,要加上当前节点。
    int total=leftSum+rightSum+root.val;
    // 计算两棵树的乘积,保存最大的即可。
    max=Math.max(max, (sum-total)* total);
    return total;
}
```

6. 合并二叉树

给定两棵二叉树。我们需要把它们合并成一棵新的二叉树。合并规则是，如果两个节点重叠，则将节点值相加作为合并节点的新值。否则将使用非空节点作为新树的节点，如图 4-34 所示。

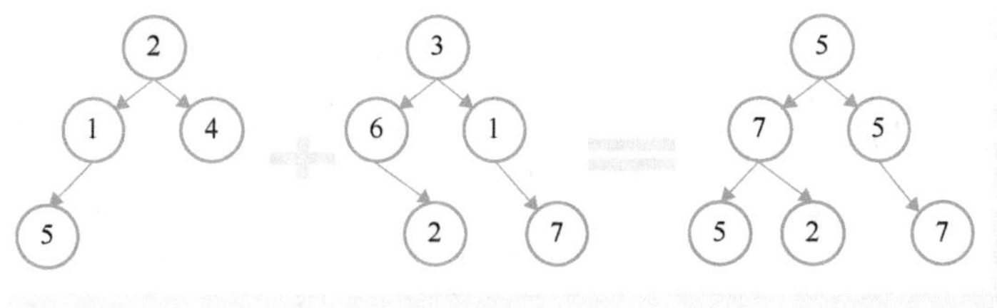

● 图 4-34

问题分析

这道题是把两棵树合并成一棵，合并的时候只有两个节点都不为空的时候，它们才会相加，然后变成一个新的节点，如果两个节点有一个为空，就返回另一个节点，如图 4-35 所示。

```
public TreeNode mergeTrees(TreeNode root1, TreeNode root2) {
    // 如果 root1 节点为空,就返回 root2 节点。
    if (root1==null)
        return root2;
```

```
    // 如果 root2 节点为空,就返回 root1 节点。
    if (root2==null)
        return root1;
    // 走到这一步,说明两个节点都不为空,然后需要
    // 把这两个节点合并成一个新的节点。
    TreeNode newNode=new TreeNode(root1.val+root2.val);
    // 当前节点 root1 和 root2 合并完之后,还要继续合并 root1 和 root2 的子节点。
    newNode.left=mergeTrees(root1.left, root2.left);
    newNode.right=mergeTrees(root1.right, root2.right);
    return newNode;
}
```

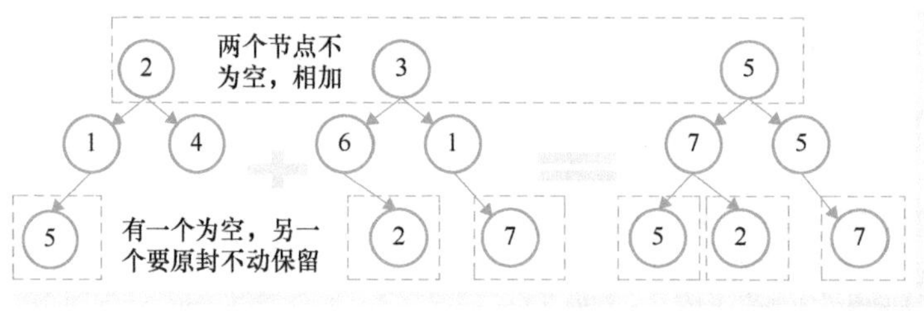

图 4-35

7. 修剪二叉树

给定一棵二叉树，修剪掉只包含 0 的子树，如图 4-36 所示。

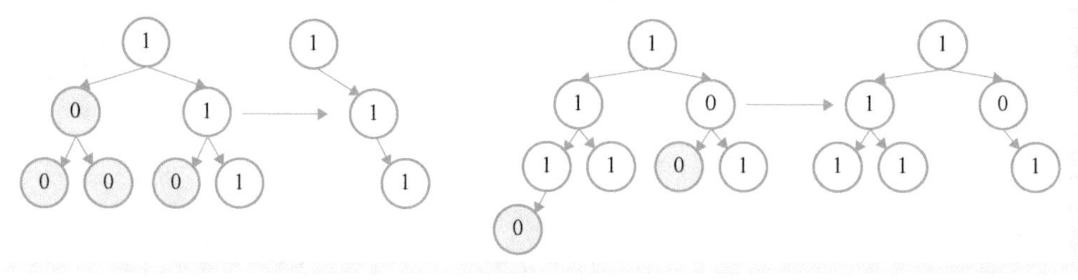

图 4-36

问题分析

这道题说的是如果一棵子树的所有节点都是 0，就把它砍掉，一种解决方式就是遍历二叉树的所有子树，然后判断这些子树的所有节点是否是 0，如果都是 0，就把它砍掉，只要有一个节点不是 0，就不能砍掉，但这样会出现大量的重复计算。可以考虑从底往上的计算方式，从下面开始把节点全是 0 的子树一个个砍掉，如图 4-37 所示。

上面小圆圈内的标号是访问节点的顺序，从下往上遍历，我们会发现一个规律，**如果一个节点是叶子节点并且值是 0，就把它砍掉**，否则就不能砍掉。这里要注意从下往上遍历的时候，叶子节点不是固定的，比如小圆圈标号是 3 的节点，它本来不是叶子节点，从下往上把它的两个子树砍掉之后，

它就变成叶子节点了，所以下一步还可以把它砍掉。

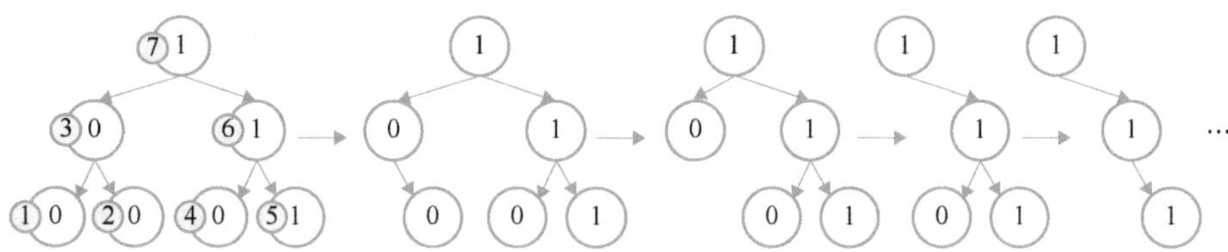

● 图 4-37

```
public TreeNode pruneTree(TreeNode root) {
    if (root==null)
        return null;
    // 这里要注意,当前节点可能不是叶子节点,但如果它的子节点
    // 都删除完了,就变成了叶子节点。
    TreeNode leftRes=pruneTree(root.left);// 修剪左子树。
    TreeNode rightRes=pruneTree(root.right);// 修剪右子树。
    // 如果叶子节点的值是 0,就把它删除,返回一个空的节点。
    if (leftRes==null&&rightRes==null&&root.val==0)
        return null;
    // 否则不要删除,直接返回即可。
    root.left=leftRes;
    root.right=rightRes;
    return root;
}
```

4.5 二叉树的构造

1. 从前序与中序遍历序列构造二叉树

给定二叉树的前序 preorder 和中序 inorder 遍历数组，构造二叉树，其中 preorder 和 inorder 均无重复元素，如图 4-38 所示。

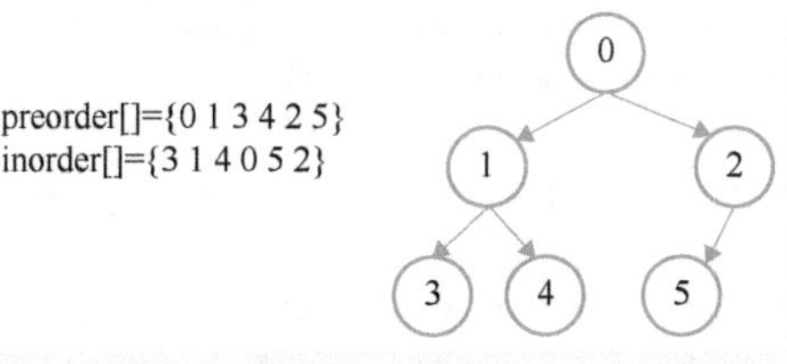

● 图 4-38

方法一：递归

这道题是根据前序遍历和中序遍历结果来还原二叉树，我们知道前序遍历的顺序是：根节点→左子树→右子树，中序遍历的顺序是：左子树→根节点→右子树。**二叉树前序遍历的第一个值一定是根节点的值**，而在中序遍历中是先遍历左子树，然后遍历根节点，所以在中序遍历中，根节点之前的都是它的左子树的节点，根节点之后的都是其右子树的节点，如图 4-39 所示。

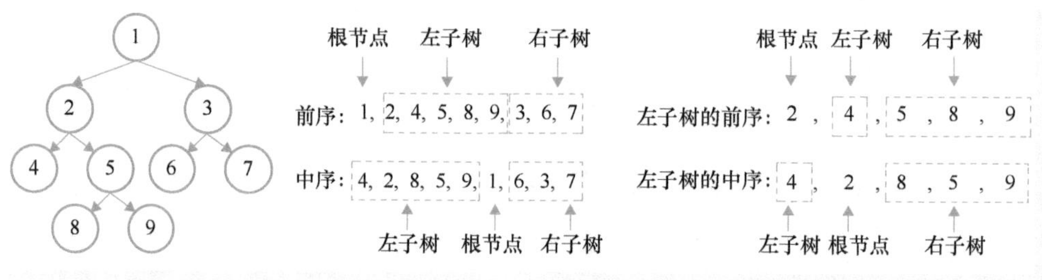

● 图 4-39

可以通过递归的方式把中序遍历数组不断地分成两部分，左边部分是当前节点左子树的所有节点，右边部分是当前节点右子树的所有节点。一种解决方式就是把数组不断地截取，实际上这样效率不高，可以使用 4 个指针，分别记录前序和中序数组开始和结束的位置，如图 4-40 所示。

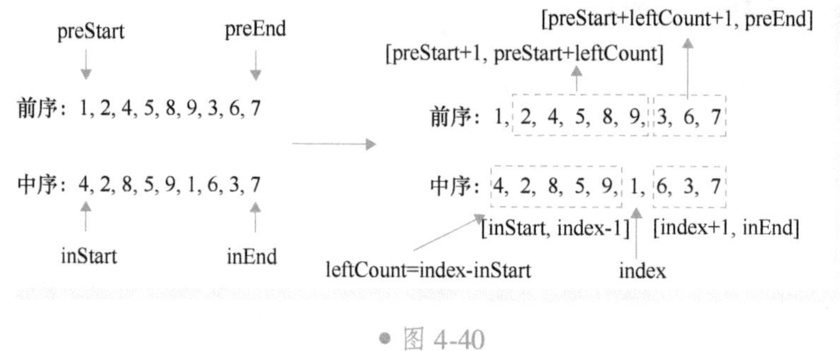

● 图 4-40

每次截取的时候只截取中序数组，所以前序的结束指针 preEnd 可以不需要，题中说了数组中没有重复元素，可以把中序数组放到一个 map 中方便查找，来看一下代码。

```java
public TreeNode buildTree(int[] preorder, int[] inorder) {
    Map<Integer, Integer> map=new HashMap<>();
    // 把中序数组放到 map 中，方便查找。
    for (int i=0; i<inorder.length; i++)
        map.put(inorder[i], i);
    return helper(preorder, 0, 0, inorder.length-1, map);
}

public TreeNode helper(int[] preorder, int preStart, int inStart,
```

```
                         int inEnd, Map<Integer, Integer> map) {
    if (inStart>inEnd)// 子数组被访问完了。
        return null;
    TreeNode root=new TreeNode(preorder[preStart]);
    // 查找当前节点在中序遍历中的位置。
    int index=map.get(root.val);
    int leftCount=index-inStart;// 当前节点左子树所有节点个数。
    // 前序遍历数组分割 preStart,[preStart+1,preStart+leftCount],
    // [preStart+leftCount+1,preEnd]
    //中序遍历数组分割[inStart, index-1],index,[index+1, inEnd]
    root.left=helper(preorder, preStart+1, inStart, index-1, map);
    root.right=helper(preorder, preStart+leftCount+1, index+1,inEnd, map);
    return root;
}
```

上面的代码还可以优化一下，看一下 helper 函数，实际上可以把它看作是二叉树的前序遍历，它在构建二叉树的时候，是逐个读取前序数组中的元素，所以不需要再计算左子树节点的个数，只需要逐个读取即可，可以使用一个全局的变量 preIndex 来记录读取的下标。而代码中的 inStart 和 inEnd 变量主要用来判断中序数组的子数组是否被使用完，只需要记录子数组的 end 值即可，当读取到 end 的时候，说明中序数组的子数组已经被使用完了，然后跳到下一个子数组，注意这里 end 是开区间，它记录的不再是数组的下标，而是数组中元素的值，如图 4-41 所示。

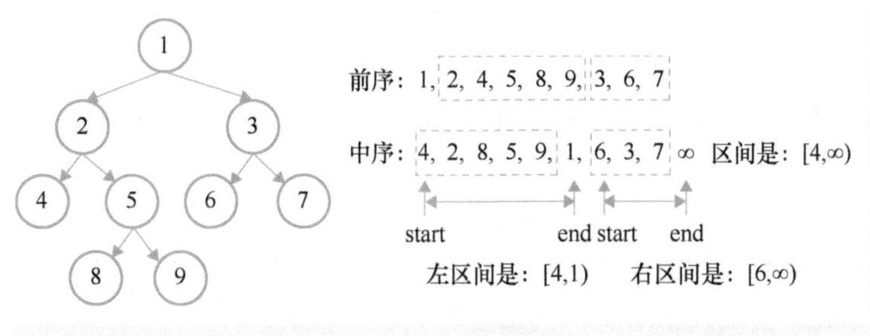

● 图 4-41

```
private int inIndex=0;// 指向中序数组的下标。
private int preIndex=0;// 指向前序数组的下标。

public TreeNode buildTree(int[] preorder, int[] inorder) {
    return build(preorder, inorder, Integer.MIN_VALUE);
}

private TreeNode build(int[] preorder, int[] inorder, int end) {
    if (preIndex>=preorder.length)// 数组都构建完了。
        return null;
```

```
    if (inorder[inIndex]==end) {// 当前子数组访问完了。
        inIndex++;// 移动到下一个子数组。
        return null;
    }
    // 根据前序遍历创建节点。
    TreeNode node=new TreeNode(preorder[preIndex++]);
    // 中序数组的区间是(start,end),左闭右开,把它分成三部分。
    // 这里是根据值分的,不是根据下标分的,它们分别是:
    // (start,node.val),node.val,(node.val,end)
    // 这里只记录结束的值,左子树是 node.val,右子树是 end。
    node.left=build(preorder, inorder, node.val);
    node.right=build(preorder, inorder, end);
    return node;
}
```

方法二：迭代

我们定义一个节点的祖先节点是指自己以及它的父节点和爷爷节点等，如图 4-42 中 7,5,2,1 都是节点 7 的祖先节点。

再来观察一下前序数组，我们发现挨着的两个值比如 m 和 n，n 要么是 m 的左子节点，要么是 m 祖先节点的右子节点。这一点很好理解，因为如果 m 有左子节点，那么 n 一定是 m 的左子节点，如果 m 没有左子节点，那么 n 要么是 m 的右子节点，要么是 m 父节点的右子节点……，总之：n 是 m 祖先节点的右子节点。

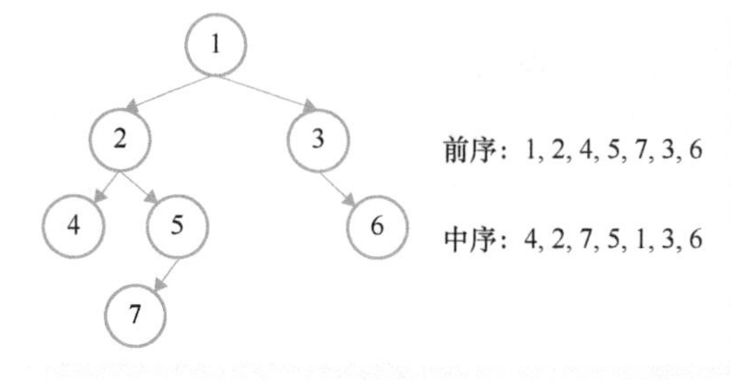

● 图 4-42

这里怎样区分挨着的两个节点，后面的到底是前面节点的左子节点，还是前面节点的祖先节点的右子节点呢？这里就要利用中序数组了。在前序数组中挨着的两个节点 m 和 n 在中序数组中如果 m 在 n 的后面，那么 n 就是 m 的左子节点，比如在图 4-42 中。

(1) 前序数组中 1 和 2 是挨着的,中序数组中 1 在 2 的后面,所以 2 是 1 的左子节点。
(2) 前序数组中 2 和 4 是挨着的,中序数组中 2 在 4 的后面,所以 4 是 2 的左子节点。
(3) 前序数组中 5 和 7 是挨着的,中序数组中 5 在 7 的后面,所以 7 是 5 的左子节点。

在前序数组中挨着的两个节点 m 和 n 在中序遍历中如果 m 在 n 的前面，那么 n 就是 m 祖先节点的右子节点。这个就难办了，因为祖先节点有多个，到底是哪个祖先节点的右子节点呢，实际上就是在中序数组中 n 的前面最近且被访问过的节点，比如在图 4-42 中。

(1) 前序数组中 4 和 5 是挨着的,中序数组中 4 在 5 的前面,中序数组中 5 的前面有 2 和 4,且 2 离 5 最近,所以 5 是 2 的右子节点(前序数组中 7 没有被访问到,不能算)。
(2) 前序数组中 7 和 3 是挨着的,中序数组中 7 在 3 的前面,3 前面被访问过且最近的是 1,所以 3 是 1 的右子节点。
(3) 前序数组中 3 和 6 是挨着的,中序数组中 3 在 6 的前面,6 前面被访问过且最近的是 3,所以 5 是 3 的右子节点。

前序数组的第一个元素一定是根节点的值，先创建根节点，然后遍历前序数组，根据前一个节点

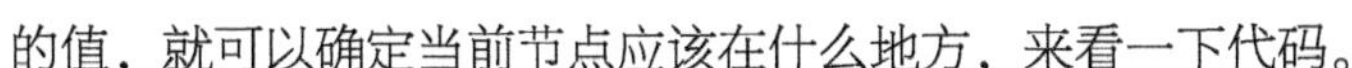
的值，就可以确定当前节点应该在什么地方，来看一下代码。

```
public TreeNode buildTree(int[] preorder, int[] inorder) {
    // useMap 中存储前序遍历中已经使用过的值和对应的节点。
    Map<Integer, TreeNode> useMap=new HashMap<>();
    Map<Integer, Integer> map=new HashMap<>();
    // 把中序数组放到 map 中,方便查找。
    for (int i=0; i<inorder.length; i++)
        map.put(inorder[i], i);
    int preIndex=0;// 指向前序数组的下标。
    // 前序的第一个元素一定是根节点的值。
    TreeNode root=new TreeNode(preorder[preIndex++]);
    useMap.put(root.val, root);
    TreeNode preNode=root;
    while (preIndex < preorder.length) {
        // 前一个节点的值在中序数组中的下标。
        int preNodeIndex=map.get(preNode.val);
        // 当前元素在中序数组中的下标。
        int curIndex=map.get(preorder[preIndex]);
        TreeNode curNode=new TreeNode(preorder[preIndex++]);
        // 在中序数组中前一个节点的值在当前节点的后面,说明
        // 当前节点是前一个节点的左子节点。
        if (preNodeIndex>curIndex) {// 左子节点。
            preNode.left=curNode;
        } else {// 右子节点。
            // 当前节点是 preNode 的右子节点,或者是 preNode
            // 父亲的右节点,或者是 preNode 爷爷的右节点……
            for (int i=curIndex-1; i>=0; i--) {
                if (useMap.keySet().contains(inorder[i])) {
                    useMap.remove(inorder[i]).right=curNode;
                    break;
                }
            }
        }
        // 把当前节点和它的值放到 useMap 中。
        useMap.put(curNode.val, curNode);
        preNode=curNode;// 当前节点变成前一个节点。
    }
    return root;
}
```

我们再来看一下迭代的另一种解法，一个子树如果没有右子节点，那么它的前序和中序结果正好是相反的，如图 4-43 所示。

我们从前序数组的第一个元素开始作为根节点，一直往左创建左子节点，直到遇到中序数组的一个值为止，那么前序数组的下一个元素一定是这些左子节点中某一个节点的右子节点值。而二叉树的

中序数组有一个特点就是，如果遍历到当前节点的时候，那么当前节点的左子树都已经遍历完了，以这个条件为突破口来确定是哪一个节点的右子节点，解题思路如下：

（1）使用一个指针 inIndex 指向中序数组的第一个元素（这个元素就是从根节点一直往左走的最左边节点值）。
（2）使用前序数组的第一个元素创建根节点，并把它压入到栈中。
（3）遍历前序数组剩余的元素并创建新节点。
（3-1）如果栈顶元素的值不等于 inIndex 指向的值，那么新节点就是栈顶节点的左子节点。
（3-2）如果栈顶元素的值等于 inIndex 指向的值，那么新节点就是栈中某一个节点的右子节点。
（4）如果 3-2 成立，栈顶元素出栈，并且 inIndex 往右移一步，继续比较，如果 inIndex 指向的值和栈顶元素的值还相等，inIndex 继续往右移，栈顶元素继续出栈，直到 inIndex 指向的值和栈顶元素的值不相等，或者栈为空，那么新节点就是上一个出栈的右子节点。
（5）重复上面的（3）、（3-1）、（3-2）、（4）步骤，直到前序数组都遍历完。

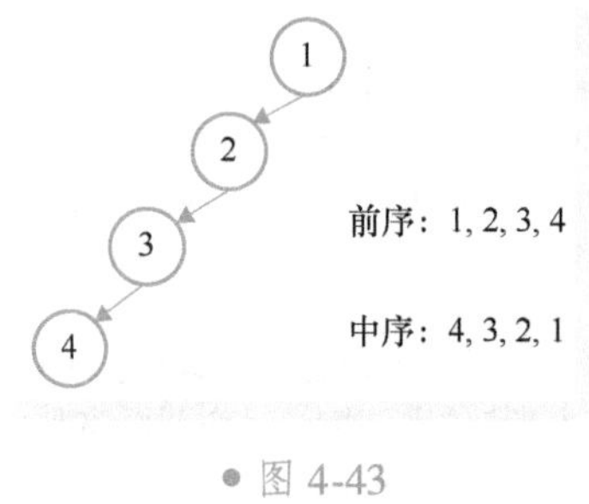

● 图 4-43

总结如下：

- 如果栈顶元素的值和 inIndex 指向的值不一样，那么这个新节点就是栈顶节点的左子节点。
- 如果栈顶元素的值和 inIndex 指向的值一样，那么这个新节点就是栈顶节点的祖先节点（祖先节点也可能是自己）的右节点，到底是哪个祖先节点的右节点，我们需要按照上面的方式查找。如图 4-44 所示。

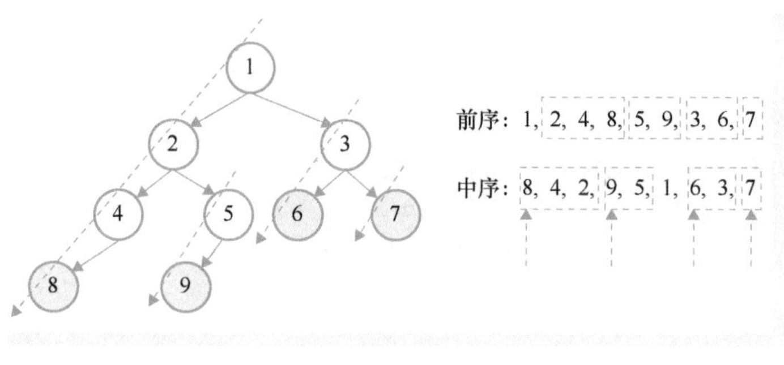

● 图 4-44

（1）inIndex 指向中序数组的第一个元素 8，创建根节点并入栈 [1]。
（2）前序数组中的 2，4，8 在创建的时候 inIndex 指向的值和栈顶元素的值都不相等，所以后一个都是前一个的左子节点，分别入栈 [1，2，4，8]。

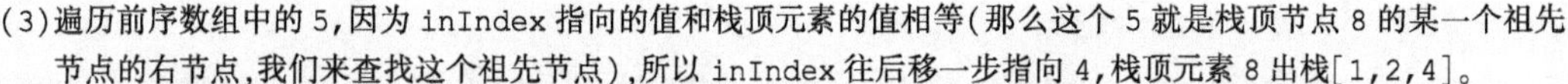

(3)遍历前序数组中的 5，因为 inIndex 指向的值和栈顶元素的值相等(那么这个 5 就是栈顶节点 8 的某一个祖先节点的右节点，我们来查找这个祖先节点)，所以 inIndex 往后移一步指向 4，栈顶元素 8 出栈[1,2,4]。
(4)inIndex 指向的值和栈顶元素的值相等(都是 4)，inIndex 往后移一步指向 2，栈顶元素 4 出栈[1,2]。
(5)inIndex 指向的值和栈顶元素的值相等(都是 2)，inIndex 往后移一步指向 9，栈顶元素 2 出栈[1]。
(6)inIndex 指向的值和栈顶元素的值不相等(9 和 1)，所以 5 就是上一个出栈 2 的右节点，然后 5 入栈[1,5]。
(7)遍历前序数组中的 9，inIndex 指向的值和栈顶元素的值不相等(9 和 5)，所以 9 是 5 的左子节点，9 入栈[1,5,9]。
(8)遍历前序数组中的 3，inIndex 指向的值和栈顶元素的值相等(都是 9)，inIndex 往后移一步指向 5，栈顶元素 9 出栈[1,5]。
(9)inIndex 指向的值和栈顶元素的值相等(都是 5)，inIndex 往后移一步指向 1，栈顶元素 5 出栈[1]。
(10)inIndex 指向的值和栈顶元素的值相等(都是 1)，inIndex 往后移一步指向 6，栈顶元素 1 出栈[]。
(11)栈为空，所以 3 是上一个出栈 1 的右子节点，3 入栈[3]。
(12)遍历前序数组中的 6，inIndex 指向的值和栈顶元素的值不相等(6 和 3)，所以 6 是 3 的左子节点，然后 6 入栈[3,6]。
(13)遍历前序数组中的 7，inIndex 指向的值和栈顶元素的值相等(都是 6)，inIndex 往后移一步指向 3，栈顶元素 6 出栈[3]。
(14)inIndex 指向的值和栈顶元素的值相等(都是 3)，inIndex 往后移一步指向 7，栈顶元素 3 出栈[]。
(15)栈为空，所以 7 是上一个出栈 3 的右子节点，7 入栈[7]。
(16)前序数组全部遍历完成。

来看一下代码。

```
public TreeNode buildTree(int[] preorder, int[] inorder) {
    Stack<TreeNode> stack=new Stack<>();
    TreeNode root=new TreeNode(preorder[0]);
    stack.push(root);
    int inIndex=0;// 指向中序数组的指针。
    for (int i=1; i<preorder.length; i++) {
        TreeNode cur=new TreeNode(preorder[i]);// 创建新的节点。
        TreeNode parent=stack.peek();// 栈顶节点。
        // 如果栈顶节点的值不等于中序指针指向的值，那么新节点就是
        // 栈顶节点的左节点，否则就是栈顶祖先节点的右节点。
        if (parent.val!=inorder[inIndex]) {
            parent.left=cur;
        } else {
            // 新节点是栈顶祖先节点的右节点。
            while (!stack.isEmpty()&&
                    stack.peek().val==inorder[inIndex]) {
                parent=stack.pop();
                inIndex++;
            }
            parent.right=cur;
        }
        stack.push(cur);
    }
    return root;
}
```

2. 从中序与后序遍历序列构造二叉树

给定一个二叉树的中序 inorder 与后序 postorder 遍历结果，请根据两个序列构造符合这两个序列的二叉树，且节点的值各不相同。

问题分析

这道题是根据中序和后序来构造二叉树，上一题讲的是根据前序和中序来构造，这两道题的原理比较相似，因为前序数组的第一个元素和后序数组的最后一个元素一定是根节点的值，可以通过查找根节点的值，在中序数组中的位置把中序数组分为两部分，前面部分是根节点左子树的所有节点，后面部分是根节点右子树的所有节点，一直这样不断地分下去，直到所有子数组不能分为止，如图 4-45 所示。

● 图 4-45

```
public TreeNode buildTree(int[] inorder, int[] postorder) {
    Map<Integer, Integer> map=new HashMap<>();
    int length=inorder.length;
    // 把中序数组放到 map 中,方便查找。
    for (int i=0; i<length; i++)
        map.put(inorder[i], i);
    return helper(postorder, length-1, 0, length-1, map);
}

private TreeNode helper(int[] postorder, int postEnd, int inStart,
                        int inEnd, Map<Integer, Integer> map) {
    if (inStart>inEnd)
        return null;
    TreeNode root=new TreeNode(postorder[postEnd]);
    int index=map.get(root.val);
    int rightCount=inEnd-index;// 当前节点右子树所有节点个数。
    // 中序遍历数组分割[inStart, index-1],index,[index+1, inEnd]
    // 后序遍历数组分割[postStart,postEnd-1-rightCount],
    // [postEnd-rightCount,postEnd-1],postEnd
    root.left=helper(postorder, postEnd-1-rightCount,inStart, index-1, map);
    root.right=helper(postorder, postEnd-1, index+1,inEnd, map);
    return root;
}
```

这道题还有迭代写法，由于篇幅有限，这里就不再写了。

3. 从前序与后序遍历序列构造二叉树

给定二叉树的前序 preorder 和后序 postorder 遍历数组，构造二叉树。

问题分析

这道题是根据前序和后序数组来构造二叉树，前面两道题可以把中序数组分成两部分，但这道题没有中序数组，我们该怎样划分呢？依然可以划分，我们都知道前序数组的第一个元素和后序数组的最后一个元素一定是根节点。这里有两种解决方式，一种是划分前序数组，一种是划分后序数组，由于篇幅有限，这里只写后序数组的划分，如图 4-46 所示。

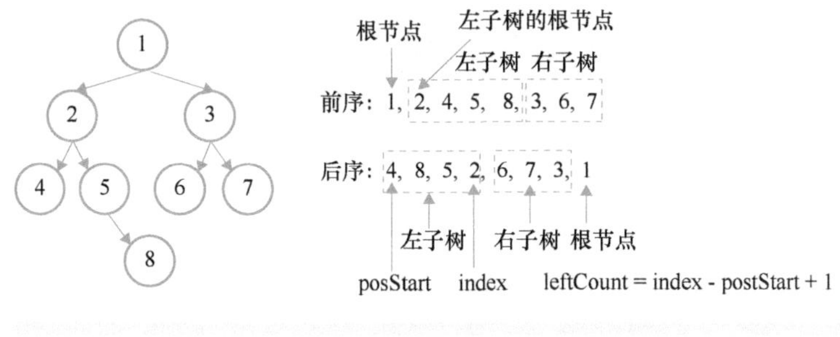

● 图 4-46

```
public TreeNode constructFromPrePost(int[] preorder, int[] postorder) {
    int length=postorder.length;
    Map<Integer, Integer> map=new HashMap<>();
    // 把后序数组放到 map 中,方便查找。
    for (int i=0; i<length; i++)
        map.put(postorder[i], i);
    return helper(preorder, 0, length-1, 0, map);
}

private TreeNode helper(int[] preorder, int preStart, int preEnd,
                        int postStart, Map<Integer, Integer> map) {
    if (preStart>preEnd)
        return null;
    TreeNode root=new TreeNode(preorder[preStart]);
    if (preStart==preEnd)
        return root;
    // 这里在后序数组中不是查找当前节点,而是查找当前节点的下一个。
    int index=map.get(preorder[preStart+1]);
    int leftCount=index-postStart+1;// 当前节点左子树所有节点个数。
    // 前序遍历数组分割 preStart,[preStart+1,preStart+leftCount],
    // [preStart+leftCount+1,preEnd]
    // 后序遍历数组分割[postStart,index],[index+1,postEnd-1],postEnd
    root.left=helper(preorder, preStart+1, preStart+leftCount, postStart,map);
    root.right=helper(preorder, preStart+leftCount+1, preEnd, index+1,map);
    return root;
}
```

4. 将升序数组转化为平衡二叉搜索树

给定一个升序排序的数组，将其转换为平衡二叉搜索树（BST）。平衡二叉搜索树指树上每个节点 node 满足左子树中所有节点的值都小于 node 的值，右子树中所有节点的值都大于 node 的值，并且左右子树的节点数量之差不大于 1。

问题分析

这道题是构造平衡的二叉搜索树，并且数组是有序的，二叉搜索树的右子节点都比左子节点大，可以把数组按照中间数字平分成两部分，因为数组是有序的，数组中间的值成为根节点，左边部分让它成为根节点的左子树的所有节点，右边部分让它成为根节点的右子树的所有节点。然后对左右子树进行划分，如图 4-47 所示。

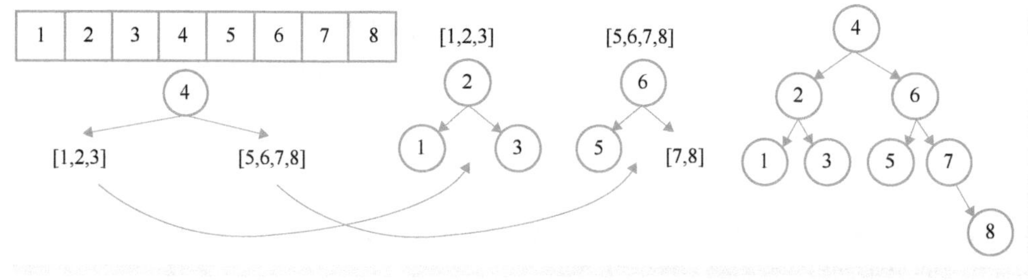

● 图 4-47

```java
public TreeNode sortedArrayToBST(int[] num) {
    return helper(num, 0, num.length-1);
}

// start 表示数组开始的位置,end 表示结束的位置。
public TreeNode helper(int[] num, int start, int end) {
    if (start>end)
        return null;
    int mid=(start+end)>>1;
    // 取中间值作为当前节点。
    TreeNode root=new TreeNode(num[mid]);
    // 然后递归的方式,中间值之前的是当前节点左子树的所有节点。
    root.left=helper(num, start, mid-1);
    // 中间值之后的是当前节点的右子树的所有节点。
    root.right=helper(num, mid+1, end);
    return root;
}
```

4.6 二叉树的公共祖先问题

1. 二叉树的最近公共祖先

给定一棵二叉树，所有的值是唯一的，有两个节点值 o1 和 o2。任务是找到给定两个节点的最低共同祖先。

```
Input:o1=3, o2=4
           5
         /
         2
        / \
      3   4
Output: 2
```

问题分析

这道题是找出公共祖先节点，如果把当前节点到根节点这条路径上所有的节点串成一个链表，那么这道题就变成了求两个链表的第一个公共节点，但是对于二叉树来说，没法知道一个节点的父节点，所以不好串。可以从根节点开始打印到当前节点这条路径上所有的节点，然后使用一个 Map 记录每个节点的父节点，最后从下往上查找它们的第一个公共祖先节点，如图 4-48 所示。

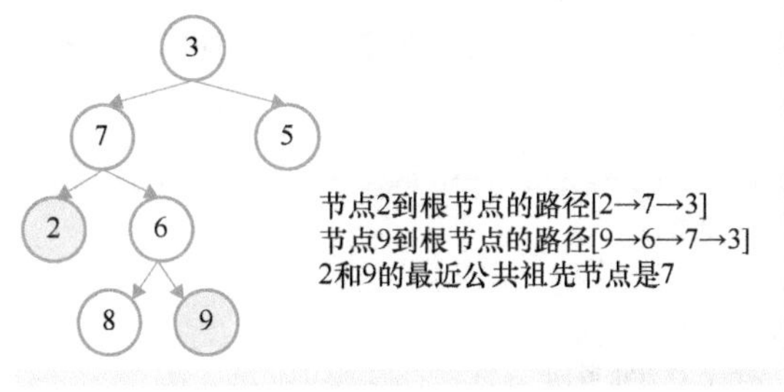

● 图 4-48

```
public int lowestCommonAncestor(TreeNode root, int o1, int o2) {
    // 记录遍历到的每个节点的父节点。
    Map<Integer, Integer> parent=new HashMap<>();
    Queue<TreeNode> queue=new LinkedList<>();
    parent.put(root.val, Integer.MIN_VALUE);// 根节点没有父节点,给它默认一个值。
    queue.add(root);
    // 直到两个节点都找到为止。
    while (!parent.containsKey(o1) ||!parent.containsKey(o2)) {
        TreeNode node=queue.poll();
        if (node.left!=null) {
```

```
                parent.put(node.left.val, node.val);
                queue.add(node.left);
            }
            if (node.right!=null) {
                parent.put(node.right.val, node.val);
                queue.add(node.right);
            }
        }
        Set<Integer> ancestors=new HashSet<>();
        // 记录下 o1 和它的祖先节点,从 o1 节点开始一直到根节点。
        while (parent.containsKey(o1)) {
            ancestors.add(o1);
            o1=parent.get(o1);
        }
        // 查看 o1 和它的祖先节点是否包含 o2,以及它的祖先节点。
        while (!ancestors.contains(o2))
            o2=parent.get(o2);
        return o2;
    }
```

我们知道在二叉树中是没法知道一个节点的父节点的，我们经常说的从下往上遍历实际上就是二叉树的后序遍历，因为它是把子节点都访问完了，然后访问当前节点，所以看起来像是从下往上走的。这道题也可以这样做，从下往上查找这两个节点，如果它们都在某一个子树上，直接返回这棵子树的查找结果，如果这两个节点在某个节点的两棵子树上，说明这个节点就是它们的公共祖先节点，直接返回这个节点即可。

```
public int lowestCommonAncestor(TreeNode root, int p, int q) {
    // 没找到返回一个负数。
    if (root==null)
        return Integer.MIN_VALUE;
    // 找到其中的一个节点直接返回。
    if (root.val==p || root.val==q)
        return root.val;
    int left=lowestCommonAncestor(root.left, p, q);// 递归往左子树查找。
    int right=lowestCommonAncestor(root.right, p, q); // 递归往右子树查找。
    // 如果左子树没查到,说明都在右子树上。
    if (left==Integer.MIN_VALUE)
        return right;
    if (right==Integer.MIN_VALUE)// 同上
        return left;
    // 如果左右子树都有,说明这两个节点一个在 root 的左子树上
    // 一个在 root 的右子树上,只需要返回 root 节点即可。
    return root.val;
}
```

2. 二叉搜索树的最近公共祖先

这道题和上一题类似，只不过这道题中的树是一棵二叉搜索树。

```
Input:
             5
           /   \
          4     6
         /       \
        3         7
                   \
                    8
o1=3, o2=8
Output: 5
```

问题分析

这道题也是求最近公共祖先节点的，也可以使用上一题的代码，但这道题给的是二叉搜索树，二叉搜索树的特点就是左子树的所有节点都小于当前节点，右子树的所有节点都大于当前节点，并且每棵子树都具有上述特点。对于这道题我们从根节点开始遍历。

- 如果两个节点值都小于当前节点，说明它们都在当前节点的左子树上，要往左子树上查找。
- 如果两个节点值都大于当前节点，说明它们都在当前节点的右子树上，要往右子树上查找。
- 如果一个节点值大于当前节点，一个节点值小于当前节点，说明它们一个在当前节点的左子树上，一个在当前节点的右子树上，那么当前节点就是它们的最近公共祖先节点。

```
public int lowestCommonAncestor(TreeNode root, int p, int q) {
    // 如果当前节点和 p、q 的差相乘是正数,说明这两个差值要么都是正数,要么都是负数。
    // 也就是说它们肯定都位于当前节点的同一侧,就继续往下找。
    while ((root.val-p) * (root.val-q) >0)
        root=p<root.val? root.left: root.right;
    // 如果相乘的结果是负数,说明 p 和 q 位于当前节点的两侧。
    // 如果等于 0,说明至少有一个就是当前节点。
    return root.val;
}
```

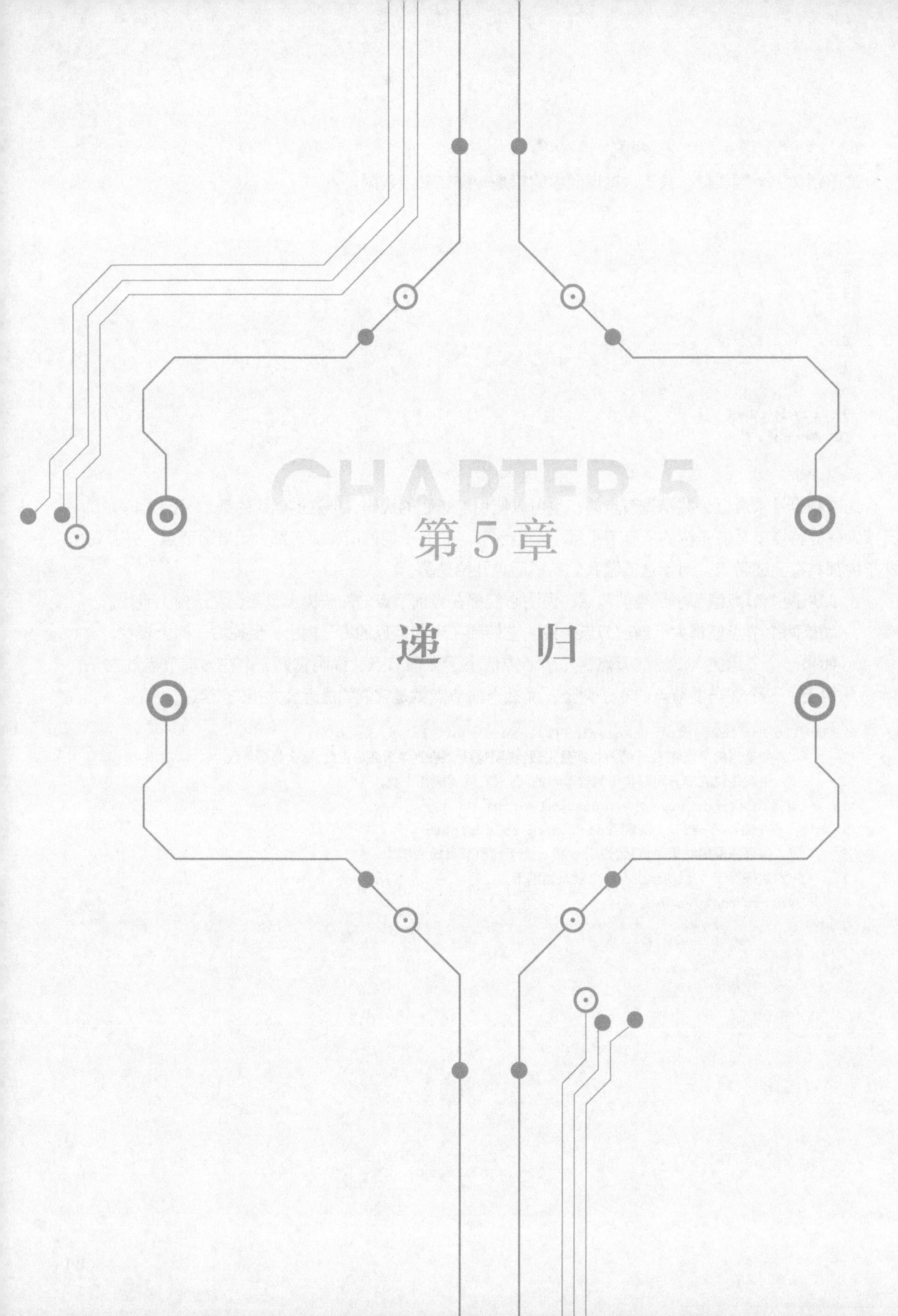

CHAPTER 5

第5章

递　归

递归，就是在运行的过程中调用自己，它是把一个大的问题转换为一个与原问题相似的规模较小的问题来解决。递归必须要满足两个条件：

- 一个是调用自己，并且要比原问题的规模小。
- 一个是必须要有终止条件，否则会形成死循环。

调用自己必须要与原问题做同样的事并且规模要小，当规模小到一定条件的时候，就不需要再调用自己，直接返回即可。另外要有终止条件，如果递归没有终止条件，将会无休止继续下去，直到出现 StackOverflowError，并且终止条件必须在调用自己之前。

```
private void test(int count) {
    // 终止条件必须在调用自己之前。
    if (count<0)
        return;
    System.out.println(count--);
    test(count);
}
```

如果终止条件放到调用自己之后，就会出现死循环。

```
private void test(int count) {
    System.out.println(count--);
    test(count);
    // 终止条件放在调用自己之后(要避免出现错误代码)。
    if (count<0)
        return;
}
```

5.1 递归的理解

如果在递归中只调用自己一次，可以把它看作是对链表的遍历，如图 5-1 所示。

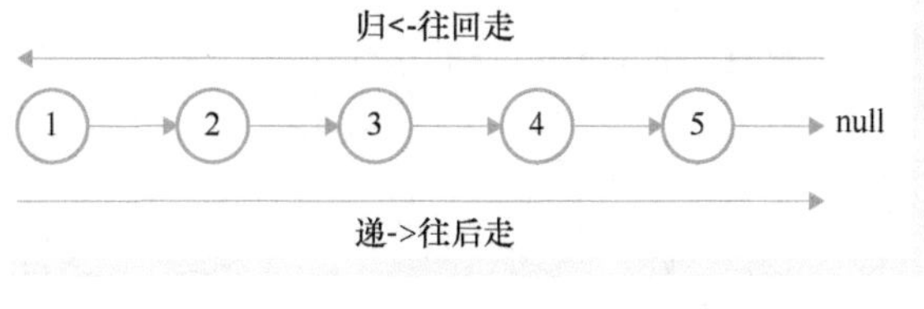

图 5-1

它是先往后走，当走到链表末尾的时候再往回走，每个节点都可以访问两遍，所以打印链表时，可以在往后走的时候打印，也可以在往回走的时候打印。如果往后走的时候打印，就是链表的正序打印，如果往回走的时候打印，就是链表的逆序打印。

1. 链表的正序打印

```
public void printLinkedList(ListNode listNode) {
    if (listNode==null)
        return;
    // 先访问节点的值,再递归。
    System.out.println(listNode.val);
    printLinkedList(listNode.next);
}
```

2. 链表的逆序打印

```
public void reversLinkedList(ListNode listNode) {
    if (listNode==null)
        return;
    // 先递归再访问节点。
    reversLinkedList(listNode.next);
    System.out.println(listNode.val);
}
```

其实还可以这样理解，递归往后走的时候，就是把当前的状态不停地压栈，往回走的时候，就是出栈。我们再来看一下阶乘的递归解法。

```
public int f(int num) {
    if (num==1)
        return 1;
    return num * f(num-1);
}
```

假设当 num 等于 5 的时候，递归过程如图 5-2 所示。

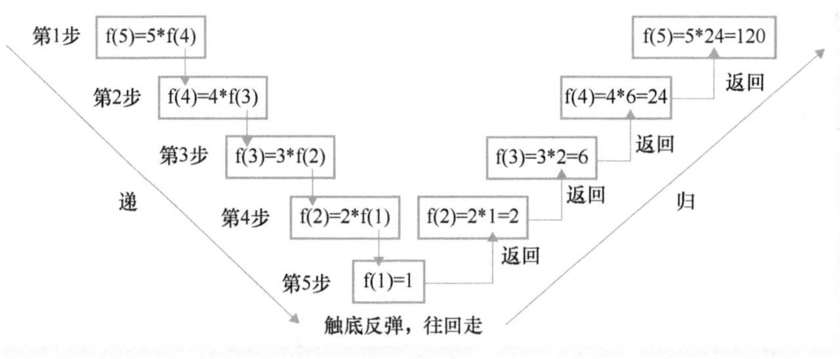

● 图 5-2

如果递归调用自己两次，可以把它看作是一棵二叉树的前序遍历，这个估计大家能明白。如果递归调用自己 n 次，可以把它看作是一棵 n 叉树的前序遍历。如果递归中有一些判断条件不需要调用自己，可以把它看作树的剪枝，清楚了这点对于理解递归很有帮助。图 5-3 是一棵 n 叉树的前序遍历，通过它可以看到递归执行的过程。其中递就是往下传递，归就是往回走。

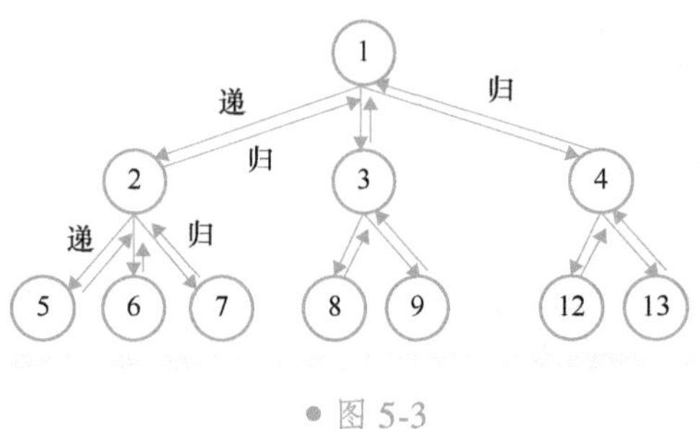

● 图 5-3

对于递归可以把它想象成为对一棵 n 叉树的前序遍历，递归的终止条件相当于到达叶子节点，递归中的判断条件，可以把它看作剪枝，也就是把 n 叉树中不满足条件的分支给剪掉。

5.2 示例练习

5.2.1 反转链表

链表的反转是面试中比较常见的一道题，如图 5-4 所示。

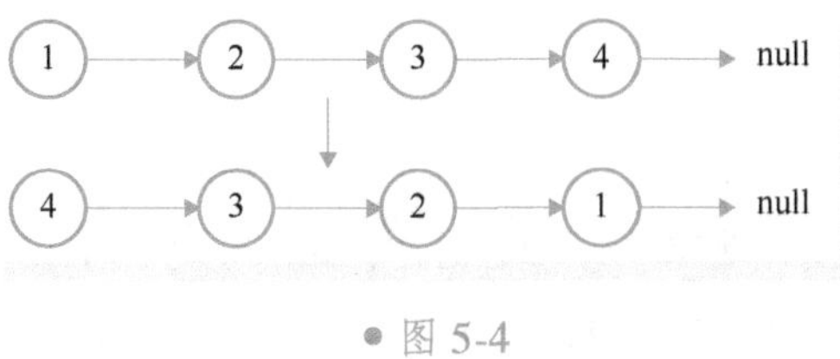

● 图 5-4

问题分析

如果把链表的头节点去掉，把剩下的链表进行反转，接着把头节点放到反转的链表末尾即可。剩下的链表可以使用同样的方式进行反转，这个过程就是递归，当链表只有一个节点的时候没法反转，直接返回即可，如图 5-5 所示。

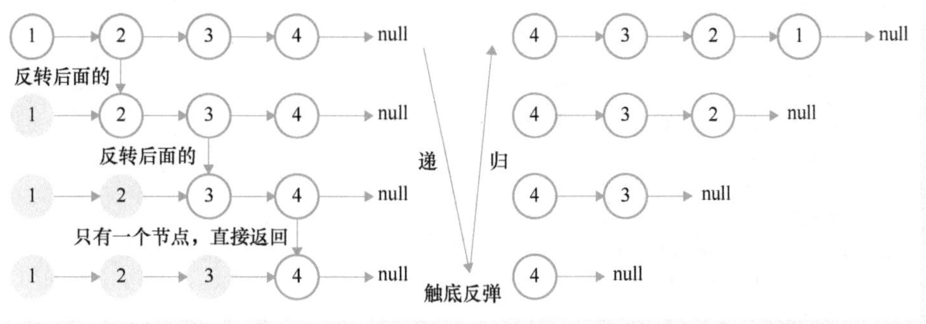

● 图 5-5

```
public ListNode reverseList(ListNode head) {
    // 递归的终止条件,如果链表为空,或者链表只有一个
    // 节点,不需要反转,直接返回。
    if (head==null || head.next==null)
        return head;
    // 注意这里递归是往后面走的。
    // 通过递归反转当前节点后面的所有节点。
    ListNode backNode=head.next;
    ListNode backList=reverseList(backNode);
    // 这里递归开始往前走了。往前走的时候只需要把当前
    // 节点放到反转链表的末尾即可。
    backNode.next=head;
    // 链表的尾节点要指向 null,否则会构成环。
    head.next=null;
    // 返回反转之后的链表。
    return backList;
}
```

5.2.2 检查是否是回文链表

给定一个大小为 n 的单链表，检查该链表是否是回文的。

```
Input:value[]={1,2,1}
Output: true
```

问题分析

回文链表和回文字符串类似，都是关于中心对称，如果有两个指针分别指向链表的第一个节点和最后一个节点，然后比较并相向移动即可判断。但这里是单链表，没去从后往前移。可以使用递归的方式，因为递归分为递和归，归的时候就是从后往前走，所以在递归往回走的时候再进行比较。

```
ListNode tmp;

// 判断是否是回文链表。
public boolean isPalindrome(ListNode head) {
    tmp=head;
    return check(head);
}

private boolean check(ListNode head) {
    if (head==null)
        return true;
    // 先执行递归。
    boolean res=check(head.next);
    // 往回走的时候再比较。
    res=res&&(tmp.val==head.val);
    tmp=tmp.next;// 比较完之后这个要往后走。
```

```
    return res;
}
```

5.2.3 删除链表的倒数第 n 个节点

给定一个链表，删除链表的倒数第 n 个节点，其中 n>=1 并且 n<=链表长度

```
Input: 1->2->3->4->5, n=2
Output: 1->2->3->5

Input: 7->8->4->3->2, n=1
Output: 7->8->4->3
```

问题分析

如果要删除倒数第 n 个节点，必须要找到它的前一个节点，也就是倒数第 n+1 个节点，使用递归在往回走的时候开始计数，如果找到倒数第 n+1 个节点，就可以把倒数第 n 个节点删除。如果没有找到，说明删除的是头节点。

```
public ListNode removeNthFromEnd(ListNode head, int n) {
    int pos=length(head, n);// 计算链表的长度,顺便删除。
    if (pos==n) // 如果需要删除的是头节点,在这里删除。
        return head.next;
    return head;
}

// 获取链表的长度。
public int length(ListNode node, int n) {
    if (node==null)
        return 0;
    // 递归往下走。
    int pos=length(node.next, n);
    // 递归往回走,找到删除节点的前一个节点,只要不是头节点,都能在这里删除。
    if (++pos==n+1)
        node.next=node.next.next;
    return pos;
}
```

5.2.4 生成括号

给定一个整数 n，计算生成 n 对有效括号的所有组合。

```
Input:n=3
Output:((())),(()()),(())(),()(()),()()()
```

问题分析

任意一个有效的括号中左括号的数量都等于右括号的数量，并且在有效括号中，任何位置左括号

的数量都是大于等于右括号的数量。生成有效括号的过程可以把它看作是二叉树的前序遍历，访问左子树的时候选择左括号，访问右子树的时候选择右括号，但要注意在任何节点中右括号的数量都不能超过左括号的数量，如图 5-6 所示，当 n 等于 2 的时候，生成括号的步骤。如果不考虑括号是否有效，它其实就是一个满二叉树。实际上需要对这棵树进行修剪，将不满足条件的剪掉即可。

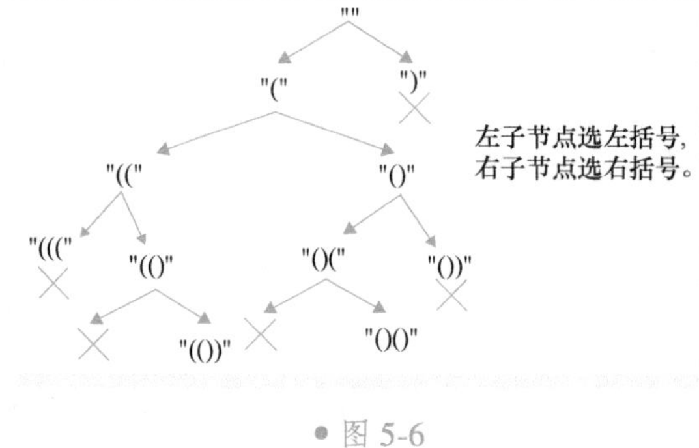

● 图 5-6

```
public List<String> AllParenthesis(int n) {
    List<String> res=new ArrayList<>();
    dfs(res, 0, 0, n, "");
    return res;
}

/**
 * @param res        返回结果。
 * @param left       左括号的使用数量。
 * @param right      右括号的使用数量。
 * @param n
 * @param curStr     当前节点的字符串。
 */
private void dfs(List<String> res, int left, int right, int n, String curStr) {
    if (left==n&&right==n) {// 左右括号都使用完了,说明找到了有效的括号。
        res.add(curStr);
        return;
    }
    // 选择左括号,左右括号的数量不能大于 n。
    if (left<n)
        dfs(res, left+1, right, n, curStr+"(");
    // 选择右括号,右括号数量不能大于左括号的数量。
    if (right<left)// 注意这里不能写等号。
        dfs(res, left, right+1, n, curStr+")");
}
```

5.2.5 二叉树展开为链表

给定一棵二叉树的根节点，把它展开成链表，链表的节点还应该使用二叉树的节点，其中右指针

指向下一个节点，左指针指向空。链表的顺序应该和二叉树的前序遍历顺序一样。

```
Input:
            1
          /   \
        2     5
       / \     \
      3   4     6
Output:
1 2 3 4 5 6(如图 5-7 所示)
```

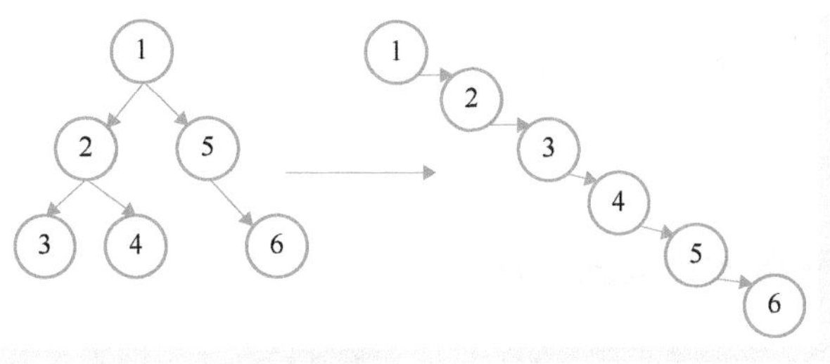

图 5-7

问题分析

这是一道非常经典的题，明白它对于理解递归非常有帮助。我们看到单链表的顺序实际上就是二叉树的前序遍历，如果直接把二叉树的左子节点放到右子节点的位置，那么右子节点的位置又该放哪呢？如果我们逆向思维，先展开右子树，接着展开左子树，然后把展开的右子树连接到展开的左子树上即可，节点访问的顺序是：右子树->左子树->根节点，这和前序遍历的顺序正好相反。相当于串糖葫芦一样，按照这个顺序把它串起来，这个顺序和链表的逆序是一样的，如图 **5-8** 所示。我们还需要用一个全局的变量来记录链表。

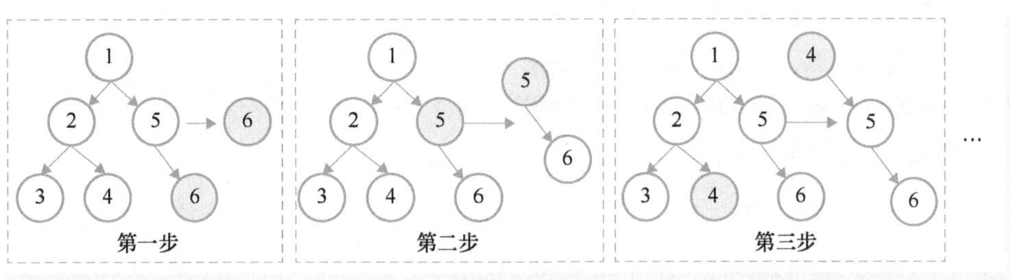

图 5-8

```
// 已经展开好的节点。
private TreeNode pre=null;

public void flatten(TreeNode root) {
```

```
    if (root==null)
        return;
    // 先展开右子节点(注意顺序,先右后左)。
    flatten(root.right);
    // 再展开左子节点。
    flatten(root.left);

    // 访问当前节点,因为是后序遍历,左右子节点都串完了,下面是逆序把它
    // 串起来,pre 是之前串好的,让 pre 成为当前节点的右子节点。
    root.right=pre;
    // 把当前的左子节点变为空。
    root.left=null;
    // 更新 pre 的值。
    pre=root;
}
```

5.2.6 将二叉搜索树改为累加树

给定一棵二叉搜索树，该树的节点值各不相同，将其转换成一棵累加树，使每个节点 node 值等于原树中大于 node. val 值之和。

```
Input:
          2
        /   \
      1      6
            / \
           3   7
Output: 18 16 13 7 0 (如图 5-9 所示)
```

问题分析

解这道题之前，首先要明白它的节点累加顺序，它的顺序是：右子节点→根节点→左子节点，累加的值不包含当前节点，这和二叉树的中序遍历正好相反，只需要按照这个顺序遍历，然后累加它们的值赋值给当前节点即可。

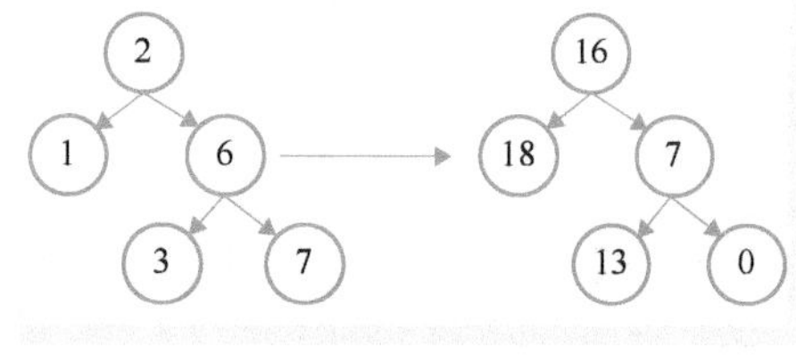

图 5-9

```
int sum=0;// 累加的和。

public void transformTree(TreeNode root) {
    if (root==null)
        return;
    transformTree(root.right);// 递归右子节点。
    int tmp=sum;// 先保存累加值。
    sum+=root.val;// 累加当前节点。
    root.val=tmp;// tmp 不包含当前节点的累加值。
    transformTree(root.left);// 递归左子节点。
}
```

CHAPTER 6

第6章

回溯算法

回溯算法（backtracking）是暴力搜索法中的一种。实际上它是一个类似枚举的搜索尝试过程，主要是在搜索尝试过程中寻找问题的解，当发现已不满足求解条件时，就回溯返回，尝试别的路径。当路径满足求解条件时，就继续往下搜索，直到找到最终需要的结果为止。其实就是一个不断探索尝试的过程，探索成功了也就成功了，探索失败了就退一步，继续尝试，在经典的教科书中，八皇后问题就是使用回溯法解决的，还有常见的解数独以及全排列等。

回溯和递归的区别

递归一般关注的是结果，只需要返回最终结果就行，而回溯一般更倾向于过程，有时候还需要记录访问的路径。回溯就是通过不同的尝试来生成问题的解，有点类似于穷举，但是和穷举不同的是回溯会“剪枝”，对已知错误的结果没必要再枚举下去了。

6.1 回溯算法的使用

对于回溯算法，可以把它当作一棵 n 叉树的前序遍历，树的每个节点最多有 n 个子节点，如图 6-1 所示。因为回溯需要使用递归，递归往下走的时候选择当前节点，往回走的时候撤销选择。

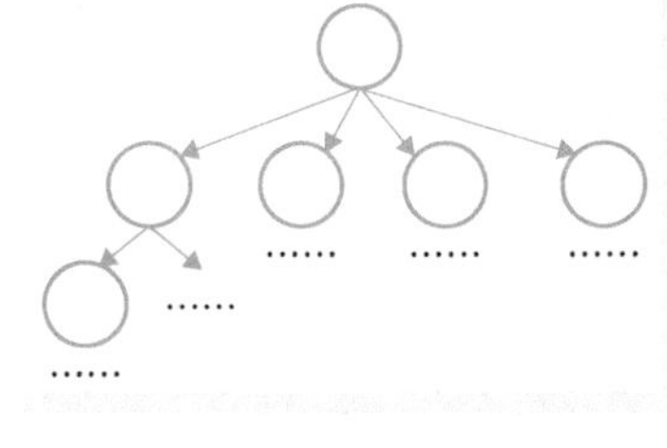

图 6-1

我们用一个最常见的例子——全排列，来看一下回溯算法的使用。给定一个没有重复字母的字符串 s，找到该字符串的所有排列。

```
Input:S=ABC
Output: ABC ACB BAC BCA CAB CBA
```

我们看到上面的排列中每个位置有 3 种字母可选择，分别是 A，B，C，并且字母不能重复选择，也就是说不能出现类似于［A,A,A］这样的排列。因为出现多种选择，也就是有多种不同的分支，所以很容易把它想象成为一棵树。树中每个节点最多有 n 个子节点，如图 6-2 所示，这里 n 是数组的长度，选择的时候如果出现重复的字母，就把它剪掉。

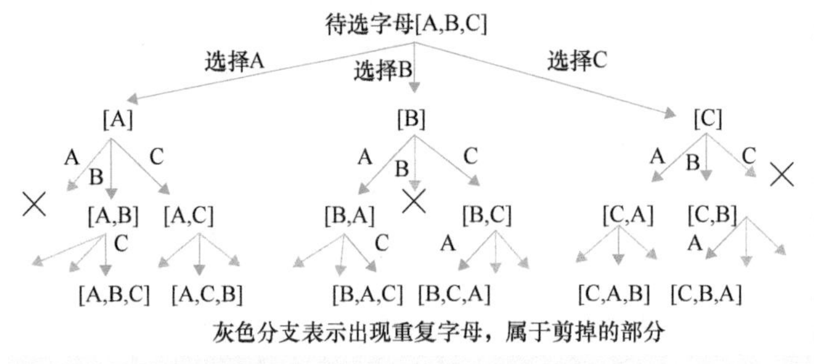

图 6-2

我们看到每个节点的值可以从数组中任选一个，但不能重复选择。这里所有从根节点到叶子节点路径上字母的集合就是要求的结果，那么这个结果该怎样求呢？使用一个集合来记录从根节点到当前节点访问过的所有节点值，具体逻辑就是如果递归往下走的时候，把当前节点添加到集合中，当递归往回走的时候，再把当前节点从集合中移除，如图 6-3 所示，因为字母不能重复选择，所以这里把不能选择的分支移除了，圆圈中的数字表示访问的顺序。

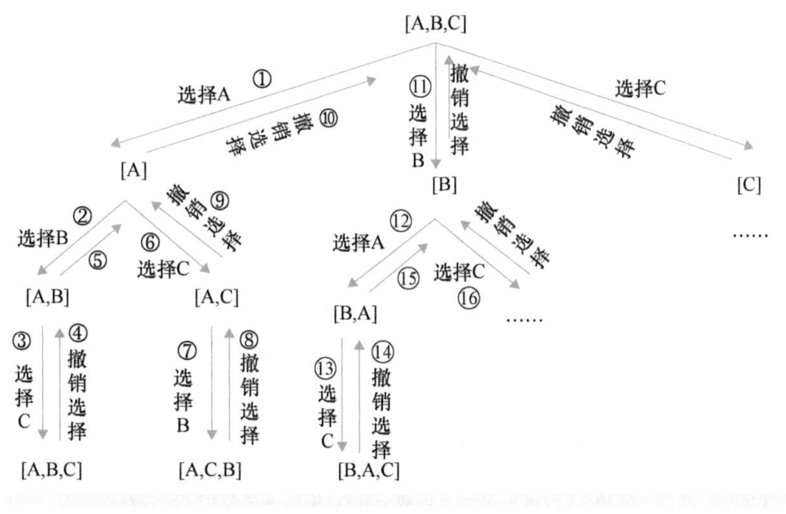

● 图 6-3

```
public List<List<Character>> permutation(char[] chars) {
    List<List<Character>> res=new ArrayList<>();// 返回结果的集合。
    backtrack(res, chars, new boolean[chars.length], new ArrayList<>());
    return res;
}

// 回溯算法。
private void backtrack(List<List<Character>> list, char[]chars,
                     boolean[] visited, List<Character> pathList) {
    // 递归的终止条件,如果字母被使用完了,说明没有字母可选择。
    if (pathList.size()==chars.length) {
        // 因为 list 是引用传递,这里需要重新 new 一个。
        list.add(new ArrayList<>(pathList));
        return;
  }
    // 这里可以把它看作是遍历 n 叉树每个节点的子节点。
    for (int i=0; i<chars.length; i++) {
        // 因为不能重复选择,如果选择过了,就直接跳过,相当于剪枝。
        if (visited[i])
            continue;
```

```
        // 选择当前元素,并标记为已选择。
        pathList.add(chars[i]);
        visited[i]=true;
        // 递归,到下一层。
        backtrack(list, chars, visited, pathList);
        // 往回走的时候撤销选择,把最后一次添加的元素移除。
        pathList.remove(pathList.size()-1);
        // 移除之后相当于没有选择,注意这里还要标记为最初的状态。
        visited[i]=false;
    }
}
```

我们来总结一下上面的代码。

```
private void backtrack("原始参数") {
    // 终止条件(因为回溯需要使用递归,而递归必须要有终止条件)
    if ("终止条件") {
        // 一些逻辑操作,通常是保存结果的(可有可无,视情况而定)。
        return;
    }

    // 一些逻辑操作(可有可无,视情况而定)。

    // 这里把它看作一棵树,需要遍历每个节点的子节点,所以这里使用 for 循环。
    for (int i="for 循环开始的参数"; i<"for 循环结束的参数"; i++) {

        // 一些逻辑操作,或者是剪枝,可以剪掉无效的分支(可有可无,视情况而定)。

        // 递归往下走,做出选择。

        // 递归。
        backtrack("新的参数");

        // 递归往回走,要撤销选择。

        // 一些逻辑操作(可有可无,视情况而定)。
    }
}
```

这个就是回溯算法比较常用的模板，根据这个模板，可以解决大多数经典回溯算法题。

6.2 示例练习

6.2.1 解数独

已知一个数独，其中一部分已经填了数字，剩余部分用'.'填充，请编写一个程序，给数独的剩

余部分填充数字。

问题分析

数独中每个空格都可以填 1 到 9 共 9 个数字，也就是说每个空格有 9 种选择（实际上有些选择需要剪掉），通过上面对回溯算法的分析，我们可以把数独的每一个空格看作是一棵 9 叉树，来分别尝试填入这 9 个数字，如图 6-4 所示（注意，填的时候要遵循数独的规则，剪掉一些不符合条件的分支）。

3		6	5		8	4		
5	2							
	8						3	1
		3		1			8	
9			8	6	3			5
	5			9		6		
1	3					2	5	
							7	4
		5	2		6	3		

3	1	6	5		8	4		
5	2							
	8						3	1
		3		1			8	
9			8	6	3			5
	5			9		6		
1	3					2	5	
							7	4
		5	2		6	3		

3	7	6	5		8	4		
5	2							
	8						3	1
		3		1			8	
9			8	6	3			5
	5			9		6		
1	3					2	5	
							7	4
		5	2		6	3		

3	9	6	5		8	4		
5	2							
	8						3	1
		3		1			8	
9			8	6	3			5
	5			9		6		
1	3					2	5	
							7	4
		5	2		6	3		

● 图 6-4

我们仿造上面的模板来修改一下。

```
// row 表示第几行,col 表示第几列。
private boolean backTrace(char[][] board, int row, int col) {
    // 终止条件,如果数独的所有格子遍历完了,说明找到一组合适的解,直接返回 true。
    if (row==board.length)
        return true;

    // for 循环,这里把它看作一棵树,需要遍历每个节点的子节点。
    for (char i='1'; i<='9'; i++) {
        // 是否满足数独的条件,如果不满足,直接把当前分支剪掉。
         if (!isValid(board, row, col, i))
             continue;
         // 如果满足条件,选择当前数字,把当前数字放入当前格子中。
         board[row][col]=i;
         // 递归,如果成功就直接返回,不需要尝试了。
         if (backTrace(board, row, col))
             return true;
         // 如果不成功,就会往回走,别忘了撤销选择。
         board[row][col]='.';
```

```
    }
    // 如果当前位置[row][col]不能放任何数字,直接返回 false。
    return false;
}
```

模板出来了，我们来完善一下，来看一下最终答案。

```
public boolean solveSudoku(char[][] board) {
    return backTrace(board, 0, 0);
}

// row 表示第几行,col 表示第几列。
private boolean backTrace(char[][] board, int row, int col) {
    // 注意 row 是从 0 开始的,当 row 等于 board.length 的时候表示数独的
    // 最后一行全部遍历完了,说明数独中的值是有效的,直接返回 true。
    if (row==board.length)
        return true;
    // 如果当前行的最后一列也遍历完了,就从下一行的第一列开始。这里的遍历
    // 顺序是从第一行的第一列到第一行的最后一列,然后第二行的第一列到
    // 第二行的最后一列,然后第三行的第一列……
    if (col==board.length)
        return backTrace(board, row+1, 0);
    // 如果当前位置已经有数字了,就不能再填了,跳到下一格。
    if (board[row][col]!='.')
        return backTrace(board, row, col+1);
    // 如果上面条件都不满足,就从 1 到 9 选择一个合适的数字填入到数独中。
    for (char i='1'; i<='9'; i++) {
        // 判断当前位置[row][col]是否可以放数字 i,如果不能放,再判断下一个数字
        // 能不能放,直到找到能放的为止,如果从 1~9 都不能放,就会 return false。
        if (!isValid(board, row, col, i))
            continue;
        // 如果能放数字 i,就把数字 i 放进去。
        board[row][col]=i;
        // 递归,如果成功,就直接返回,不需要再尝试了。
        if (backTrace(board, row, col))
            return true;
        // 如果不成功,就撤销选择。
        board[row][col]='.';
    }
    // 如果当前位置[row][col]不能放任何数字,直接返回 false。
    return false;
}
```

这里的函数 isValid 是判断数字放入当前位置中是否满足数独的规则，这个方法不是本章的重点代码就不再写了。

6.2.2 n 皇后

n 皇后是在（n * n）棋盘上放置 n 个皇后，如果任意两个皇后在同一行或者同一列或者斜对角

上，它们就会相互攻击。我们怎样放置 n 个皇后，让它们之间不能相互攻击。

```
Input:4
Output:[2 4 1 3 ] [3 1 4 2 ] (如图 6-5 所示)
```

问题分析

大家都听过经典的八皇后问题，其实这道题是八皇后的升级版。n 皇后说的是如果当前位置放了一个皇后，那么它的同一行同一列，以及同一斜线上都不能再有皇后。这道题可以使用回溯算法，不断地尝试，找出所有的解。按照回溯算法的思路，棋盘中的每一行有 n 个不同的选择，可以把它看作 n 叉树，如图 6-6 所示，这里的 n 等于 4。

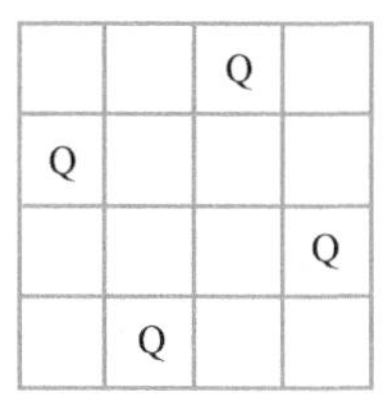

● 图 6-5

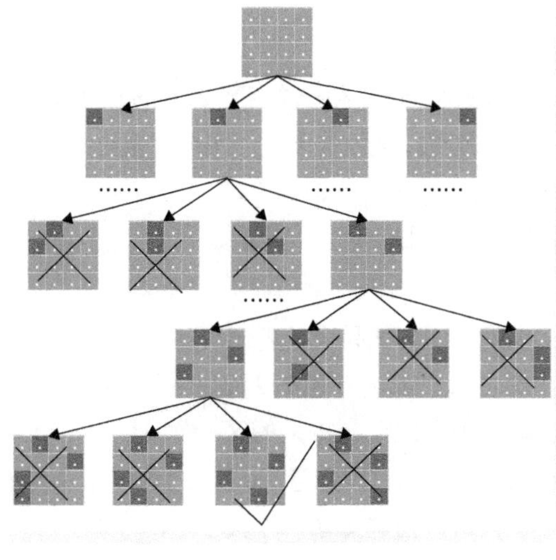

● 图 6-6

这道题可以完全照着回溯算法的模板来写，核心代码如下。

```
private void backtrack(List<List<String>> res, char[][] chess, int row) {
    // 棋盘所有的行遍历完了,说明找到一个可行的解,把它加入集合 res 中。
    if (row==chess.length) {
        res.add(construct(chess));
        return;
    }
    // 相当于一棵 n 叉树。
    for (int col=0; col<chess.length; col++) {
        // 判断当前位置是否可以放皇后。
         if (valid(chess, row, col)) {
            // 在当前位置放皇后。
            chess[row][col]='Q';
```

```
            // 递归,下一行。
            backtrack(res, chess, row+1);
            // 递归往回走的时候要撤销选择。
            chess[row][col]='.';
        }
    }
}
```

通过做上面两道经典题，大家应该有思路了，回溯算法的本质相当于一棵 n 叉树的前序遍历，只要明白了它遍历所走的路线，那么解题的思路就有了，就是往下走的时候选择当前节点，往回走的时候撤销对当前节点的选择。还要注意回溯的终止条件，以及必要时剪枝。

6.2.3 目标值的组合

1. 目标值的组合（一）

给定一个无重复元素的正整数数组 nums 和一个正整数 target，找出 nums 中所有可以使数字之和为目标数 target 的组合，nums 中的数可以重复选取，但不能有重复组合。

```
Input:nums=[1,4,5],target=5
Output:[[1,4],[5],[1,1,1,1,1]]
```

问题分析

因为不能有重复的组合，也就是说，如果有［2,2,3］，那么结果中就不能出现［2,3,2］或者［3,2,2］，因为它们都是同一个组合，这里要明白组合与排列的区别。为了避免出现重复的结果，当选择后面数字的时候，就不能再选择前面的数字了，所以当选择了一个元素之后，它的子节点就只能选择它和它后面的元素，不能再选择前面的了，我们把它想象成为一棵 n 叉树来解还是很容易理解的，如图 6-7 所示。

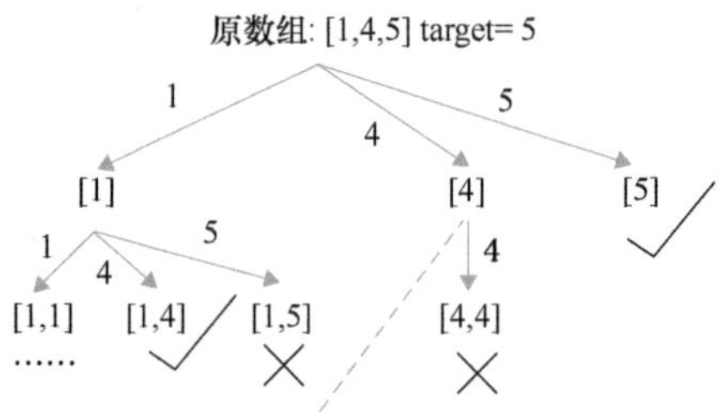

● 图 6-7

```
public List<List<Integer>> combinationCount(int target, int[] nums) {
    List<List<Integer>> result=new ArrayList<>();
    backTrack(result, new ArrayList<>(), nums, target, 0);
    return result;
}

// 回溯算法。
private void backTrack(List<List<Integer>> res, List<Integer> pathList,
                       int nums[], int target, int start) {
    // 因为数组中的元素都是正数,所以这里当 target<=0 的时候要终止。
    if (target<=0) {
        // 如果找到一组解,就把它保存下来。
```

```
        if (target==0)
            res.add(new ArrayList<>(pathList));
        return;
    }
    // 这里要注意,因为不能有重复的,所以循环的起始位置不是 0,而是 start。
    for (int i=start; i<nums.length; i++) {
        // 选择当前元素。
        pathList.add(nums[i]);
        // 递归,到树的下一层,这里 target 要减去当前元素的值。
        backTrack(res, pathList, nums, target-nums[i], i);
        // 递归往回走要撤销选择。
        pathList.remove(pathList.size()-1);
    }
}
```

当然这道题还可以再优化，优化的思路就是，可以先对数组进行排序，如果 target 小于当前元素，就不要再循环了，把后面的全部剪掉，因为排序之后，后面的值会越来越大，就更不符合了，代码比较简单，这里就不再写了。如果这道题求的是排列，不是组合，代码该怎样写呢？也就是说［1,3］和［3,1］是两种不同的选择，示例如下。

```
Input:nums=[1,2,3],target=4
Output:[1,1,1,1],[1,1,2],[1,2,1],[1,3],[2,1,1],[2,2],[3,1]
```

我们看到数字（1,1,2）有三种不同的排列，这种情况下只需要改动一行代码，就是把 for 循环的起始位置改成 0，这样每次选择当前数字的时候，还可以选择前面的数字，如图 6-8 所示，代码就不再写了。

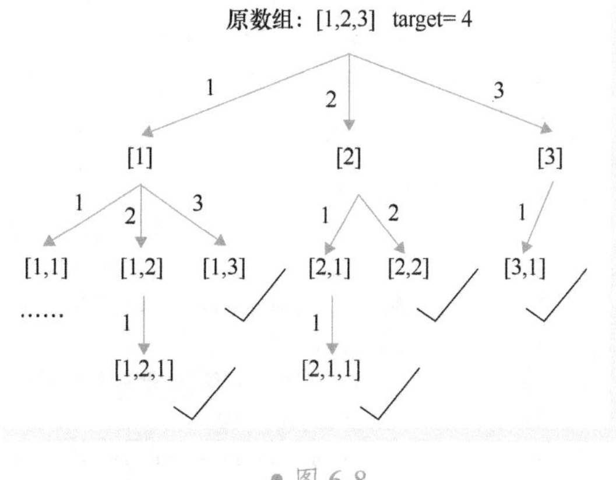

● 图 6-8

2. 目标值的组合（二）

给定一个正整数数组 nums 和一个正整数 target，找出 nums 中所有可以使数字之和为目标数 target 的组合，nums 中的每个数字在每个组合中只能选择一次，但解集不能有重复组合。

```
Input:nums={2,5,3,2},target=5
Output:{{2, 3},{5}}
```

问题分析

这道题和上一题的区别是上一题数组中没有重复元素，并且元素在每个组合中的选择次数没有限制。这道题数组中有重复元素，并且每个元素在每个组合中只能选择一次。如果还是用上一题的解法，就会出现［2,3］和［3,2］两个重复的组合，这是因为出现了相同的数字。一种常见的解决方式就是先对数组进行排序，这样相同的数字就会挨着，有利于过滤，如图 6-9 所示。

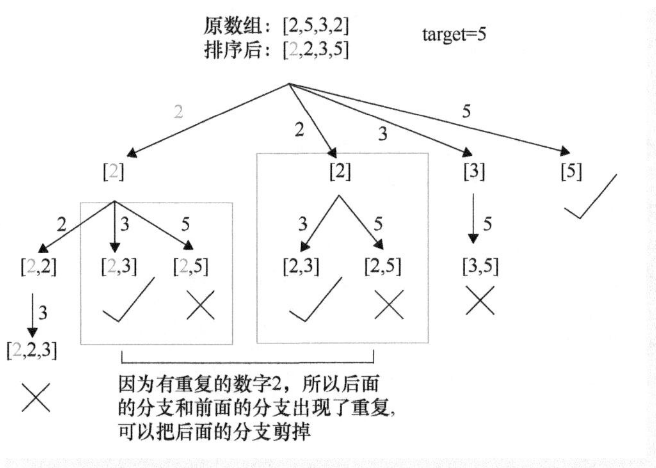

● 图 6-9

排序之后，如果当前数字和前面数字相同，那么前面分支的结果必然包含当前分支的结果。这种情况下直接把当前分支剪掉即可，代码和上一题很类似，不过有一些小的改动。

```
public List<List<Integer>> combinationSum2(int[] candidates, int target) {
    List<List<Integer>> result=new ArrayList<>();
    Arrays.sort(candidates);// 1,修改部分,需要先对数组进行排序。
    backTrack(result, new ArrayList<>(), candidates, target, 0);
    return result;
}

// 回溯算法。
private void backTrack(List<List<Integer>> res, List<Integer> pathList,
                         int candidates[], int target, int start) {
     // 因为数组中的元素都是正数,所以这里当 target<=0 的时候要终止。
     if (target<=0) {
         // 如果找到一组解,就把它保存下来。
         if (target==0)
             res.add(new ArrayList<>(pathList));
         return;
     }
     // 遍历所有分支,这里要注意,因为不能要重复的,所以循环的起始位置不是 0,而是 start。
     for (int i=start; i<candidates.length; i++) {
         // 2,修改部分,如果当前数字和前面相同,需要过滤掉。
         if (i !=start&&candidates[i]==candidates[i-1])
             continue;
         // 选择当前元素。
         pathList.add(candidates[i]);
         // 3,修改部分。因为题中说了,每个数字在每个组合中只能被使用一次,
```

```
            // 所以这里是 i+1,就是当前分支往下只能选择它后面的数字。
            backTrack(res, pathList, candidates, target-candidates[i], i+1);
            // 递归往回走要撤销选择。
            pathList.remove(pathList.size()-1);
        }
    }
```

这里要注意，递归可以把它看作是 DFS，它是从一个节点一直往下走，直到叶子节点，所以它是往下走的。for 循环就是遍历当前节点的所有子节点，可以参考二叉树的前序遍历，就是左子树遍历完了，然后遍历右子树，所以它是横着走的，我们要遍历它所有的子节点，所以需要使用 for 循环，如图 6-10所示。

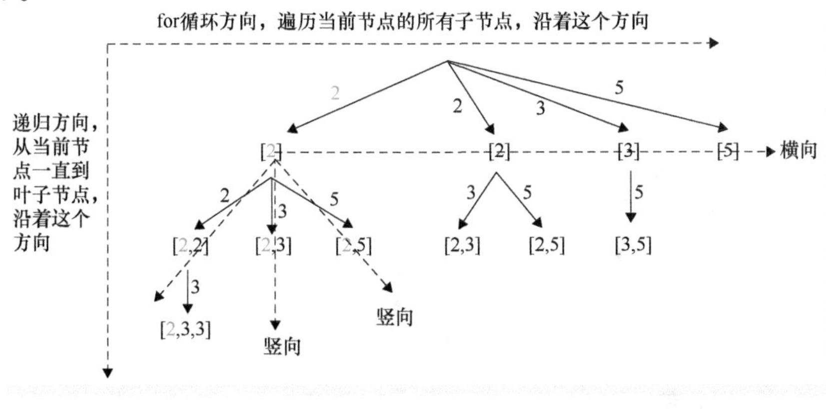

● 图 6-10

6.2.4 组合

给定两个正整数 n 和 k，请返回 [1,n] 中所有包含 k 个数的组合。可以按任意顺序返回结果。

```
Input:3,2
Output:[[1,2],[1,3],[2,3]]
```

问题分析

做这类题，脑海中首先要有一个框架，需要把树的形状想象出来。这里说的又是组合，所以选择当前数字的时候，就不能再选择前面的数字，如图 6-11 所示，假设 n 和 k 分别为 4 和 2。

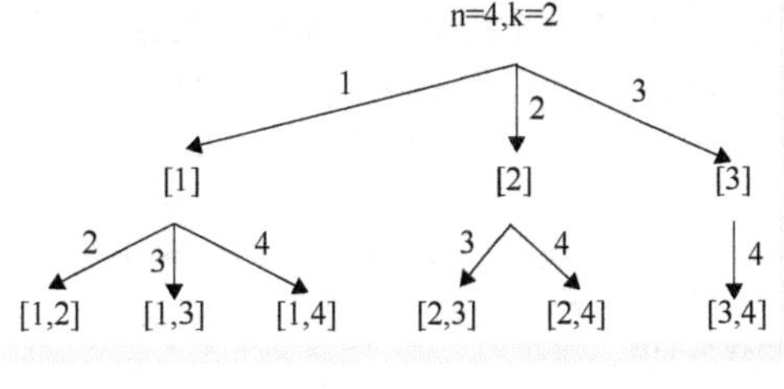

● 图 6-11

```
public ArrayList<ArrayList<Integer>> combine(int n, int k) {
    ArrayList<ArrayList<Integer>> list=new ArrayList<>();
    backtrack(list, n, k, 1, new ArrayList<>());
    return list;
}

private void backtrack(ArrayList<ArrayList<Integer>>+ list, int n, int k,
                        int start, List<Integer> tempList) {
    if (k==0) { // 终止条件,找到一对组合。
        list.add(new ArrayList<>(tempList));
        return;
    }
    // 注意这里的 i 不能从 0 开始。
    for (int i=start; i<=n-k+1; i++) {
        // 递归往下走的时候选择当前值。
        tempList.add(i);
        // 递归调用,也就是到树的下一层。
        backtrack(list, n, k-1, i+1, tempList);
        // 递归往回走要撤销选择。
        tempList.remove(tempList.size()-1);
    }
}
```

6.2.5 单词搜索

给定一个二维字符网格 board 和一个字符串 word，判断 word 是否存在于网格中。网格只包含字母，并且字符串只能由网格水平和竖直方向的字母组成。

```
Input: board={{a,g,b,c},{q,e,e,l},{g,b,k,s}},word="geeks" (如图 6-12 所示)
Output: true
```

问题分析

使用回溯算法时，我们习惯性地会把它想象成为一棵树，知道其子节点的最多个数就行了，这道题中看到每个位置只能往上下左右 4 个方向搜索，可以把它看作每个节点有 4 个子节点的树。单词搜索时，直接搜即可，为什么会使用回溯算法呢？这是因为搜索的时候，每个位置上的字符只能被查询一次，为了防止重复搜索，搜索之后需要把当前字符标记一下，搜完之后还要复原，还是按照回溯算法的模板来写一下。

a	g	b	c
q	e	e	l
g	b	k	s

图 6-12

```
public boolean isWordExist(char[][] board, String word) {
    char[] words=word.toCharArray();
    // 以矩阵的每一个位置为起始点搜索。
    for (int i=0; i<board.length; i++) {
```

```
        for (int j=0; j<board[0].length; j++) {
            // 从[i][j]这个坐标开始查找,如果能搜到,直接返回 true。
            if (backTrack(board, words, i, j, 0))
                return true;
        }
    }
    return false;// 如果所有位置都搜不到,就返回 false。
}

/**
 * @param board      网格。
 * @param word       需要搜索的字符串。
 * @param i          坐标值。
 * @param j          坐标值。
 * @param index      搜索字符串 word 的第几个字符。
 * @return
 */
private boolean backTrack(char[][] board, char[] word, int i, int j,int index) {
    // 边界的判断,不能走到网格外面。
    if (i>=board.length ||i<0 ||j>=board[0].length
            ||j<0 ||board[i][j]!=word[index])
        return false;
    // 如果 word 的每个字符都查找完了,直接返回 true。
    if (index==word.length-1)
        return true;
    // 把当前坐标的值保存下来,为了在最后复原。
    char tmp=board[i][j];
    // 然后修改当前坐标的值,随便修改成一个网格中不存在的值。
    board[i][j]='.';
    // 走递归,沿着当前坐标的上下左右 4 个方向查找,只要有一个查询结果为 true,就返回 ture。
    boolean res=backTrack(board, word, i-1, j, index+1) // 上
            ||backTrack(board, word, i+1, j, index+1)// 下
            ||backTrack(board, word, i, j-1, index+1)// 左
            ||backTrack(board, word, i, j+1, index+1);// 右
    // 递归往回走的时候,再把当前坐标位置的值复原。
    board[i][j]=tmp;
    return res;
}
```

6.3 回溯算法的剪枝

关于剪枝，上面讲的一些题中都有介绍，一种是不符合条件的剪枝，一种是需要过滤掉重复的结果。不符合条件的很容易理解，比如需要求总和等于 8 的值，如果前面选择的值再加上当前值大于 8，

就不能再选择当前值了（前提条件是可选的数字都是正数），需要剪掉。而重复的结果表示和前面某个分支出现了重复，对于这个大家最容易想到的可能就是斐波那契数列的递归写法，这个写法会出现大量重复的计算，因为它有大量重复的分支，但这些分支并不要求我们去把它剪掉，因为它们需要参与计算，当然可以使用一个 Map 来进行优化。但有些分支不参与计算，并且又会导致结果的重复，那么这种分支就要剪掉了。我们来看一道题，也就是和前面讲的全排列类似的一道题，只不过这道题有重复的元素。

6.3.1 有重复项数字的全排列

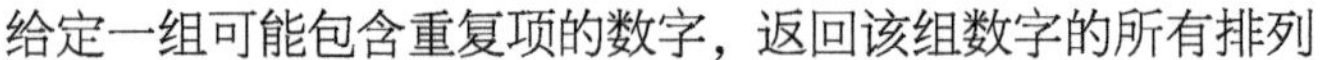

给定一组可能包含重复项的数字，返回该组数字的所有排列

```
Input:[1,1,2]
Output:[[1,1,2],[1,2,1],[2,1,1]]
```

问题分析

因为它是对数组进行排列，可以把它看作一棵 n 叉树，n 是数组的长度，假设不考虑重复的结果，如图 6-13 所示。这里为了区分两个 1，分别用了两种不同的颜色标记。

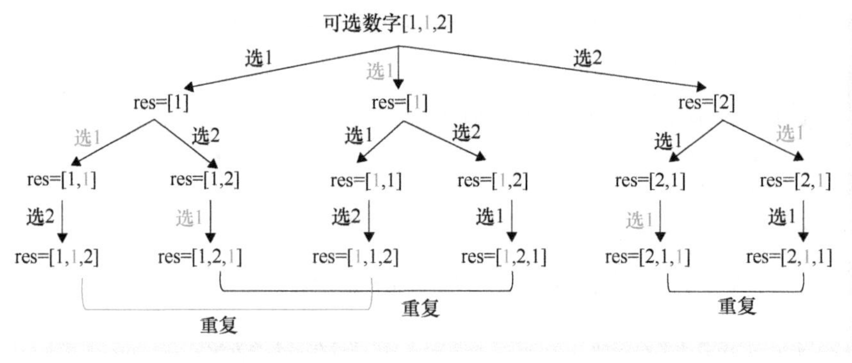

● 图 6-13

我们看到这里出现重复的原因就是因为数组中有重复的数字，这些重复结果也需要剪掉，怎样剪呢？我们来找一下规律，因为是数组中出现重复的数字导致了重复的结果，所以需要从这些重复的数字中来找。一种解决方式就是如果遇到重复的数字，第一个没有选择，就不要选择第二个，这样就可以避免重复，如图 6-14 所示。

还有一种就是遇到重复数字，如果选择第一个，就不要选择第二个，如图 6-15 所示。

以上两种方式都是可以的，至于哪种效率高，很明显是第一种，第一种尽量把整个大的分支剪掉，比较利索，而第二种是在每个大的分支上一点点剪，当数据量比较大时，这个差别还是很明显的。注意，因为要过滤掉重复的，需要先对数组进行排序，来看一下核心代码。

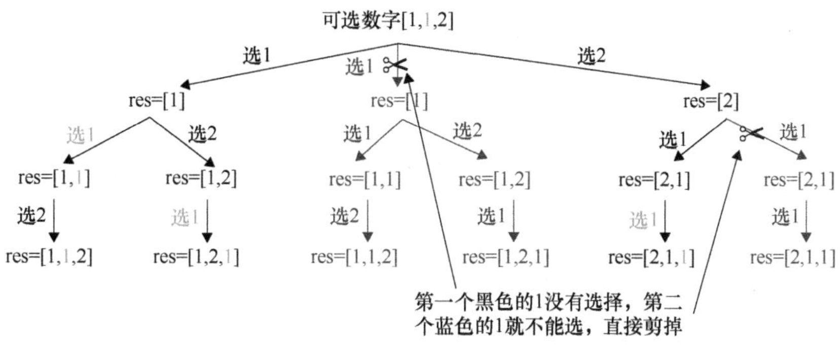

● 图 6-14

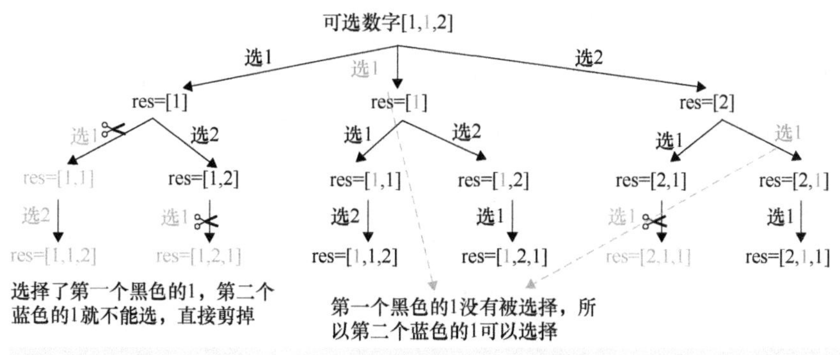

● 图 6-15

```
public void backtrack(int[] nums, boolean[] used, List<Integer> tempList,
                      List<List<Integer>> res) {
    if (tempList.size()==nums.length) { // 递归终止条件。
        res.add(new ArrayList<>(tempList));
        return;
    }
    // 遍历数组中的元素。
    for (int i=0; i<nums.length; i++) {
        // 如果已经被使用过,则直接跳过。
         if (used[i])
             continue;
         // 注意,下面两个选择只能二选一。
         // 如果当前元素和前一个一样,并且前一个没有被选择,当前元素也不能选择,
         // 直接减掉,类似于上面介绍的第一种修剪分支方式,把大的分支剪掉。
         if (i>0&&nums[i-1]==nums[i]&&! used[i-1])
             continue;
         // 注意,下面这个和上面只能二选一。
         // 如果当前元素和前一个一样,并且前一个被选择了,那么当前元素不能选择,
         // 直接减掉,类似于上面介绍的第二种剪支方式,把小的分支一点点剪掉。
```

```
            if (i>0&&nums[i-1]==nums[i]&&used[i-1])
                continue;
            // 否则就选择当前元素,把它标记为已使用。
            used[i]=true;
            // 把当前元素 nums[i]添加到 tempList 中。
            tempList.add(nums[i]);
            // 递归,到下一层。
            backtrack(nums,used,tempList,res);
            // 递归完之后会往回走,往回走的时候要撤销选择。
            used[i]=false;
            tempList.remove(tempList.size()-1);
        }
}
```

通过上面几道题的练习，相信你已经对回溯算法的解题技巧熟烂于心。做这类题最好把它想象成为一棵树，对于树的遍历，往下走的时候要选择当前值，往回走的时候要撤销选择。

6.3.2 划分为 k 个相等的子集

给定一个整数数组 a[ ]和一个整数 k，判断数组 a[ ]是否可以划分为 k 个非空子集，并且每个子集的和都相等。

```
Input: a[]={2,1,4,5,6}, k=3
Output: true
解释: 可以分成 3 个子数组(2,4),(1,5),(6),它们的和相等。
```

问题分析

这道题让把数组分割成 k 个子集，并且每个子集的和都一样，可以把它看作是分割成一个正 k 边形，k 边形每条边的长度是 sum/k，其中 sum 是数组中所有元素的和，如果 sum 不能被 k 整除，就没法分割，所以能分割的前提条件是 sum 必须能被 k 整除。因为有 k 条边，可以把它看作是一棵 k 叉树，遍历的时候需要把数组中的元素尝试放到每一条边上，如图 6-16 所示，为了提高效率，要先对

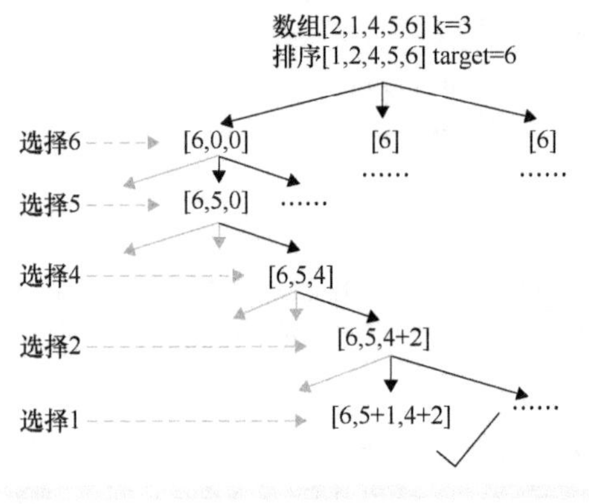

● 图 6-16

数组排序，每次都取数组中可选元素的最大值。

这里还可以做一点优化，就是如果相同的值在前一个分支没有成功，那么在当前分支也不会成功，可以剪掉，如图 6-17 所示。

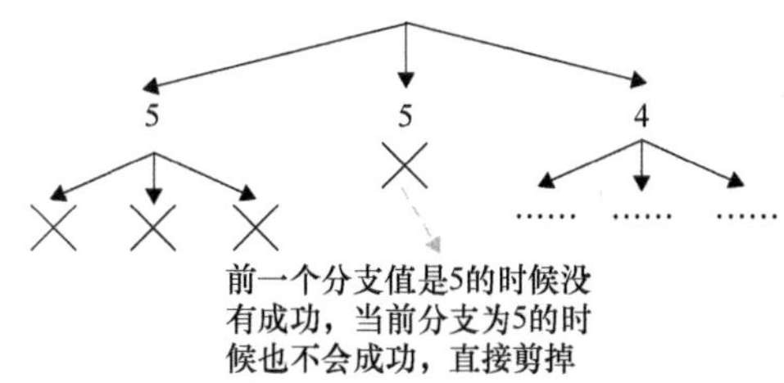

● 图 6-17

```
public boolean isKPartitionPossible(int[] a, int n, int k) {
    int sum=0;// 统计所有元素的和。
    for (int num : a)
        sum+=num;
    if (sum%k!=0)// 如果不能被 k 整除,直接返回 false。
        return false;
    Arrays.sort(a);// 先对数组排序。
    return backtrack(a, n-1, sum/k, new int[k]);
}


 /**
  * @param nums
  * @param index       访问到数组中的哪个元素。
  * @param target      正 k 边形的边长。
  * @param size        是长度为 k 的数组,分别保存 k 个边的长度。
  * @return
  */
 private boolean backtrack(int[] nums, int index, int target, int[] size) {
     if(index==-1) // 如果数组元素都访问完了,说明可以构成正 k 边形。
         return true;
     // 尝试把数组元素 nums[index]放到正 k 边形的每条边。
     for (int i=0; i<size.length; i++) {
         // 如果把当前元素放到 size[i]这个边上,它的长度大于 target,直接跳过。
         // 或者 size[i]==size[i-1]即上一个分支的值和当前分支的值一样,上一个
         // 分支没有成功,放到这个分支也不会成功,直接跳过即可。
         if (size[i]+nums[index]>target ||(i>0&&size[i]==size[i-1]))
             continue;
         // 选择当前元素。
         size[i]+=nums[index];
         // 然后放下一个元素,如果最终能变成正方形,直接返回 true,
```

```
        // 不需要在其他分支找了。
        if (backtrack(nums, index-1, target, size))
            return true;
        // 如果当前元素放到 size[i]这个边上,最终不能构成正 k 边形,就
        // 把它从 size[i]这个边上移除,然后试其他的边。
        size[i]-=nums[index];
    }
    // 如果不能构成正 k 边形,直接返回 false。
    return false;
}
```

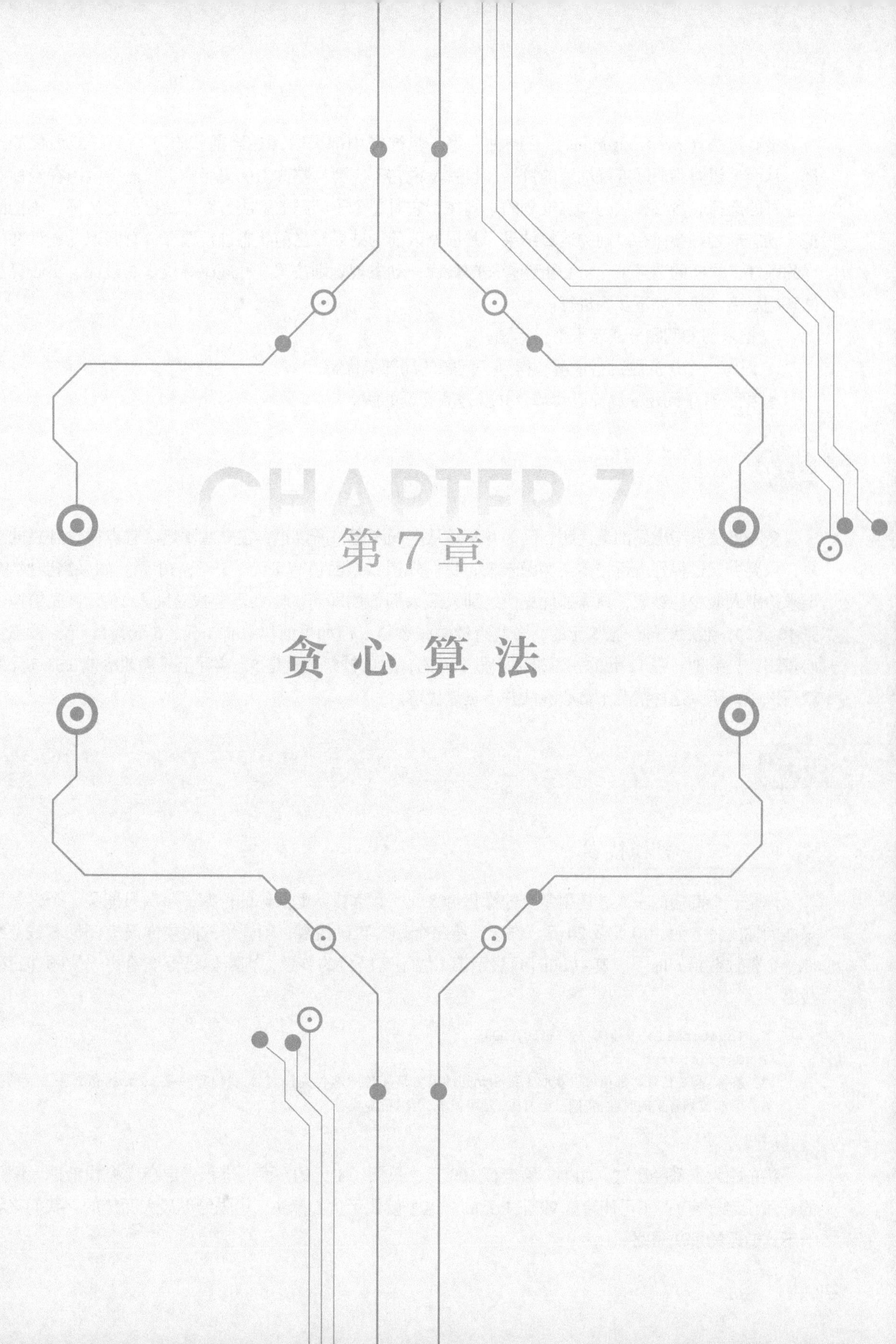

第7章

贪心算法

贪心算法（greedy algorithm）是一种在每一步选择中都采取（在当前状态下）最好或最优的选择，从而希望得到最好或最优解的算法。也就是说它不需要从整体上优先考虑，只需要做出在当前看来最好的选择。贪心算法与动态规划的不同在于它对每个子问题的解决方案都做出最优选择，不能回退。动态规划则会保存以前的运算结果，并根据以前的结果对当前状态进行选择，有回退功能。在同样的条件、同样的选择下，贪心更偏爱局部最优，动态规划则按照某种规律寻找全局最优。贪心算法的解题思路一般按如下步骤进行。

- 把求解的问题分成若干个子问题。
- 对每一个子问题进行求解，得到子问题的局部最优解。
- 把所有子问题的局部最优解合并就是原问题的解。

7.1 贪心算法存在的不足

贪心算法只考虑局部最优解，因为并不是从全局考虑，所以也存在一些不足。有点得过且过的意思，只要今天过得好就行，不会考虑未来。我们知道钞票面值有 1 元，5 元，10 元。如果需要找零，要求给别人最少的钞票，只需要优先找给别人最大面值的即可。比如需要找给别人 15 元，先给他一张 10 元的，然后给他一张 5 元的，一共给他两张钞票。但如果面值只有 1 元，5 元，11 元，按照贪心策略，先给他一张 11 元的，再给他 4 张 1 元的，总的钞票数量是 5，实际上只需要给他 3 张 5 元的就可以了，所以这种情况下贪心算法并不是最优解。

7.2 示例练习

7.2.1 柠檬找零

你是一个商店的主人，店里每个柠檬售价 5 元，顾客排队购买你的柠檬，每次只能买一个，然后只能向你支付 5 元，10 元或 20 元。你必须给每个顾客正确找零，刚开始的时候你没有任何零钱，给你一个整数数组 bills[ ]，其中 bills[i]表示第 i 位顾客所付的钞票，判断你是否能给每一位顾客正确找零。

```
Input:bills[]={5, 5, 5, 10, 20}
Output: True
解释:前 3 位顾客那里可以获取 3 张 5 元的钞票。第 4 位顾客付完钱之后,我们有一张 10 元的和 2 张 5 元的。
第 5 位顾客来的时候,我们已经有 15 元零钱了,可以正确找零。
```

问题分析

买东西大家都经历过，如果你给老板 100 元，只买了 1 元的东西，老板肯定会优先找给你大面值的（假设老板有），不可能给你 99 张 1 元的。这个就属于贪心算法，优先给你最大面值的，我们来看一下这道题的解决思路。

- 如果顾客给一张 5 元的，不需要找零。
- 如果顾客给一张 10 元的，需要找他 5 元，如果没有 5 元可找，直接返回 false。
- 如果顾客给一张 20 元的，需要找他 15 元，有两种方式，一种是给一张 5 元和一张 10 元的，另一种是给 3 张 5 元的，如果没有这两种组合，直接返回 false。根据经验，这种情况下更倾向于给一张 5 元和 10 元的，因为 5 元可以凑成 10 元的，但 10 元没法凑成 5 元的。

```
public boolean lemonadeChange(int[] bills) {
    // 统计店员拥有 5 元和 10 元的数量(20 元的不需要统计,因为 20 元是没法给顾客找零的)。
    int five=0, ten=0;
    for (int bill: bills) {
        if (bill==5) {
            five++;// 如果顾客使用的是 5 元,不用找零,5 元数量加 1。
        } else if (bill==10) {
            // 如果顾客使用的是 10 元,需要找他 5 元,所以 5 元数量减 1,10 元数量加 1。
            five--;
            ten++;
        } else if (ten>0) {
            // 否则顾客使用的只能是 20 元,顾客使用 20 元的时候,如果我们有 10 元的,要
            // 优先给他 10 元的,然后给他 5 元的,所以这里 5 元和 10 元数量都要减 1。
            ten--;
            five--;
        } else {
            // 如果顾客使用的是 20 元,而店员没有 10 元的,就只能给他 3 张 5 元的,
            // 所以 5 元的数量要减 3。
            five-=3;
        }

        // 上面我们找零的时候并没有判断 5 元的数量,如果 5 元的数量小于 0,说明上面某
        // 一步找零的时候 5 元的不够了,也就是说没法给顾客找零,直接返回 false 即可。
        if (five<0)
            return false;
    }
    return true;
}
```

7.2.2 分发饼干

假设你是一位很优秀的家长，要给你的孩子分发饼干，每个孩子至少一个，每个孩子都有一个满足胃口的最小尺寸 greed[i]，每个饼干都有一个尺寸 sz[j]，如果 sz[j]>=greed[i]，把饼干 j 给孩子 i，那么这个孩子就会得到满足。计算尽可能满足孩子数量的最大值。

```
Input:reed[]={1,2,3},sz[]={1,1}
Output:1 两块饼干尺寸都是 1,只能满足第一个孩子。

Input:greed[]={1,2},sz[]={1,2,3}
Output:2 两个孩子都能满足。
```

问题分析

题中说了要尽可能满足更多的孩子，因为饼干不能掰开，可以使用贪心算法，让胃口大的孩子吃大块，胃口小的孩子吃小块。这里有两种解决方式：

- 一种是先从胃口最小的孩子开始，拿最小的饼干试一下能不能满足他，如果能满足更好，如果不能满足，再找稍微大一点的饼干，如果还不能满足，就再找更大一点的。
- 另一种是先从最大的饼干开始，看一下能不能满足胃口最大的孩子，如果不能满足就找胃口稍微小一点的孩子再试一下，如果还不能满足就一直找……

先来看一下第一种解决方式的代码。

```
public int maxChildren(int[] greed, int[] sz) {
    // 先对胃口值和饼干尺寸进行排序。
    Arrays.sort(greed);
    Arrays.sort(sz);
    int count=0;
    // 先从胃口最小的孩子开始,找能满足他的饼干。
    for (int j=0; count<greed.length&&j<sz.length; j++) {
        // 如果当前饼干能满足当前孩子的胃口值,count 就加 1,否则就继续查找更大的饼干。
        if (greed[count]<=sz[j])
            count++;
    }
    return count;
}
```

第二种解决方式的代码如下。

```
public int maxChildren(int[] greed, int[] sz) {
    Arrays.sort(greed);
    Arrays.sort(sz);
    int count=0;
    int i=sz.length-1;
    // 先从最大的饼干开始,找出能满足的孩子。
    for (int j=greed.length-1; i>=0&&j>=0; j--) {
        // 如果当前饼干能满足当前孩子的胃口,count 就加 1,否则就继续查找胃口更小的孩子。
        if (greed[j]<=sz[i]) {
            count++;
            i--;
        }
    }
    return count;
}
```

7.2.3 分糖果问题

一群孩子做游戏，现在请你根据游戏得分来发糖果，要求如下：

（1）每个孩子不管得分多少，起码分到一个糖果。

（2）任意两个相邻的孩子之间，得分较多的孩子必须拿多一些糖果（若相同，则无此限制）。

给定一个数组 arr 代表得分数组，请返回最少需要多少糖果。

```
Input:[1,1,2]
Output:4
```

问题分析

这道题有 3 个条件，（1）每个孩子至少有一个糖果；（2）相邻的孩子，得分高的会有更多的糖果；（3）至少需要多少糖果。

第一步：要满足第 1 个和第 3 个条件，只需要让所有的孩子有 1 个糖果即可。

第二步：满足第 2 个和第 3 个条件，需要按照下面步骤操作。

- 如果只比左边的值大，那么当前孩子的糖果数量要比左边孩子的糖果多 1。
- 如果只比右边的值大，那么当前孩子的糖果数量要比右边孩子的糖果多 1。
- 如果比左右两边都大，那么当前孩子的糖果数量要比左右两边最多的糖果还要多 1。

要满足上面的第二步，可以使用两次遍历，第一次从左往右，如果右边的孩子比左边得分高，那么右边的孩子糖果数量就要比左边的多 1。这样每个孩子都能满足右边的条件。满足了右边的条件之后，还要满足左边的条件，原理都一样，如图 7-1 所示。

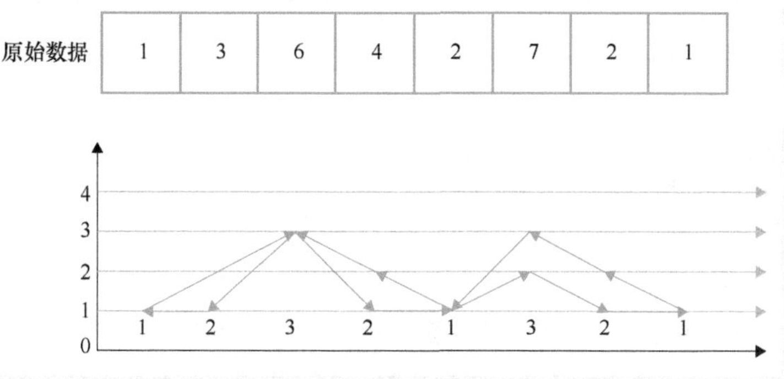

● 图 7-1

```
public int minCandy(int[] ratings) {
      int length=ratings.length;
      int[] left=new int[length];// 记录从左往右计算的结果。
      int[] right=new int[length];// 记录从右往左计算的结果。
      // 因为每个孩子至少有一个糖果,默认都给他们一个。
      Arrays.fill(left, 1);
      Arrays.fill(right, 1);
      int total=0;// 统计最少的总共糖果数量。
      // 先从左往右遍历,如果当前孩子的得分比左边的高,
      // 那么当前孩子的糖果要比左边的孩子多一个。
      for (int i=1; i<length; i++) {
          if (ratings[i]>ratings[i-1])
```

```
                left[i]=left[i-1]+1;
        }
        // 然后从右往左遍历,如果当前孩子的得分比右边的高,
        // 那么当前孩子的糖果要比右边的孩子多一个。
        for (int i=length-1; i>0; i--) {
            if (ratings[i-1]>ratings[i])
                right[i-1]=right[i]+1;
        }
        // 取从左往右和从右往左的最大值。
        for (int i=0; i<length; i++) {
            // 累加每个孩子的糖果。
            total+=Math.max(left[i], right[i]);
        }
        return total;
    }
```

7.2.4 最小跳跃次数

给定一个整数数组 arr[ ]，其中每个元素 arr[i] 表示从该位置可以跳的最大距离，假设刚开始你在数组下标为 0 的位置。计算到达数组末尾的最小跳跃次数。如果不能到达数组的末尾，返回-1。

```
Input:arr[]={1, 3, 5, 8, 9, 2, 6, 7, 6, 8, 9}
Output:3
解释:
第一次可以从 arr[0]跳到 arr[1],值是 3。
第二次可以从 arr[1]跳到 arr[4],值是 9。
第三次可以从 arr[4]跳到最后。
```

问题分析

每一次跳跃都会有一个范围，如果在这个范围内跳跃，跳跃次数就不会增加，如果超过这个范围，跳跃次数要加 1，并且还要更新本次的跳跃范围。可以使用贪心算法记录在当前跳跃范围内所能到达的最大距离。比如在初始位置 [1]，第一次跳跃能到达的范围是 [3]，第二次跳跃能达到的范围是 [5,8,9]，第三次跳跃能到达的范围是 [2,6,7,6,8,9,…]，可以跳到数组的末尾，如图 7-2 所示。

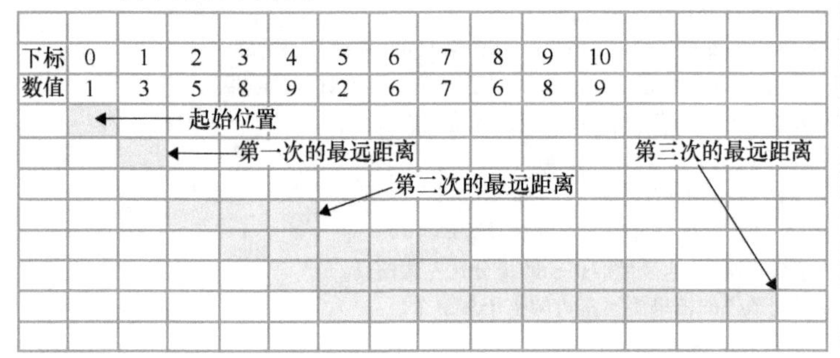

图 7-2

```java
public int minJumps(int[] nums) {
    int count=0;// 跳跃的次数。
    int curMax=0;// 目前能到的最远距离。
    int curRange=0;// 当前跳跃范围的终点位置。
    for (int i=0; i<nums.length-1; i++) {
        if (i+nums[i]>curMax)// 记录当前所能跳的最远距离。
            curMax=i+nums[i];
        // 如果超过当前范围,跳跃次数加 1,要更新下次跳跃的范围。
        if (i==curRange) {
            count++;
            curRange=curMax;
        }
        // 往后面跳不动了。
        if (nums[i]==0&&i==curMax)
            return -1;
    }
    return count;
}
```

7.2.5 无重叠区域

给定一个二维数组 intervals[ ][ ]，其中 intervals[i]表示区间 [starti,endi)，返回需要移除最少的区间个数，使剩下的区间没有重叠。

```
Input:intervals[]={{1, 2}, {2, 3}, {3, 4}, {1, 3}}
Output: 1
解释:{1,3}区间移除,可以使剩下的区间没有重叠。
```

问题分析

判断是否需要移除区间，需要先对区间按照起始点的大小进行排序，如果两个区间没有重叠，就不需要移除。如果两个区间有重叠，移除终点靠右的即可，如图 7-3 所示。因为如果终点靠左的和下一个区间有重叠，那么终点靠右的和下一个区间也一定有重叠。但如果区间靠右的和下一个区间有重叠，区间靠左的和下一个区间不一定有重叠。

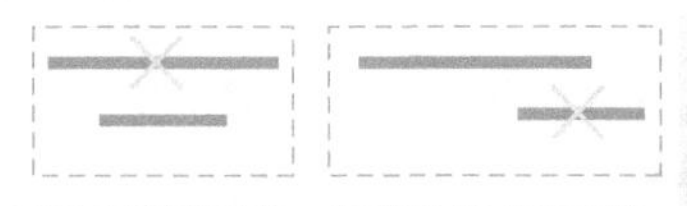

图 7-3

```java
public int minRemoval(int[][] intervals) {
    // 按照起始点的大小排序。
    Arrays.sort(intervals, Comparator.comparingInt(a->a[0]));
    int end=intervals[0][1]; // 记录区间尾部的位置。
```

```
    int count=0;// 需要移除的数量。
    for (int i=1; i<intervals.length; i++) {
        if (intervals[i][0]<end) {
            // 如果重叠了,要移除区间终点靠右的,然后记录当前区间尾部的位置。
            end=Math.min(end, intervals[i][1]);
            count++;// 移除一个区间。
        } else {
            // 如果没有重叠,就不需要移除,只需要更新当前区间尾部的位置即可。
            end=intervals[i][1];
        }
    }
    return count;
}
```

CHAPTER 8

第8章

双指针和滑动窗口

双指针（two points）是通过设置两个指针不断移动来解决问题的，一般主要用来操作数组、链表，以及字符串。双指针的种类比较多，有**相向双指针**，就是两个指针从两边往中间移。有**背向双指针**，就是两个指针从中间往两边移。还有**同向双指针**，就是两个指针同时往一个方向移，这个一般多见于滑动窗口。还有**快慢双指针**，就是一个指针每次移动的步数多，另一个指针每次移动的步数少。

8.1 相向双指针

相向是面对面的意思，相向双指针就是两个指针从两边往中间移动，大家最常见的可能就是二分法查找，下面来看几个相向双指针的示例。

8.1.1 回文串

给定一个字符串，检查它是否是回文的。只考虑字母和数字，忽略字母大小写和其他字符

```
Input:s=racecar
Output: true
解释:字符串"racecar"是回文的。
```

问题分析

这道题只考虑字母和数字，如果字符串正着读和反着读都一样（不考虑字母的大小写），说明是回文字符串。我们只需要使用两个指针，从字符串的两端往中间移，如果不是字母和字符串就跳过，如果是字母，需要忽略大小写，然后判断字母是否相等，如图 8-1 所示。

图 8-1

```
public boolean sentencePalindrome(String s) {
    int left=0;// 左指针。
    int right=s.length()-1;// 右指针。
    while (left<right) {
        // 题中说了,只考虑字母和数字,所以不是字母和数字的先过滤掉。
        while (left<right&&!Character.isLetterOrDigit(s.charAt(left)))
            left++;
        while (left<right&&!Character.isLetterOrDigit(s.charAt(right)))
            right--;
        // 如果是字母,toLowerCase 方法会把它变成小写,如果是数字则不变。
        // 如果不相等,直接返回 false。
        if (Character.toLowerCase(s.charAt(left))!=
                Character.toLowerCase(s.charAt(right)))
            return false;
        left++;// 如果相等,两个指针同时往中间移。
        right--;
```

```
    }
    return true;// 都比较完了,说明是回文串,返回 true。
}
```

8.1.2 盛最多水的容器

给定一个非负整数数组 a，其中 a[i] 表示第 i 条线的高度，找出其中的两条线，使它们与 x 轴围成的容器可以容纳最多的水。

```
Input:a[]={1,5,4,3}
Output:6(如图 8-2 所示)
```

问题分析

这道题可以看作是两条线所围成的最大矩形，我们知道矩形的面积是：宽×高，要想面积最大，宽和高都要尽可能大。一种常见的解决思路就是使用两个指针，分别指向最左边和最右边的线，这样就可以保证它们围成的矩形宽度是最大的，矩形的高度取这两条线的最小高度，先计算它们围成的面积，接着这两个指针高度小的往中间移。这里为什么是高度小的往中间移，因为两个指针无论是高的往中间移还是矮的往中间移，矩形的宽度肯定是变小的。如果高的往中间移，矩形的高度要么变矮，要么不变，因为宽度变小，所以面积也会变小，如图 8-3 所示。

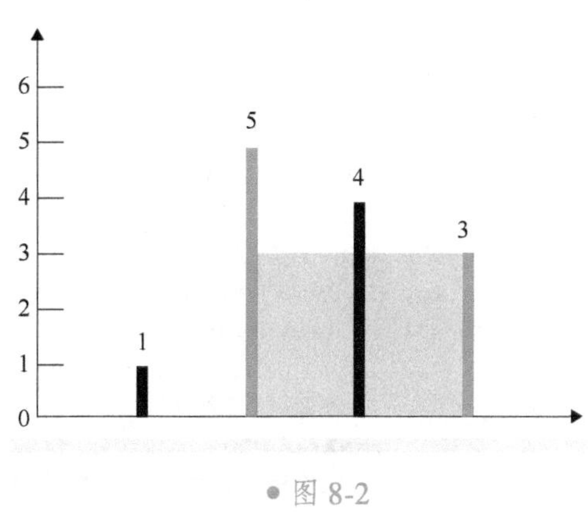

图 8-2

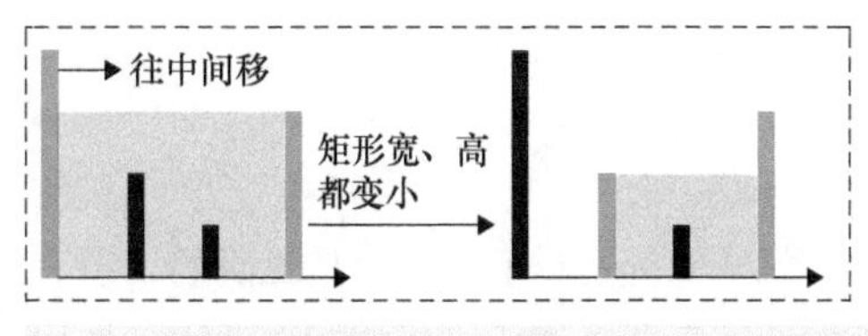

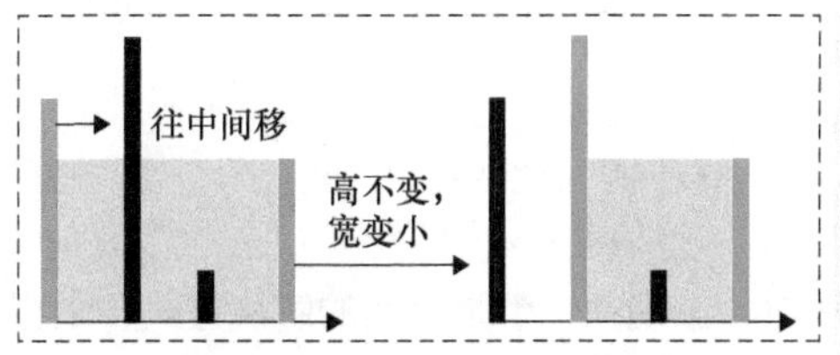

图 8-3

因为矩形高度取决于两个指针中最矮的，高的指针无论怎样移，矩形的高度都不会再变高了。如果矮的往中间移，矩形的高度要么变矮，要么不变，要么变高，所以需要移动矮的指针，这样矩形的面积才有可能变大。

```
long maxArea(int a[]) {
    int maxArea=0;// 记录最大面积。
    int left=0;// 左指针。
```

```
    int right=a.length-1;// 右指针。
    while (left<right) {
        // 计算面积,面积等于宽×高,宽就是 left 和 right 之间的距离,高就是
        // left 和 right 所对应的最低高度。
        int area=Math.min(a[left], a[right]) * (right-left);
        maxArea=Math.max(maxArea, area);// 保存计算过的最大的面积。
        // 矮的往中间移。
        if (a[left]<a[right])
            left++;
        else
            right--;
    }
    return maxArea;
}
```

上面的解法是矮的往中间移，但如果移动之后更矮或者高度不变，因为宽度变小，所以面积会更小，这种情况下可以直接跳过。

```
long maxArea(int a[]) {
    int maxArea=0;// 记录最大面积。
    int left=0;// 左指针。
    int right=a.length-1;// 右指针。
    while (left<right) {
        int minHeight=Math.min(a[left], a[right]); // 取两条线的最小高度。
        // 计算这两条线所围成的面积,然后保存最大面积。
        maxArea=Math.max(maxArea, minHeight * (right-left));
        // 无论是左指针还是右指针,只要它们指向的高度小于等于 minHeight,都要往中间移。
        while (left<right&&a[left]<=minHeight)
            left++;
        while (left<right&&a[right]<=minHeight)
            right--;
    }
    return maxArea;
}
```

这里有一个疑问，就是上面的解决方式不是穷举，怎样保证这种解决思路是正确的，没有出现遗漏的情况，所以这里最好证明一下。如果是穷举，比如计算每两条线所围成的矩形面积，最后返回最大值，这个肯定是没问题的，因为它穷举了所有的矩形。

如果 f(i,j) 表示从下标 i 到 j（闭区间，包括 i 和 j）所围成的最大矩形面积，当 height[i] < height[j]的时候，i 往右移，就变成计算 f(i+1,j) 了，这里遗漏了 f(i,j-1)，f(i,j-2)，…，f(i,i+1)。如图 8-4 所示，只计算 6 和 7 围成的面积，下一步直接计算 2 和 7 围成的面积，并没有计算 6 和 3，6 和 8，…，6 和 2 所围成的面积。实际上不需要计算，因为它们围成的矩形宽度是变小的，高度要么变小，要么不变，所以面积必定变小，可以直接舍去。这样一轮一轮地进行，直到两个指针相遇，也相当于穷举了所有的可能，只不过那些面积更小的没有参与计算而已，所以这种解决思路并不会出现遗漏。

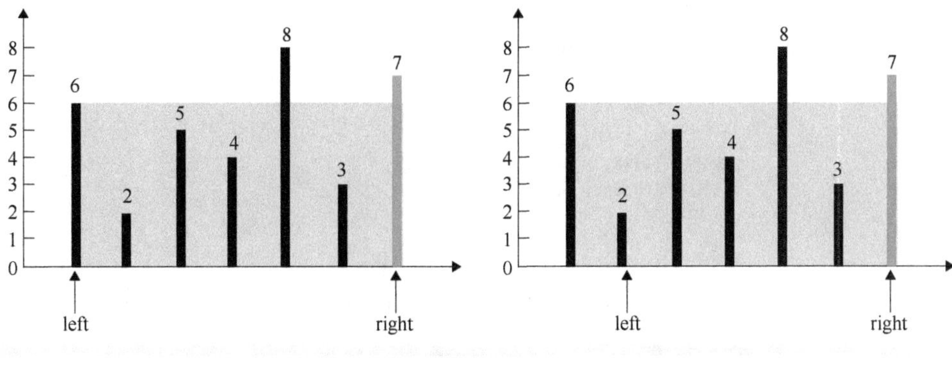

● 图 8-4

8.2 同向双指针

同向双指针就是两个指针同时往一个方向移，这个在滑动窗口中一般会使用。这里也来看几个同向双指针的示例。

8.2.1 移动所有的 0 到数组末尾

给定一个整数数组 arr[ ]，将数组中所有的零移动到数组末尾，同时保持非零元素相对的顺序。

```
Input:arr[]={3, 5, 0, 0, 4}
Output:3 5 4 0 0
```

问题分析

这道题说的是把 0 移动到数组末尾，非 0 元素移到数组的前面，并且还要保证非 0 元素的相对顺序。可以使用双指针来解决，两个指针 left 和 right，其中 right 始终往右移动，当 right 指向的值不为 0 的时候，就和 left 指向的值交换，然后两个指针同时往右移一步。如果 right 指向的值为 0，left 不动，right 继续往右移，如图 8-5 所示。

```
void pushZerosToEnd(int[] arr) {
    int left=0;// 左指针。
    int right=0;// 右指针。
    int length=arr.length;
    while (right<length) {
        // right 指向的值不为 0,就和 left 指向的值交换。
        if (arr[right]!=0) {
            int tmp=arr[left];
            arr[left]=arr[right];
            arr[right]=tmp;
            left++;// 挪完之后左指针也往右移。
```

```
            }
            right++;// 右指针始终往右移。
        }
}
```

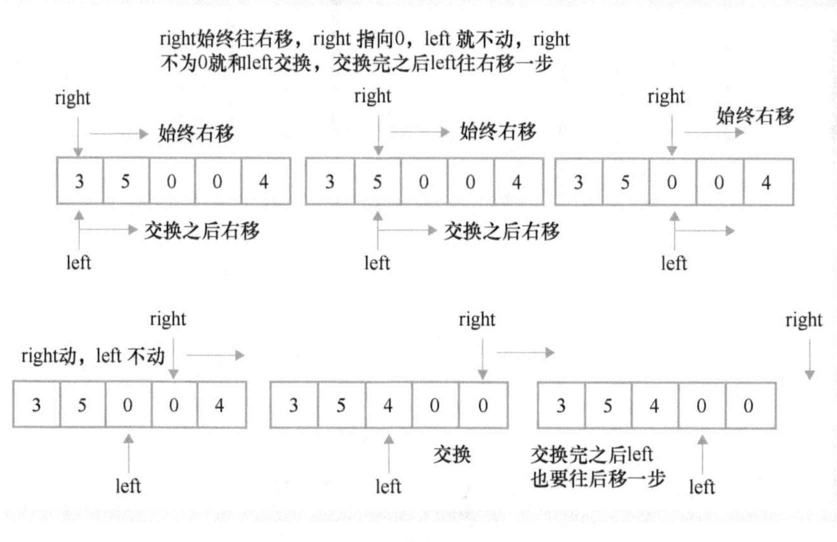

● 图 8-5

8.2.2 两个链表的第一个公共节点

输入两个无环的单向链表，找出它们的第一个公共节点，如果没有公共节点，则返回空，如图 **8-6** 所示。

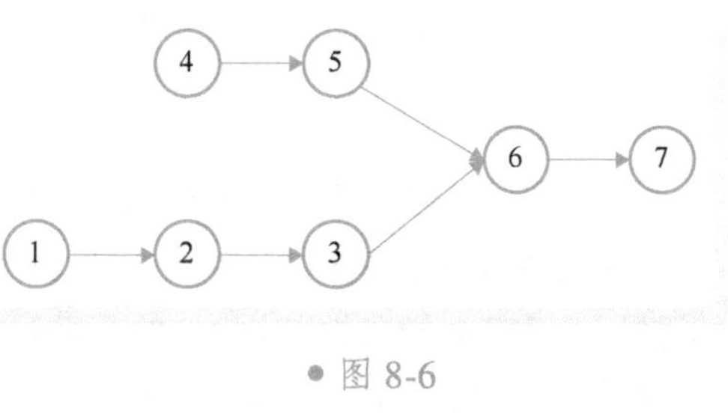

● 图 8-6

问题分析

如果两个链表相交，就返回它们相交的起始点；如果不相交，就返回 **null**。先看相交的情况，如果两个链表相交，会有两种情况，一种是两个链表长度一样，另一种是两个链表长度不一样，如图 **8-7**所示。

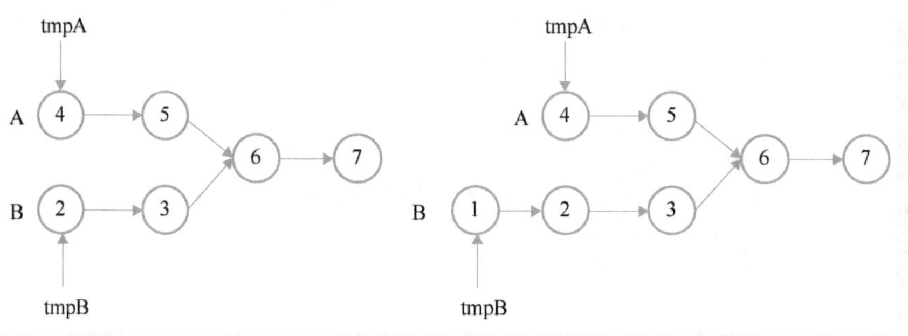

● 图 8-7

使用两个指针分别指向两个链表的头节点，如果两个链表长度一样，它们每次都同时走一步，最终会在相交点相遇。如果两个链表长度不一样，它们会在相交点完美地错开。我们再仔细看一下图 8-7，如果 tmpA 指针把链表 A 走完了，然后从链表 B 开始走到相交点，就相当于把这两个链表的所有节点走了一遍，同理如果 tmpB 指针把链表 B 走完了，然后从链表 A 开始一直走到相交点，也相当于把这两个链表的所有节点走了一遍。所以如果 tmpA 指针走到链表末尾，下一步就让它从链表 B 开始。同理如果 tmpB 指针走到链表末尾，下一步就让它从链表 A 开始。只要这两个链表相交，最终肯定会在相交点相遇，因为这样它们走过的节点数量是一样的。如果两个链表不相交，最终返回 null，如图 8-8 所示。

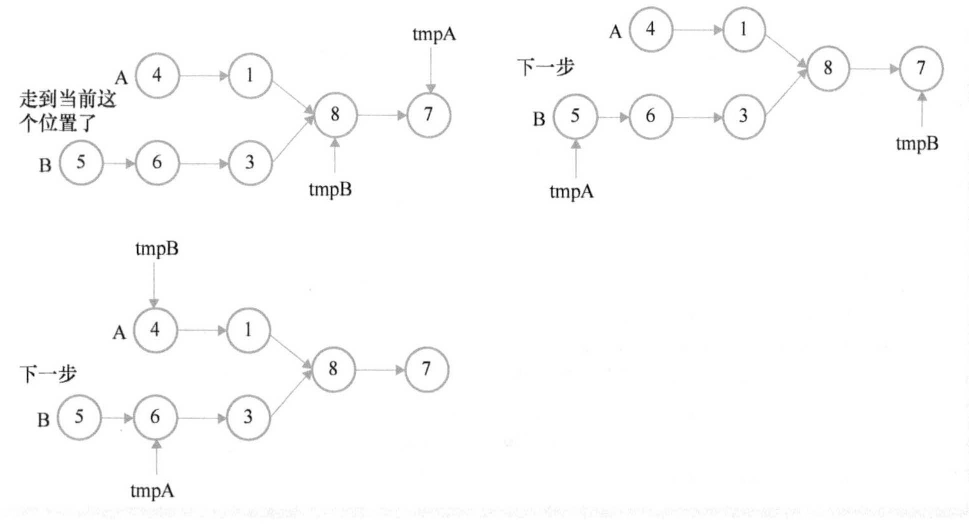

● 图 8-8

```
public ListNode FindFirstCommonNode(ListNode pHead1, ListNode pHead2) {
    // 两个指针。
    ListNode tmpA=pHead1;
    ListNode tmpB=pHead2;
    while (tmpA!=tmpB) {
        tmpA=tmpA==null? pHead2: tmpA.next;
        tmpB=tmpB==null? pHead1: tmpB.next;
    }
    // tmpA 要么是空,要么是两链表的交点。
    return tmpA;
}
```

8.3 快慢双指针

快慢双指针一般也是同向的，使用两个指针，一个走得快，一个走得慢。

8.3.1 判断链表中是否有环

例如输入 {3,2,0,4,2}时，对应的链表结构如图 8-9 所示，可以看出环的入口节点为从头节点开始的第 1 个节点（注：头节点为第 0 个节点），所以输出 true。

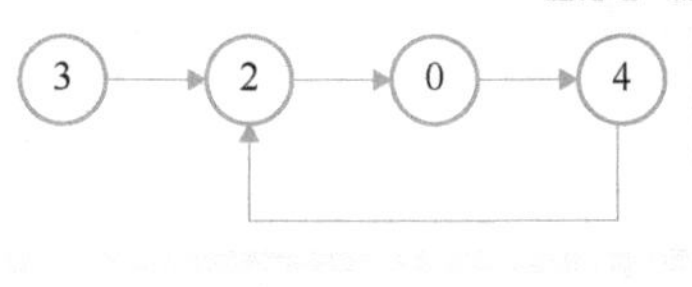

● 图 8-9

问题分析

这道题让我们判断链表是否有环，可以使用两个指针，一个是快指针，每次走两步；另一个是慢指针，每次走一步。如果链表没环，最终快指针会把链表走完。如果有环，它们最终都会走到环上，并且在环上转圈。在环上走的时候，每次快指针都会比慢指针多走一步，所以无论快指针与慢指针相距多远，最终快指针一定能追上慢指针，最后它们会在环上相遇。所以只要判断它们是否相遇，就可以判断链表是否有环。

```
public boolean hasCycle(ListNode head) {
    if (head==null)
        return false;
    // 快慢两个指针。
    ListNode slow=head;
    ListNode fast=head;
    while (fast!=null&&fast.next!=null) {
        slow=slow.next;// 慢指针每次走一步。
        fast=fast.next.next; // 快指针每次走两步。
        if (slow==fast)     // 如果相遇,说明有环。
            return true;
    }
    return false; // 否则就是没环。
}
```

如果链表有环，怎样找到环的入口呢？如图 8-10 所示，假设快指针在环上转了 m（m>=1）圈后，最终与慢指针相遇，其中 E 是相遇点，那么快指针走过的长度就是 a+(b+c) * m+b，其中 b+c 是圆的周长。慢指针走过的长度就是 a+b，在相同的时间内，快指针走过的距离是慢指针的 2 倍。也就是 a+(b+c) * m+b = 2 * (a+b)，整理后可以得到：a = (m-1) * (b+c)+c，而(m-1) * (b+c)是圆周长的倍数。也就是说这个时候如果使用两个指针，一个指向链表的起始点，另一个指向相遇点，它们同时每次只走一步，当相遇点的指针在环上走了 m-1 圈后，最终它们会在环的入口相遇。

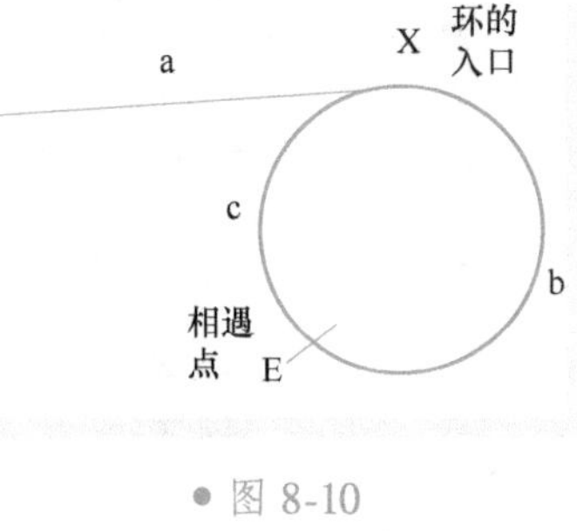

● 图 8-10

```
public ListNode detectCycle(ListNode head) {
    ListNode slow=head;
    ListNode fast=head;
    while (fast!=null&&fast.next!=null) {
```

```
        slow=slow.next;
        fast=fast.next.next;
        if (slow==fast) {
            // 确定有环之后,才能找环的入口。
            while (head!=slow) {
                // 两个相遇指针,一个从头节点开始,另一个从相
                // 遇点开始,每次都走一步,直到再次相遇为止。
                head=head.next;
                slow=slow.next;
            }
            return slow;// 环的入口。
        }
    }
    return null;
}
```

8.3.2 找出链表的中间节点

给定一个单链表，找到链表的中间点。如果链表长度是奇数，返回中间节点；如果链表长度是偶数，返回中间的第二个节点。

```
Input:LinkedList: 1->2->3->4->5
Output: 3(链表长度是奇数,返回中间节点)

Input:LinkedList: 2->4->6->7->5->1
Output: 7(链表长度是偶数,返回中间的第二个节点)
```

问题分析

这道题是找中间节点。还是使用快慢指针，快指针每次走两步，慢指针每次走一步，直到快指针走到链表的尾节点，或者快指针为空。如果链表长度是奇数，慢指针会走到中间的那个节点，如果链表长度是偶数，慢指针会走到中间的第二个节点，如图 8-11 所示。

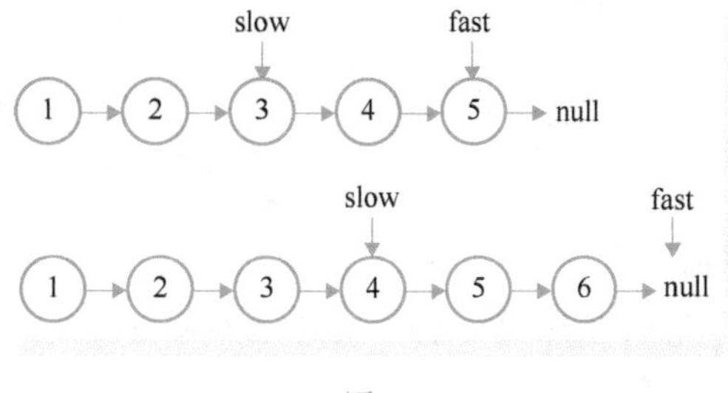

● 图 8-11

```
int getMiddle(Node head) {
    Node fast=head, slow=head;
    while (fast!=null&&fast.next!=null) {
```

```
        fast=fast.next.next;// 每次走两步。
        slow=slow.next;// 每次走一步。
    }
    return slow.data;
}
```

8.4 滑动窗口

滑动窗口一般用于操作字符串和数组，它是在一个特定大小的字符串和数组上进行操作，而不是直接操作整个字符串，这样就降低了操作的复杂度，也降低了循环嵌套的深度。使用滑动窗口的时候，一般使用两个指针，一个是左指针 left，另一个是右指针 right，分别表示窗口的左边界和右边界，滑动的时候只需要关心窗口内的元素即可。滑动窗口只能朝一个方向滑动，并且只能前进不能后退，一般情况下，习惯从左往右滑动。

常见的滑动窗口有以下几类：

（1）大小可变窗口：顾名思义就是窗口的大小是可变的，有可能增大，也有可能减小。它的实现原理是左指针先不动，右指针往右滑动。如果是求最小值，右指针滑动的目的是先找到满足条件的解，找到之后，右指针就不再动，然后左指针往右滑动，左指针往右滑动的目的是找到最优解，一直重复上面的过程。如果是求最大值，右指针滑动的目的是满足条件之后，先找到不满足条件的解，找到之后，右指针就不再动，然后左指针往右滑动，一直重复上面的过程。

（2）固定窗口：就是窗口的大小达到一定程度之后，就不再变化了。它的实现原理是刚开始的时候左指针不动，右指针往右移，当窗口长度达到固定大小之后，左指针和右指针同时往右移动。

（3）只增不减窗口：通过名字我们就知道，窗口的大小只能增加不能减小，这个一般用于求最大值。它的实现原理是左指针先不动，右指针往右滑动，记录满足条件的最大值，当不满足条件的时候，左指针再往右移动一步，前面增加一步，后面又减小一步，相当于窗口大小没变，它的目的是始终保证窗口大小是满足条件的最大长度。

8.5 大小可变窗口

大小可变窗口的解题步骤如下：

（1）声明两个变量 left 和 right，分别表示窗口的左边界和右边界，一般是闭区间［left,right］，初始的时候都是 0。

（2）如果是求最小值，左指针先不动，滑动右指针扩大窗口来找出满足条件的解，当窗口满足条件之后，右指针不再滑动，然后滑动左指针来缩小窗口找出最优解。

（3）如果是求最大值，也是左指针先不动，滑动右指针，在满足条件的情况下继续滑动，直到不满足条件为止，然后右指针不再滑动，接着滑动左指针。

（4）重复步骤（2）或（3），直到右指针走到序列的末尾，不能再移动为止。

根据上面的步骤，可以整理出一个模板。

```
public int slidingWindow(String s) {
    // 记录结果的参数,一般是最大值或者最小值。
    int res=0;

    // 窗口集合,记录窗口中的元素,这个可以是数组、list 或者 map,
    // 也可以是一个具体的数值,比如用来记录窗口中元素的和。
    window

    // 闭区间[left,right]
    int left=0;// 窗口的左边界。
    int right=0;// 窗口的右边界。
    while (right<s.length()) {
        // 这里可以先删除再添加,也可以先添加再删除,需要根据不同的题做不同的调整。
        // 这里把右指针的元素添加到窗口中。
        window.add(s.charAt(right));
        while ("窗口是否满足条件") {
            // 移除窗口左边的元素。
            window.remove(s.charAt(left));
            left++;// 缩小窗口,右指针不动,窗口左边界往右移。
        }
        // 更新结果,取最大值或最小值,或者是其他操作。
        res=Math.max(res, window.size());
        // 右指针始终往右移。
        right++;
    }
    return res;
}
```

模板虽然不是万能的，但有时候可根据模板稍做修改，就会变成我们所需要的答案，下面来看一些示例。

8.5.1 最长没有重复字符的子串

给定字符串 S，找出没有重复字符的最长子串的长度。

```
Input:S="wansuanfa"
Output:5
解释:"wansu"和"suanf"都是最长的子串,并且没有重复的字符。
```

问题分析

这道题说的是找出不含有重复字符的最长子串，这是一道典型的滑动窗口问题。使用两个指针 left 和 right 分别记录窗口的左边界和右边界，而窗口的范围就是闭区间［left，right］，判断窗口中是否有重复元素，可以使用 Set 集合，因为它是去重的。每次右指针往右滑动的时候，都要判断窗口中是否包含右指针所指向的元素，如果不包含，就把右指针指向的元素添加到窗口中，然后保存窗口的最大长度，如果包含，就缩小窗口，移动窗口的左边界，直到不包含为止，如图 8-12 所示。

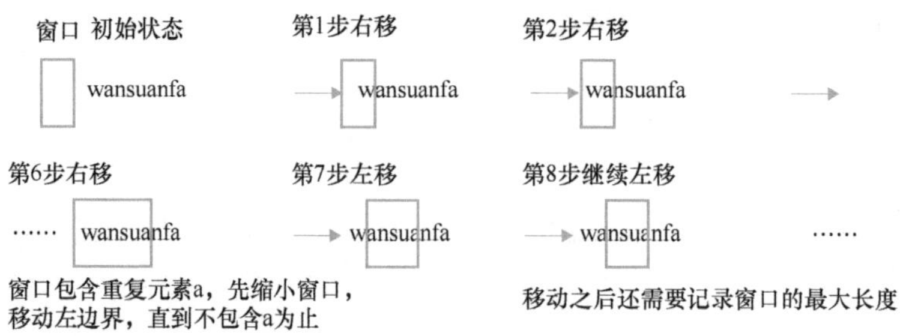

● 图 8-12

这道题其实就是一个大小可变窗口，只需要参照上面的模板稍加修改即可，有点不同的是把右指针指向的元素添加到窗口之前，需要先判断窗口中是否包含右指针指向的元素，如果包含，需要先缩小窗口，也就是移动窗口的左边界，直到不包含为止，然后把右指针指向的元素添加进来。

```
public int longestUniqueSubsttr(String s) {
      int maxLength=0; // 记录窗口的最大长度。
      // 窗口集合,记录窗口中的元素。
      Set<Character> windowSet=new HashSet<>();
      int left=0;// 窗口的左边界。
      int right=0;// 窗口的右边界。
      while (right<s.length()) {
          // 如果窗口中包含当前元素,再把当前元素添加到窗口中就会出现重复,
          // 所以在添加之前,把窗口最左端的元素移除,直到窗口不包含当前元素为止。
          while (windowSet.contains(s.charAt(right))) {
              windowSet.remove(s.charAt(left));// 移除窗口左边元素。
              left++;// 左指针往右滑。
          }
          // 把当前元素添加到窗口中。
          windowSet.add(s.charAt(right));
          // 保存最大长度。
          maxLength=Math.max(maxLength, windowSet.size());
          right++;// 右指针始终往右滑动。
      }
      return maxLength;
}
```

8.5.2 最小覆盖子串

给定两个字符串 s 和 p，要求在 s 中找出最短的包含 p 中所有字符的连续子串。

```
Input:S="timetopractice",P="toc"
Output: toprac
解释: "toprac"是包含"toc"的最短子串。
```

问题分析

上一题我们求的是最大值，这道题让求最小值。也就是找出 s 的一个最小子串，并且这个子串要涵盖 p 中的所有字符，其实就是一个大小可变的滑动窗口问题。刚开始的时候左指针不动，右指针往右滑动，当窗口中包含 p 中所有字符的时候，说明找到了一个可行的解，但不一定是最优的，还需要缩小窗口来找到最优解。这个时候右指针不动，左指针往右滑动来缩小窗口找出最优解……一直重复上面的过程，直到右指针不能再滑动为止，如图 8-13 所示，只需要记录窗口包含 p 的最小长度即可。

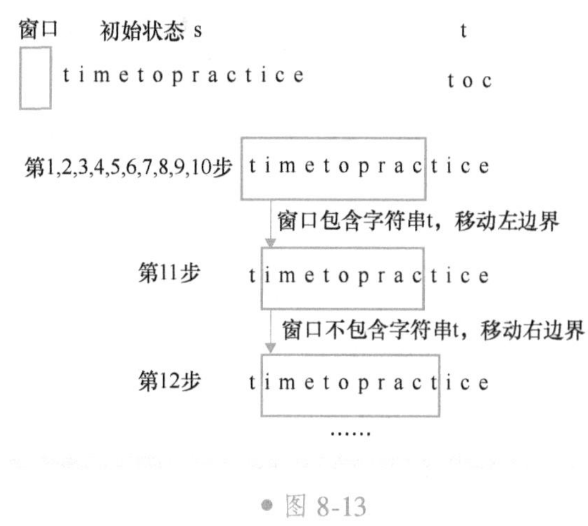

● 图 8-13

```java
public String smallestWindow(String s, String p) {
    int[] map=new int[128];
    // 记录字符串 p 中每个字符的数量。
    for (char ch: p.toCharArray())
        map[ch]++;
    int count=p.length();// 字符串 p 中字符的数量。
    int left=0;// 窗口的左边界。
    int right=0;// 窗口的右边界。
    int minWindow=Integer.MAX_VALUE;// 记录满足条件的最小窗口长度。
    int strStart=0;// 记录满足条件的最小窗口开始位置,以便于后面截取。
    while (right<s.length()) {
        // 如果窗口覆盖 p 中的一个字符,count 就减 1。
        if (map[s.charAt(right)]-->0)
            count--;
        // 如果 count 等于 0,说明全部覆盖了,要移动窗口的左边界。
        // 找到最小的能全部覆盖的窗口。
        while (count==0) {
            // 如果现在窗口比之前保存的还要小,就更新窗口的长度,以及窗口的起始位置。
            if (right-left+1<minWindow) {
                minWindow=right-left+1;
                strStart=left;
            }
            // 移除窗口最左边的元素,也就是缩小窗口,这里是关键,如果窗口最左边
            // 那个元素的个数是 0,那么这个元素肯定也存在于字符串 p 中,因为如果不
            // 存在右指针第一遍扫描的时候就把它变成负的了。
            if (map[s.charAt(left)]++==0)
                count++;
            left++; // 窗口左边往右移。
        }
        right++;// 窗口右边往右移一步。
```

```
    }
    //如果找到合适的窗口就截取,否则就返回空。
    if (minWindow==Integer.MAX_VALUE)
        return "";
    return s.substring(strStart, strStart+minWindow);
}

```

8.5.3 长度最小的连续子数组

给定一个正整数数组 a[ ] 和一个正整数 x，找出和大于 x 且长度最小的连续子数组。如果不存在这样的子数组，返回 0。

```
Input:a[]={1, 4, 45, 6, 0, 19}, x=51
Output:3
解释:最短子数组是{4, 45, 6},它的和大于51。
```

问题分析

这道题可以通过前缀和与二分法查找来解决，也可以通过滑动窗口来解决，这一章我们主要讲滑动窗口，所以关于前缀和的解决方式这里不再介绍。这道题说的是找出和大于 x 的最小连续子数组，其实就是一个大小可变的滑动窗口问题，刚开始的时候左指针不动，右指针往右滑动，当窗口中的元素和小于等于 x 的时候，继续滑动右指针，来增大窗口中元素的值。当窗口中的元素和大于 x 的时候，说明找到了一个可行的解，但长度不一定是最小的，这个时候右指针停止滑动，移动左指针来减小窗口的值……重复上面的过程，最后返回长度最小的即可，图就不再画了，我们来看一下代码，注意这里并没有统计窗口内元素的和，而是用 x 减窗口内的元素值。

```
public static int smallestSubWithSum(int a[], int x) {
    int left=0;//窗口的左边界。
    int right=0;//窗口的右边界。
    int min=Integer.MAX_VALUE;//记录满足条件的最小值。
    while (right<a.length) {
        //窗口往右移动的时候,要减去窗口右边的元素。
        x-=a[right];
        //如果满足条件,就缩小窗口。
        while (x<0) {
            //记录窗口的最小长度。
            min=Math.min(min, right-left+1);
            //移除窗口左边的元素。
            x+=a[left++];
        }
        right++;//窗口右指针往右移。
    }
    return min==Integer.MAX_VALUE? 0: min;
}
```

8.6 固定窗口

固定窗口并不是一开始就是固定的，而是右指针先动，左指针不动，当窗口的长度达到一个固定的长度之后，左指针和右指针再同时往右移，固定窗口的解题步骤如下：

（1）声明两个变量 left 和 right，分别表示窗口的左边界和右边界。

（2）右指针始终往右滑动，当窗口达到固定长度之后，每次左指针和右指针再同时往右滑动。

这个相对来说就比较简单了，根据上面的步骤，也可以整理出一个模板。

```
public int slidingWindow(String s, int k) {
    int res=0;// 记录结果的参数。
    // 这里可以先计算字符串 s 的前 k 个字符,也可以在 while 循环中计算。
    int left=0;// 窗口的左边界。
    int right=0;// 窗口的右边界。
    while (right<s.length()) {
        // 这里会进行一些逻辑操作,不再是 while 循环,而是改成 if。
        // 如果窗口长度等于 k,然后进行一些操作。
        if (right-left+1==k) {
            // 其他的一些逻辑操作完成后,要移除窗口的左边界元素。
            window.remove(s.charAt(left));
            left++;//只有在窗口长度等于 k 的时候,左指针才往右滑动。
        }
        // 更新结果,或者是其他操作。
        res=Math.max(res, window.size());
        right++;//右指针始终往右移。
    }
    return res;
}
```

8.6.1 平均值最大的子数组

给你一个数组 arr 和正整数 k，求长度为 k 的子数组中平均值最大的子数组，返回这个最大子数组的起始位置。

```
Input:k=4, arr[]={1, 12,-5,-6, 50, 3}
Output:1
解释:最大平均值是(12-5-6+50)/4=51/4,子数组的起始下标是 1。

Input:k=3,arr[]={3,-435,335,10,-50,100,20}
Output:2
解释:最大平均值是(335+10-50)/3=295/3,子数组的起始下标是 2。
```

问题分析

这道题说了子数组的长度是 k，相当于一个固定窗口，平均值最大也就是窗口内的值最大，每次需要记录窗口内的最大值即可。因为是固定窗口，所以刚开始滑动的时候，左指针不动，右指针滑动，到窗口大小为 k 的时候，左指针和右指针再同时滑动，这个比较简单，我们直接看一下代码。

```
int findMaxAverage(int[] arr, int n, int k) {
    int windowSum=0;// 先计算前 k 个元素的和。
    for (int i=0; i<k; i++)
        windowSum+=arr[i];
    int max=windowSum;// max 保存的是窗口中的最大值。
    int res=0;// 最大子数组的左边界。
    int right=k;// 窗口的右边界。
    while (right<arr.length) {
        // 这里的左指针实际上就是 right-k+1,左指针的前一个位置
        // 是 right-k,窗口的大小是固定的。
        windowSum+=arr[right]-arr[right-k];
        if (windowSum>max) {
            max=windowSum;// 保存最大值。
            res=right-k+1;// 保存最大值的左边界。
        }
        right++;// 右指针往右滑动。
    }
    return res;// 返回最大窗口的左边界。
}
```

8.6.2 找到字符串中的异位词

给定两个字符串 s 和 p，请找到 s 中是 p 的异位词的所有子串的起始位置。异位词是指可以通过重新排列字符顺序（或者不排列）而相等的字符串，字符串中仅包含小写英文字母。

```
Input:s="cabac",p="abc"
Output: [0,2]
解释:起始下标为 0 的子串"cab"和起始下标为 2 的子串"bac"都是字符串"abc"的异位词。

Input:s="ababab",p="ab"
Output: [0,1,2,3,4]
```

问题分析

这道题是让我们找出 s 中有哪些子串和字符串 p 是异位词，并返回这些子串的起始下标。因为字符串 p 的长度是固定的，可以从字符串 s 中不断截取长度和 p 一样的子串，然后判断它们是否是异位词即可。

```
public List<Integer> findAnagrams(String s, String p) {
    List<Integer> res=new ArrayList<>();// 返回的结果。
    int count=p.length();// 字符串 p 的长度。
    // 统计字符串 p 中每个字符出现的次数。
    int[] map=new int[128];
    for (char ch: p.toCharArray())
```

```
        map[ch]++;
    int left=0;// 窗口的左边界。
    int right=0;// 窗口的右边界。
    while (right<s.length()) {
        // 如果字符串 p 包含窗口右边的字符,count 就减 1。
        if (map[s.charAt(right)]-->0)
            count--;
        // 只有当窗口的长度等于字符串 p 的长度时,才判断是否是异位词。
        if (right-left+1==p.length()) {
            // 如果是异位词,就把当前子数组起始点添加到 res 中。
            if (count==0)
                res.add(left);
            // 把窗口左边元素移除。
            if (map[s.charAt(left++)]++>=0)
                count++;
        }
        right++;// 窗口右边界始终往右移。
    }
    return res;
}
```

8.6.3 子数组中的最大值

给定一个数组 arr[ ] 和一个整数 k，求每个大小为 k 的连续子数组中的最大值。

```
Input:arr[]=[1 2 3 1 4 5 2 3 6],k=3
Output:[3 3 4 5 5 5 6]
解释:
{1 2 3} max=3。
{2 3 1} max=3。
{3 1 4} max=4。
{1 4 5} max=5。
{4 5 2} max=5。
{5 2 3} max=5。
{2 3 6} max=6。
```

问题分析

可以把它看作是一道固定窗口问题，窗口的长度是 k，每次往右边滑动的时候，都需要计算窗口内的最大值，怎样计算呢？如果每次滑动之后，都要对窗口元素进行排序，时间复杂度比较高，很容易超时。我们换个思路，一个窗口从左往右滑动，因为窗口大小是固定的，那么窗口左边的元素一定比右边的元素先离开窗口，所以**如果窗口中右边的某个元素比窗口中左边的某个元素大，那么窗口中左边的那个元素永远都不可能是窗口中的最大值**，因为只要有右边的那个元素存在，左边的那个小的永远没有出头之日，可以把它移除掉。如果窗口中左边的某些元素比窗口右边的某些元素大，不能移除任何元素，因为左边的虽然大，但它是先离开窗口，当它离开窗口之后，右边小的就有可能是窗口中最大的了，如图 8-14 所示。

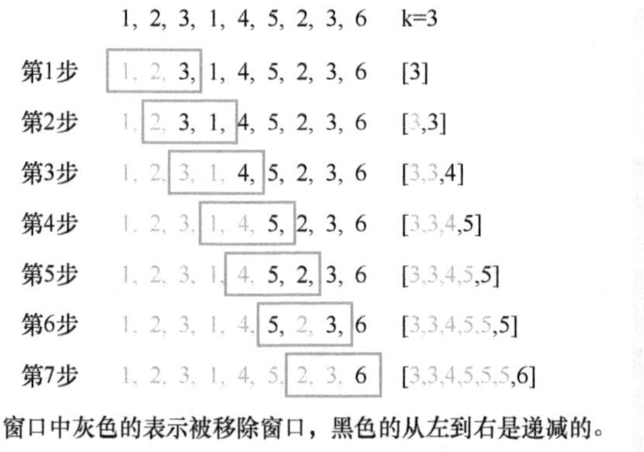

1, 2, 3, 1, 4, 5, 2, 3, 6　k=3

第1步　1, 2, 3, 1, 4, 5, 2, 3, 6　[3]

第2步　1, 2, 3, 1, 4, 5, 2, 3, 6　[3,3]

第3步　1, 2, 3, 1, 4, 5, 2, 3, 6　[3,3,4]

第4步　1, 2, 3, 1, 4, 5, 2, 3, 6　[3,3,4,5]

第5步　1, 2, 3, 1, 4, 5, 2, 3, 6　[3,3,4,5,5]

第6步　1, 2, 3, 1, 4, 5, 2, 3, 6　[3,3,4,5,5,5]

第7步　1, 2, 3, 1, 4, 5, 2, 3, 6　[3,3,4,5,5,5,6]

窗口中灰色的表示被移除窗口，黑色的从左到右是递减的。

● 图 8-14

我们看到窗口中只要是左边任意元素比它右边任意元素小或者相等的，都可以把这个左边元素移除掉，再看这个窗口，发现它是从左到右单调递减的，也就是说窗口的左边元素是窗口中最大的，所以每次滑动之后，取窗口中最左边的元素即可。要维护窗口元素的单调性，可以使用双端队列，就是两边都可以操作的一种队列，在第 1 章讲数据结构的时候也有过介绍，我们来标记一下这里使用的几个函数，如图 8-15 所示。

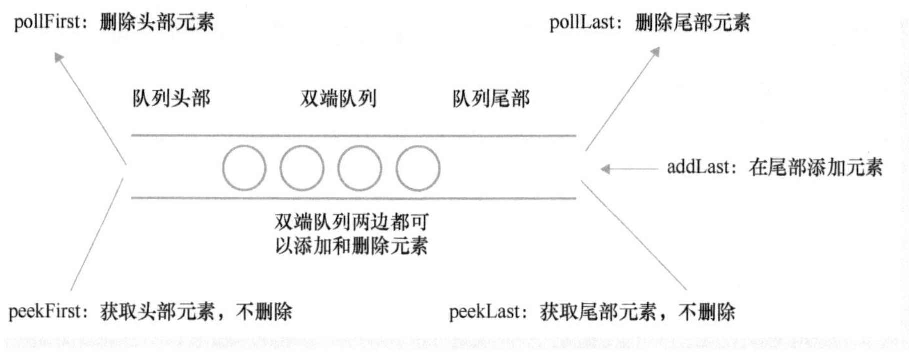

● 图 8-15

```
public ArrayList max_of_subarrays(int arr[], int n, int k) {
    ArrayList<Integer> res=new ArrayList<>();
    int right=0;// 窗口的右边界。
    // 双端队列,记录窗口中元素的下标。
    Deque<Integer> window=new ArrayDeque<>();
    while (right<arr.length) {
        // 如果队列的头元素到目前元素距离等于 k(注意不是队列中元素的个数),就把头元素移除。
        if (!window.isEmpty()&&window.peekFirst()<=right-k)
          window.pollFirst();
```

```
        // 在添加当前元素之前,前面比它小的都要被移除掉,
        // 这样就能保证队列中的元素从队头到队尾是递减的。
        while (!window.isEmpty() &&arr[window.peekLast()]<arr[right])
            window.pollLast();
        // 把当前元素的下标加入到队列的尾部。
        window.addLast(right);
        // 当窗口的长度大于等于 k 的时候,才开始计算(注意这里的 right 是从 0 开始的)。
        if (right>=k-1) {
            // 队头元素是队列中最大的,只需要把队列头部的元素加入到数组中即可。
            res.add(arr[window.peekFirst()]);
        }
        right++;// 窗口右边往右移。
    }
    return res;
}
```

8.7 只增不减窗口

只增不减窗口不像第一种一会儿变大一会儿变小，也不像第二种当增大到一定程度之后，窗口长度就不再变了，这种只增不减窗口的长度只会增加不会减小。其实它和第二种固定窗口有点像，只不过在窗口逻辑判断的时候会多一个变量，并且这个变量一般情况下都是增加的，所以判断的时候会导致窗口只增不减，一般主要是求最大长度或最大值的，其实模板也都差不多，大致看一下。

```
public int slidingWindow(String s, int k) {
    int max=0;// 记录结果的参数。
    int left=0;// 窗口的左边界。
    int right=0;// 窗口的右边界。
    while (right<s.length()) {
        // 一些其他逻辑。
        // 这里因为 max 是增加的,所以窗口只会增大不会变小。
        // 注意这里是 if 语句,不是 while 循环。
        if (right-left+1>=k+max) {
            // 其他的一些逻辑操作完之后,要移除窗口左边元素。
            window.remove(s.charAt(left));
            left++;// 滑动左指针。
        } else {
            // 更新结果,或者是其他操作。
            max=Math.max(max, window.size());
        }
        right++; // 右指针始终往右移。
    }
    return max;
}
```

8.7.1 最大连续 1 的个数

给定一个数组 nums 和一个整数 k，如果最多可以翻转 k 个 0，则返回数组中连续 1 的最大个数（数组中只含有 0 和 1）。

```
Input:nums=[1,1,1,0,0,0,1,1,1,1,0], k=2
Output:6
Explanation:反转两个 0 可以得到[1,1,1,0,0,1,1,1,1,1,1]。
```

问题分析

这道题说的是最多翻转 k 个 0，使数组中连续 1 的个数最多，其实可以理解为求数组 nums 的最长子数组，并且这个子数组最多只能包含 k 个 0。可以使用滑动窗口，窗口中只记录 0 的个数，刚开始的时候左指针不动，滑动右指针，当窗口中 0 的个数大于 k 的时候，再移动左指针，注意这里左指针只移动一次，不再是 while 循环，如图 8-16 所示。因为这里是求最大值，只需要固定最大窗口就可以了，不需要再缩小窗口，即使缩小窗口满足条件了，但也不是最大值，依然不是我们所需要的。

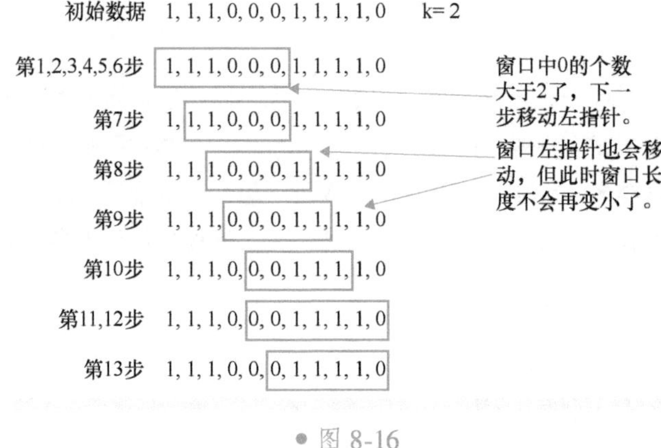

图 8-16

```
// 要想连续 1 的个数最大,尽量让窗口中 0 的个数最大,0 的个数最大值为 k。
public int longestOnes(int[] nums, int k) {
    int left=0;// 窗口左边的位置。
    int right=0;// 窗口右边的位置。
    int zeroCount=0;// 窗口中 0 的个数。
    for (; right<nums.length; right++) {
        // 记录窗口中 0 的个数。
        zeroCount+=1-nums[right];
        // 当窗口中 0 的个数大于 k 时,窗口的左边需要往右移一步。
        if (zeroCount>k)
            zeroCount-=1-nums[left++];
    }
    return right-left;
}
```

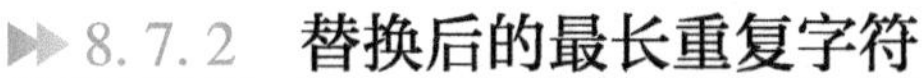

8.7.2 替换后的最长重复字符

给定一个字符串 s 和一个整数 k，在一个操作中，可以选择字符串中的任何字符并将其更改为任何其他大写英文字符。此操作最多可以执行 k 次。返回执行上述操作后，可以获得具有相同字母的最长子串的长度。s 仅由大写英文字母组成。

```
Input:s="ABBA",k=2
Output: 4
解释: 用两个 B 替换 A,或者用两个 A 替换 B。

Input:s="AABAABB",k=2
Output:6
解释:用两个 B 替换 A,可以得到"AAAAAAB"。
```

问题分析

这道题和上一道题也非常像。这道题可以理解为求一个最长的子数组，这个子数组中除了其中的 k 个字符以外，其他字符都是一样的。解题思路也是使用滑动窗口，用一个变量记录窗口中出现次数最多的那个字符的数量，如果窗口中最多的那个字符的数量加上 k 还小于窗口的长度，说明不能把窗口中其他字符都转换为最多的那个字符，需要滑动左边界来缩小窗口，因为这里让求的是最长子字符串的长度，所以这里的窗口也是只增不减的。

```
public int characterReplacement(String s, int k) {
    int length=s.length();
    int[] map=new int[128];// 记录窗口中每个字符的数量。
    int left=0;// 窗口的左边界。
    int right=0;// 窗口的右边界。
    int maxSameCount=0; // 记录窗口内出现次数多的那个字符数量。
    while (right<length) {
        // 窗口右移。
        maxSameCount=Math.max(maxSameCount, ++map[s.charAt(right)]);
        // 如果最多的字符数量加上 k 还小于窗口的大小,说明其他的字符不能全部替换为
        // 最多的那个字符,要缩小窗口的大小,顺便减去窗口左边那个字符的数量。
        if (k+maxSameCount<right-left+1) {
            map[s.charAt(left)]--;
            left++;
        }
        right++;// 继续右移。
    }
    return right-left;
}
```

8.7.3 篮子里的水果

你正在参观一个农场，那里有一排从左到右的果树，给你一个整数数组 fruits，其中 fruits[i] 表示

第 i 棵树上的水果种类。给你两个篮子，每个篮子只能装一种类型的水果，能装多少没有数量限制。可以从任何一棵树开始挨着从左往右采摘水果，也就是说，如果采摘第 i 棵树，下一步只能采摘第 i+1 棵树或者不采摘，但不能跳过第 i+1 棵树直接采摘其他树，一旦你走到一棵树上，而你的篮子装不下水果，就必须停下来，问最多可以采摘几棵树。

```
Input:fruits[]={2,1,2}
Output: 3
解释:总共有 2 种类型,3 棵树都可以采摘。

Input:fruits[]={0,1,2,2,2,2}
Output:5
Explanation:总共有 3 种类型,采摘后两种的树更多(1,2,2,2,2)。
```

问题分析

因为只能采摘挨着的树，而挨着的树其实就是连续子数组，所以这道题实际上就是求一个最长的连续子数组，并且这个连续子数组最多只能有两个不同的元素，这道题可以使用滑动窗口来解决。如果窗口中的元素种类不超过 2，就一直移动窗口的右边界，因为求的是最大长度，如果窗口中的元素种类超过 2，左窗口移动一步，原理比较简单，我们直接看一下代码。

```
public static int totalFruits(int[] fruits) {
    int length=fruits.length;
    Map<Integer, Integer> window=new HashMap<>();// 存放水果的种类。
    int left=0;// 窗口左边界。
    int right=0;// 窗口右边界。
    while (right<length){
        // 把窗口右边的元素添加到窗口中。
        window.put(fruits[right], window.getOrDefault(fruits[right], 0)+1);
        // 窗口中最多只能有两种不同的元素,如果不满足条件,移除窗口左边的元素。
        if (window.size()>2) {// 注意这里是 if 语句,求最大值,窗口没必要缩小。
            window.put(fruits[left], window.get(fruits[left])-1);
            // 如果当前元素不存在了,从 Map 中把 key 移除。
            if (window.get(fruits[left])==0)
                window.remove(fruits[left]);
            left++;// 缩小窗口,窗口左指针往右移。
        }
        right++;// 窗口右指针往右移。
    }
    return right-left;
}
```

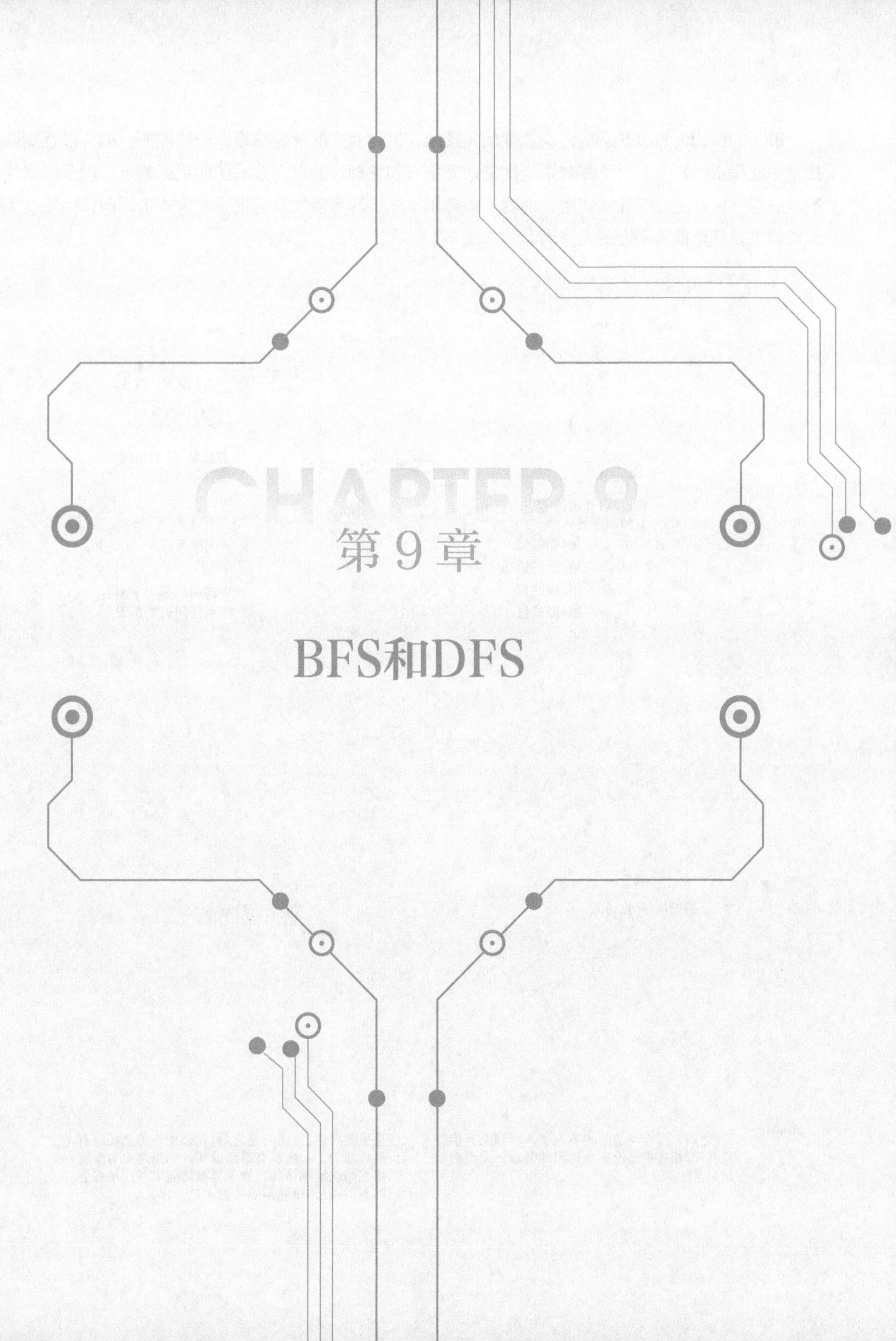

第 9 章

BFS和DFS

BFS（Breadth First Search）是宽度优先搜索，又称为广度优先搜索，一般在图、树，以及矩阵的搜索中使用得比较多，对于图来说是优先访问所有和它相连的点，然后访问更远的点，对于树来说一般是一层一层从上往下开始访问，而对于矩阵则是先访问当前位置的上下左右 4 个方向，然后访问更远的位置。就是谁离得近就先访问谁，如图 9-1 所示。

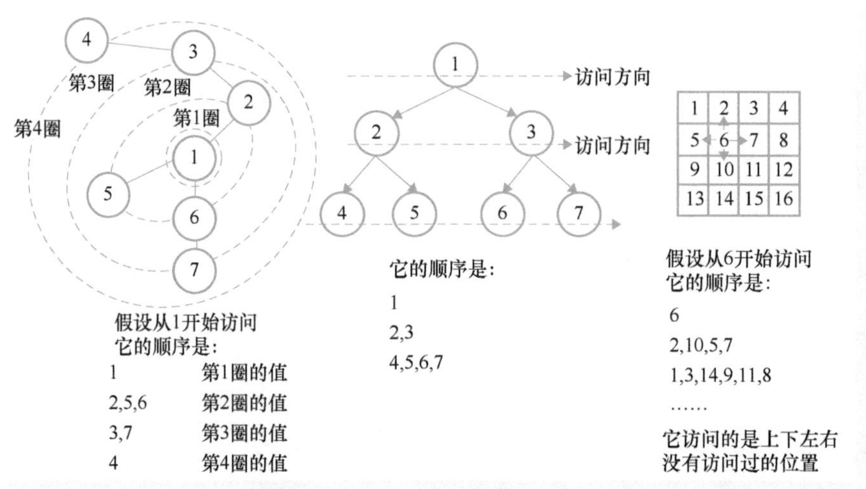

图 9-1

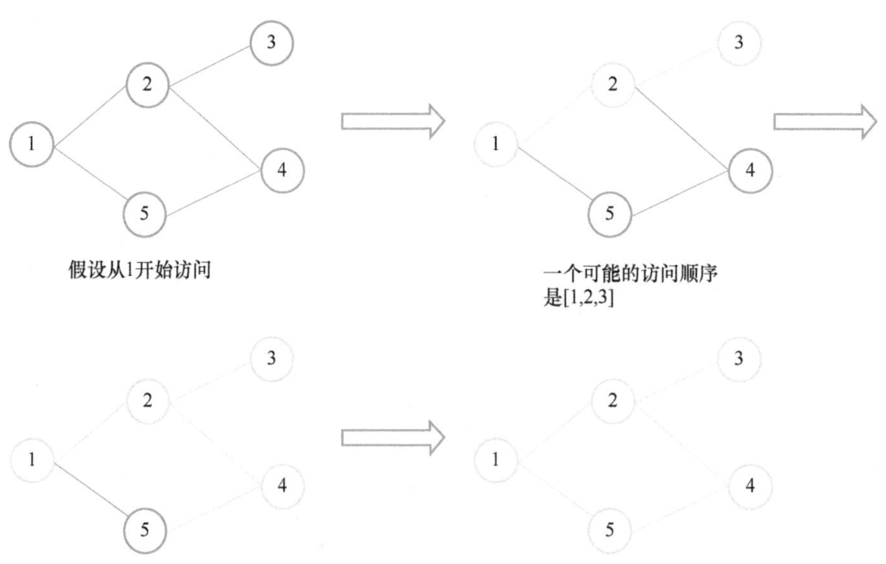

图 9-2

如果在矩阵中，BFS 一般求连通区域以及最短距离。在树中由于先从根节点往下访问，所以只需要使用一个队列就可以，但在图和矩阵中由于访问的方向不确定，会出现一个位置被多次访问，然后出现死循环的情况，解决方式也很简单，就是使用一个集合，比如 Set，把访问过的位置（或者节点）添加进来，下次如果再到这个位置的时候，首先判断有没有被访问过，如果被访问过，就不再访问，否则就继续访问。当然除了使用集合以外，还可以修改访问位置的值来做标记，但要注意有些时候访问完，还要把当前位置的值还原。

DFS（Depth First Search）是深度优先搜索，它的实现原理是沿着一个方向一直往下走，直到走不动为止，然后往回走，查看上一个位置还有没有其分支，如果有就走上一个位置的其他分支，如果没有就继续回退。有一种不撞南墙不回头的感觉，如图 9-2 所示。

9.1 BFS 的使用模板

BFS 的实现原理就是优先访问最近的，一般配合着队列使用，因为队列是先进先出的，常见的一般有树、图和矩阵，我们来分别看一下它们的实现过程以及大致使用模板（模板只是提供了一个大致的解题轮廓，以及解题思路，它并不能解决所有问题，还需要根据不同的题型来做不同的修改和调整，不要过分依赖模板）。

1. 树的 BFS 使用模板

如图 9-3 所示，遍历树的时候，需要先把根节点添加到一个队列中，接着遍历队列中的节点（就是出队），然后判断这个节点还有没有子节点，如果有，就加入到队列中，一直这样下去，直到队列为空。

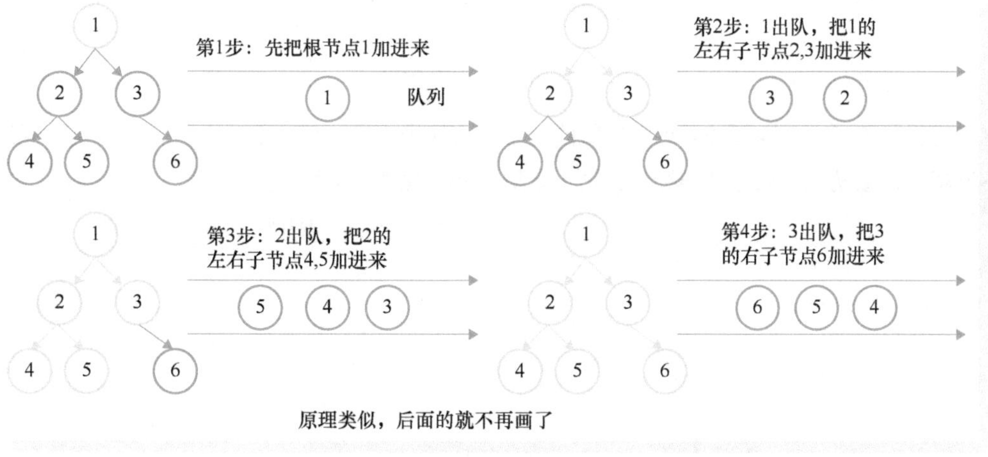

● 图 9-3

结合上面的图来看一下树的 BFS 遍历模板。

```
// 树的 BFS 遍历,实际上就是从上到下一层一层打印。
public void bfsTree(Tree root) {
    Queue<Tree> queue=new LinkedList<>();// 创建队列。
    queue.offer(root);// 把开始查找的点放入 queue。
    while (!queue.isEmpty()) {// 队列不为空就一直循环。
        int levelCount=queue.size();// 可以理解为当前层节点的个数。
        // 遍历当前层的所有点。
        for (int i=0; i<levelCount; i++) {
            Tree cur=queue.poll();// 出队。

            // 这里一般会有一些逻辑操作,比如计算 res 的值。

            // 如果子节点不为空,就把子节点添加到队列中,对于二叉树来说,只需要判断左右
            // 子节点即可,如果是 n 叉树,这里需要写一个 for 循环,遍历当前节点的所有子节点。
            if (cur.left!=null)
                queue.offer(cur.left);
            if (cur.right!=null)
                queue.offer(cur.right);
        }
        // 或者这里有一些逻辑操作。
    }
}
```

2. 图的 BFS 使用模板

图的 BFS 遍历和树有一点区别，在图的 BFS 遍历中，需要使用一个集合或者数组来记录已经访问过的节点，防止一个点被重复访问导致错误或死循环。关于图的模板可以参考一下 1.8.3 小节图的遍历。

3. 矩阵的 BFS 使用模板

这个就更简单了，只需要访问每个位置的上下左右 4 个方向即可，要注意访问的时候确保这 4 个方向不能越界，被访问之后还需要标记，防止重复访问，如图 9-4 所示。

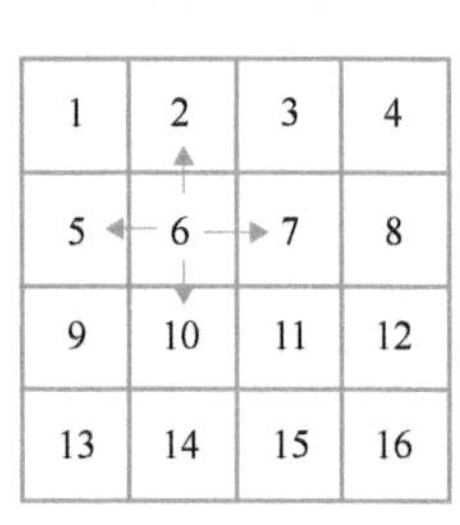

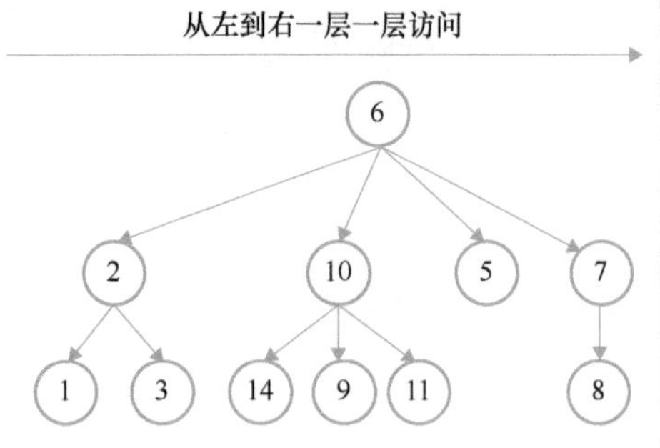

● 图 9-4

假设从矩阵中的数字 6 开始访问，可以把它当作一棵 4 叉树，也就是说每个节点最多有 4 个子节点，访问的时候其实就是这棵树的 BFS 遍历。我们仔细观察就会发现一个重要的特点，比如树中节点 6 和节点 10 的高度相差 1，说明在矩阵中数字 6 至少需要走 1 步就可以到数字 10。节点 6 和节点 3 的高度相差 2，说明在矩阵中数字 6 至少需要走 2 步就可以到数字 3，所以我们发现一个规律就是在矩阵中如果要计算从一个位置到另一个位置的距离，只需要在树中计算它们的高度差即可。这个规律很重要，求最短路径的时候会经常用到，这里要注意在计算的时候，必须要以其中的一个位置为根节点来构造树，比如上面图中我们是以 6 为根节点构造的树，所以只能计算数字 6 到其他数字的距离，而不能计算其他任意两个数字的距离，比如树中 5 和 8 的高度差是 1，因为这棵树不是以 5 或 8 作为根节点，所以在矩阵中 5 是不可能只需要一步就走到 8，模板如下。

```java
// 从矩阵的某一个位置开始访问。
public void bfsMatrix(int[][] matrix, int i, int j) {
    // matrix 为空这些条件大家自己判断,这里就不再写。
    int m=matrix.length;
    int n=matrix[0].length;
    boolean[][] visited=new boolean[m][n];// 记录某个位置有没有被访问过。
    Queue<int[]> queue=new LinkedList<>(); // 队列中记录的是位置的坐标值。
    queue.offer(new int[]{i, j});// 先把起始位置加进来。
    // 方向数组,计算当前位置的上下左右 4 个方向,原理很简单,对于数组 nums[i][j]
    // 来说,上下方向其实就是 j 不变,i 减 1 和加 1,对应的二维数组是{-1,0},{1,0}。
    // 左右方向是 i 不变,j 减 1 和加 1,对应数组是{0,-1},{0,1}。
    int[][] dirs={{-1,0},{1,0},{0,1},{0,-1}};
    // 如果队列不为空,就一直循环。
    while (!queue.isEmpty()) {
        int[] position=queue.poll();// 出队。
        // 遍历当前位置的上下左右 4 个方向。
        for(int k=0; i<4; i++) {
            int x=position[0]+dirs[k][0];
            int y=position[1]+dirs[k][1];
            // 访问矩阵的时候,首先不能越界,如果越界,就直接跳过。
            if (x<0 || x>=m || y<0 || y>=n)
                continue;
            // 如果被访问过了也要跳过,可以和上面的 if 语句合并。
            // 这里为了讲解更清晰,故意拆开。
            if (visited[x][y])
                continue;
            visited[x][y]=true;// 标记当前位置被访问过。
            queue.offer(new int[]{x, y});// 然后把它加入队列中。
        }
    }
}
```

9.2 DFS 的使用模板

DFS 可以使用递归或者栈来实现，但一般情况下，使用递归更容易理解。DFS 的使用大致也可以分 3 类，就是树、图和矩阵，这里的树并不一定是真正的树，也有可能是我们想象的，比如排列组合的选择就可以把它想象成为一棵树，还有在回溯算法中很多题都可以把它想象成为一棵树，下面来分别看一下它们的实现过程，以及大致使用模板。

1. 树的 DFS 使用模板

对于树来说它的 DFS 遍历比较简单，像前面讲的二叉树的前序遍历、中序遍历，以及后序遍历的递归写法其实都是 DFS。它就是先沿着一个方向往下走，当走不动（到叶子节点）的时候，再往回走，如图 9-5 所示。

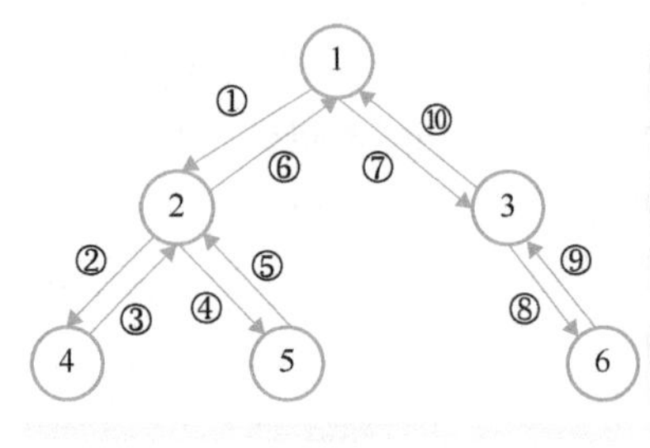

● 图 9-5

它的使用模板如下所示。

```
public void dfsTree(Tree root) {
    if (root==null)
        return;
    // 访问当前节点,不一定放在这,也可以放到其他地方。
    System.out.println(root.val);
    for (int i=0; i<root.子节点个数; i++){
        dfsTree(root.第 i 个子节点);
        // 如果需要回溯,这里要撤销选择。
    }
}
```

2. 图的 DFS 使用模板

如果是图，可以从图中挑一个位置来访问，访问图的时候需要标记哪些点被访问过，防止出现重复访问的情况，关于图的模板可以参考一下 1.8.3 小节图的遍历。

3. 矩阵的 DFS 使用模板

对于矩阵的访问，可以把它看作是一棵 4 叉树的前序遍历，图就不再画了，具体可以参考矩阵的 BFS 使用模板，遍历方式可以参考一下树的 DFS 使用模板，代码如下。

```
// 如果是矩阵,需要访问和它挨着的上下左右 4 个方向,(x,y)是当前位置的坐标。
public void dfsMatrix(int[][] matrix, boolean[][] visited, int x, int y) {
    // 首先不能越界。
    if (x<0 || x>=matrix.length || y<0 || y>=matrix[0].length)
        return;
    // 如果当前位置被访问过,就不要再重复访问,直接跳过。
    if (visited[x][y])
```

```
        return;
    visited[x][y]=true;// 先标记,表示当前位置被访问过。
    // 访问当前位置的上下左右 4 个方向,也可以使用 for 循环来访问它的 4 个方向。
    dfsMatrix(matrix, visited, x-1, y);//上
    dfsMatrix(matrix, visited, x+1, y);//下
    dfsMatrix(matrix, visited, x, y-1);//左
    dfsMatrix(matrix, visited, x, y+1);//右
    // 递归之后还要往回走,如果需要回溯,这个位置要还原。
    // 如果不需要回溯,就不要写下面这行代码。
    visited[x][y]=false;
}
```

BFS 和 DFS 以及后面要讲的并查集在解决连通区域问题上很多时候是可通用的，比如后面要讲的被围绕的区域、岛屿数量等，但是 BFS 还有一个更有用的用途就是求最短路径。所以这里可以做一个总结：如果是求所有路径，要优先考虑 DFS（有时候可以转换为回溯算法），如果是求最短路径或最短距离，一般优先考虑 BFS，如果是合并连通的区域，BFS 和 DFS 都可以，下面来看一些示例练习。

9.3 示例练习

9.3.1 岛屿数量

给一个 01 矩阵，1 代表陆地，0 代表海洋，如果两个 1 相邻，那么这两个 1 属于同一个岛。只考虑上下左右为相邻。相邻陆地可以组成一个岛屿（相邻：上下左右）计算岛屿个数，假设该网格的四周均被水包围。

```
Input :[
[1,1,0,0,0],
[0,1,0,1,1],
[0,0,0,1,1],
[0,0,0,0,0],
[0,0,1,1,1]
]
Output: 3(如图 9-6 所示)
```

问题分析

这道题说的是求岛屿的数量，如果一块陆地的前后左右都被水包围，那么它就是一座岛屿，如果有多个陆地是挨着的，那么它们只能算是一座岛屿。这道题大家最容易想到的就是使用并查集，把挨着的陆地全部变成一个连通区域，最后返回连通区域的数量即可，后面在第 12 章也有介绍，有兴趣的读者也可以先看一下。那么这道题除了使用并查集以外，还可以使用 BFS 和 DFS。

1	1	0	0	0
0	1	0	1	1
0	0	0	1	1
0	0	0	0	0
0	0	1	1	1

● 图 9-6

使用 BFS 的原理就是如果遇到水就跳过，如果遇到陆地，岛屿的数量就加 1，然后把它变成水，接着再访问它的上下左右 4 个方向，如果有陆地全部让它变成水，一直继续访问下去，直到没有陆地为止，如图 9-7 所示。

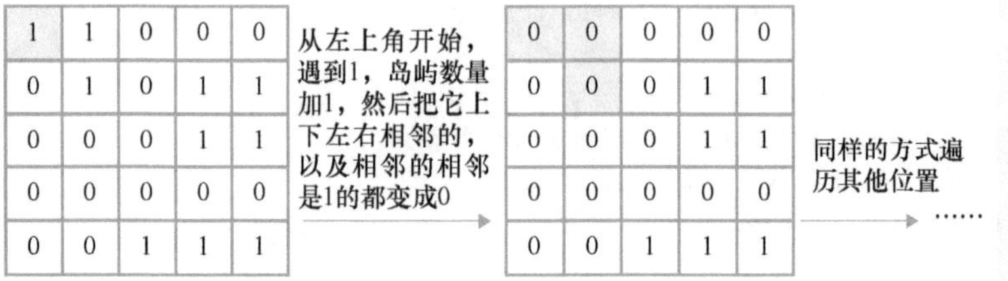

1	1	0	0	0
0	1	0	1	1
0	0	0	1	1
0	0	0	0	0
0	0	1	1	1

从左上角开始，遇到1，岛屿数量加1，然后把它上下左右相邻的，以及相邻的相邻是1的都变成0 →

0	0	0	0	0
0	0	0	1	1
0	0	0	1	1
0	0	0	0	0
0	0	1	1	1

同样的方式遍历其他位置 → ……

● 图 9-7

```java
public int solve(char[][] grid) {
    int landCount=0;// 统计岛屿的个数。
    // 两个 for 循环遍历矩阵的所有位置。
    for (int i=0; i<grid.length; i++) {
        for (int j=0; j<grid[0].length; j++) {
            // 只有当前位置是 1 的时候才开始计算。
            if (grid[i][j]=='1') {
                landCount++;// 岛屿的数量加 1。
                bfs(grid, i, j);
            }
        }
    }
    return landCount;
}

private void bfs(char[][] grid, int i, int j) {
    int m=grid.length;
    int n=grid[0].length;
    // 使用队列,存储的是坐标值。
    Queue<int[]> queue=new LinkedList<>();
    // 把当前坐标存放到队列中。
    queue.add(new int[]{i, j});
    int[][] dirs={{-1,0},{1,0},{0,-1},{0,1}};
    while (!queue.isEmpty()){
        int[] position=queue.poll();// 出队。
        for (int k=0; k<4; k++) {
            int x=position[0]+dirs[k][0];
            int y=position[1]+dirs[k][1];
            // 如果越界或者当前位置的值是 0,就跳过。
            if (x<0 ||x>=m ||y<0 ||y>=n ||grid[x][y]=='0')
                continue;
```

```
                grid[x][y]='0';// 把当前位置的值改为 0。
                queue.add(new int[]{x, y});
            }
        }
}
```

BFS 是先把相邻的陆地都变成水，然后一圈一圈地往外扩散，来看一下使用 DFS 是怎样解决的。其实原理差不多，都是把相连的陆地变成水，来看一下代码。

```
// 这个方法会把当前位置,以及它邻近的为 1 的位置都置为 0。
public void dfs(char[][]grid, int i, int j) {
     // 边界条件判断,不能越界。
     if (i<0 || i>=grid.length || j<0 ||
             j>=grid[0].length || grid[i][j]=='0')
         return;
     // 把当前位置置为 0,然后从它的上下左右 4 个方向继续遍历。
     grid[i][j]='0';
     dfs(grid, i-1, j);//上
     dfs(grid, i+1, j);//下
     dfs(grid, i, j-1);//左
     dfs(grid, i, j+1);//右
}
```

9.3.2 被围绕的区域

给定一个大小为 N×M 的矩阵，其中每个元素不是 O 就是 X。将所有被 X 包围的 O 替换为 X。如果一个 O（或一组 O）的正下方、正上方、正左和正右位置有 X，则认为它被 X 包围。

```
mat={{'X', 'X', 'X', 'X'},
     {'X', 'O', 'X', 'X'},
     {'X', 'O', 'O', 'X'},
     {'X', 'O', 'X', 'X'},
     {'X', 'X', 'O', 'O'}}
Output: ans={{'X', 'X', 'X', 'X'},
             {'X', 'X', 'X', 'X'},
             {'X', 'X', 'X', 'X'},
             {'X', 'X', 'X', 'X'},
             {'X', 'X', 'O', 'O'}}
```

问题分析

这道题说的是被 X 围绕的区域如果有 O，就把这些 O 变成 X，可以肯定的一点是边上的 O 肯定不能被 X 包围，可以沿着这个思路，先访问这个矩阵的 4 条边，如图 9-8 所示。

这道题的解题思路就是沿着矩形的 4 条边，如果遇到 O，就把它变成一个其他字符，比如 A，如果还有和 A 相连的 O，都把它变成 A，一直这样重复下去，直到没有 O 为止，这样所有边上的 O 以及和 O 相连的 O 都变成了字符 A。最后遍历一次矩阵，把其他的都变成 X，A 变成 O 即可，如图 9-9所示。

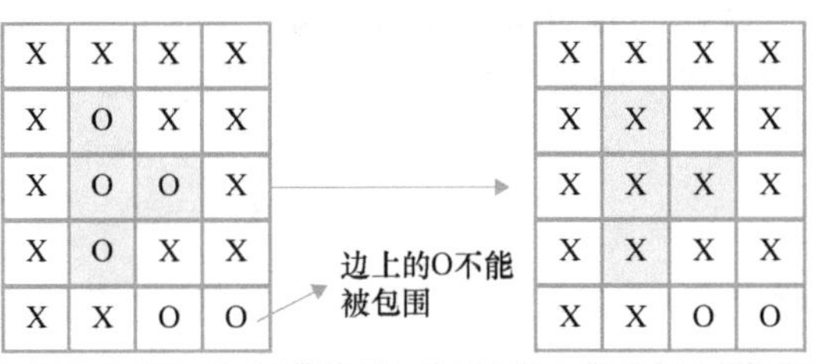

● 图 9-8

X	X	X	X
X	O	X	X
X	O	O	X
X	O	X	X
X	X	O	O

边上的O以及和边上的O相连的O都变成A

X	X	X	X
X	O	X	X
X	O	O	X
X	O	X	X
X	X	A	A

先把不是A的全部变成X，再把A变成O

X	X	X	X
X	X	X	X
X	X	X	X
X	X	X	X
X	X	O	O

● 图 9-9

先来看一下 BFS 的代码。

```
public void surroundedArea(char[][] board) {
    int rows=board.length;
    int columns=board[0].length;
    for (int i=0; i<rows; i++)
        for (int j=0; j<columns; j++) {
            // 从矩阵的 4 条边查找。
            if (i==0 || i==rows-1 || j==0 || j==columns-1) {
                if (board[i][j]=='O')
                    bfs(i, j, board);
            }
        }
    // 把矩阵中是'A'的还变为 O,其他的都变成 X。
    for (int i=0; i<board.length; i++) {
        for (int j=0; j<board[0].length; j++) {
            if (board[i][j]=='A')
                board[i][j]='O';
            else
                board[i][j]='X';
        }
    }
}
```

```java

// 方向数组。
int[][]dirs={{-1, 0}, {1, 0}, {0, -1}, {0, 1}};

private void bfs(int i, int j, char[][] board) {
    int m=board.length;
    int n=board[0].length;
    Queue<int[]> queue=new LinkedList<>();
    board[i][j]='A';// 把当前位置变为A。
    queue.offer(new int[]{i, j});
    while (!queue.isEmpty()) {
        int[] position=queue.poll();
        // 沿着当前位置(posX,posY)的上下左右四个方向查找。
        for (int k=0; k<4; k++) {
            int x=position[0]+dirs[k][0];
            int y=position[1]+dirs[k][1];
            // 边界条件判断,首先不能越界。
            if (x<0 ||x>=m ||y<0 ||y>=n)
                continue;
            // 如果当前位置不是O,就不用再判断了。
            if (board[x][y]!='O')
                continue;
            board[x][y]='A';// 相连的全部变成A。
            queue.offer(new int[]{x, y});
        }
    }
}
```

DFS的代码也很简单，只需要沿着当前位置的上下左右4个方向遍历即可。

```java
private void dfs(int i, int j, char[][] board) {
    // 边界条件判断,首先不能越界。
    if (i<0 ||i>=board.length ||j<0 ||j>=board[0].length)
        return;
    // 如果当前位置不是O,直接跳过。
    if (board[i][j]!='O')
        return;
    // 如果当前位置是O,先把它变为'A',然后往它的上下左右4个方向开始查找。
    board[i][j]='A';
    dfs(i-1, j, board);//上
    dfs(i+1, j, board);//下
    dfs(i, j-1, board);//左
    dfs(i, j+1, board);//右
}
```

9.3.3 岛屿的最大面积

给定一个用n * m矩阵表示的群岛地图，其中1表示岛屿，0表示海洋，每个岛屿的水平或竖直

方向相邻的岛屿可以视为连在一起的岛屿，每一块岛屿面积视为 1，请问面积最大的岛屿是多少，如图 9-10 所示。

● 图 9-10

问题分析

这道题让求的是岛屿的最大面积，它和 9.3.1 小节岛屿数量有点类似，不过不同的是在 9.3.1 小节岛屿数量中相连的只能算一个岛屿，这道题虽然也算一个岛屿，但它求的是面积，所以在这道题中我们需要计算每座岛屿的面积，最后返回最大的。

```
public int maxAreaIsland(int[][] grid) {
    int maxArea=0;
    for (int i=0; i<grid.length; i++)
        for (int j=0; j<grid[0].length; j++)
            if (grid[i][j]==1) // 如果当前位置是 1,开始计算。
                maxArea=Math.max(maxArea, bfs(grid, i, j));
    return maxArea;
}

// 计算当前岛屿的面积。
public int bfs(int[][] grid, int i, int j) {
    int m=grid.length, n=grid[0].length;
    Queue<int[]> queue=new LinkedList<>();
    grid[i][j]=0;
    queue.offer(new int[]{i, j});
    // 方向数组。
    int[][] dirs={{-1, 0}, {1, 0}, {0, 1}, {0, -1}};
    int count=1;// 记录土地的个数,也就是岛屿的数量。
    while (!queue.isEmpty()) {
        int[] position=queue.poll();
        for (int[]dir: dirs) {// 4 个方向查找。
            int x=dir[0]+position[0];
            int y=dir[1]+position[1];
            // 边界条件的判断。
            if (x<0 ||x>=m ||y<0 ||y>=n ||grid[x][y]==0)
                continue;
            count++;// 如果是土地,count 要加 1。
            grid[x][y]=0;// 把当前位置变为 0。
            queue.offer(new int[]{x, y});// 把当前位置放到队列中。
        }
    }
    return count;
}
```

根据矩阵的 DFS 解题模板，还可以写出这道题的 DFS 解决方式。

```
public int dfs(int[][] grid, int i, int j) {
    // 不能越界。
    if (i<0 ||i>=grid.length ||j<0 ||j>=grid[0].length ||grid[i][j]==0)
        return 0;
    // 当前位置如果是 1,为了防止重复计算,就把它设置为 0,然后从它的上下左右 4 个方向查找。
    grid[i][j]=0;
    // 统计土地的个数,也就是岛屿的面积。
    return 1+dfs(grid, i-1, j)+dfs(grid, i+1, j)
          +dfs(grid, i, j-1)+dfs(grid, i, j+1);
}
```

9.3.4 腐烂的苹果

给定一个 n×m 的网格，其中每个单元格中的值只能是 0，1，2。其中 0 表示这个格子为空、1 表示这个格子有一个完好的苹果，2 表示这个格子有一个腐烂的苹果。腐烂的苹果每分钟会向上下左右 4 个方向的苹果传播一次病菌，并导致相邻的苹果腐烂。请问经过多少分钟，网格中不存在完好的苹果。如果有苹果永远不会腐烂，则返回-1。

```
Input:[[2,1,1],[1,0,1],[1,1,1]]
Output:4 (如图 9-11 所示)
```

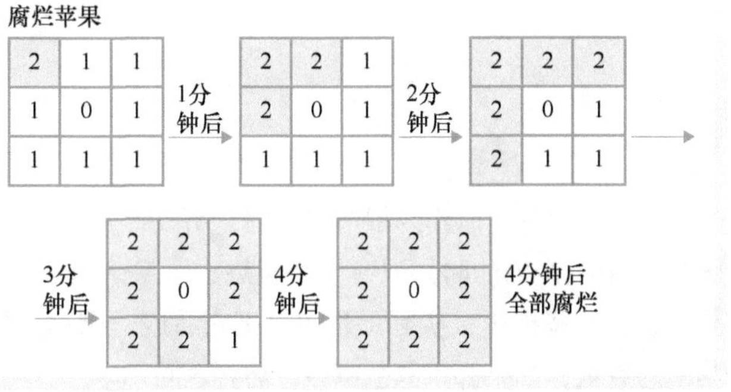

腐烂苹果

2 1 1 / 1 0 1 / 1 1 1 —1分钟后→ 2 2 1 / 2 0 1 / 1 1 1 —2分钟后→ 2 2 2 / 2 0 1 / 2 1 1 →

—3分钟后→ 2 2 2 / 2 0 2 / 2 2 1 —4分钟后→ 2 2 2 / 2 0 2 / 2 2 2 4分钟后全部腐烂

● 图 9-11

```
Input:[[2,1,0],[1,0,1],[0,0,0]]
Output:-1(如图 9-12 所示)
```

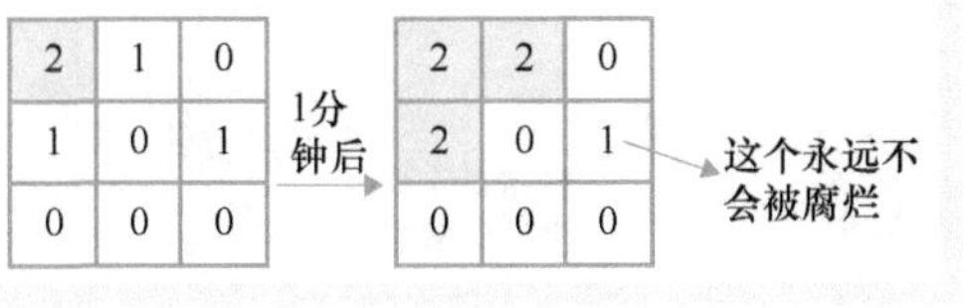

2 1 0 / 1 0 1 / 0 0 0 —1分钟后→ 2 2 0 / 2 0 1 / 0 0 0 这个永远不会被腐烂

● 图 9-12

问题分析

这是一道典型的求最短距离的问题，这种问题首先要考虑使用 BFS，在前面的 9.1 节 BFS 的使用模板中也有过介绍。这类题可以把它看作是一棵 4 叉树，只要计算出树的最大深度就可以了，因为根节点需要 0 分钟，所以这道题的答案就是树的深度，如图 9-13 所示，为了叙述方便，把每一个位置都编上号。

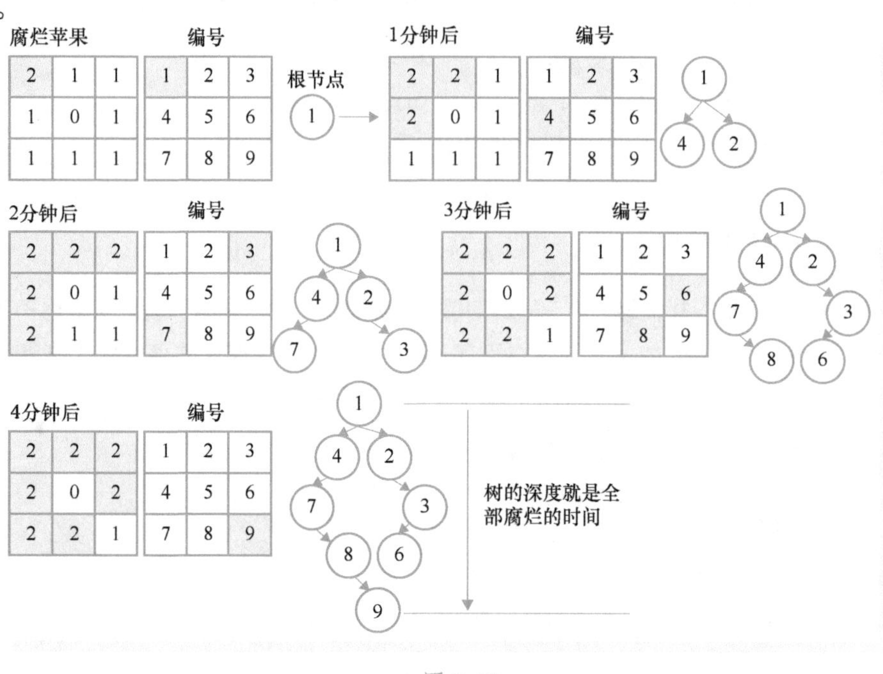

● 图 9-13

刚开始的时候每一个腐烂的苹果都可以作为根节点建树，所以首先要找出所有腐烂的苹果，把它们的坐标放入队列中，图 9-13 中刚开始的时候只有一个腐烂的苹果，所以只有一棵树。如果刚开始的时候有多个腐烂的苹果，就会有多棵树，实际上也可以把它看成一棵树，如图 9-14 所示。刚开始的时候需要先统计新鲜苹果的数量，如果都不能被腐烂，需要返回-1。

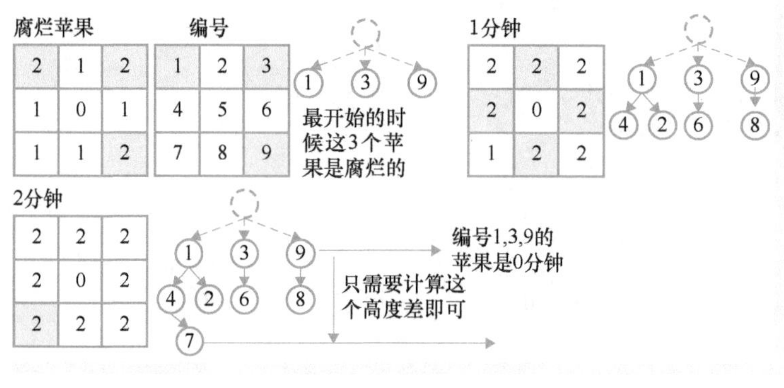

● 图 9-14

```
public int appleRotting(int[][] grid) {
    int m=grid.length;
    int n=grid[0].length;
    // 放腐烂苹果的坐标。
    Queue<int[]> queue=new LinkedList<>();
    int fresh=0;// 新鲜苹果的数量。
    for (int i=0; i<m; i++) {
        for (int j=0; j < n; j++) {
            if (grid[i][j]==2) {
                // 把腐烂的苹果加入队列中。
                queue.offer(new int[]{i, j});
            } else if (grid[i][j]==1) {
                fresh++; // 统计新鲜的苹果。
            }
        }
    }
    // 如果没有新鲜的苹果,直接返回 0。
    if (fresh==0)
        return 0;
    // 计算时间,根节点腐烂的时间是 0,所以这里 times 初始化的时候为-1。
    int times=-1;
    int[][] dirs={{-1, 0}, {1, 0}, {0, -1}, {0, 1}};
    while (!queue.isEmpty()) {
        // 可以理解为树中当前层有多少个腐烂的苹果。
        int levelCount=queue.size();
        times++;// 统计有多少层。
        // 遍历当前层所有腐烂的苹果。
        while (levelCount-->0) {
            int[] position=queue.poll();
            // 遍历当前腐烂苹果的上下左右 4 个方向。
            for (int[] dir: dirs) {
                int x=position[0]+dir[0];
                int y=position[1]+dir[1];
                if (x>=0&&x<m&&y>=0&&y<n&&grid[x][y]==1) {
                    fresh--;// 新鲜苹果数量减 1。
                    grid[x][y]=2;// 让它腐烂。
                    queue.offer(new int[]{x, y});// 腐烂之后加入队列中。
                }
            }
        }
    }
    // 如果所有的苹果能被腐烂,直接返回它腐烂的时间即可,否则返回-1。
    return fresh==0? times: -1;
}
```

9.3.5 删除无效的括号

给定一个包含括号和字母的字符串 S，删除最小数量的无效括号，使输入的字符串有效，返回所

有可能的结果。

```
Input: S="()())()"
Output:["(())()","()()()"]

Input: S="(a)())()"
Output: ["(a())()","(a)()()"]
```

问题分析

这道题是让删除最小数量的无效括号之后剩下的都是有效的。一提到最小、最短等，除了动态规划以外，还要考虑能不能使用 BFS，很显然这道题是可以的。很多时候无论是 BFS 还是 DFS，实际上都可以把它想象为一棵树。比如这道题，每个节点的子节点都比父节点少一个字符，然后一层一层判断每个节点的字符串是否有效，如果有效，只需要把当前层所有的节点访问完，就不要往下访问了，因为当前层出现了有效的括号，它肯定是删除最少的，如图 9-15 所示。

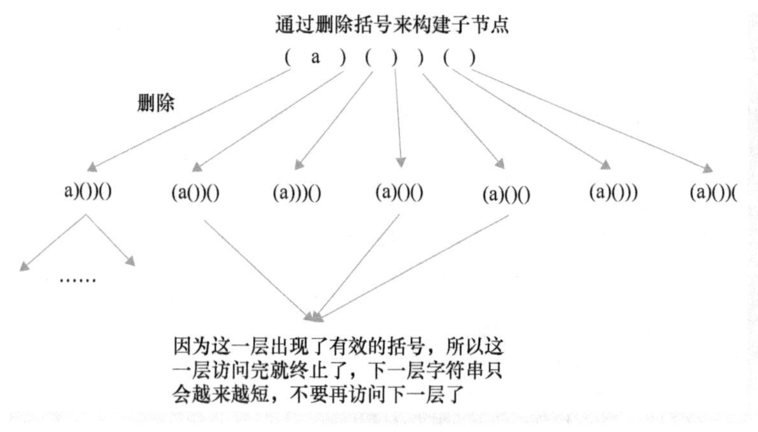

● 图 9-15

判断括号是否有效只需要统计左括号和右括号的数量即可，一个有效的括号必定是左括号的数量等于右括号的数量，并且在任何位置左括号的数量都不能小于右括号的数量，否则就是无效的，来看一下判断方法。

```
// 判断括号是否有效,如果是有效的括号,最终它的左括号数量和右括号数量
// 一定是相等的,并且在任何位置左括号的数量一定不能小于右括号的数量。
private boolean isValid(String str) {
    int count=0;
    for (char ch: str.toCharArray()) {
        if (ch=='(') {// 遇到左括号加 1。
            count++;
        } else if (ch==')') {
            // 遇到右括号减 1,如果 count 为负,说明右括号的数量比左括号多,是无效的。
            if (--count<0)
                return false;
```

```
        }
    }
    return count==0;
}
```

再来看一下这道题的最终代码。

```
public ArrayList<String> removeInvalidParentheses(String s) {
    ArrayList<String> res=new ArrayList<>();// 存储返回的结果值。
    Queue<String> queue=new LinkedList<>();// 存储每层的字符串。
    Set<String> set=new HashSet<>();// 存储子串,主要用来去重。
    set.add(s);// 先把字符串 s 添加到集合 set 和队列 queue 中。
    queue.add(s);
    while (!queue.isEmpty()) {
        int levelCount=queue.size();// 每一层的字符串数量。
        for (int i=0; i<levelCount; i++) {
            String str=queue.poll();// 当前层的字符串出队。
            if (isValid(str)) // 当前字符串是否是有效的括号。
                res.add(str);
            // 如果当前层出现了有效的字符串,它的下一层字符串长度只会比它小,所以当
            // 出现有效字符串的时候,它的下一层不需要再判断,否则就继续判断。
            if (res.isEmpty()) {
                for (int j=0; j<str.length(); j++) {
                    // 下一层的字符串,遇到左括号或右括号要删除一个。
                    if (str.charAt(j)=='(' || str.charAt(j)==')') {
                        // 截取,每次只删除字符串 str 中的一个字符。
                        String subStr=str.substring(0, j)+str.substring(j+1);
                        // 这里主要是过滤掉重复的,如果集合 set 中存在字符串 subStr,
                        // add 的时候会返回 false,否则会返回 true。
                        // 如果没有重复的,就把字符串 subStr 添加到队列中。
                        if (set.add(subStr))
                            queue.offer(subStr);
                    }
                }
            }
        }
        // 如果当前层出现了有效括号,它们肯定是最长有效的,直接返回即可。
        if (res.size()>0)
            return res;
    }
    return res;
}
```

9.3.6 省份数量

给定一个有 v 个顶点的无向图，如果有从 u 到 v 或 v 到 u 的路径，我们说两个顶点属于一个省份，你的任务是找出省份的数量。

```
Input:
[
[1, 0, 1],
[0, 1, 0],
[1, 0, 1]
]
Output:2(如图 9-16 所示)
```

问题分析

前面讲 BFS 和 DFS 模板的时候说过，对于连通区域问题，一般情况下 BFS 和 DFS 都是可以使用的，只需要把和它们相连的合并在一起就可以了，和前面讲的岛屿数量题非常类似。需要用一个数组来记录哪些点被访问过，如果访问到一个新的点，省份数量加 1，然后和这个新的点相连的全部标记为已访问过，因为相连的它们都属于同一省份，原理比较简单，直接看一下代码。

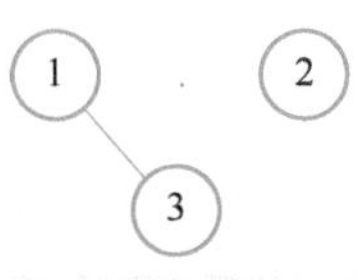

图 9-16

```
public int numProvinces(ArrayList<ArrayList<Integer>> adj) {
    int length=adj.size();
    boolean[] visited=new boolean[length];// 记录访问过的城市。
    int provinces=0;// 记录省份的数量。
    Queue<Integer> queue=new LinkedList<>();
    // 遍历所有的城市。
    for (int i=0; i<length; i++) {
        if (visited[i]) // 如果当前城市被访问过,则跳过。
            continue;
        provinces++; // 否则表示遇到了一个新的城市,provinces 要加 1。
        queue.add(i);// 然后把当前城市加入队列中。
        // 和当前城市相连的属于同一个省份,把它们全部标记为访问过。
        while (!queue.isEmpty()) {
            int index=queue.poll(); // 出队。
            // 然后继续查找和它相连的并且没被访问过的城市。
            for (int j=0; j<length; j++) {
                if (adj.get(index).get(j)==1&&!visited[j]) {
                    queue.add(j);
                    visited[j]=true;// 把它标记为已访问过。
                }
            }
        }
    }
    return provinces;
}
```

再来看一下 DFS 的代码。

```
public int numProvinces(ArrayList<ArrayList<Integer>> adj) {
    int length=adj.size();
```

```
    boolean[] visited=new boolean[length];      // 记录访问过的城市。
    int provinces=0;// 记录省份的数量。
    // 遍历所有的城市。
    for (int i=0; i<length; i++) {
        if (visited[i])// 当前城市被访问过,则跳过。
            continue;
        provinces++;// 新的城市,provinces 要加 1。
        dfs(adj, visited, i);
    }
    return provinces;
}

// 和第 i 个城市相连的全部标记为已访问过。
public void dfs(ArrayList<ArrayList<Integer>> adj,boolean[] visited, int i) {
    for (int j=0; j<adj.size(); j++) {
        if (adj.get(i).get(j)==1&&! visited[j]) {
            // 如果第 i 和第 j 个城市相连,说明它们是同一个省份的。
            visited[j]=true;
            // 然后继续查找和第 j 个城市相连的城市。
            dfs(adj, visited, j);
        }
    }
}
```

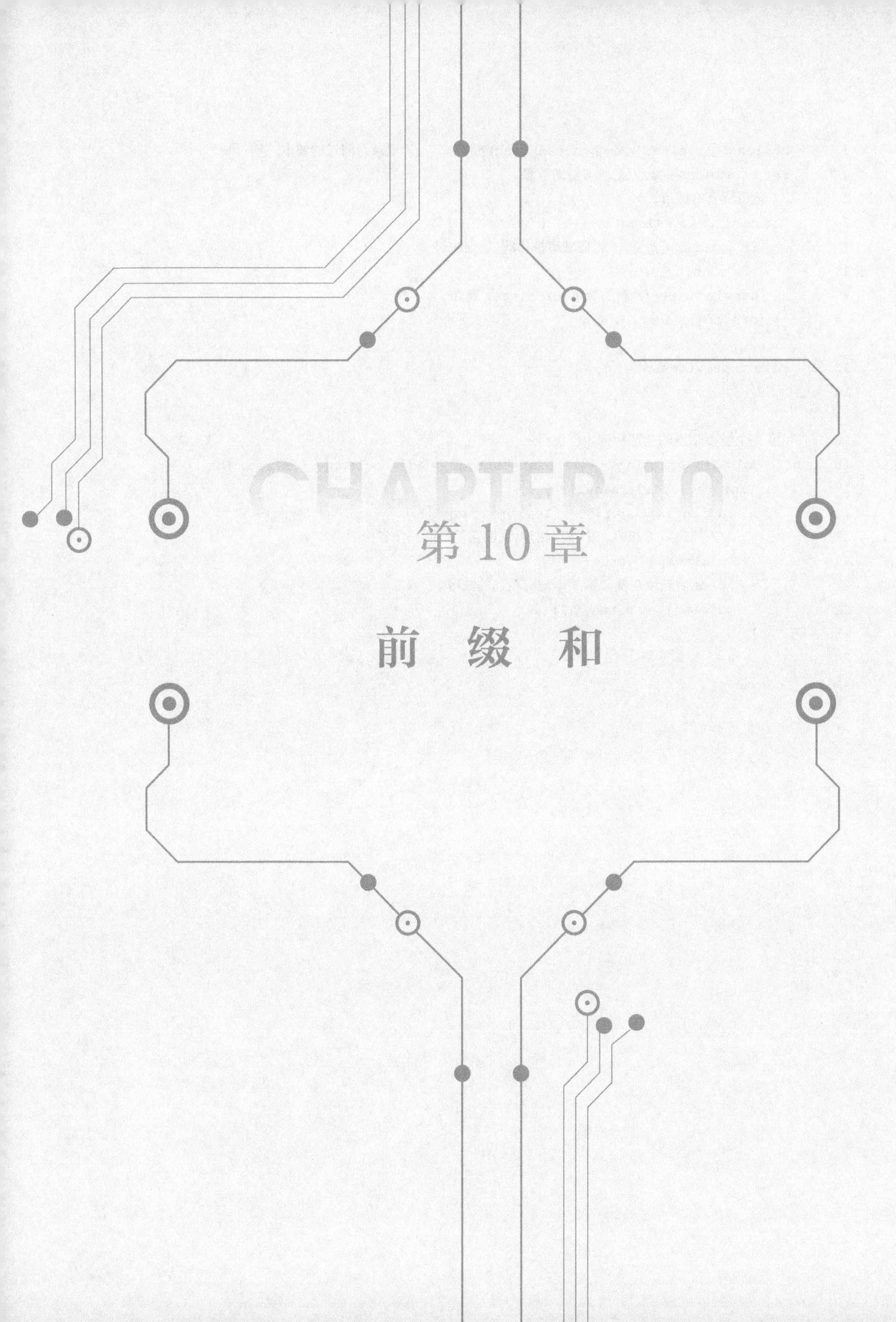

CHAPTER 10

第10章

前缀和

数组的前 n 项和就叫作前缀和，前缀和一般用于快速计算任意一段区间内元素的和，前缀和作为一种常见的预处理方式，主要用于降低时间复杂度，经常用于处理连续的子数组。除了前缀和，还有前缀求余、前缀异或、前缀乘积等。

10.1 一维前缀和

一维前缀和主要用来处理一维数组，为了方便处理，减少一些不必要的判断，一般情况下，我们让前缀和的第一项为 0，也就是 preSum[0]=0，前缀和的后面几项如下。

```
preSum[1]=preSum[0]+nums[0];
preSum[2]=preSum[1]+nums[1];
preSum[3]=preSum[2]+nums[2];
……
preSum[n]=preSum[n-1]+nums[n-1];
```

如果想求某个区间内的元素和，比如闭区间 [i, j]，可以通过前缀和直接相减，不需要把区间内的元素一个个相加，如图 10-1 所示。

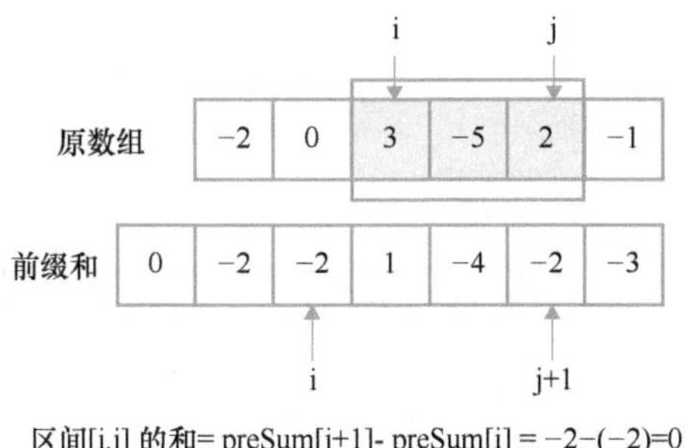

图 10-1

一维前缀和的计算。

```
public class PrefixSum {
    int[] preSum;// 前缀和数组。

    public PrefixSum(int[] nums) {
        preSum=new int[nums.length+1];
        // 计算前缀和。
        for (int i=0; i<nums.length; i++)
            preSum[i+1]=preSum[i]+nums[i];
    }

    // 统计闭区间[left,right]内的元素和,这里注意偏移量。
    public int sumRange(int left, int right) {
```

```
        return preSum[right+1]-preSum[left];
    }
}
```

10.2 二维前缀和

二维前缀和处理的是二维数组，和一维数组类似，只不过相加和相减的时候会有点区别，二维前缀和的计算公式如下，如果原二维数组是 m×n 的矩阵，为了方便计算，前缀和二维数组就是（m+1）×（n+1）的矩阵，所以后面是加上 matrix[i-1][j-1]而不是 matrix[i][j]。

```
preSum[i][j]=preSum[i-1][j]+preSum[i][j-1]-preSum[i-1][j-1]+matrix[i-1][j-1];
```

相加的时候，因为 preSum[i-1][j]和 preSum[i][j-1]有重叠部分 preSum[i-1][j-1]，所以需要减掉，如图 10-2 所示。

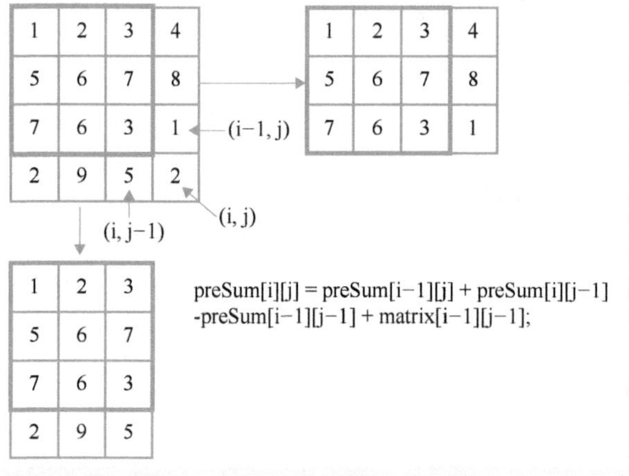

● 图 10-2

求矩形区间和的时候，需要知道矩形的左上角和右下角的坐标，比如计算左上角（a,b）到右下角（i,j）所围成的矩形区间和，公式如下。

```
preSum[i][j]-preSum[a-1][j]-preSum[i][b-1]+preSum[a-1][b-1];
```

相减的时候因为会多减，所以需要加上多减的，如图 10-3 所示。

二维前缀和的计算。

```
class TwoPrefixSum {
    int[][] preSum;// 二维前缀和数组。

    public TwoPrefixSum(int[][] matrix){
        int m=matrix.length;
```

```
        int n=matrix[0].length;
        // 这里为了方便计算,二维数组 preSum 的宽和高都增加 1。
        preSum=new int[m+1][n+1];
        for (int i=1; i<=m; i++) {
            for (int j=1; j<=n; j++) {
                // 前缀和公式
                preSum[i][j]=preSum[i-1][j]+preSum[i][j-1]
                        -preSum[i-1][j-1]+matrix[i-1][j-1];
            }
        }
    }

    // (a, b)是左上角坐标,(i,j)是右下角坐标,它们是原数组的坐标,在二维前缀和数组
    // 中相当于(a+1,b+1)和(i+1,j+1),所以要注意偏移量。
    public int sumRange(int a, int b, int i, int j) {
        return preSum[i+1][j+1]-preSum[a][j+1]
                -preSum[i+1][b]+preSum[a][b];
    }
}
```

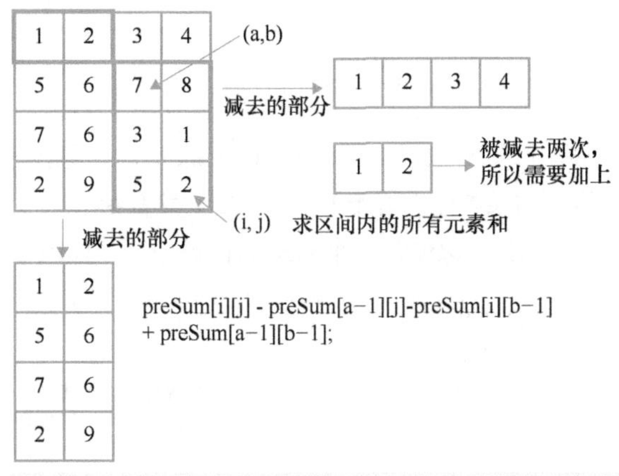

● 图 10-3

10.3 示例练习

10.3.1 和为 k 的子数组

给定一个未排序的整数数组和一个整数 k，找出其和等于 k 的连续子数组的个数。

```
Input:arr={10,2,-2,-20,10},k=-10
Output:3
解释:子数组[10, 2, -2, -20], [2, -2, -20, 10], [-20, 10]它们的和都是-10。
```

问题分析

这道题说的是找出和为 k 的连续子数组的个数，只要是涉及连续子数组和的问题，我们首先要考虑是否可以使用前缀和，很明显这道题是可以的，计算出前缀和之后，我们枚举所有的子数组，判断它们的和是否等于 k 即可。

```
// 截取所有子数组,然后判断子数组的和是否等于 k。
public int findSubArraySum(int nums[], int k){
    int length=nums.length;
    // 计算前缀和,前缀和的第一项默认是 0,后面计算的时候要注意偏移量。
    int[] preSum=new int[length+1];
    for (int i=0; i<length; i++)
        preSum[i+1]=preSum[i]+nums[i];
    int count=0;// 和等于 k 的子数组个数。
    // 截取所有子数组,判断子数组的和是否等于 k。
    for (int left=0; left<length; left++) {
        for (int right=left; right<length; right++) {
            if (preSum[right+1]-preSum[left]==k)
                count++;// 如果子数组的和等于 k,count 就加 1。
        }
    }
    return count;
}
```

这道题是计算子数组的和等于 k 的数量，而以 nums[right] 为末尾的子数组的和可以用 preSum[right+1]-preSum[left]来表示，如果要让它等于 k，只需要计算前缀和等于 preSum[right+1]-k 的个数即可。实际上不需要一个个查找，可以使用一个 map 来记录一下，如图 10-4 所示。

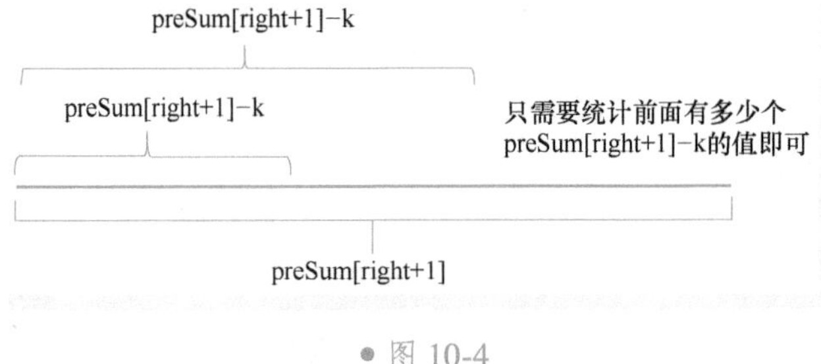

● 图 10-4

```
public int findSubArraySum(int nums[], int k) {
    Map<Integer, Integer> map=new HashMap<>();
    int count=0;
    int preSum=0;// 前缀和。
    for (int num : nums) {
        // 保存前缀和 preSum 的个数。
        map.put(preSum, map.getOrDefault(preSum, 0)+1);
        preSum+=num;// 前缀和累加。
```

```
        // 查找 preSum-k 的数量。
        count+=map.getOrDefault(preSum-k, 0);
    }
    return count;
}
```

10.3.2 k 个奇数的子数组

给定一个包含 n 个元素的数组和一个整数 k，计算含 k 个奇数的子数组个数。

```
Input:nums=[1,1,2,1,1],k=3
Output:2
解释:有两个子数组[1,1,2,1],[1,2,1,1]含有 k 个奇数。
```

问题分析

这道题说的是有多少个连续子数组，并且每个子数组有 k 个奇数。如果我们把数组中的奇数都变成 1，偶数都变成 0，nums=[1,1,0,1,1]，k=3，那么这道题就变成了 10.3.1 小节和为 k 的子数组，只需要修改一行代码即可。

```
public int countSubarray(int[] nums, int k) {
    Map<Integer, Integer> map=new HashMap<>();
    int count=0;
    int preSum=0;// 前缀和。
    for (int num: nums) {
        // 保存前缀和 preSum 的个数。
        map.put(preSum, map.getOrDefault(preSum, 0)+1);
        preSum+=num&1;// 和 10.3.1 小节和为 K 的子数组的代码,只修改这一行。
        // 查找 preSum-k 的数量。
        count+=map.getOrDefault(preSum-k, 0);
    }
    return count;
}
```

10.3.3 连续数组的长度

给定一个仅由 0，1 构成的整数数组 nums，请返回 0 和 1 个数相同的最长子数组的长度。

```
Input:nums=[0,1]
Output:2
解释:最长的是[0,1]。

Input:nums=[0,0,1,0,0,0,1,1]
Output:6
解释:最长的是[1,0,0,0,1,1]。
```

问题分析

这道题让求最长的包含 0 和 1 的子数组，直接计算不好算，我们换个思路，如果遇到 0，让它变成-1，如果遇到1，则不变，那么示例中的数组就会变成这样。

```
Input:nums=[-1,1]
Input:nums=[-1,-1,1,-1,-1,-1,1,1]
```

因为让求含有相同的0和1，这样改变之后，它们相加的和一定是0，所以这道题就变成了求和为0的最长连续子序列。这样就可以使用前缀和来解决，可以使用map来存储前缀，以及它所对应的下标，因为**这里是求最长的，所以当出现相同的前缀和的时候不能覆盖**，如图10-5所示。

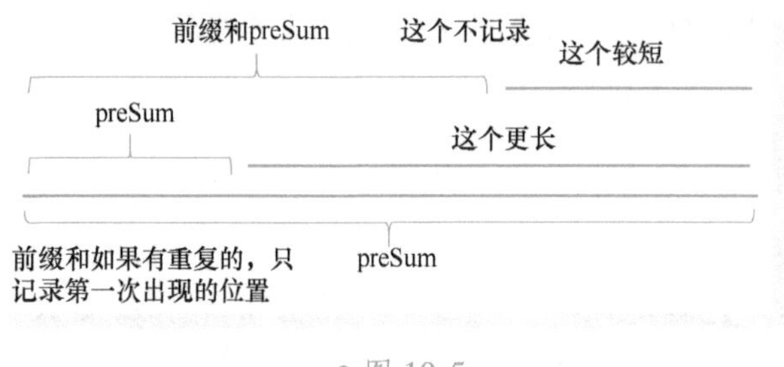

● 图10-5

这里要注意当使用map存储前缀和的时候，要考虑0的情况，也就是说如果从数组的第一个元素到当前元素nums[i]的和是0，那么这个长度就是i+1，因为数组下标是从0开始的，所以这里前缀和为0的时候，我们给它一个默认值-1。

```
public int findMaxLength(ArrayList<Integer> nums) {
    Map<Integer, Integer> map=new HashMap<>();
    map.put(0, -1);// 这里要注意 0 的时候为-1。
    int preSum=0;// 前缀和。
    int max=0;// 记录最大长度。
    for (int i=0; i<nums.size(); i++) {
        // 前缀和累加,如果是 0 就变成-1。
        preSum+=nums.get(i)==0? -1: 1;
        // 如果之前出现过,我们就计算长度,preSum 不会被覆盖。
         if (map.containsKey(preSum)) {
            max=Math.max(max, i-map.get(preSum));
         } else {// 如果之前没出现过,就把它存起来。
            map.put(preSum, i);
         }
     }
     return max;
 }
```

这道题让求的是最大长度，所以当前缀和出现重复的时候，不能覆盖，因为越早出现，计算的就会越长，通过上面一些题的练习，我们来做一个总结：

- 求多少个的时候，要统计所有前缀和的频率。
- 求最长的时候，只记录第一次出现的前缀和，不能覆盖。
- 求最短的时候，要不断覆盖。

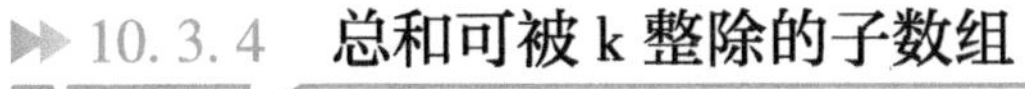

10.3.4 总和可被 k 整除的子数组

给定一个数组 arr 和一个值 k。找出总和能被 k 整除的子数组个数。

```
Input: arr[]=[4, 5, 0, -2, -3, 1], k=5
Output:7
解释:有 7 个子数组的和可以被 k 整除,[4, 5, 0, -2, -3, 1], [5], [5, 0], [5, 0, -2, -3],[0], [0, -2, -3][-2, -3]。
```

问题分析

这道题让找出总和能被 k 整除的子数组个数，能被 k 整除的数字非常多，比如 2×k，3×k 等，我们不确定到底找哪个，如果找的是一个确定的值，那么这道题就变成了 **10.3.1 小节和为 k 的子数组**。我们换个思路，这里只需判断总和是否能被 k 整除，不需要计算具体的值，只需要用前缀和对 k 求余即可，这样所有的前缀和都是小于 k 的，我们查找的时候只需要判断是否有相同的余数即可。

```
long subCount(long arr[], int k) {
    Map<Long, Integer> map=new HashMap<>();
    int res=0;
    long preSum=0;// 前缀和。
    for (int i=0; i<arr.length; i++) {
      map.put(preSum, map.getOrDefault(preSum, 0)+1);
      // 实际上就是前缀和对 k 求余,这里要防止 preSum 为负。
      preSum=((preSum+arr[i])%k+k)% k;
      res+=map.getOrDefault(preSum, 0);
    }
    return res;
}
```

10.3.5 和为 k 的路径

给定一棵二叉树和一个整数 k，求树中和等于 k 的路径个数。路径可以从任意节点开始，但是路径方向必须是向下的。

```
Input:ree=
          1
        /    \
      3       -1
    /  \     /  \
   2    1  4     5
        /  / \     \
        1  1  2     6
k=5
Output: 8
解释:(3 2),(3 1 1),(1 3 1),(4 1),(1 -1 4 1),(-1 4 2),(5),(1 -1 5),这些路径的总和都是 5。
```

问题分析

前面我们讲的前缀和都是数组，实际上除了数组，这道题也可以使用前缀和来解决。这道题让求二叉树中节点值之和等于 k 的路径个数，并且路径只能从父节点到子节点，也就是说不能分叉。仔细观察二叉树就会发现从根节点到任一叶子节点，这条路径上所有节点的值可以把它看作是一个一维数组，如果我们只计算这个一维数组，就变成了前面讲的 10.3.1 小节和为 k 的子数组。如果我们从根节点到所有叶子节点的路径都这样计算一遍，就是这道题的答案。

```
// 前缀和为根节点到当前节点的路径上所有节点的和。
public int sumK(TreeNode root, int k) {
    Map<Long, Integer> map=new HashMap<>();
    map.put(0L, 1);
    return dfs(root, map, 0, k);
}

// preSum 表示从根节点到当前节点路径上所有节点的和。
public int dfs(TreeNode root, Map<Long, Integer> map, long preSum, int k) {
     if (root==null)
         return 0;
     preSum +=root.val;// 累加前缀和。
     // 可以参照 10.3.1 小节和为 k 的子数组。
     int res=map.getOrDefault(preSum-k, 0);
     // 保存前缀和的频率,就是出现的次数。
     map.put(preSum, map.getOrDefault(preSum, 0)+1);
     res+=dfs(root.left, map, preSum, k);// 递归左子节点。
     res+=dfs(root.right, map, preSum, k);// 递归右子节点。
     // 这个类似于回溯,往回走的时候,当前的前缀和要移除,所以频率减 1。
     map.put(preSum, map.getOrDefault(preSum, 0)-1);
     return res;
 }
```

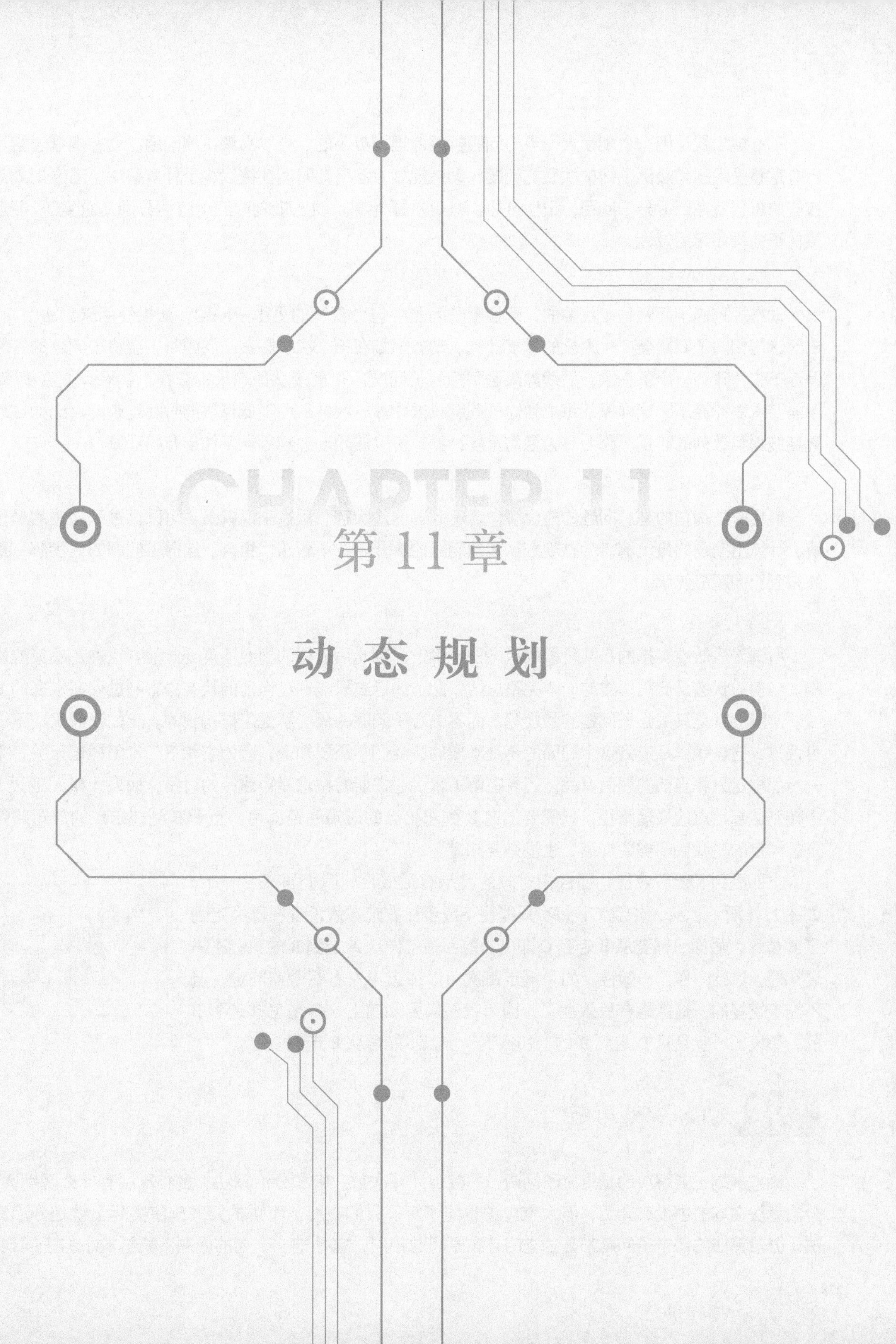

CHAPTER 11

第11章

动态规划

动态规划就是把一个规模大一点的问题拆解为规模更小的、更容易解决的问题。动态规划通常用于有重叠子问题和最优子结构性质的问题，动态规划方法所耗时间往往远少于朴素解法。动态规划最核心的思想就在于拆分子问题，记住过往，减少重复计算。动态规划的三个特性分别是重复子问题、最优子结构和无后效性。

1. 重复子问题

动态规划的子问题是有重叠的，即各个子问题中包含重复的更小子问题。如果使用暴力法穷举，求解这些相同子问题会产生大量的重复计算。动态规划在第一次求解某子问题时，会将子问题的答案保存下来，即造一个备忘录，后续如果遇到相同子问题，则直接从备忘录中查找，如果有就直接取，不需要重复计算了，这样保证每个独立子问题只被计算一次，从而降低算法的时间复杂度。比如在计算斐波那契数列的时候，因为有大量的重复计算，可以使用动态规划从下往上开始计算。

2. 最优子结构

最优子结构指的是，问题的最优解包含子问题的最优解。反过来说就是，可以通过子问题的最优解，计算出问题的最优解。动态规划从基础问题的解开始，不断迭代组合、选择子问题的最优解，最终得到原问题最优解。

3. 无后效性

所谓无后效性，指的是某阶段的状态一旦确定，则此后过程的演变不再受此前各状态及决策的影响。当前的状态是此前历史的一个完整总结，此前的历史只能通过当前的状态去影响过程在未来的演变。实际上就是只关心子问题的最优解，而不关心子问题的最优解是怎样得到的。比如我们正在下一盘残棋，这盘残棋是走到这个局面的还是刚摆的，我们不需要知道，因为它和下一步怎样走无关，下一步怎样走只和当前的局面有关。还有在第 1 章讲迪杰斯特拉求最短路径的时候，如果计算 A 通过 B 中转到达起始点的最短路径，只需要知道 B 到起始点的最短路径即可，至于 B 到起始点的最短路径是怎样走的，我们不需要知道，也没必要知道。

上面提到了无后效性，那么相对应的就是有后效性，我们再来看一下，如图 11-1 所示，从 A 走到 C，每次只能往下或者往右走，假设现在已经走到了 B 位置，后面只需要从 B 走到 C 即可，前面是怎样从 A 走到 B 的我们不需要知道，这就叫作无后效性。如果规定每次可以往上下左右四个方向走，但不能走重复的，这就是有后效性了，因为我们需要知道上一步是怎样走到 B 的，假设上一步是从 D 走到 B 的，那么下一步就不能再从 B 走到 D 了。

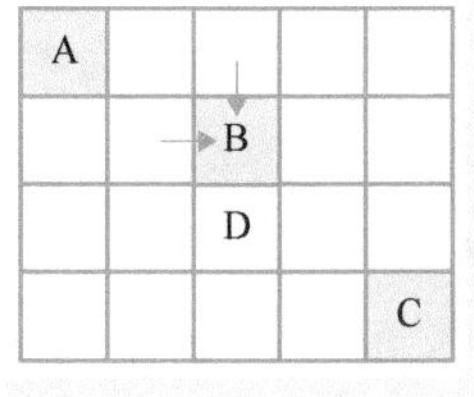

● 图 11-1

11.1 动态规划讲解

动态规划主要解决的是重叠子问题，并减少计算次数。它和分治算法、贪心算法有什么区别呢？分治算法在本书中没有介绍，但大家应该也能了解，我们在第 2 章讲的归并排序实际上就是分治算法。分治算法的每个子问题都是独立的且和原问题相同，它是把一个大的问题不断拆成小的子问题，

然后将子问题的解合并得到原问题的解。贪心算法只依赖当前的状态做出选择，不依赖前面解决的子问题，它是自顶往下一步步做出选择。动态规划因为有重叠子问题，所以没法拆分，它的每一步选择不光和当前状态有关，有的还和之前子问题的状态有关，它会把计算的结果保存下来，因为有重复子问题，所以下次遇到重复的问题不会再重复计算。

我们来看一下动态规划最入门的一道题——爬楼梯，假设你正在爬楼梯，需要 n 阶才能到达楼顶。每次可以爬 1 或 2 个台阶，你有多少种不同的方法可以爬到楼顶？如果要爬到第 n 个台阶，有两种方式，一种是从 n-1 个台阶爬一步上来，还有一种是从 n-2 个台阶爬两步上来，这是两种不同的选择，结果就是它们的和。如果我们定义 f(n) 表示到达台阶 n 需要的方案数，可以得到下面的公式。

```
f(n)=f(n-1)+f(n-2)。
```

实际上它就是一个斐波那契数列，如图 11-2 所示。

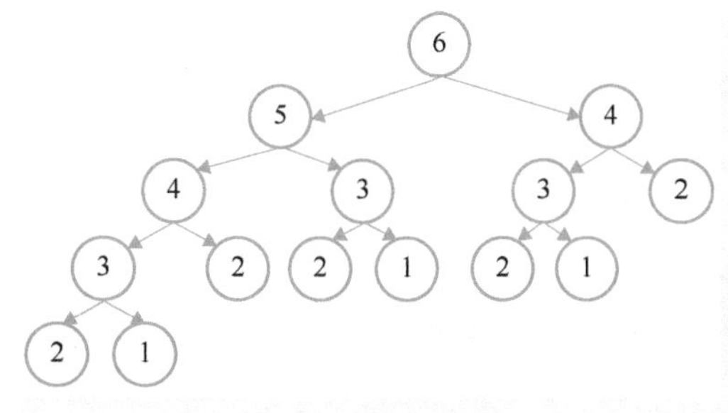

● 图 11-2

```
public int f(int n) {
    if (n<=2)
        return n;
    return f(n-1)+f(n-2);
}
```

如果使用递归计算的时候，就会有大量的重复计算。怎样解决这个问题呢？就是使用备忘录，计算之后就把结果存储起来，下次用的时候如果有就直接用，如果没有再计算。

```
public int f(int n, int[] map) {
    if (n<=2)
        return n;
    if (map[n]==0)// 如果没计算,就先计算,如果计算过,就不再计算。
        map[n]=f(n-1, map)+f(n-2, map);
    return map[n];
}
```

来看一下它的计算过程，如图 11-3 所示。可以把它想象成为二叉树的后序遍历，从下往上计算，其中灰色的是已经计算过的，不需要重复计算。

除了节点 1 和 2 以外，剩下节点计算过程可以把它看作是对一个数组从前往后计算，如果知道

dp[i-2]和dp[i-1]的值，就可以计算 dp[i]的值，这是一个递推的过程。

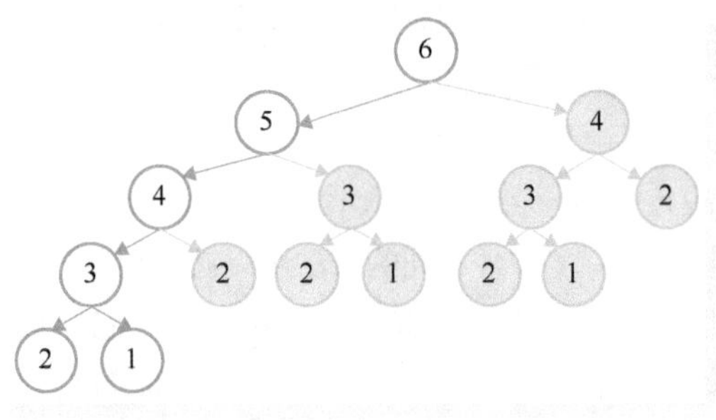

● 图 11-3

```
public int climbStairs(int n) {
    if (n<=1)
        return 1;
    int[] dp=new int[n+1];
    dp[1]=1;
    dp[2]=2;
    for (int i=3; i<=n; i++)
        dp[i]=dp[i-1]+dp[i-2];// 递推
    return dp[n];
}
```

这就是动态规划，如果想求当前问题的值，必须知道子问题的值，至于子问题是怎样计算的，我们不用管。在 quora 上有这样一个问题，它很好地回答了什么是动态规划。

```
How should I explain dynamic programming to a 4-year-old?
*writes down "1+1+1+1+1+1+1+1="on a sheet of paper*
"What's that equal to?"
*counting* "Eight!"
*writes down another "1+"on the left*
"What about that?"
*quickly* "Nine!"
"How'd you know it was nine so fast?"
"You just added one more"
"So you didn't need to recount because you remembered there were eight! Dynamic
 Programming is just a fancy way to say 'remembering stuff to save time later'"
```

大概意思是这样，如果再加一个数字，只需要知道之前的结果即可，不需要再全部计算一遍。

```
我该如何向一个 4 岁的孩子解释动态规划？
A 1+1+1+1+1+1+1+1=?
B 等于 8
A 如果在等式的左边加上 1 呢？
B 等于 9
A 你怎么知道得这么快。
```

```
B 只要在 8 的基础上加上 1 就行了。
A 所以不需要重新计算，因为你知道之前等式的结果是 8。动态规划就是通过计算之前的解来节省时间。
```

11.1.1 兑换零钱（一）

给定数组 coins，coins 中所有的值为正整数且不重复。每个值代表一种面值的货币，每种面值的货币可以使用任意张，再给定一个 amount，代表要找的钱数，求组成 amount 的最少货币数。如果无解，请返回-1。

```
Input:[5,2,3],20
Output: 4
```

问题分析

这道题说了每种货币可以无限次使用，可以把这道题看作一棵树，每个节点都有 n 个子节点，其中 n 是数组的长度，如图 11-4 所示。

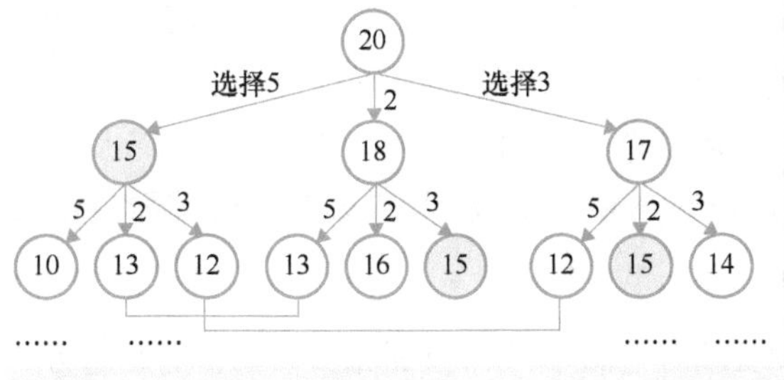

● 图 11-4

到每个节点相当于选择一个货币，如果想要货币最少，只需要计算这棵树的最小深度即可。我们看到这棵树出现了大量的重复计算，也就是重叠子问题，但依然可以使用备忘录的方式来解决。

```
public int minMoney(int[] coins, int amount) {
    int res=minDepth(coins, amount, new int[amount+1]);
    return res==Integer.MAX_VALUE ? -1: res;
}

private int minDepth(int[] coins, int amount, int[] map) {
    if (amount==0)
        return 0;
    if (map[amount]!=0)// 如果计算过,直接从 map 中取。
        return map[amount];
    int min=Integer.MAX_VALUE;
    for (int i=0; i<coins.length; i++) {
        if (amount<coins[i])
            continue;
        min=Math.min(min, minDepth(coins, amount-coins[i], map));
```

```
    }
    // 把计算的结果存储到 map 一份。
    map[amount]=min==Integer.MAX_VALUE? Integer.MAX_VALUE: min+1;
    return map[amount];
}
```

使用备忘录相当于把重复的子树剪掉，只保留一个。这道题除了使用递归，还可以使用动态规划，递归和动态规划的区别就是递归会把一个大的问题分解成一个个小的问题，如果没有备忘录，每个小的问题都是独立计算的，因为小的问题有重叠，所以会造成大量重复计算。而动态规划是从小的问题开始逐步推导到一个大的问题。递归计算中，是从叶子节点往上走的时候才开始计算的，相当于n 叉树的后序遍历，它是从下往上计算的，我们常说递归是自顶往下，是指问题的划分，它是把大的问题分成小的问题，然后小的问题单独计算。动态规划是自底往上，是指问题的推导，从一个小的问题逐步推导一个大的问题，如果要求大的问题，必须要把小的问题求出来。我们来看一下这道题使用动态规划该怎样解决。

定义 dp[i]表示凑够金额为 i 所需要的货币数，假设我们知道从 dp[0]到 dp[19]中每一个数字所对应的最少货币数，那么 dp[20]怎样求？很明显如果选择一个金额为 5 的货币，那么所需要的货币最少是 dp[20]=dp[15]+1。同理选择金额为 2 和 3 的货币，所需要的货币最少分别为 dp[20]=dp[18]+1 和 dp[20]=dp[17]+1。那么这 3 种货币应该选择哪种呢？当然选择所需货币最少的。

```
dp[20]=min(dp[15],dp[18],dp[17])+1;
```

根据上面的分析，如果要凑够金额为 i 所需要的最少货币，需要遍历所有面值的货币，这里还要注意所选择货币的金额一定不能大于 i，可以得到下面的计算公式。

```
for (int j=0; j<coins.length; j++) {// 遍历货币。
    if (coins[j]<=i)
        dp[i]=Math.min(dp[i], dp[i-coins[j]]+1);
}
```

正如上面分析的那样，如果要计算 dp[20]，要知道 dp[0]到 dp[19]之间所有的值。所以这里如果要计算 dp[i]，需要知道 dp[0]到 dp[i-1]之间所有的值。求 dp[i]和 dp[i-1]的原理实际上是一样的，只需要在外面套一个循环即可。

```
for(int i=1; i <=amount; i++) {// 计算 dp[1]到 dp[i]的值
    for (int j=0; j<coins.length; j++) {// 遍历货币
        if (coins[j]<=i)
            dp[i]=Math.min(dp[i], dp[i-coins[j]]+1);
    }
}
```

当 i 足够小的时候不需要计算，直接给它一个默认值，这就是动态规划中的边界条件。就像递归一样，当规模足够小的时候，直接返回一个值，不需要再计算了。那么这道题的边界条件是 dp[0]=0，凑够金额为 0 所需要的货币是 0，我们来看一下最终代码。

```
public int minMoney(int[] coins, int amount) {
    int[] dp=new int[amount+1];
    Arrays.fill(dp, amount+1);// 默认最大值。
    dp[0]=0;
    for(int i=1; i<=amount; i++){// 计算 dp[1]到 dp[i]的值。
       for(int j=0; j<coins.length; j++) {// 遍历货币。
          if(coins[j]<=i)
             dp[i]=Math.min(dp[i],dp[i-coins[j]]+1);
       }
    }
    return dp[amount]>amount? -1: dp[amount];
}
```

来思考一下，这里的两个 for 循环能不能互换，也就是外层遍历货币内层遍历金额 amount，实际上是可以的，这样可以理解为前 i-1 种货币凑够金额为 amount 所需要的货币数，当我们增加第 i 种货币的时候，判断凑够金额为 amount 所需要的货币数。

11.1.2 国王与金矿

有一个国家发现了 5 座金矿，每座金矿的黄金储量不同，需要参与挖掘的工人数也不同。参与挖矿工人的总数是 10 人。每座金矿要么全挖，要么不挖，不能派出一半人挖取一半金矿。要想得到尽可能多的黄金，应该选择挖取哪几座金矿？

第一座金矿含金 500，需要 5 人；第二座金矿含金 200，需要 3 人；第三座金矿含金 300，需要 4 人；第四座金矿含金 350，需要 3 人；第五座金矿含金 400，需要 5 人，如图 11-5 所示。

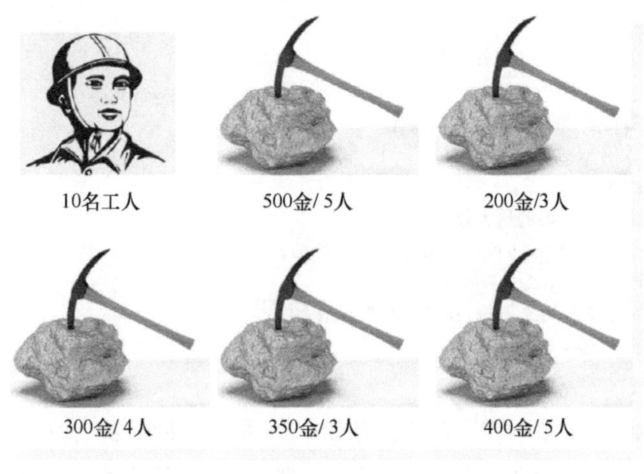

● 图 11-5

问题分析

每个金矿都有两种选择，要么全挖要么不挖，不能只挖一部分，组合起来就会有 2^5 种选择，只需要枚举所有的组合，找出最大值即可，但要保证所选组合的人数不能超过 10，如图 11-6 所示。

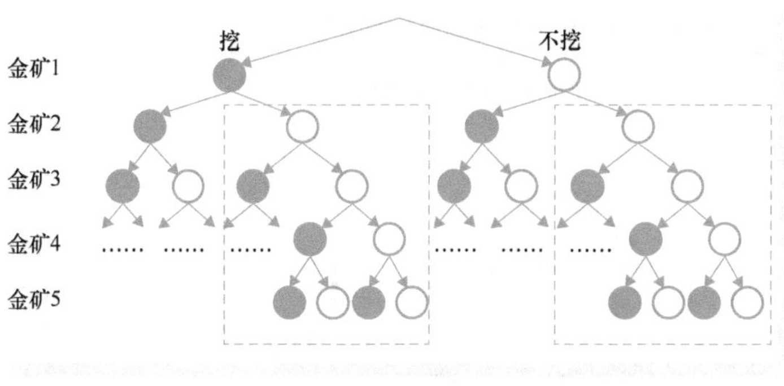

● 图 11-6

在不考虑人数是否够用的情况下，它就是一棵满二叉树，二叉树的左子节点表示挖，右子节点表示不挖。

```
/**
 * @param totalWorker 总的工人数量。
 * @param index        金矿的索引,从 0 开始。
 * @param people       每个金矿开采所需的人数。
 * @param gold         每个金矿储量。
 * @return 最多收益。
 */
private int getMostGold(int totalWorker, int index,int[] people, int[] gold) {
    // 如果没有工人了,或者金矿都挖完了,返回 0。
    if(totalWorker==0 || index==gold.length)
        return 0;
    // 不挖当前金矿所获得的最大收益。
    int noDig=getMostGold(totalWorker, index+1, people, gold);
    // 如果人数不够,就不能挖当前金矿。
    if (totalWorker<people[index])
        return noDig;
    // 挖当前金矿所获得的最大收益。
    int dig=getMostGold(totalWorker-people[index], index+1,
            people, gold)+gold[index];
    // 每个金矿要么挖要么不挖,我们选择收益最大的。
    return Math.max(noDig, dig);
}
```

上面是使用递归的方式，复杂度比较高，是 2^n（n 是金矿的数量），在图 11-6 中我们看到出现了大量重叠的子树，也就是出现大量重复的计算，一种方式可以使用备忘录把重复的剪掉，这里就不再介绍。我们来看另一种解决方式——动态规划。假设挖第一个金矿，就会用掉 5 个人，获得 500 金币，然后剩下 5 个人还可以在剩下的 4 个金矿中继续挖。如果不挖第一个金矿，就不能获得金币，但还有 10 个人，他们可以继续在剩下的 4 个金矿中挖，这两种情况只需要取最大值即可，如图 11-7 所示。

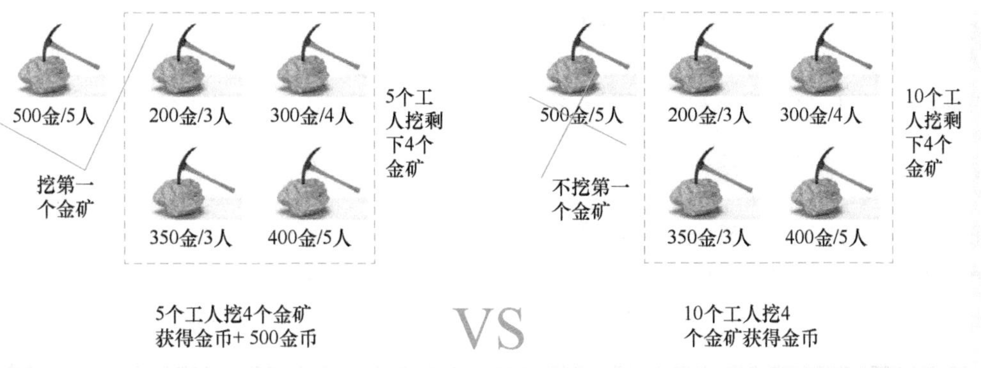

● 图 11-7

我们定义二维数组 dp[i][j]表示 i 个人挖前 j 个金矿获得的最大金币数，对于第 j 个金矿有两种选择。

- 如果不挖第 j 个金矿，那么人数不会减少，金币也不会增加，所以 dp[i][j] = dp[i][j-1]。也就是说 i 个人挖前 j 个金矿获得的最大金币数和 i 个人挖前 j-1 个金矿获得的最大金币数是一样的，因为第 j 个金矿没挖。
- 如果挖第 j 个金矿（前提是人数要够），人数会减少 p[j]，金币会相应增加 g[j]，所以 dp[i][j] = dp[i-p[j]][j-1]+g[j]。

递推公式如下：

```
if (i<p[j]) // 剩余人数如果小于当前金矿所需要的人数,则不能挖。
    dp[i][j]=dp[i][j-1];
else // 剩余人数不少于当前金矿所需要的人数,可以挖也可以不挖,取两者最大值。
    dp[i][j]=Math.max(dp[i][j-1],dp[i-p[j]][j-1]+g[j]);
```

初始条件就是假设只有一个金矿，在人数小于当前金矿人数的时候是不能挖的，金币为 0，否则是可以挖的，金币为当前金矿的金币数。

```
private int getMostGold(int totalWorker, int[] p, int[] g) {
    int[][] dp=new int[totalWorker+1][p.length];
    for(int i=1; i<=totalWorker; i++) {
        if (i>=p[0])// 大于等于当前金矿所需要的人数时才可以挖。
            dp[i][0]=g[0];
    }
    for (int i=1; i<=totalWorker; i++) {
        for (int j=1; j<p.length; j++) {
            if (i<p[j])// 剩余人数如果小于当前金矿所需要的人数,则不能挖。
                 dp[i][j]=dp[i][j-1];
             else// 剩余人数不少于当前金矿所需要的人数,可以挖也可以不挖,取两者最大值。
                 dp[i][j]=Math.max(dp[i][j-1], dp[i-p[j]][j-1]+g[j]);
          }
     }
```

```
    return dp[totalWorker][p.length-1];
}
```

这里大家也可以尝试做一些优化，比如把二维数组变成一维数组，这里就不再介绍。

11.1.3 解题思路

通过前面的分析可以看到，动态规划解决的就是重复的子问题，如果一个解没有重复子问题，可以不使用动态规划，直接搜索即可。因为有重复子问题，动态规划就类似于有备忘录的搜索，它是从小的问题逐步推导到大的问题，所以我们需要知道它们之间的推导关系，这个推导关系就是递推公式。当问题足够小的时候，没法从更小的问题推导，直接给它一个默认值，这就是动态规划的边界条件，有的叫作 Base Case，有的也叫作初始值。所以对于动态规划的题，可以按照下面三个步骤来解：

（1）定义 dp 数组表示的含义：常见的有 dp[ ]，dp[ ][ ]，dp[ ][ ][ ]，很少出现四维及四维以上的数组。

（2）找出递推公式：也就是数组之间的推导关系，从小的问题来推导大的问题，一般使用一个或多个 for 循环来计算。

（3）找出初始值：初始值是不需要推导的，直接赋值。

这里的难点在于找出递推公式，递推公式找出之后，计算当前状态值的时候，要确保在这之前的状态都已经计算完成，因为动态规划当前状态要依赖之前状态的结果，而之前状态的结果是对历史的总结，计算之后不会再发生改变。

11.2 背包问题

背包问题是学习动态规划最重要的一类题，掌握背包问题，很多问题都可以通过转换为背包问题来解决。背包问题的分类比较多，常见的有 01 背包、完全背包和多重背包，当然还有分组背包、混合背包等等，本书只介绍前面三种，后面的大家可以自己学习。

11.2.1 01 背包问题

有 N 种物品，每种物品只有一件，以及一个容量为 V 的包，第 i 件物品的重量是 w[i]，价值是 v[i]，求将哪些物品装入背包可使这些物品的重量总和不能超过背包容量，且价值总和最大。

问题分析

假如我们有一个可以容纳 4kg 的背包，有 3 样东西可供选择，如图 11-8 所示，一个是高压锅 4kg，价值 300，一个是风扇 3kg，价值 200，最后是一双运动鞋 1kg，价值 150。如果只装高压锅价值才 300，如果装风扇和运动鞋价值将达到 350，所以装风扇和运动鞋才是最优解。

这道题和 11.1.2 小节国王与金矿很类似，我们将逐步分析并彻底明白背包问题的原理。定义 dp[i][j]表示前 i 件物品放入一个容量为 j 的背包中所获得的最大价值，同样的道理，对于第 i 件物品可以选择放和不放。假如我们第一步先确定要不要添加电风扇的最大价值（这个时候还没有运动鞋和高压锅），当背包容量小于 3kg 的时候是没法装的，价值只能为 0，如图 11-9 所示。

重量：4kg
价值：300

重量：3kg
价值：200

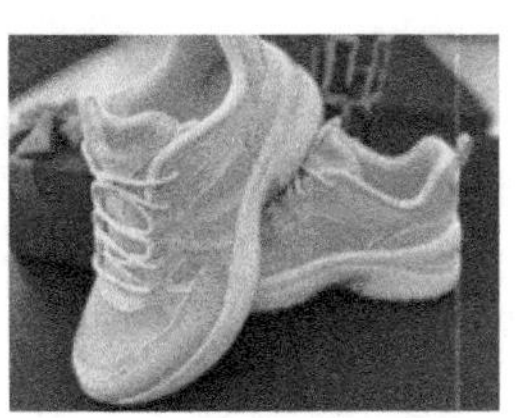

重量：1kg
价值：150

图 11-8

第二步再确定要不要添加运动鞋的最大价值（这个时候还没有高压锅），如图 11-10 所示。

	1kg	2kg	3kg	4kg
电风扇	0	0	200	200
运动鞋				
高压锅				

图 11-9

	1kg	2kg	3kg	4kg
电风扇	0	0	200	200
运动鞋	150	150	200	350
高压锅				

图 11-10

- 当背包容量为 1kg 和 2kg 的时候，如果不选运动鞋，背包的最大价值是 0，如果选运动鞋，背包的最大价值是 150，我们取最大值。
- 当背包容量为 3kg 的时候，背包的最大价值为 200，如果选择运动鞋，就会占用背包 1kg 的容量，这个时候背包的剩余容量为 2kg，而背包容量为 2kg 的最大价值为 0（选择运动鞋之前），所以这个时候选择运动鞋的最大价值就是：150（运动鞋的价值）+0，我们不选运动鞋。
- 当背包容量为 4kg 的时候，背包的最大价值为 200，如果我们选择运动鞋，就会占用背包 1kg 的容量，这个时候背包的剩余容量为 3kg，而背包容量为 3kg 的最大价值为 200，所以这个时候选择运动鞋的最大价值就是：150（运动鞋的价值）+200，我们选择运动鞋。

第三步确定要不要添加高压锅的最大价值，如图 11-11 所示。在背包容量为 1kg、2kg、3kg 的时候是装不下高压锅的，所以它的最大价值就是上面计算的结果，当背包容量为 4kg 的时候，是可以装下高压锅的，如果装高压锅，就会占用 4kg 的容量，然后产生 300 的价值，如果不装高压锅，那么 4kg 背包的最大价值是 350，所以不选择高压锅。

上面是先选择电风扇，然后是运动鞋，最后是高压锅。如果我们打乱顺序，随便选择，最后的结果会不会还一样呢，实际上是一样的。比如先选择高压锅，再选择电风扇，最后选择运动鞋，如

图 11-12所示。

	1kg	2kg	3kg	4kg
电风扇	0	0	200	200
运动鞋	150	150	200	350
高压锅	150	150	200	350

● 图 11-11

	1kg	2kg	3kg	4kg
高压锅	0	0	0	300
电风扇	0	0	200	300
运动鞋	150	150	200	350

● 图 11-12

也就是说，当我们确定选择哪些物品价值最大时，无论先选择哪个，都不会影响最终结果，和选择物品的顺序无关。对于每个物品都有选和不选两种选择，如果背包容量小于当前物品的重量，也就是说装不下当前物品，肯定是选不了的，所以 dp[i][j]=dp[i-1][j]。如果背包能装下当前物品，可以选择当前物品，也可以不选择，取两者的最大值。如果不选择当前物品，那么 dp[i][j]=dp[i-1][j]，如果选择当前物品，那么 dp[i-1][j-w[i]]+v[i]，两者的最大值是：dp[i][j]=Math.max(dp[i-1][j],dp[i-1][j-w[i]]+v[i])，整理如下。

```
if(j<w[i]){// j 是背包容量,容量太小,装不下当前物品。
    dp[i][j]=dp[i-1][j];
}else{// 可以选择当前物品,也可以不选择,取两者最大值。
    dp[i][j]=Math.max(dp[i-1][j],dp[i-1][j-w[i]]+v[i]);
}
```

来看一下最终代码，注意数组的下标是从 0 开始的，这里为了减少数组越界的判断，把二维数组的长度都增加了 1，包括后面的代码也会这样写，大家看的时候可以注意一下。

```
public int packageProblem1(int contain, int[] w, int[] v) {
    int[][] dp=new int[w.length+1][contain+1];
    for (int i=0; i<v.length; i++) {
        for (int j=0; j<=contain; j++) {
            if (j<w[i]){// j 是背包容量,容量太小,装不下当前物品。
                dp[i+1][j]=dp[i][j];
            }else{// 可以选择当前物品,也可以不选择,取两者最大值。
                dp[i+1][j]=Math.max(dp[i][j],dp[i][j-w[i]]+v[i]);
            }
        }
    }
     return dp[w.length][contain];
}
```

11.2.2 完全背包问题

有 N 种物品，每种物品有无限个可用，以及一个容量为 V 的包，第 i 种物品的重量是 w[i]，价值是 v[i]，求将哪些物品装入背包可使这些物品的重量总和不能超过背包容量，且价值总和最大。

问题分析

完全背包和 01 背包的区别就是：01 背包每种物品只有一个，而完全背包每种物品可以有无限个，但因为背包的容量是有限的，所以完全背包每种物品最多只能选择 j/w[i]个，其中 j 是背包的容量，w[i]是第 i 种物品的重量。

我们定义 dp[i][j]表示将前 i 种物品放到一个容量为 j 的背包中所获得的最大价值，对于第 i 种物品，可以选择 0 个，1 个，2 个等，一直枚举下去。

```
dp[i][j]=max(dp[i-1][j],dp[i-1][j-w[i]]+v[i],
             dp[i-1][j-w[i] * 2]+v[i] * 2,
             ……,dp[i-1][j-w[i] * k]+v[i] * k);(0<=k<=j/w[i])
```

来看一下代码，注意 i 的值是从 1 开始的，所以下面的代码中 v[i]和 w[i]的下标都要减 1。

```
public int packageProblem2(int contain, int[] w, int[] v) {
    int[][] dp=new int[w.length+1][contain+1];
    for (int i=1; i<=v.length; i++) {
        for (int j=0; j<=contain; j++) {
            if (j<w[i-1]) {// 容量太小,装不下当前物品。
                dp[i][j]=dp[i-1][j];
            } else {
                int n=j/w[i-1];// 最多可以选 n 个当前物品。
                for (int k=0; k<=n; k++) {// 枚举选择的个数。
                    dp[i][j]=Math.max(dp[i][j],
                            dp[i-1][j-w[i-1] * k]+v[i-1] * k);
                }
            }
        }
    }
    return dp[w.length][contain];
}
```

上面的代码能不能再优化一下呢？假设上面的代码是公式 1，我们来改一下，计算 dp[i][j-w[i]]的值。

```
dp[i][j-w[i]]=max(dp[i-1][j-w[i]],dp[i-1][j-w[i]-w[i]]+v[i],
    dp[i-1][j-w[i]-w[i] * 2]+v[i] * 2,
    ……,
    dp[i-1][j-w[i]-w[i] * (k-1)]+v[i] * (k-1));(0<=k<=j/w[i])
```

把它整理一下后，如下所示：

```
dp[i][j-w[i]]=max(dp[i-1][j-w[i]],dp[i-1][j-w[i] * 2]+v[i],
                  dp[i-1][j-w[i] * 3]+v[i] * 2,
                  ……,
                  dp[i-1][j-w[i] * k]+v[i] * (k-1));(0<=k<=j/w[i])
```

这个我们称它为公式 2，给它两边同时加上 v[i]，然后把它带入公式 1，就可以得到下面的公式：

```
dp[i][j]=max(dp[i-1][j],dp[i][j-w[i]]+v[i]);
```

这个公式非常重要，它就是完全背包的最终递推公式，我们再回过头来看一下 **01 背包**的递推公式：

```
dp[i][j]=max(dp[i-1][j],dp[i-1][j-w[i]]+v[i]);
```

它们非常相似，唯一的不同点就是后面一个是 i 一个是 i-1。所以完全背包对于第 i 种物品不需要再遍历 n 次了，也可以理解为第 i 种物品选完之后，还可以继续再选，代码如下：

```
public int packageProblem2(int contain, int[] w, int[] v) {
    int[][] dp=new int[w.length+1][contain+1];
    for(int i=1; i <=v.length; i++) {
        for(int j=0; j<=contain; j++) {
            if(j < w[i-1]){// 容量太小,装不下当前物品。
                dp[i][j]=dp[i-1][j];
            }else{
                dp[i][j]=Math.max(dp[i-1][j],dp[i][j-w[i-1]]+v[i-1]);
            }
        }
    }
    return dp[w.length][contain];
}
```

11.2.3 多重背包问题

有 N 种物品，第 i 种物品最多有 n(i) 件可用，以及一个容量为 V 的包，第 i 种物品的重量是 w[i]，价值是 v[i]，求将哪些物品装入背包可使这些物品的重量总和不能超过背包容量，且价值总和最大。

问题分析

多重背包的第 i 种物品有 n(i) 件，对于第 i 种物品可以选择 0 个、1 个、2 个……n(i)，代码和完全背包的第一种写法基本一样，只不过完全背包的 n(i) 是 j/w[i-1]。这里能不能像完全背包那样使用公式推导来优化呢，明显是不行的，因为多重背包每个物品有数量限制，如果背包容量足够大，但某一个物品的数量很少，公式推导就不成立了。

举个例子，假设第 i 种物品的重量是 3，背包容量是 10，对于完全背包来说，它最多可以装 3 个，而如果背包容量为 7 的时候，它最多可以装 2 个，这是符合公式的。但对于多重背包来说，假设第 i 种物品的数量是 2，那么容量为 10 和 7 的背包最多只能选择 2 个，这是不符合公式的。

我们再来思考一下，假如有 5 件不同的物品，需要选择其中的 2 件，比如选择（1,2）和选择（2,3）是两个不同的选择，如果这 5 件物品都是相同的，无论选择哪 2 件，结果都是一样的。所以对于第 i 种物品，因为它们都是相同的，可以把它分成一堆一堆的，然后可以使用 **01 背包**的方式来解决。

可以按照二进制来分解为：n=1+2+4+8……+2^m+余数，比如某种物品有 128 件，如果一个个枚举，需要枚举 129 次（从 0 到 128），如果我们将物品拆成 1，2，4，8，16，32，64，1，就会大大减少运算次数，比如 1，2，4 可以构成 0~7 的 8 种组合：

```
0(一个都不选),1(选择 1),2(选择 2),3(选择 1,2),
4(选择 4),5(选择 1,4),6(选择 2,4),7(选择 1,2,4)
```

所以 1，2，4，8，16，32，64，1 可以枚举 0~128 之间的所有数字，比如 54 可以拆成：1、2、4、8、16、23。这样拆分之后，每一堆的重量和价值也要做相应的计算，如图 11-13 所示，有 3 种物品，我们把它分成 11 份，就变成了 01 背包问题了。

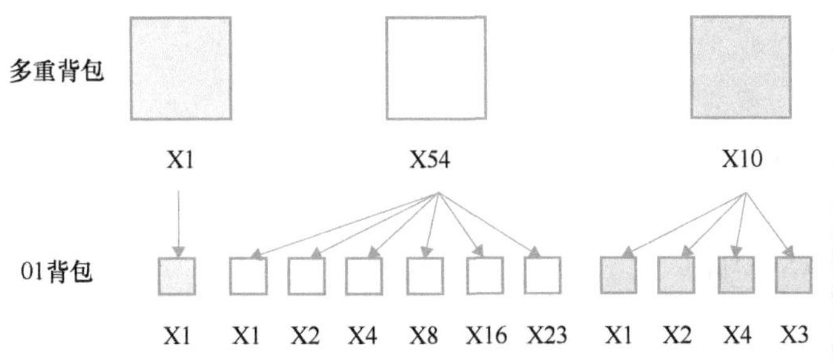

● 图 11-13

```
/**
 * @param contain    背包的容量
 * @param w          每种物品的重量
 * @param v          每种物品的价值
 * @param c          每种物品的数量
 * @return
 */
public int packageProblem3(int contain, int[] w, int[] v, int[] c) {
    List<Integer> weight=new ArrayList<>();// 每堆物品的重量。
    List<Integer> value=new ArrayList<>();// 每堆物品的价值。
    for (int i=0; i<w.length; i++) {
        int count=c[i];// 取出第 i 种物品的数量。
        // 把第 i 种物品拆开。
        for (int k=1; k<=count; k*=2) {
            count-=k;
            weight.add(w[i]*k);
            value.add(v[i]*k);
        }
        if (count>0) {// 拆分的余数。
            weight.add(w[i]*count);
            value.add(v[i]*count);
        }
    }
    // 下面是 01 背包的代码。
```

```
    int size=weight.size();// 物品的数量。
    int[][] dp=new int[size+1][contain+1];
    for (int i=0; i<size; i++) {
        for (int j=0; j<=contain; j++) {
            if (j<weight.get(i)) {// j是背包容量,容量太小,装不下当前物品。
                dp[i+1][j]=dp[i][j];
            } else {// 可以选择当前物品,也可以不选择,取两者最大值。
                dp[i+1][j]=Math.max(dp[i][j],
                        dp[i][j-weight.get(i)]+value.get(i));
            }
        }
    }
    return dp[size][contain];
}
```

11.2.4 状态压缩

前面我们定义 dp 数组都是二维的，能不能优化一下，把它改成一维的呢，实际上是可以的，先来看一下 01 背包的递推公式：

```
dp[i][j]=max(dp[i-1][j],dp[i-1][j-w[i]]+v[i]);
```

如图 11-14 所示，虽然我们定义的是二维数组，但每次计算的时候，只和当前位置上一行有关，所以只需要保存上一行的数据即可，这里可以使用一维数组，相当于用一维数组不断覆盖二维数组上一行的值。在一维数组中如果从左往右计算，当计算 dp[j]的时候，左边的值 dp[j-w[i]]实际上已经被覆盖，不是之前的值了，可以考虑从右往左计算，也就是逆序。

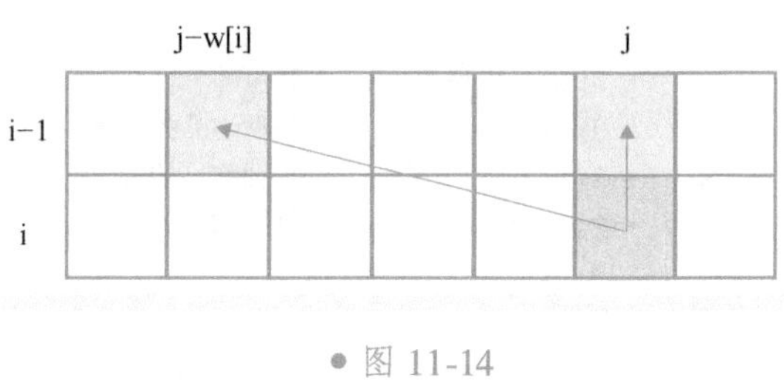

● 图 11-14

```
public int packageProblem1(int contain, int[] w, int[] v) {
    int[] dp=new int[contain+1];
    for (int i=0; i<v.length; i++) {
        for (int j=contain; j>=0; j--) {// 逆序。
            if (j>=w[i])
                dp[j]=Math.max(dp[j], dp[j-w[i]]+v[i]);
        }
    }
    return dp[contain];
}
```

我们再来看一下完全背包的递推公式。

```
dp[i][j]=max(dp[i-1][j], dp[i][j-w[i]]+v[i]);
```

如图 11-15 所示，在二维数组中 dp[i][j-w[i]]和 dp[i][j]是在同一行的，也就是说如果要计算 dp[i][j]，必须先计算 dp[i][j-w[i]]的值，如果转换为一维数组就不能逆序了，代码如下。

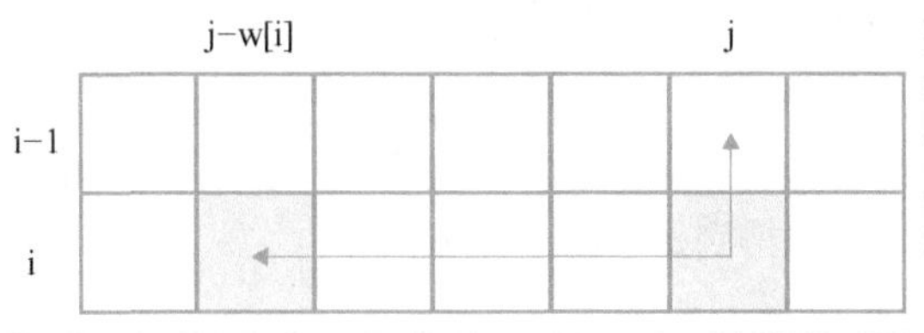

● 图 11-15

```
public int packageProblem2(int contain, int[] w, int[] v) {
    int[] dp=new int[contain+1];
    for (int i=1; i <=v.length; i++) {
        for (int j=0; j <=contain; j++) {
            if (j >=w[i-1])
                dp[j]=Math.max(dp[j],dp[j-w[i-1]]+v[i-1]);
        }
    }
    return dp[contain];
}
```

关于状态压缩，一般是为了减少空间复杂度，常见的有三维数组压缩成二维数组，或者是二维数组压缩成一维数组，还有的是一维数组压缩成几个变量。对于二维数组压缩成一维数组一般比较常见，只需要画一张图明白它们之间的关系即可。

11.3 组合与排列

在讲排列和组合之前，再来看前面讲的爬楼梯问题。如果想上 3 个台阶，会有两种选择，一种是先上一个台阶，然后上两个台阶，还有一种是先上两个台阶，然后上一个台阶，也就是（1,2）和（2,1），这是两种不同的选择，和顺序有关，实际上它是一个排列问题。在前面我们讲背包问题的时候，如果先选 A 再选 B 和先选 B 再选 A，结果是一样的，它并不要求顺序，所以它是一个组合问题。

11.3.1 兑换零钱（二）

给定一个整数数组 nums 表示不同数额的硬币和一个正整数 target 表示总金额，请计算并返回可以凑出总金额的组合数。如果凑不出 target，则返回 0。

```
输入:[1,2,4,5],5
返回值:5
解释:(1,1,1,1,1),(1,1,1,2),(1,1,3),(1,4),(5)
```

问题分析

这道题让求的是凑成总额为 amount 的组合数，我们定义 dp[i][j]表示选择前 i 个硬币凑成总额为 j 的组合数，最后只需要返回 dp[n][target]即可。对于第 i 个硬币，如果金额大于 j，我们是没法选的（类似于背包问题，装不下），所以 dp[i][j]=dp[i-1][j]。如果金额不大于 j，可以选择也可以不选择，如果不选，dp[i][j]=dp[i-1][j]，如果选择，dp[i][j]=dp[i][j-nums[j]]，因为是两种不同的组合，取两者之和，可以得到如下递推公式。

```
if(nums[i]>j) {
    dp[i][j]=dp[i-1][j];// 硬币面值太大,不选择。
} else {// 可以选,也可以不选,取它们的和。
    dp[i][j]=dp[i-1][j]+dp[i][j-nums[i]];
}
```

如果 amount 是 0，前 i 个硬币凑成金额为 0 的组合就是 1，因为我们可以什么也不选，所以 dp[i][0]=1，来看一下代码。

```
public int change(int target, int[] nums) {
    int n=nums.length;
    int[][] dp=new int[n+1][target+1];
    // 凑够金额为 0 的组合都是 1。
    for (int i=0; i<n+1; i++)
        dp[i][0]=1;

    for (int i=0; i<n; i++) {
        for (int j=1; j<=target; j++) {
            if (j<nums[i]) {
                dp[i+1][j]=dp[i][j];
            } else {
                dp[i+1][j]=dp[i][j]+dp[i+1][j-nums[i]];
            }
        }
    }
    return dp[n][target];
}
```

这里能不能交换两个 for 循环的顺序呢？就是先遍历 target，然后遍历数组长度，实际上是可以的，并没有什么影响。我们看到二维数组中每一行的结果只和上一行的结果有关，可以状态压缩，把它改成一维的。

```
public int change(int target, int[] nums) {
    int n=nums.length;
    int[] dp=new int[target+1];
    dp[0]=1;// 边界条件。
    for (int i=0; i<n; i++) {
        for (int j=1; j<=target; j++) {
            if (j>=nums[i])
```

```
                dp[j]+=dp[j-nums[i]];
            }
        }
        return dp[target];
    }
```

改成一维之后，还能不能交换两个 for 循环的嵌套顺序呢？实际上是不可以的，因为正常情况下我们对二维数组是从上到下一层一层地遍历。如果交换之后，就变成了对二维数组从左到右一列一列地遍历，这样就会导致 dp[i+1][j-nums[i]]值被覆盖，如图 **11-16** 所示，计算结果错误，但二维数组为什么可以交换，因为二维数组每一步的结果都保存在二维数组中，不会出现被覆盖的情况。

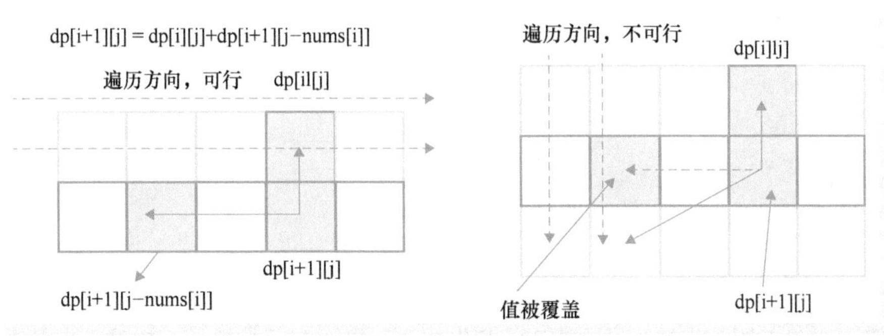

● 图 11-16

动态规划的每一步结果都是对之前状态的一个总结，一旦确定就不会再改变，所以我们计算当前状态的时候，前面依赖的状态结果一定不能变，如果变了就会导致计算的结果出现错误。来看一下如果交换之后会有什么结果，我们知道交换之后计算是错的，因为它计算的结果会比正常值大，我们看一下交换之后的代码。

```
public int change(int target, int[] nums) {// 不是这题的解。
    int n=nums.length;
    int[] dp=new int[target+1];
    dp[0]=1;// 边界条件。
    for (int j=1; j<=target; j++) {
        for (int i=0; i < n; i++) {
            if (j>=nums[i])
                dp[j]+=dp[j-nums[i]];
        }
    }
    return dp[target];
}
```

在交换之前（固定货币，遍历金额）相当于对二维数组是一行一行遍历，假如 target 是 3，并且有（2,1）一种组合。我们是先遍历 1，然后遍历 2，不可能出现（1,2）的情况。当交换之后（交换之后是固定金额，遍历货币）相对于每一种固定的金额都会遍历所有的货币，所以会有（1,2）和

(2,1) 两种结果。可以得出：先遍历总金额再遍历货币数组是排列，先遍历货币数组再遍历总金额是组合。

11.3.2 加起来和为目标值的组合

给定一个由不同整数构成的数组 nums 和一个整数 target，请从 nums 中找出总和是 target 的组合个数。解集中可以重复使用 nums 中的元素，且解集中数字顺序不同视为不同的组合。

```
输入:[1,2,3],4
返回值:7
解释:
所有可能的组合为:
(1,1,1,1)
(1,1,2)
(1,2,1)
(1,3)
(2,1,1)
(2,2)
(3,1)
```

问题分析

上一题零钱兑换的时候先找 1 元再找 2 元和先找 2 元再找 1 元结果是一样的，它是同一种组合，但我们这道题求的是排列。前面刚刚分析过，**在状态压缩的时候，如果先遍历物品再遍历容量就是组合，如果先遍历容量再遍历物品就是排列**，这道题就是排列，相对于上一题来说，我们只改了两个 for 循环的顺序，其他什么都没改，来看一下代码。

```
public int combination(int[] nums,int target) {
    int n=nums.length;
    int[] dp=new int[target+1];
    dp[0]=1;// 边界条件。
    for(int j=1; j<=target; j++) {// 总数。
       for(int i=0; i<n; i++) {// 物品。
          if (j>=nums[i])
              dp[j]+=dp[j-nums[i]];
       }
    }
    return dp[target];
}
```

如果把 target 看作是楼顶的高度，nums 表示每次可以上的台阶数，那么这道题就是爬楼梯问题。我们把爬楼梯问题再看一下，发现它是先遍历楼顶的高度，再遍历每次上的台阶数，和这道题完全一样，也就是说这道题是爬楼梯问题的升级版。

11.3.3 单词拆分

给定一个字符串和一个字符串数组，在字符串的任意位置拆分任意次后，得到的字符串集合是否是给定字符串数组的子集。

```
输入:"wansuanfa",["wan","suanfa"]
返回值:true

输入:"nowcoder",["no","wcod","der"]
返回值:false
```

问题分析

这道题要求的是把字符串拆分完成后，子串是否都存在字符串数组中，前面我们讲的都是组合问题，这一题突然反过来了，让我们拆分，可以转换一下，问能不能使用数组中的字符串组成我们需要的字符串，并且数组中的字符串可以随便使用且没有次数限制，这样一转就明白了，这不就是和上一题一样的排列问题吗。选择字符串的时候是没有顺序的，但构成的字符串是有顺序的，所以它就是一个排列，需要先遍历容量再遍历物品。

```java
public boolean wordDiv(String s, String[] dic) {
    int length=s.length();
    boolean[] dp=new boolean[length+1];
    dp[0]=true;
    for (int i=1; i<=length; i++) {// 遍历容量。
        for (int j=0; j<dic.length; j++) {// 遍历物品。
            String str=dic[j];// 选择物品。
            int strLen=str.length();
            if (i >=strLen&&dp[i-strLen] &&
                    str.equals(s.substring(i-strLen, i))) {
                dp[i]=true;
                break;
            }
        }
    }
    return dp[length];
}
```

11.4 背包练习

11.4.1 目标和（01 背包）

给定一个整数数组 a[ ]和一个整数 target，给数组中每个数字前面添加符号'+'或'-'构成一个表达式，返回数组能构成多少种不同的表达式等于 target。

```
Input:a[]={1,1,1,2},target=3
Output:3
解释:
-1+1+1+2=3
```

```
+1-1+1+2=3
+1+1-1+2=3
```

问题分析

假设数组中所有数字的和为 sum，添加'+'的所有数字之和为 a，添加'-'的所有数字之和为 b（先不考虑符号），可以得到 a+b=sum，这道题实际上让求的是 a-b=target 的方案数。因为 sum 可以计算出来，target 是已知的，可以求出 b 的值：b=(sum-target)>>1，所以这道题就变成了从数组中选择一些数字，每个数字最多只能被选择一次，让它们的和等于 b 的方案数，这是一道 01 背包问题，可以参照 01 背包代码来写，dp[i]表示选择一些数字，它们的和等于 i 个方案数。

```
public int findTargetSumWays(int[] nums, int target) {
    int sum=0;
    for (int num: nums)
        sum+=num;
    int diff=sum-target;

    if (diff<0 || (diff&1)!=0)
        return 0;
    int contain=diff>>1;
    // 参考 01 背包。
    int[] dp=new int[contain+1];
    dp[0]=1;
    for(int i=0; i<nums.length; i++) {
        for(int j=contain; j>=0; j--) {// 逆序。
            if(j>=nums[i])
                dp[j]+=dp[j-nums[i]];// 求方案数,需要累加。
        }
    }
    return dp[contain];
}
```

11.4.2 平分子集（01 背包）

给定一个数组 arr[ ]，检查它是否可以被分成两部分，使得两部分的元素之和相同。

```
Input: arr={1,5,11,5}
Output: true
解释: 分成的两个子集是{1,5,5}和{11}.
```

问题分析

这道题和上一题类似，这道题直接把数组之和 sum 平分成两部分即可，就变成了从数组中选择一些数字，每个数字最多只能被选择一次，判断它们的和是否等于 sum/2，可以参照上一题的代码来修改一下。

```
public boolean equalPartition(int[] nums) {
    int sum=0;
```

```
    for (int num: nums)
        sum+=num;
    if ((sum&1)!=0)
        return false;
    int contain=sum>>1;
    // 参考 01 背包。
    boolean[] dp=new boolean[contain+1];
    dp[0]=true;
    for (int i=0; i<nums.length; i++) {
        for (int j=contain; j>=0; j--) {// 逆序。
            if (j>=nums[i])
                dp[j] |=dp[j-nums[i]];// 这里只要有一个为 true 就行。
        }
    }
    return dp[contain];
}
```

11.4.3 最少的完全平方数（完全背包）

给定一个正整数 n，请找出最少个数的完全平方数，使得这些完全平方数的和等于 n。

```
输入:5
返回值:2
说明:5=1+4

输入:8
返回值:2
说明:8=4+4
```

问题分析

可以把这道题转换一下，这样来问问题，给定一个数组 nums=[1,2……sqrt(n)]，从数组中选择任意数字让它们平方的和等于 n，问所需要的最少数字是多少，每个数字选择次数没有限制。转换之后会发现它就是一个完全背包问题，其中背包的容量是 n，可以选的物品是[1,2……sqrt(n)]中的任意数字，参照完全背包状态压缩后的代码来写一下，注意这里求的是最小值，默认给它一个最大值，最大值就是全部由 1 的平方组成。

```
public int numSquares(int n) {
    int sqrt=(int) Math.sqrt(n);
    int[] dp=new int[n+1];
    Arrays.fill(dp, n);// 默认给一个大的值,最多都是 1 的平方。
    dp[0]=0;
    for(int i=1; i<=sqrt; i++) {// 物品。
        for (int j=1; j<=n; j++) {// 背包容量。
            if (j >=i * i)// 选当前数字和不选当前数字,取最小值。
                dp[j]=Math.min(dp[j], dp[j-i * i]+1);
        }
```

```
    }
    return dp[n];
}
```

11.5 其他练习

11.5.1 最长公共子串

给定两个字符串 str1 和 str2，输出两个字符串的最长公共子串。题目保证 str1 和 str2 的最长公共子串存在且唯一。

```
输入:"1AB2345CD","12345EF"
返回值:"2345"
```

问题分析

这道题让找出两个字符串的最长公共子串，子串必须是连续的，我们定义 dp[i][j]表示字符串 str1 的第 i 个字符和 str2 的第 j 个字符为最后一个字符所构成的最长公共子串长度。如果要求 dp[i][j]需要判断 str1 的第 i 个字符和 str2 的第 j 个字符是否相等，如图 11-17 所示。

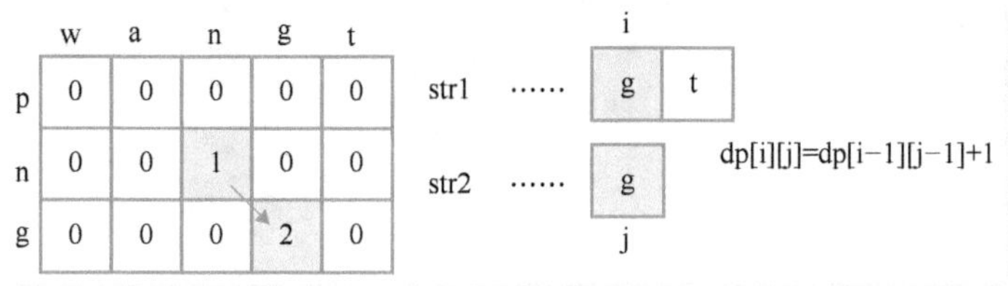

图 11-17

- 如果不相等，那么它们就不能构成公共子串，也就是 dp[i][j]=0。
- 如果相等，那么 dp[i][j]=dp[i-1][j-1]+1，其中 dp[i-1][j-1]表示它们前面相等字符的个数。

```
public String LCS(String str1, String str2) {
    int maxLenth=0;// 记录最长公共子串的长度。
    int maxLastIndex=0;// 记录最长公共子串最后一个元素在字符串 str1 中的位置。
    int[][] dp=new int[str1.length()+1][str2.length()+1];
    for (int i=0; i < str1.length(); i++) {
        for (int j=0; j < str2.length(); j++) {
            if (str1.charAt(i)==str2.charAt(j)) {// 两个字符相等。
                dp[i+1][j+1]=dp[i][j]+1;
                // 记录最长子串的长度,以及最后一个元素的位置。
                if (dp[i+1][j+1]>maxLenth) {
```

```
                maxLenth=dp[i+1][j+1];
                maxLastIndex=i;
            }
        } else {// 两个字符不相等。
            dp[i+1][j+1]=0;
        }
    }
}
// 对字符串进行截取。
return str1.substring(maxLastIndex-maxLenth+1, maxLastIndex+1);
}
```

11.5.2 最长公共子序列

给定两个字符串 str1 和 str2，输出两个字符串的最长公共子序列。如果最长公共子序列为空，则返回"-1"。目前给出的数据仅仅会存在一个最长的公共子序列。

```
输入:"1A2C3D4B56","B1D23A456A"
返回值:"123456"
```

问题分析

子串必须是连续的，但子序列不是连续的，这道题和上一题有点类似，定义 dp[i][j]表示字符串 str1 的前 i 个字符和 str2 的前 j 个字符构成的最长子序列长度。如果要求 dp[i][j]，需要判断 str1 的第 i 个字符和 str2 的第 j 个字符是否相等，如图 11-18 所示。

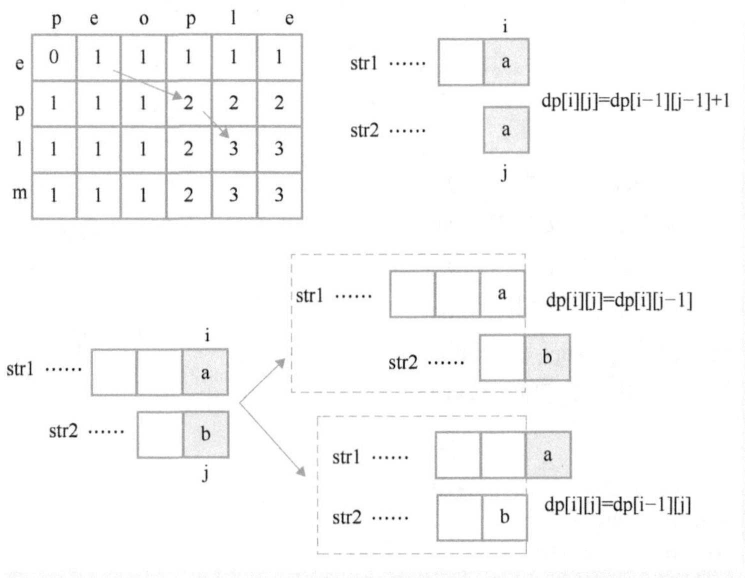

● 图 11-18

- 如果不相等，它们分别截取一个字符，然后计算取最大值，即 dp[i][j]=max(dp[i-1][j], dp[i][j-1])。
- 如果相等，那么 dp[i][j]=dp[i-1][j-1]+1。

```
public int LCS(String str1, String str2) {
    int m=str1.length();
    int n=str2.length();
    int[][] dp=new int[m+1][n+1];
    for(int i=1; i <=m; i++) {
        for(int j=1; j<=n; j++) {
            // 递推公式。
            if (str1.charAt(i-1) ==str2.charAt(j-1))
                dp[i][j]=dp[i-1][j-1]+1;
             else
                 dp[i][j]=Math.max(dp[i-1][j],dp[i][j-1]);
         }
     }
     return dp[m][n];
 }
```

11.5.3 网格中的不同路径

给定一个 n×m 大小的矩阵网格，由值 0 和 1 组成。1 表示可以进入该单元格，0 表示不允许进入该单元格。从网格的左上角开始，到达右下角，每次只能向右或向下移动，求到右下角的方案数。

```
Input:grid[][]={{1,1,1};
          {1,0,1};
          {1,1,1}}
Output:2
```

问题分析

每次只能往下和往右走，定义 dp[i][j] 表示到坐标为（i,j）的位置走的方案数，如果要到（i,j）这个位置，可以从上面（i-1, j）下来，也可以从左边（i,j-1）过来，如图 11-19 所示，可以得到 dp[i][j]=dp[i-1][j]+dp[i][j-1]，对于第一行和第一列我们要单独处理。

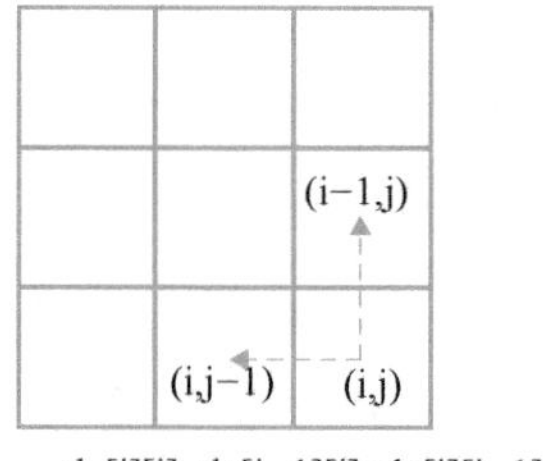

图 11-19

```
public int uniquePaths(int[][] grid) {
     int m=grid.length;
     int n=grid[0].length;
     int dp[][]=new int[m][n];
     for (int i=0; i<m; i++) {// 第一列初始化。
```

```
        if (grid[i][0]==1)
            dp[i][0]=1;
        else
            break;
    }
    for (int i=0; i<n; i++) {// 第一行初始化。
        if (grid[0][i]==1)
            dp[0][i]=1;
        else
            break;
    }
    for (int i=1; i<m; i++)
        for (int j=1; j<n; j++)
            if (grid[i][j]==1)// 可以进入。
                dp[i][j]=dp[i-1][j]+dp[i][j-1];
    return dp[m-1][n-1];
}
```

11.5.4 最大正方形

给定一个大小为 n×m 的二进制矩阵，找到只包含' 1 '的最大正方形。

```
Input: n=2, m=2
mat={{1, 1},
     {1, 1}}
Output:2
```

问题分析

这道题让求的是最大正方形中必须全部包含 1，我们定义二维数组 dp[m][n]，其中 dp[i][j]表示是在矩阵中以坐标 (i,j) 为右下角的最大正方形边长。如果 matrix[i][j]是 0，就没法构成正方形，所以 dp[i][j]=0。如果 matrix[i][j]是 1，说明它可以构成一个正方形，并且这个正方形的边长最小是 1，最大是多少还需要继续计算，如图 11-20 所示，我们只需要找到它的上边、左边、左上边三个位置的最小正方形边长 m 即可，那么以当前坐标 (i,j) 为右下角的最大正方形边长就是 m+1。递推公式就是：

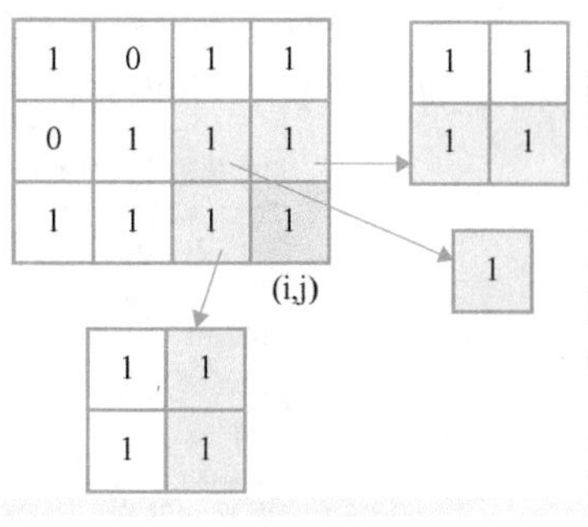

● 图 11-20

```
dp[i][j]=min(dp[i-1][j],dp[i][j-1],dp[i-1][j-1])+1;
```

```
public int maxSquare(char[][] matrix) {
    int height=matrix.length;
    int width=matrix[0].length;
    int[][] dp=new int[height+1][width+1];
```

```
    int maxSide=0;// 最大正方形边长。
    for (int i=1; i<=height; i++) {
        for (int j=1; j<=width; j++) {
            if (matrix[i-1][j-1]=='1') {
                // 取三个最小值。
                dp[i][j]=Math.min(dp[i-1][j],
                        Math.min(dp[i-1][j-1],
                                dp[i][j-1]))+1;
                // 记录最大的边长。
                maxSide=Math.max(maxSide, dp[i][j]);
            }
        }
    }
    // 返回最大正方形。
    return maxSide;
}
```

11.5.5 最长上升子序列

给定一个整数数组，从数组中找出最长（严格）递增的子序列的长度

```
Input:a[]={0,8,4,12,2,10,6,14,1,9,5,13,3,11,7,15}
Output: 6
解释：最长上升子序列是[0 2 6 9 13 15]，长度是 6
```

问题分析

最长上升子序列就是找出数组中一些最长的子序列，并且这些子序列是递增的。dp[i]表示数组的前 i 个元素构成的最长上升子序列长度，如果要求 dp[i]，需要用 num[i]和前面的数字一个个比较，如果比前面的任何一个数字大，说明加入到它的后面可以构成一个上升子序列，就更新 dp[i]。我们就以［8,2,3,1,4］为例来画一张图，如图 11-21 所示。

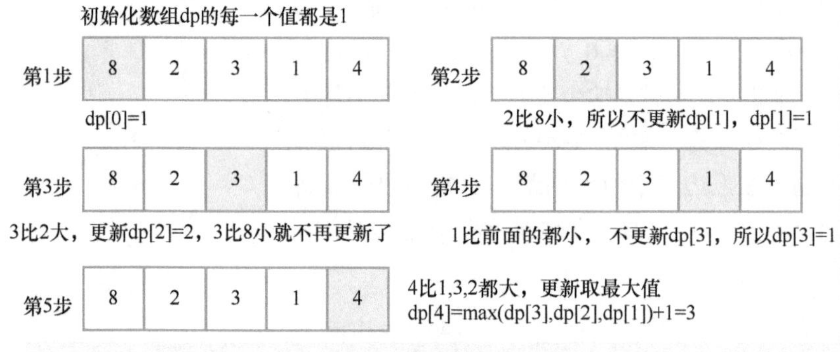

● 图 11-21

```
public int longestSubsequence(int[] nums) {
    int[] dp=new int[nums.length];
```

```
    // 初始化数组 dp 的每个值为 1。
    Arrays.fill(dp, 1);
    int max=1;
    for (int i=1; i<nums.length; i++) {
        for (int j=0; j<i; j++) {
            // 和前面的逐个比较计算。
            if (nums[i]>nums[j]) {
                dp[i]=Math.max(dp[i], dp[j]+1);
                max=Math.max(max, dp[i]);// 保存最大值。
            }
        }
    }
    return max;
}
```

动态规划的题实际上是非常多的，这里只列出了很少的一部分，剩下的大家可以自己去练习，有时间笔者也会通过视频直播或录播的方式继续给大家讲解，书中就不再介绍了。

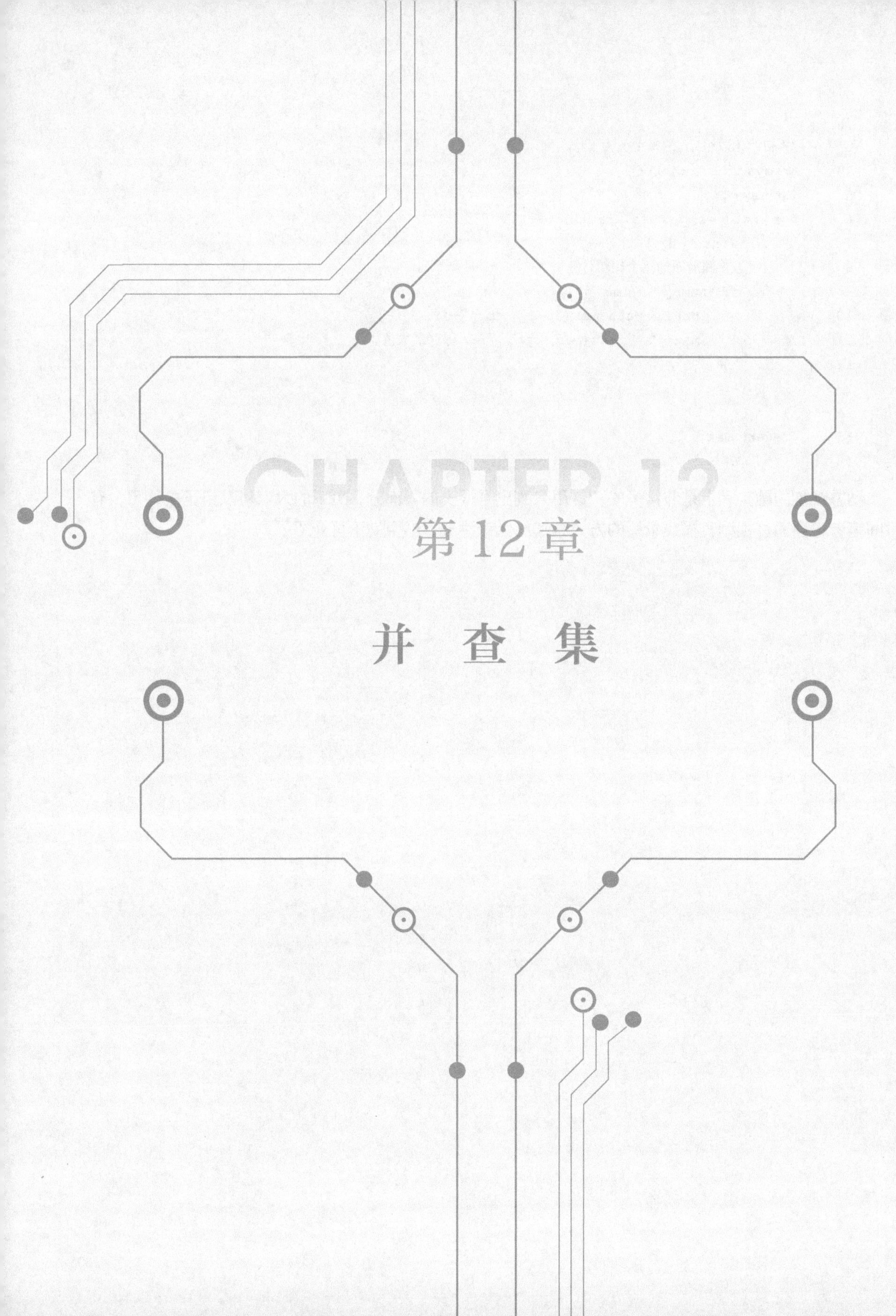

CHAPTER 12

第12章

并 查 集

并查集主要用于处理一些集合的查询及合并问题。比如在《三国演义》中，关羽要和张飞单挑，单挑之前他们需要查询是否是同一阵营的，关羽的老大是刘备，张飞的老大也是刘备，所以他们是同一阵营的，不会打起来。如果关羽要和徐晃单挑，因为关羽的老大是刘备，而徐晃的老大是曹操，他们不是同一阵营的，所以他俩最终会打起来，这个查找老大的过程就是查询。而赵云自从离开公孙瓒之后就漂泊江湖，突然有一天刺杀裴元绍后遇到了刘备，就对刘备说，以后我就跟着你吧，刘备大喜，于是赵云就带着他的本部兵马全部投靠了刘备，这就叫作合并。

12.1 并查集的使用

自从赵云投靠了刘备之后，赵云以及他手下士兵的老大就都变成了刘备。我们画一张图来看一下赵云和它的本部兵马是怎样投靠刘备的，如图 12-1 所示。

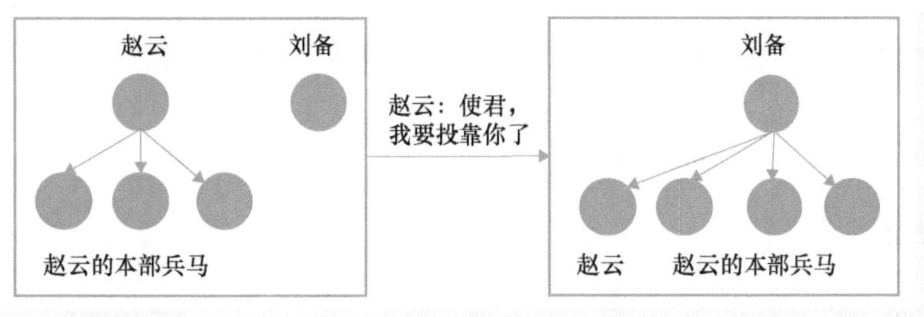

● 图 12-1

刚开始的时候每个人都是一个单独的个体，他们都是自己的老大，只不过在不断打斗以及投靠中慢慢就会发生合并，如图 12-2 所示。

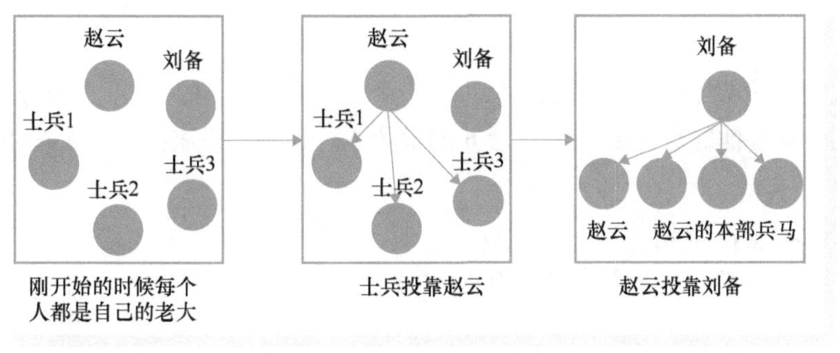

● 图 12-2

```java
public class UnionFind {

    private int[] parent; // 记录每个元素的老大。
```

```
    public UnionFind(int n);// 构造函数。

    public int find(int x); // 查找元素 x 的老大。

    // 判断两个元素是否连在一起。
    public boolean isConnected(int x, int y);

    // 把两个元素连接在一起。
    public boolean union(int x, int y);

    // 连通量的个数。
    public int count();
}
```

上面的代码很简单，来看一下它们是怎么实现的。刚开始的时候每个人谁也不认识谁，他们都是自己的老大，所以初始化的时候每个元素的老大都不同，我们来看一下构造函数。

```
private int[] parent; // 记录每个元素的老大。
private int count;// 总的老大数量。

// 构造函数。
public UnionFind(int n) {
    count=n;
    // 创建一个长度为 n 的数组。
    parent=new int[n];
    // 刚开始的时候数组的每个元素都创建一个不同的值。
    for (int i=0; i<n; i++) {
        parent[i]=i;
    }
}
```

这里着重说明一下数组 parent 的含义，假如每一个士兵都有自己的编号，那么 parent[5] =6 就表示编号为 5 的士兵，他的老大就是编号为 6 的那个人。再看一下查找，就更简单了，直接返回 parent 即可。

```
public int find(int x) {
    return parent[x];// 返回元素 x 的 parent。
}
```

假如关羽要和赵云单挑，单挑之前需要判断他们的老大是否是同一个人。

```
//是否连接只需要判断他们的老大是否是同一个人就可以了。
public boolean isConnected(int x, int y) {
    return find(x)==find(y);
}
```

我们再来看一下赵云是怎样投靠刘备的，当赵云投靠刘备之后，他的属下也都要跟着投靠刘备，因为之前的老大是赵云，所以这里要改成刘备，这里需要遍历数组，把那些士兵的老大改成刘备。

```
// 把两个元素连接在一起,让他们成为同一阵营。
public boolean union(int x, int y) {
    // 如果他们的老大是同一个人,说明他们是同一阵营的,就不需要再合并了。
    if (isConnected(x, y))
        return false;
    // 查找这两个元素的老大。
    int xParent=find(x);
    int yParent=find(y);
    // 这里会合并,假设 x 是赵云,y 是刘备,下面在数组中查找,老大只要
     // 是赵云的,就都让他们的老大变成刘备。
     for (int i=0; i<parent.length; i++) {
         if (parent[i]==xParent)
             parent[i]=yParent;
     }
     count--;// 合并之后总的老大数量减 1。
     return true;// 合并成功返回 true。
}
```

我们来看一下完整代码。

```
public class UnionFind {

    private int[] parent; // 记录每个元素的老大。
    private int count;// 总的老大数量。

    // 构造函数。
    public UnionFind(int n) {
        count=n;
        // 创建一个长度为 n 的数组。
        parent=new int[n];
        // 刚开始的时候数组的每个元素都创建一个不同的值。
        for (int i=0; i<n; i++) {
            parent[i]=i;
        }
    }

    public int find(int x) {
        return parent[x];// 返回元素 x 的老大。
    }

    // 是否连接只需要判断他们的老大是否是同一个人就可以了。
    public boolean isConnected(int x, int y) {
        return find(x)==find(y);
    }

    // 把两个元素连接在一起,让他们成为同一阵营。
```

```
    public boolean union(int x, int y) {
        if (isConnected(x, y))
            return false;
        int xParent=find(x);
        int yParent=find(y);
        for (int i=0; i<parent.length; i++) {
            if (parent[i]==xParent)
                parent[i]=yParent;
        }
        count--;// 合并之后总的老大数量减 1。
        return true;
    }

    public int count() {
        return count;
    }
}
```

12.2 并查集优化

我们看到上面函数 union 的时候，当赵云投靠刘备时，需要把数组全部遍历一遍，让赵云手下的老大都变成刘备。如果只有赵云一个人投靠我们还能忍受，但是马超也来投靠刘备了，他本部兵马的老大也都要改成刘备，魏延也来投靠了，黄忠也来了，还有严颜、张松等，这样每来一波人投靠，都需要遍历整个数组，显然效率是很差的，如图 12-3 所示。

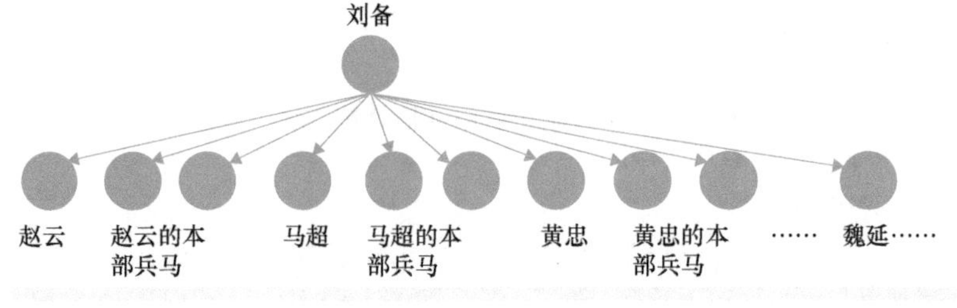

● 图 12-3

这时候刘备就说了，你们每来一波人我都要亲自接待，然后告诉他们我是他们的老大，这样太麻烦了，时间都被占用了，还怎样复兴汉室。你们投靠我的时候，只要你们这些老大投靠我就行了，你们的那些士兵原来在谁的手下现在还在谁的手下，如图 12-4 所示。

这个时候周仓想要单挑赵云，周仓查了一下他的老大是关羽，关羽上面还有刘备，刘备上面没有老大了，所以周仓的终极老大就是刘备，而赵云查了一下他的老大也是刘备，所以他们是同一阵营的，就不再单挑了。下面看一下代码，这里只需要看 find 和 union 方法即可，其他都是一样的。

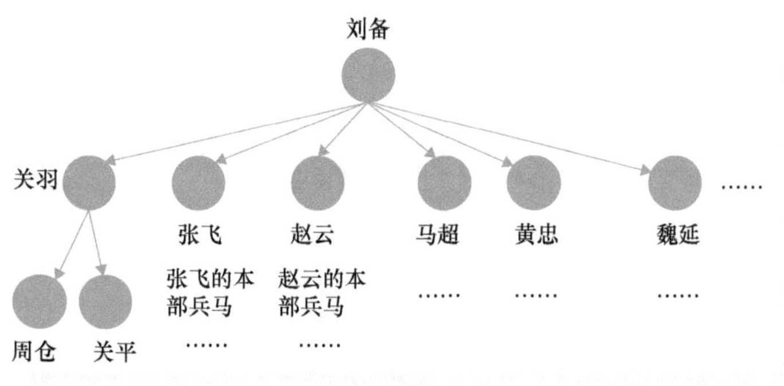

● 图 12-4

```
// 查找终极老大。
public int find(int x) {
    while (x!=parent[x])
        x=parent[x];
    return x;
}

// 把两个元素连接在一起。
public boolean union(int x, int y) {
     if (isConnected(x, y))
         return false;
     int xParent=find(x);
     int yParent=find(y);
     parent[xParent]=yParent;
     count--;
     return true;
 }
```

12.3 并查集路径压缩

刘备手下有关羽，关羽手下有周仓，周仓手下还有士兵，假设往下总共有 100 层上下级关系，最下层的两个士兵要单挑，单挑之前他们需要查一下是否是同一阵营的，如图 12-5 所示。

查询的时候只能问自己的上级，上级再问他的上级……，一直查询到刘备，然后往下传递，其实就是递归。因为上下层级关系太多，好不容易查完了，等会儿又来一个士兵 3 要和士兵 1 单挑，这个时候士兵 1 还要查关系，显然效率不是很高，因为之前都查过，可以把这些曾经查过的路径上所有士兵的老大标注为刘备，如图 12-6 所示。

这样画并不是说关羽和他们是平级的关系，而是说关羽和他们的终极老大都是刘备。所以在查找的时候可以使用递归的方式，往上进行查找，查找到之后再往下逐个传递，告诉他们终极老大是刘备，我们只需要修改一下 find 方法即可，其他可以不用动。

```
// 查找终极老大。
public int find(int x) {
    // 注意这里使用的是递归的方式,如果 x 不是终极老大,就一直 往上查,
    // 查到之后递归往下走,顺便把他们的老大都改成终极老大。
    if (x!=parent[x])
        parent[x]=find(parent[x]);
    // 返回终极老大。
    return parent[x];
}
```

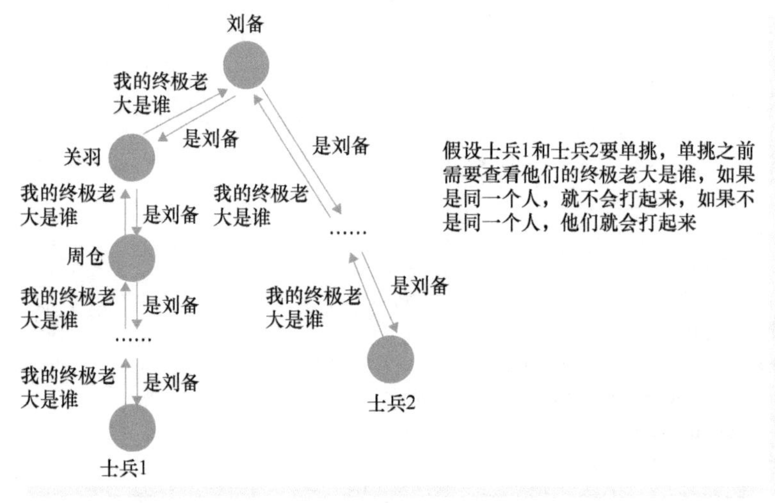

● 图 12-5

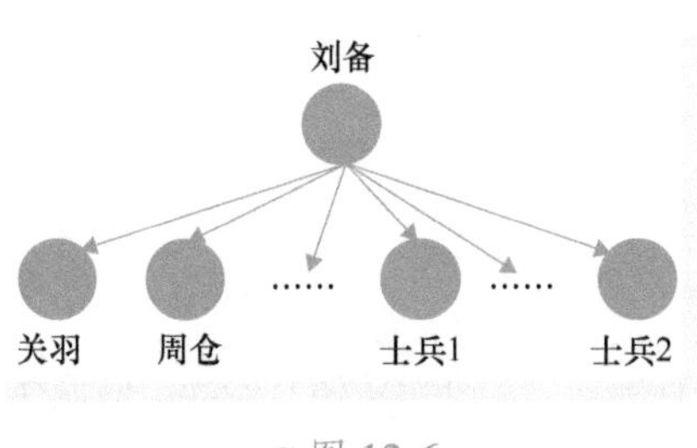

● 图 12-6

12.4 按大小合并优化

上面我们关注的是查找，这里再来看一下合并。假设有元素 1，2，3，4，5 它们要合并，那么合并就会有多种方式，来看其中的一种，如图 12-7 所示。

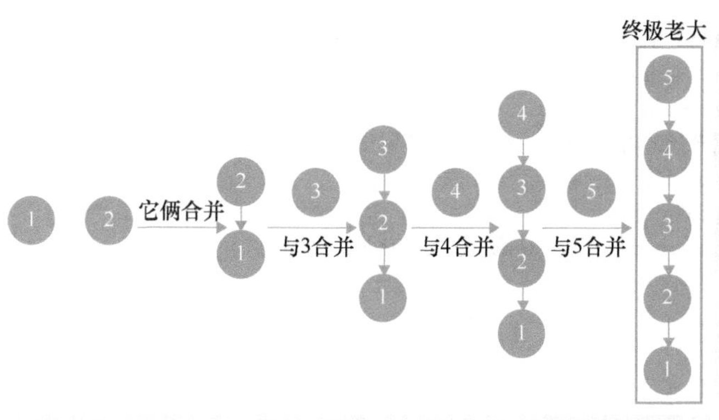

● 图 12-7

我们看到上面这种合并方式都退化成一个链表了，查询效率当然不会高，一般情况下，我们希望它变成一棵树，并且这棵树的高度要尽可能矮。大家可能会想，除了根节点以外，其他的全部变成叶子节点，也就是树只有两层，这样查询效率就高了。其实这就相当于在 12. 2 节并查集优化中讲的那样，如果这样，那么合并的时候效率会很差。

关于两棵树合并，这里有两种方式，一种是按大小合并，一种是按秩合并。先来看一下按大小合并，比如下面两棵树要合并，如图 12-8 所示。

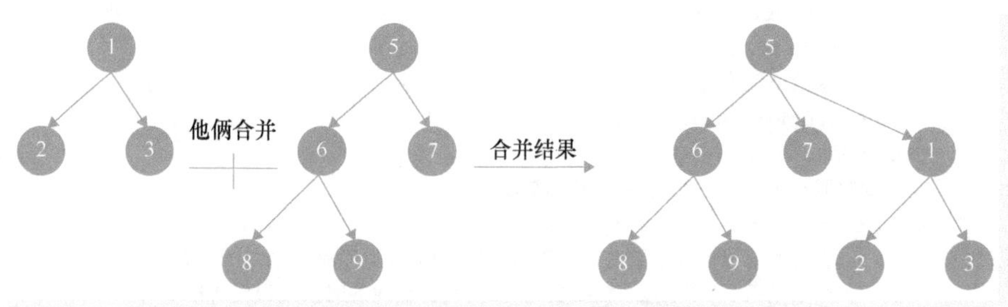

● 图 12-8

这种合并坚持的是少数服从多数的原则，节点多的终极老大就会成为合并之后所有节点的终极老大。我们来看一下最终代码。

```
public class UnionFind {

    private int[] parent; // 记录每个元素的老大。
    private int[] range; // 每一组元素的个数,合并的时候用到。
    private int count;// 总的 parent 数量。

    // 构造函数。
    public UnionFind(int n) {
        count=n;
```

```
        // 创建一个长度为 n 的数组。
        parent=new int[n];
        range=new int[n];
        // 刚开始的时候,数组的每个元素都创建一个不同的值。
        for (int i=0; i<n; i++) {
            parent[i]=i;
            range[i]=1;// 注意这里初始化是 1。
        }
    }

    // 查找终极老大。
    public int find(int x) {
        if (x!=parent[x])
            parent[x]=find(parent[x]);
        return parent[x];
    }

    public boolean isConnected(int x, int y) {
        return find(x)==find(y);
    }

    // 把两个元素连接在一起,让他们成为同一阵营。
    public boolean union(int x, int y) {
        if (isConnected(x, y))
            return false;
        // 查找这两个元素的老大。
        int xParent=find(x);
        int yParent=find(y);
        // 少数服从多数,元素少的合并到元素多的。
        if (range[xParent]<range[yParent]) {
            // 合并的时候节点个数也需要更新,这里只需要更新终极老大的节点
            // 个数就行了,子节点不需要更新,因为我们查找的时候是根据终极
            // 老大节点来查找的。
            range[yParent]+=range[xParent];
            parent[xParent]=yParent;
        } else {
            range[xParent]+=range[yParent];
            parent[yParent]=xParent;
        }
        count--;
        return true;
    }

    public int getCount() {
        return count;
    }
}
```

12.5 按秩合并优化

再来看一下按秩合并，按秩合并可以把它看作是按照树的高度来合并，合并的原理如下：

- 只有一个节点的树，它的秩为 0；
- 当两棵不同秩的树合并的时候，秩小的树要合并到秩大的树下面，所以新树的秩没有改变。
- 当两棵相同秩的树合并的时候，无论谁合并到谁下面都是可以的，但新树的秩是原来树的秩加 1。

细心的读者可能发现了，这种合并并不能保证合并之后的结果是最优的，因为合并之前需要先查找，而在查找的时候会有路径压缩，可能秩最大的那棵树由于查找变成秩最小的那棵树了，但我们还是把另一棵树放到了它的下面，所以按秩合并是尝试合并出最矮的树，但并不保证一定最矮，我们来看一下代码。

```
public class UnionFind {

    private int[] parent; // 记录每个元素的老大。
    private int[] height; // 看作树的高度。
    private int count;// 总的 parent 数量。

    // 构造函数。
    public UnionFind(int n) {
        count=n;
        // 创建一个长度为 n 的数组。
        parent=new int[n];
        height=new int[n];
        // 刚开始的时候数组的每个元素都创建一个不同的值。
        for (int i=0; i<n; i++) {
            parent[i]=i;
            height[i]=1;// 注意这里初始化是 1。
        }
    }

    // 查找终极老大。
    public int find(int x) {
        if (x!=parent[x])
            parent[x]=find(parent[x]);
        return parent[x];
    }

    public boolean isConnected(int x, int y) {
        return find(x)==find(y);
    }

```

```
    public boolean union(int x, int y) {
        if (isConnected(x, y))
            return false;
        int xParent=find(x);
        int yParent=find(y);
        // 矮的合并到高的下面。
        if (height[xParent]<height[yParent]) {
            parent[xParent]=yParent;
        } else if (height[xParent]>height[yParent]) {
            parent[yParent]=xParent;
        } else {
            // 这两棵树一样高,哪个当老大都可以,但要记得当老大的
            // 根节点高度要加 1。
            parent[yParent]=xParent;
            height[xParent]++;
        }
        count--;
        return true;
    }

    public int getCount() {
        return count;
    }
}
```

12.6 示例练习

12.6.1 岛屿数量

这道题在 9.3.1 小节岛屿数量中讲过，使用的是 BFS 和 DFS 两种方式解决，这里来看第三种解决方式——并查集。

问题分析

1 是陆地，0 是水域，这道题的解决思路就是刚开始的时候每个 1 算一座岛屿，然后使用并查集把岛屿上下左右挨着的都连在一起，合并成一个连通分量，每个连通分量就是一座岛屿，最后返回连通分量的个数即可。

```
public class UnionFind {
    private int[] parent;
    // 待合并区域的数量,初始化的时候就是 1 的数量。
    private int count;

    // 构造函数,把二维数组转换为一维数组。
```

```
    public UnionFind(char[][] grid) {
        int rows=grid.length;
        int cols=grid[0].length;
        int total=rows * cols;
        parent=new int[total];
        for (int i=0; i<rows;++i) {
            for (int j=0; j<cols;++j) {
                if (grid[i][j]=='0')
                    continue;
                parent[i * cols+j]=i * cols+j;
                count++;// 统计1的个数。
            }
        }
    }

    public int find(int x) {
        if (x!=parent[x])
            parent[x]=find(parent[x]);
        return parent[x];
    }

    public boolean isConnected(int x, int y) {
        return find(x)==find(y);
    }

    public void union(int x, int y) {
        if (isConnected(x, y))
            return;
        int xParent=find(x);
        int yParent=find(y);
        parent[yParent]=xParent;
        count--;// 合并的时候连通的数量要减1。
    }

    // 连通区域的数量。
    public int getCount() {
        return count;
    }
}

public int solve(char[][] grid) {
    int rows=grid.length;
    int cols=grid[0].length;
    UnionFind uf=new UnionFind(grid);
    for (int i=0; i<rows; i++) {
        for (int j=0; j<cols; j++) {
            if (grid[i][j]=='0')
```

```
                    continue;
                // 如果是陆地,判断它的上下左右是否能连通。
                if (i>0&&grid[i-1][j]=='1') // 上
                    uf.union(i*cols+j, (i-1)*cols+j);
                if (i+1<rows&&grid[i+1][j]=='1') // 下
                    uf.union(i*cols+j, (i+1)*cols+j);
                if (j>0&&grid[i][j-1]=='1') // 左
                    uf.union(i*cols+j, i*cols+j-1);
                if (j+1<cols&&grid[i][j+1]=='1') // 右
                    uf.union(i*cols+j, i*cols+j+1);
            }
        }
        return uf.getCount();
    }
```

12.6.2 被围绕的区域

这道题在 9.3.2 小节被围绕的区域中也讲过，使用的是 BFS 和 DFS 两种方式解决，这里来看一下这道题的并查集解决思路。

问题分析

这道题说的是被 X 包围的 0 全部用 X 来填充。我们知道边上的 0 是不可能被包围的。我们遍历这个矩阵，如果是 X 就跳过，如果是边上的 0，就让它和矩阵右下角的那个位置相连（当然和左上角位置相连也是可以的，只要是边上的都可以，因为边上的是不可能被包围的），然后沿着这个 0 的上下左右四个方向遍历，遇到 0 也要连在一起。最后就会变成边上的 0 以及和边上的 0 挨着的 0，都是和右下角那个位置连在一起的，最后遍历矩阵，只要不是和右下角连在一起的说明都是被 X 包围的，需要把它变成 X，来看一下代码。

```
public class UnionFind {
    private int[] parent;

    public UnionFind(int n) {
        parent=new int[n];
        for (int i=0; i<n; i++)
            parent[i]=i;
    }

    public int find(int x) {
        if (x!=parent[x])
            parent[x]=find(parent[x]);
        return parent[x];
    }

    public boolean isConnected(int x, int y) {
        return find(x)==find(y);
```

```
    }

    public void union(int x, int y) {
        if (isConnected(x, y))
            return;
        int xParent=find(x);
        int yParent=find(y);
        parent[yParent]=xParent;
    }
}

public void surroundedArea(char[][] board) {
    int rows=board.length;
    int cols=board[0].length;
    // 这个是矩阵的最后一个位置,我们让边上的O都和它相连。
    int last=rows * cols-1;
    UnionFind union=new UnionFind(last+1);
    for (int i=0; i<rows; i++) {
        for (int j=0; j<cols; j++) {
            if (board[i][j]=='X')// 如果不是O,则跳过。
                continue;
            // 如果是边上的O,就和last合并成一个连通区域。
            if (i==0||i==rows-1||j==0||j==cols-1) {
                union.union(i * cols+j, last);
            } else {
                // 如果不是边上的O,就让它和它的上下左右是O的位置合并成一个连通区域。
                if (i>0&&board[i-1][j]=='O') // 上
                    union.union(i * cols+j, (i-1) * cols+j);
                if (i<rows-1&&board[i+1][j]=='O') // 下
                    union.union(i * cols+j, (i+1) * cols+j);
                if (j>0&&board[i][j-1]=='O') // 左
                    union.union(i * cols+j, i * cols+j-1);
                if (j<cols-1&&board[i][j+1]=='O') // 右
                    union.union(i * cols+j, i * cols+j+1);
            }
        }
    }

    for (int i=0; i<rows; i++) {
        for (int j=0; j<cols; j++) {
            // 如果是O,并且和last不相连,说明是被包围的,把它改成X。
            if (board[i][j]=='O'&&!union.isConnected(i * cols+j, last))
                board[i][j]='X';
        }
    }
}
```

12.6.3 省份数量

这道题在 9.3.6 小节省份数量也有，使用的是 BFS 和 DFS 两种方式解决，具体可以自己看一下，这里看一下使用并查集怎样解决。

问题分析

这道题实际上是计算连通分量的个数，刚开始的时候假设每个城市都不是连通的，然后遍历集合把相连的城市连在一起，连在一起的都是同一个省份，没连在一起的是不同的省份，最后返回没连在一起的个数即可。这道题代码比较少，我们来看一下。

```
private int[] parent;
private int count=0;// 连通区域的数量。

public int numProvinces(ArrayList<ArrayList<Integer>> adj) {
    int length=adj.size();
    // 刚开始假设都是没有连通的。
    count=length;
    parent=new int[length];
    for (int i=0; i<length; i++)
        parent[i]=i;

    for (int i=0; i<length; i++)
        for (int j=i+1; j<length; j++)
            if (adj.get(i).get(j)==1)
                union(i, j);
    // 返回没连通的个数。
    return count;
}

public int find(int x) {
    if (x!=parent[x])
        parent[x]=find(parent[x]);
    return parent[x];
}

public void union(int x, int y) {
    int xParent=find(x);
    int yParent=find(y);
    if (xParent==yParent)
        return;
    parent[yParent]=xParent;
    count--;// 连通分量减 1。
}
```

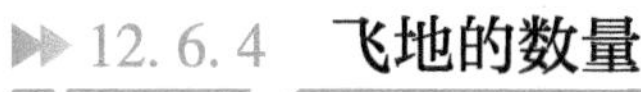

12.6.4 飞地的数量

给定一个 n×m 的二进制矩阵网格，其中 0 代表海洋，1 代表陆地。一次移动是指从一个陆地走到另一个相邻的（4 方向）陆地，或者走出网格的边界。找出网格中无论移动多少次都不能走出网格边界的陆地数量。

```
Input:
grid[][]={{0, 0, 0, 0},
          {1, 0, 1, 0},
          {0, 1, 1, 0},
          {0, 0, 0, 0}}
Output:3 (如图 12-9 所示)
```

0	0	0	0
1	0	1	0
0	1	1	0
0	0	0	0

输出：3

● 图 12-9

问题分析

这道题实际上是求被 0 包围的区域中 1 的个数，可以参照前面 12.6.2 小节被围绕的区域，把边上是 1 的和左上角位置放到一个连通分量，然后和它们挨着的如果有 1，也放到一个连通分量里，最后计算和左上角不在一个连通分量的 1 的个数。答案和 12.6.1 小节岛屿数量非常类似，就不再详细介绍，看一下代码。

```
public int numberOfEnclaves(int[][] grid) {
    int rows=grid.length;
    int cols=grid[0].length;
    int first=0;// 不能被包围的 1 和左上角位置合并成一个连通分量。
    UnionFind uf=new UnionFind(grid);
    for (int i=0; i<rows; i++) {
        for (int j=0; j<cols; j++) {
            if (grid[i][j]==0)
                continue;
            // 如果是边上的 1,就和 first 合并成一个连通区域。
            if (i==0 || i==rows-1 || j==0 || j==cols-1){
                uf.union(i*cols+j, first);
            } else {
                // 如果不是边上的 1,就让它和它的上下左右是 1 的位置合并成一个连通区域。
```

```
                if (i>0&&grid[i-1][j]==1) // 上
                    uf.union(i*cols+j, (i-1)*cols+j);
                if (i<rows-1&&grid[i+1][j]==1) // 下
                    uf.union(i*cols+j, (i+1)*cols+j);
                if (j>0&&grid[i][j-1]==1) // 左
                    uf.union(i*cols+j, i*cols+j-1);
                if (j<cols-1&&grid[i][j+1]==1) // 右
                    uf.union(i*cols+j, i*cols+j+1);
            }
        }
    }

    // 统计无法到达边界的数量。
    int res=0;
    for (int i=0; i<rows; i++) {
        for (int j=0; j<cols; j++) {
            if (grid[i][j]==0)// 如果是 0 就跳过。
                continue;
            // 如果不是和第一个位置相连的,说明它们无法到达边界。
            if (!uf.isConnected(i*cols+j, first))
                res++;
        }
    }
    return res;
}
```

CHAPTER 13

第 13 章

其他经典算法

关于算法的题是非常多的，本书不可能讲完，前面的内容也只是讲了其中的一部分，当然还有一些大家耳熟能详的算法，比如 KMP 算法、马拉车算法、中缀表达式求值等，这章简单介绍一些常见的算法题。

13.1 KMP 算法

KMP 算法主要用于字符串匹配，它的时间复杂度是 O(m+n)。常规的字符串匹配我们一般都这样做，使用两个指针，一个指向主串，一个指向模式串，如果它俩指向的字符一样，它俩同时往右移一步，如果它俩指向的字符不一样，模式串的指针重新指向它的第一个字符，主串的指针指向它上次开始匹配的下一个字符，如图 13-1 所示。

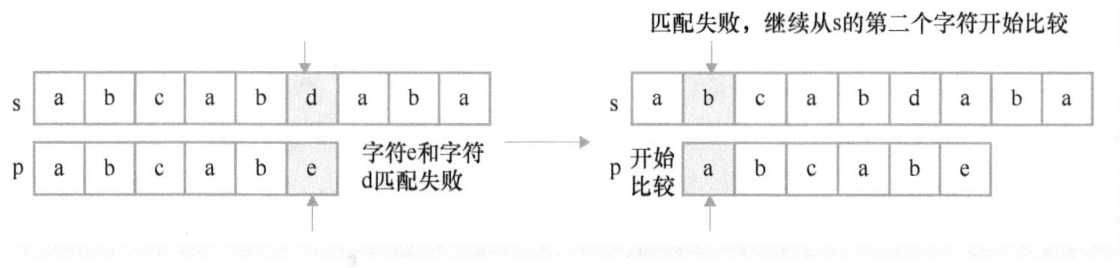

● 图 13-1

我们看到当模式串和主串匹配失败的时候，模式串会从头开始重新匹配，主串也会回退，但我们知道失败字符之前的子串都是匹配成功的，那么这个信息能不能被我们利用呢？当然可以，这个就是我们这里要讲的 KMP 算法，它就是利用匹配失败后的信息，尽量减少模式串与主串的匹配次数，以达到快速匹配的目的。当使用 KMP 算法的时候，如果某个字符匹配失败，主串指针不回退，而模式串指针不一定回到它的第一个字符，如图 13-2 所示。

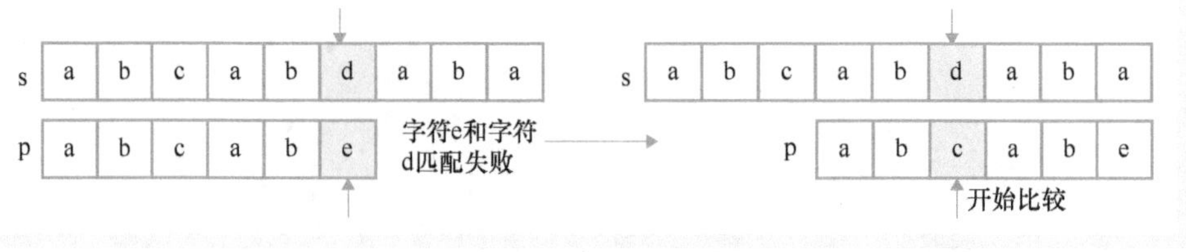

● 图 13-2

当字符 e 和 d 匹配失败之后，主串指针不回退，模式串指针指向字符 c，然后继续判断。主串指针不回退好操作，但模式串指针怎样确定是回到字符 c，而不是其他位置呢？这是因为在字符 e 匹配失败后，字符 e 前面有 2 个字符 ab 和最开始的 2 个字符 ab 相同，可以跳过前 2 个字符。也就是说，模式串匹配某一个字符失败的时候，如果这个失败的字符前面有 m 个字符和最开始的 m 个字符相同，那么下次比较的时候，就可以跳过模式串的前 m 个字符，如图 13-3 所示。

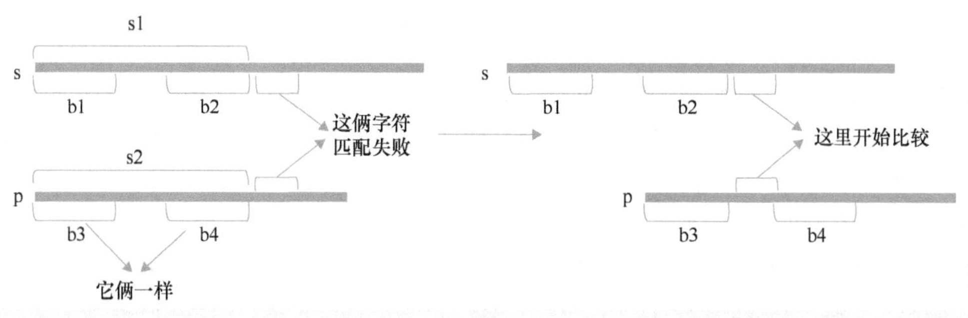

● 图 13-3

通过图 13-3 可以知道，当某个字符匹配失败的时候，它前面的肯定都是成功的，也就是说字符串 s1 和字符串 s2 完全一样。在模式串中，匹配失败的字符前面 b4 和 b3 是相同的，可以得到 b1，b2，b3，b4 都是相同的，也就是说 b2 和 b3 也是相同的，既然是相同的，跳过即可，不需要再比较了，直接从它们的下一个字符开始匹配。

KMP 算法的核心部分就是找出模式串中每个字符前面到底有多少字符和最开始的字符相同，我们用 next 数组表示。有的描述成真前缀和真后缀的相同数量。这里要注意当前字符前面的字符不包含第 1 个字符，最开始的字符也不能包含当前字符，比如在模式串 abc 中不能说字符 c 前面有 ab，与最开始的 ab 相同，我们来看一下表 13-1。

表 13-1　下标与模式串 1

下标	0	1	2	3	4	5	6
模式串	a	b	c	a	b	e	a
next[i]	-1	0	0	0	1	2	0

我们看到字符 e 前面有 ab 和最开始的字符 ab 相同，长度是 2。再看第 2 个 a 前面没有（不包含自己）和最开始字符有相同的，所以是 0。在任何模式串的第 2 个字符前面都没有和最开始字符有相同的，因为前面的不包含第一个字符，所以 next[1]=0。如果第 2 个没有，那么第 1 个就更没有了，为了区分，可以让 next[0]=-1，当然等于 0 也可以，需要特殊处理。先来看一下 next 数组怎样求，如图 13-4 所示。

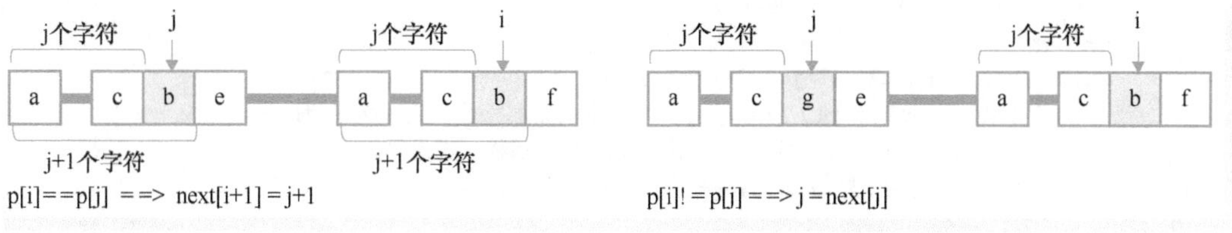

● 图 13-4

使用两个指针 i 和 j，其中 j 是字符 p[i]前面与最开始字符相同的数量，也是 next[i]。如果 p[j]==p[i]，也就是说字符 p[i+1] 前面有 j+1 个字符和最开始的 j+1 个字符相同，可以得到 next[i+1]=j+1，这个很容易理解。如果 p[j]!=p[i]，我们让指针 j 等于 next[j]，然后重新和 p[i]比较，这就是回退，这个回退也是 KMP 算法的最核心部分，我们来分析一下为什么要这样回退。

如图 13-5 所示，如果 next[j]大于 0，那么 j 前面的 b2 和 b1 是相同的，我们知道 s1 和 s2 也是相同的，可以得出 b1，b2，b3，b4 都是相同的，如果 p[i]!=p[j]，只需要让 j 回退到 next[j]，然后 i 和 j 重新比较，这个 next[j]就是 b1 的长度，因为 b1 和 b4 是相同的，所以不需要再比较了。如果还不相同，j 继续回退，直到回退到-1 为止，我们来看一下真实的字符串，如图 13-6 所示。

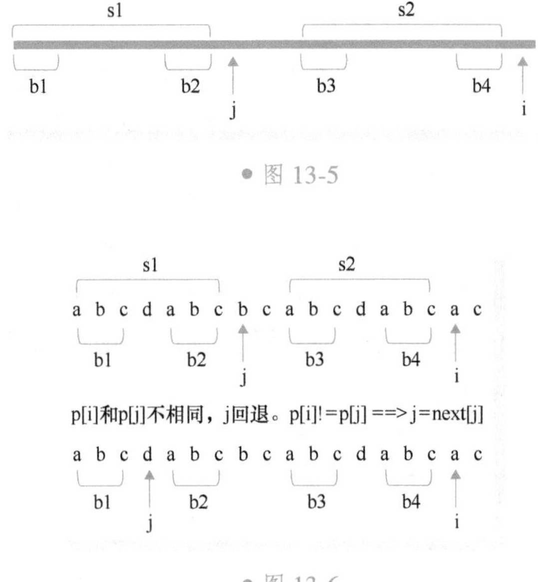

图 13-5

图 13-6

我们看到 b1，b2，b3，b4 是相同的，它们都是字符串"abc"，如果 p[i]!=p[j]，就让 j 回退到 next[j]，因为它们前面 b1 和 b4 是相同的，不需要再比较了，最后来看一下代码。

```
public int strStr(String s, String p) {
    int i=0;// 主串 s 的下标。
    int j=0;// 模式串 p 的下标。
    int[] next=new int[p.length()]
    getNext(p, next);// 计算 next 数组。
    while (i<s.length() && j<p.length()) {
        // 如果 j 为-1 或者 p[i]==p[j],i 和 j 都往后移一步。当 j 为-1 时,
        // 说明 p[i]!=p[0],然后 i 往后移一步,j 也往后移一步指向 p[0]。
        if (j==-1 || s.charAt(i)==p.charAt(j)) {
            i++;
            j++;
            if (j==p.length())// 匹配成功。
```

```
                return i-j;
            } else {
                // 匹配失败,j 回退,跳过模式串 p 前面相同的字符继续比较。
                j=next[j];
            }
        }
        return -1;
    }

    private void getNext(String p, int next[]) {
        int length=p.length();
        int i=0;
        int j=-1;
        next[0]=-1;// 默认值。
        // 最后一个字符不需要比较。
        while (i<length-1) {
            // 如果 j 为-1 或者 p[i]==p[j],i 和 j 都往后移一步。
            if (j==-1 ||p.charAt(i)==p.charAt(j)) {
                i++;
                j++;
                // j 是字符 p[i]前面和最开始字符相同的数量。
                next[i]=j;
            } else {
                j=next[j];// 回退,KMP 的核心代码。
            }
        }
    }
```

KMP 优化

我们来看一下表 13-2，当模式串在下标为 4 的位置匹配失败的时候，下一步 j 会回退到下标为 1 的位置，但这两个位置的字符是一样的，既然一样，进行比较也不会成功，所以如果字符一样，可以优化一下，往前查找相同的子串。

表 13-2　下标与模式串 2

下标	0	1	2	3	4	5	6
模式串	a	b	c	a	b	e	a
next [i]	-1	0	0	0	1	2	0

```
private void getNext(String p, int next[]) {
    int length=p.length();
    int i=0;
    int j=-1;
    next[0]=-1;// 默认值。
    // 最后一个字符不需要比较。
    while (i < length - 1) {
```

```
        // 如果 j 为-1 或者 p[i]==p[j],i 和 j 都往后移一步。
        if (j==-1 ||p.charAt(i)==p.charAt(j)) {
            i++;
            j++;
            // 这里要注意,i 和 j 都已经执行了自增操作。
            if (p.charAt(i)==p.charAt(j))
                next[i]=next[j];
            else
                next[i]=j;
        } else {
            j=next[j];// 回退,KMP 的核心代码。
        }
    }
}
```

如果前面查找的还是相同的，我们该怎么办呢？是不是需要写一个递归，继续往前找？实际上是不需要的，比如模式串"aaaaaaaaaab"，如果没优化是这样的，如表 13-3 所示。

表 13-3　下标与模式串 3

下标	0	1	2	3	4	5	6	7	8	9	10
模式串	a	a	a	a	a	a	a	a	a	a	b
next[i]	-1	0	1	2	3	4	5	6	7	8	9

如果优化之后，当最后一个 a 匹配不成功的时候，它会回退到前面一个 a，实际上前一个 a 在计算的时候已经回退过了，就是-1，所以不需要递归，直接赋值就行，如表 13-4 所示。

表 13-4　下标与模式串 4

下标	0	1	2	3	4	5	6	7	8	9	10
模式串	a	a	a	a	a	a	a	a	a	a	b
next[i]	-1	-1	-1	-1	-1	-1	-1	-1	-1	-1	9

13.2 马拉车算法

马拉车（Manachar）算法主要是处理回文串问题的，讲 Manachar 算法之前，先讲一下什么叫作中心扩散法求最长回文子串，中心扩散法就是以每一个字符为中心往两边扩散，来找出最长的回文子串。但这样计算会有一个问题，因为我们知道回文串有两种形式，一种是长度为奇数的，比如"aba"，一种是长度为偶数的，比如"abba"。如果最长回文子串的长度是偶数，这种方式就不行了。我们来思考这样一个问题，如果是单个字符，可以认为它是回文子串，如果是多个字符，并且它们都是相同的，它们也是回文串。所以如果以当前字符为中心往两边扩散的时候，最开始的时候如果有相同的，则直接跳过，如图 13-7 所示。

以当前字符为中心计算之后，还要以下一个字符为中心继续计算。这样计算虽然也没问题，但总感觉不是很完美，当以下一个字符为中心计算的时候又要重新开始，那么有没有一种方法不是每次都要重新计算，而是可以利用之前计算的结果呢？答案是肯定的，这就是 Manachar 算法。就像我们前面讲的 KMP 算法一样，前面计算的结果实际上还可以重复利用，下面就来学习 Manachar 算法的原理。

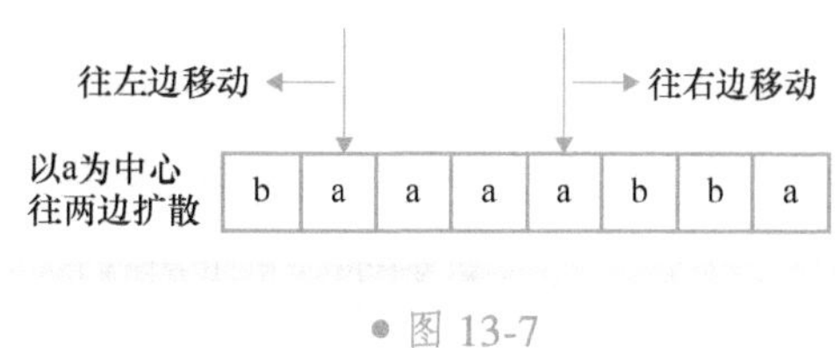

图 13-7

使用 Manachar 算法会在每个字符之间插入一个特殊字符，并且两边也会插入，这个特殊字符要保证不能是原字符串中的字符，这样无论原字符串长度是奇数还是偶数，添加之后长度都会变成奇数。

- "aba"-->"#a#b#a#"（原来长度是 3，添加之后长度是 7）
- "abba"-->"#a#b#b#a#"（原来长度是 4，添加之后长度是 9）

这里再来引用一个叫作回文半径的变量，通过添加特殊字符，原来字符串长度无论是奇数还是偶数，最终都会变为奇数，因为特殊字符的引用，改变之后的字符串的所有回文子串长度一定都是奇数，并且回文子串的第一个和最后一个字符一定是你添加的那个特殊字符。因此**回文子串中间的那个字符到回文子串最左边的长度叫作回文半径**，如图 13-8 所示。

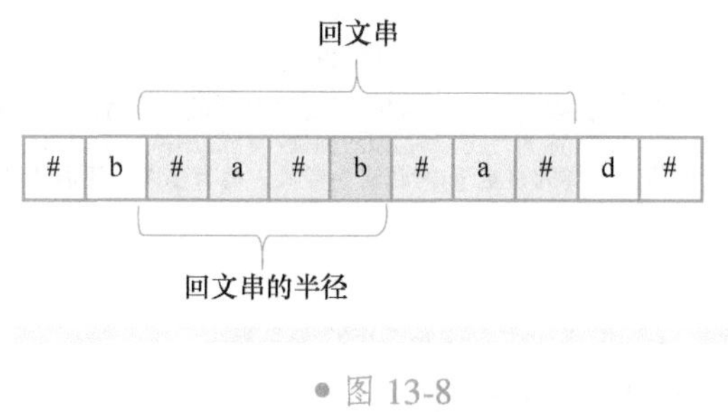

图 13-8

比如字符串"babad"在添加特殊字符之后，每个字符的回文半径如图 13-9 所示。

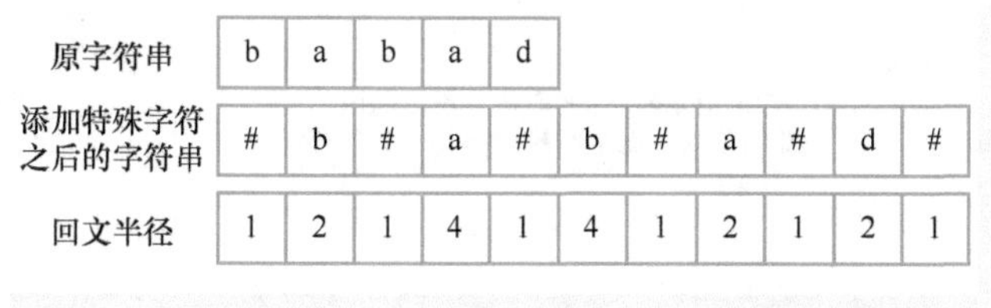

原字符串	b	a	b	a	d						
添加特殊字符之后的字符串	#	b	#	a	#	b	#	a	#	d	#
回文半径	1	2	1	4	1	4	1	2	1	2	1

图 13-9

假如以当前字符 s[maxCenter]为回文中心的最大回文长度是从 left 到 right，如果求以字符 s[i]为回文中心的最大回文长度（其中 i>maxCenter），只需要找到 i 关于 maxCenter 的对称点 j 即可，看一下

j 的回文长度，因为 j 已经计算过了，那么就会有下面 3 种情况：

（1）如果 i 在 right 的左边，并且 j 的最大回文长度左边没有到达 left，根据对称性，i 的最大回文长度就等于 j 的最大回文长度，如图 13-10 所示。

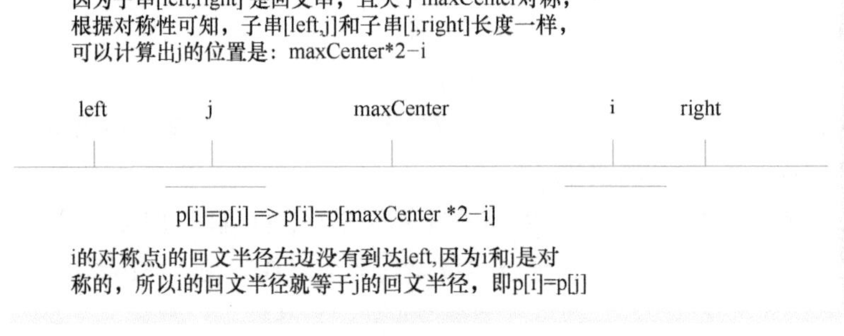

● 图 13-10

（2）如果 i 在 right 的左边，并且 j 的最大回文长度左边到达或者超过 left，根据对称性，i 的最小回文半径等于 j-left+1 也等于 right-i+1，至于最大能有多大，还需要继续判断，如图 13-11 所示。

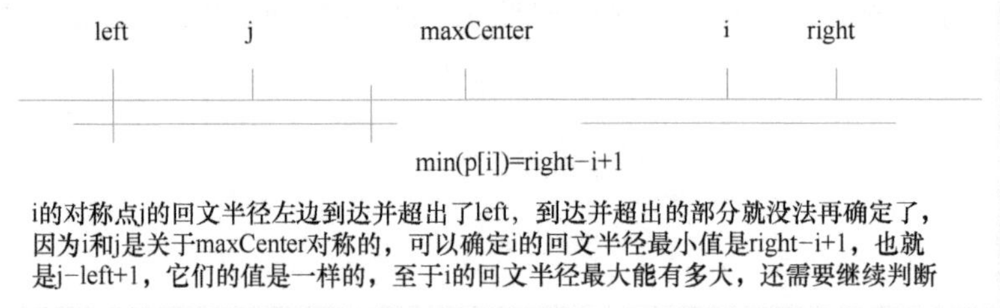

● 图 13-11

（3）如果 i 在 right 或者 right 的右边，就没法利用之前计算的结果了，这个时候就需要一个个判断，如图 13-12 所示。

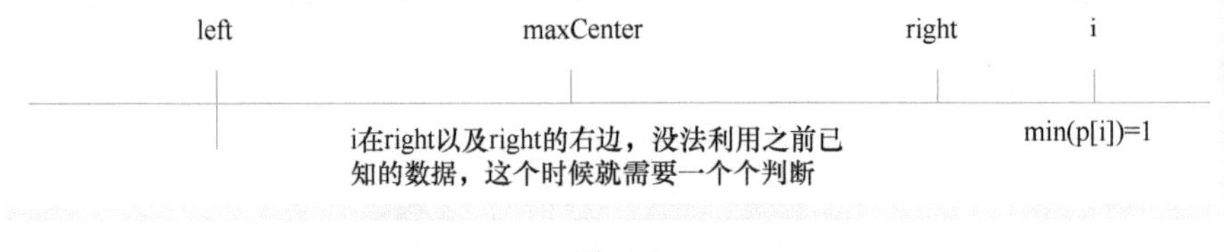

● 图 13-12

举个例子，第一种情况如图 13-13 所示。第二种情况如图 13-14 所示。第三种情况就不画了，因为 i 已经到达 right 或者超过 right，它的最小回文半径是 1，然后使用中心扩散法往两边计算，上面三种情况的代码整理如下：

```
if (i<right) {
    // 下面 2 * maxCenter-i 就是 j 的位置。
    if (p[2 * maxCenter-i]<right-i) {
        // 情况一,j 的左边没有到达 left,直接让 p[i]=p[j]即可。
        p[i]=p[2 * maxCenter-i];
    } else {
        // 情况二,j 的回文半径左边到达或超过 left,可以确定 p[i]的最
        // 小值是 right-i+1,至于到底有多大,后面还需要再计算。
        p[i]=right-i+1;
        // 这里可以把 i-p[i]和 i+p[i]看作是左右两个指针,往两边走。
        while (i-p[i]>=0&& i+p[i]<length&& res[i-p[i]]==res[i+p[i]])
            p[i]++;
    }
} else {
    // 情况三,i 到达 right 或者超过 right。
    p[i]=1;
    while (i-p[i]>=0&&i+p[i]<length&&res[i-p[i]]==res[i+p[i]])
        p[i]++;
}
```

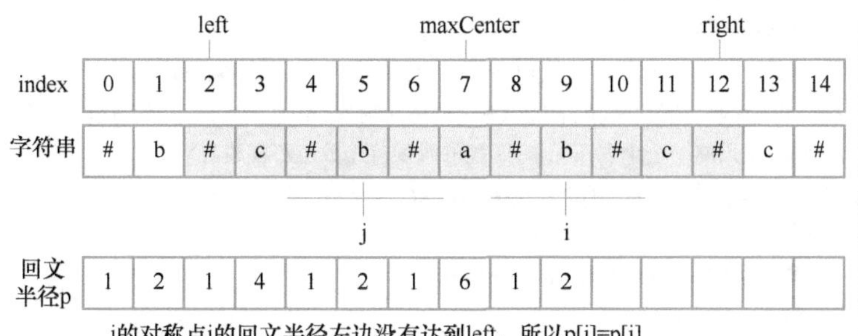

● 图 13-13

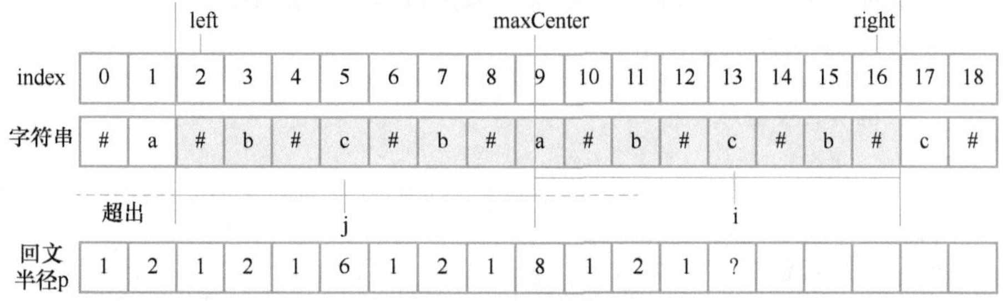

● 图 13-14

上面的代码还可以合并，我们来看一下完整代码：

```
// 返回最长回文串长度。
public String getLongestPalindrome(String s) {
    int charLen=s.length();// 源字符串的长度。
    int length=charLen*2+1;// 添加特殊字符之后的长度。
    char[] chars=s.toCharArray();// 源字符串的字符数组。
    char[] res=new char[length];// 添加特殊字符的字符数组。
    int index=0;
    for (int i=0; i<res.length; i++) // 添加特殊字符。
        res[i]=(i%2)==0? '#': chars[index++];

     // 新建 p 数组,p[i]表示以 res[i]为中心的回文串半径。
     int[] p=new int[length];
     // right(某个回文串延伸到的最右边下标)。
     // maxCenter(right 所属回文串中心下标)。
     // resCenter(记录遍历过的最大回文串中心下标,主要用于最后字符串截取)。
     // resLen(记录遍历过的最大回文串半径,主要用于最后字符串截取)。
     int right=0, maxCenter=0, resCenter=0, resLen=0;
     for (int i=0; i<length; i++) {
         // 合并后的代码。
         p[i]=right>i? Math.min(right-i+1, p[2*maxCenter-i]):1;
         // 上面的代码只能确定[i,right-1]的回文情况,至于 right 以及 right 之后的
         // 部分,就只能一个个去匹配了,匹配的时候首先数组不能越界。
         while(i-p[i]>=0&&i+p[i]<length&&res[i-p[i]]==res[i+p[i]])
             p[i]++;
         // 记录更远的 right 以及 maxCenter。
         if(i+p[i]>right){
             right=i+p[i]-1;
             maxCenter=i;
         }
         // 记录最长回文串的半径和中心位置,这个主要用于后面截取,然后返回。
         if(p[i]>resLen){
             resLen=p[i];
             resCenter=i;
         }
     }
     // 计算最长回文串的长度和开始的位置。
     resLen=resLen-1;
     int start=(resCenter-resLen)>>1;
     // 截取最长回文子串。
     return s.substring(start, start+resLen);
}
```

13.3 摩尔投票算法

摩尔投票算法是一种用来解决绝对众数问题的算法。在一个集合中，如果一个元素的出现次数比其他所有元素的出现次数之和还多，那么就称它为这个集合的绝对众数。也就是说绝对众数的出现次数大于总数的一半。摩尔投票法就是找出数组中的众数，它的实现原理如下：

- 使用一个变量 major 来标记众数，再使用一个变量 count 来记录众数的个数。
- 如果 count 为 0，把众数 major 重新赋值，然后让 count 等于 1。
- 如果元素的值等于 major，count 就加 1。
- 如果元素的值不等于 major，count 就减 1。

其实这个很好理解，假设很多种类的蚂蚁在一起打架，相同的数字代表是同一个种类的蚂蚁，打架的时候如果两只蚂蚁属于不同的种类，它们就会同归于尽。就算其他所有种类的蚂蚁都来攻击这个数量最多的种类蚂蚁，那么最后剩下的也一定是那个数量最多的种类蚂蚁。

```
public int majorityElement(int[] num) {
    int major=num[0];// 默认第一个是众数。
    int count=1;// 累加众数的个数。
    for (int i=1; i<num.length; i++) {
        if (count==0) {
            // 前面都消完了,再重新赋值。
            count++;
            major=num[i];
        } else if (major==num[i]) {
            count++; // 自己人,count 就加 1。
        } else {
            count--;// 不是自己人就同归于尽,消掉一个。
        }
    }
    return major;
}
```

假设给定一个大小为 n 的整数数组，找出其中所有出现超过［n/3］次的元素。我们也可以使用摩尔投票法来解决。大家应该都玩过《开心消消乐》游戏，可以把数组中不同的元素看作是不同的颜色，游戏中每超过 3 个相同的就会销毁，而这道题我们可以假设每 3 个不同的数字可以同时销毁，如果某个数超过［n/3］次，那么最后销毁的时候它肯定是剩下的。因为需要超过［n/3］次，所以剩下的最多只能有两个。我们使用两个变量记录这两个数字，最后这两个数字出现次数究竟有没有超过［n/3］次，还需要再判断。

```
public List<Integer> majorityElement(int[] nums) {
    int voteA=Integer.MAX_VALUE;
    int voteB=Integer.MAX_VALUE;
```

```
    int countA=0;// 记录 A 的个数。
    int countB=0;// 记录 B 的个数。
    for (int num: nums) {
        if (num==voteA) {
            countA++;// 统计 A 的个数。
        } else if (num==voteB) {
            countB++;// 统计 B 的个数。
        } else if (countA==0) {
            voteA=num;// A 还没有,给它赋值。
            countA=1;
        } else if (countB==0) {
            voteB=num;// B 还没有,给它赋值。
            countB=1;
        } else {
            // 到这里说明 A 和 B 都有了,并且这里出现了一个不是 A 或 B 的值。
            // 只有出现 3 个不同数字的时候,它们才能同时销毁。
            countA--;
            countB--;
        }
    }

    // 需要再次统计 numA 和 numB 的个数,确定是否大于[n/3]。
    countA=0;
    countB=0;
    for (int num: nums) {
        if (num==voteA)
            countA++;
        else if (num==voteB)
            countB++;
    }
    List<Integer> res=new ArrayList<>();
    // 如果 A 出现的次数大于[n/3],就把它放到集合 res 中。
    if (countA>nums.length/3)
        res.add(voteA);
    // 如果 B 出现的次数大于[n/3],就把它放到集合 res 中。
    if (countB>nums.length/3)
        res.add(voteB);
    return res;
}
```

大家可以参考《开心消消乐》游戏，试着找出数组中所有超过［n/4］次的元素。

13.4 埃氏筛法

埃拉托斯特尼筛法，简称埃氏筛或爱氏筛，是由古希腊数学家埃拉托斯特尼所提出的一种简单检

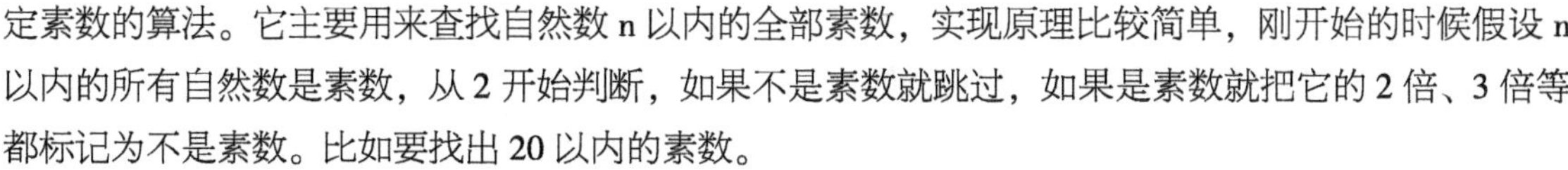

定素数的算法。它主要用来查找自然数 n 以内的全部素数，实现原理比较简单，刚开始的时候假设 n 以内的所有自然数是素数，从 2 开始判断，如果不是素数就跳过，如果是素数就把它的 2 倍、3 倍等都标记为不是素数。比如要找出 20 以内的素数。

```
(1)假设下面的全是素数(还没有删除)
[2,3,4,5,6,7,8,9,10,11,12,13,14,15,16,17,18,19,20]

(2)找出上面序列中 2 的倍数,全部划掉
[2,3,5,7,9,11,13,15,17,19]

(3)找出上面序列中 3 的倍数,全部划掉
[2,3,5,7,11,13,17,19]

(4)找出上面序列中 5 的倍数,全部划掉
(5)找出上面序列中 7 的倍数,全部划掉
……
最后 20 以内的素数为[2,3,5,7,11,13,17,19]
```

来看一下代码：

```
public int countPrimes(int n) {
    // false 表示是素数,true 表示不是素数。
    boolean[] notPrimes=new boolean[n];
    int count=0;
    for (int i=2; i<n; i++) {
        // 如果不是素数就跳过。
        if (notPrimes[i])
            continue;
        count++;
        // 如果是素数,那么它的 2 倍、3 倍等都不是素数。
        for(int j=i; j<n; j+=i)
            notPrimes[j]=true;
    }
    return count;
}
```

13.5 两个数的最大公约数

1. 辗转相除法

求最大公约数最常见的方式就是使用欧几里得算法，也称为辗转相除法。辗转相除法基于两个整数的最大公约数等于其中较小的数和两数相除余数的最大公约数。也就是如果 a>b，那么 a 和 b 的最大公约数就是 b 和 a%b 的最大公约数。这样一步步缩小 a 和 b 的值，直到 a 能被 b 整除的时候，这样它们的最大公约数就是 b。

```
public int gcd(int a, int b){
    // 如果 a 能被 b 整除,直接返回 b 的值。
    if(a%b==0)
        return b;
    return gcd(b, a%b);
}
```

比如求 33 和 12 的最大公约数。

```
(33,12)→(12,9)→(9,3)
```

9 能够被 3 整除，所以 33 和 12 的最大公约数是 3，我们来推导一下辗转相除法为什么可以解最大公约数问题，假设 a 和 b 的最大公约数是 c，也就是说 a 和 b 都能够被 c 整除。那么它们的线性组合 ax±by 也一定能被 c 整除（x 和 y 都是整数），这个应该都能理解吧，我们来证明一下，假设 a=mc、b=nc，那么 ax±by=mxc±nyc，都有一个公约数 c，所以它们的线性组合一定能被 c 整除。

辗转相除法的思路就是假设 a>b，a/b=t 余 r，整理一下就是 a-bt=r，上面我们说过如果 a 和 b 的最大公约数是 c，那么它们的线性组合一定能被 c 整除，也就是 a-bt 一定能被 c 整除，所以 r 也一定能被 c 整除。这个时候求 a 和 b 的最大公约数就可以变成求 b 和 r 的最大公约数了。证明到这里就完了吗，其实并没有，上面我们只是证明了 c 是 b 和 r 的公约数，但没有证明是最大的，这里需要证明一下。

假设 a=mc，b=nc，那么 r=a-bt=mc-nct=(m-nt)c，上面我们证明了 a 和 b 的最大公约数也是 b 和 r 的公约数，这里只需要证明 m-nt 和 n 是互质的，就可以证明 c 也是 r 和 b 的最大公约数了。

- r=(m-nt)c
- b=nc

我们用反证法，假设 m-nt 和 n 不互质，它们有公约数 d，那么 m-nt=xd，n=yd，则 m=nt+xd=ydt+xd=(yt+x)d，所以 a=mc=(yt+x)dc，b=nc=ydc，通过上面我们看到 a 和 b 都有公约数 dc，因为 a 和 b 的最大公约数是 c，所以 d 必定是 1。也就是说 m-nt 和 n 只有公约数 1，也就是说它们是互质的。可以得出 c 也是 b 和 r 的最大公约数。

我们来思考这样一个问题，任何矩形都可以分割成长度为 1 的正方形（矩形的宽和高必须都是整数）。假设我们把矩形的长和宽分别记为 a 和 b，那么求 a 和 b 的最大公约数就是求矩形所能分割的最大正方形的边长。注意：这里分割的正方形必须全部相等，不能像下面这样分，如图 13-15 所示。

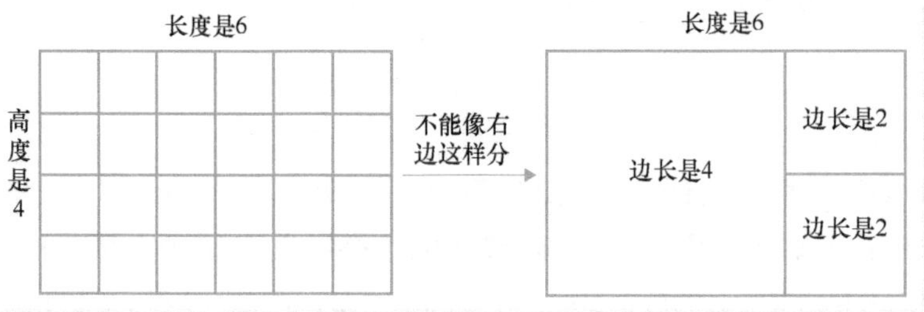

图 13-15

正确的分割方式如图 13-16 所示，也就是说所有分割的正方形大小必须相等，这样正方形的边长才是长和宽的最大公约数。

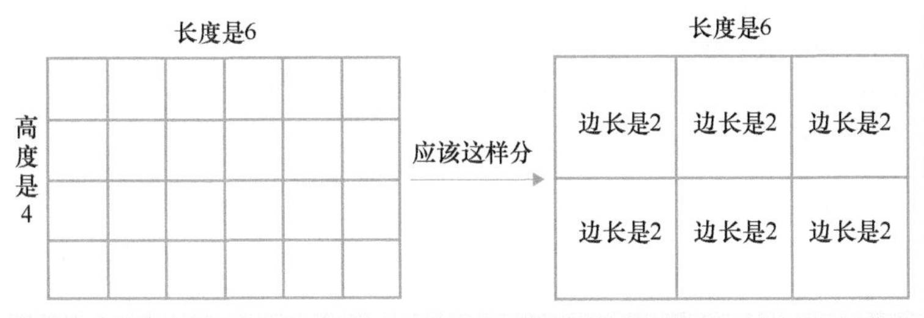

● 图 13-16

明白了这一点，再来理解辗转相除法就容易得多。我们只需要把矩形不断砍掉与矩形高度一样的正方形（假设矩形宽度比高度多），直到不能砍为止，那么剩下这个小的矩形宽高的最大公约数也就是原来矩形宽高的最大公约数，如图 13-17 所示。

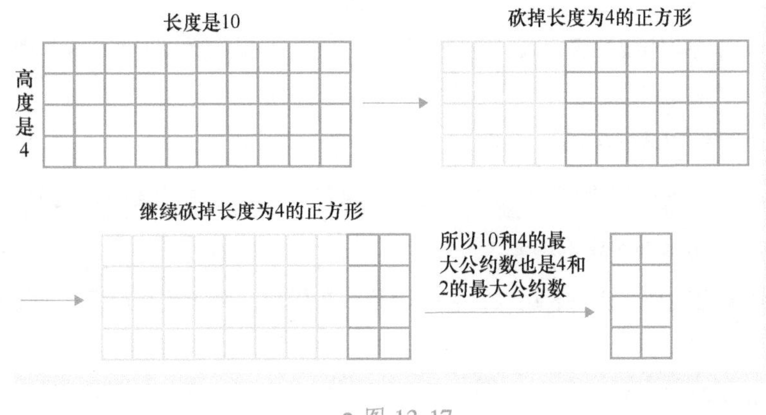

● 图 13-17

2. 更相减损术

除了辗转相除法以外，还有一种是更相减损术，更相减损术是出自《九章算术》的一种求最大公约数的算法，它原本是为约分而设计的。《九章算术》是中国古代的数学专著，其中的“更相减损术”可以用来求两个数的最大公约数，原文如下：

```
可半者半之,不可半者,副置分母、子之数,以少减多,更相减损,求其等也。以等数约之。
```

意思就是：可以折半就折半。如果不可以折半，就比较分母和分子的大小，用大的减去小的，互相减来减去，一直到减数与差相等为止，用这个相等的数字来约分。步骤如下：

（1）任意给定两个正整数；判断它们是否都是偶数。若是则都减半；若不是则执行第二步。

（2）用大的数减去小的数，接着把所得的差与小的数比较，继续用大的减去小的，一直重复下去，直到所得的减数和差相等为止。如果不约分，直接求最大公约数，可以跳过第一步。

```
public int gcd(int a, int b) {
    while (a!=b) {
        // 用大的减去小的。
        if (a>b)
            a -=b;
        else
            b-=a;
    }
    return b;
}
```

13.6 算术表达式的运算

算术表达式由运算符（+,-,*,/）和操作数（1，2，3，…）组成。根据运算符在算术表达式中的位置，可以分为前缀表达式、中缀表达式以及后缀表达式。

（1）前缀表达式也叫作波兰表达式，它是运算符在前面，操作数在后面，<运算符><操作数 1><操作数 2>

```
比如 a+b 在前缀表达式中为+ab
```

（2）中缀表达式也就是我们经常手写的，它是运算符在中间，<操作数 1><运算符><操作数 2>

```
比如 2+3,5+7*3,10-6 都是中缀表达式
```

（3）后缀表达式也就是逆波兰表达式，它是运算符在后面，操作数在前面，<操作数 1><操作数 2><运算符>

```
比如 a+b 在后缀表达式中为 ab+
```

中缀表达式比较适合运算，但对计算机来说最适合的是后缀表达式，一般情况下计算的时候，我们都会将中缀表达式转换成后缀表达式来计算。前缀、中缀以及后缀它们之间可以相互转换，每种转换又可以分为堆栈法、括号法和二叉树法，所以总的组合非常多，不可能全部讲完，这里只讲中缀转前缀和中缀转后缀的堆栈法，至于括号法和二叉树法会简单提一下，剩下的各种转换大家还可以到我们的算法学习网站 wansuanfa.com（玩算法）中去了解。

13.6.1 中缀表达式转换的括号法

这里讲的是中缀表达式转前缀和后缀表达式。括号法就是在中缀表达式中，按照运算符的优先级对运算符所包含的运算单元加括号，有几个运算符就有几对括号，原有的括号不用重复加。如果转前缀表达式，要把每个运算单元内的符号提到对应括号前面，最后把括号全部去掉。如果要转后缀表达式，需要把符号提到对应括号的后面，最后把括号全部去掉，如图 13-18 所示。

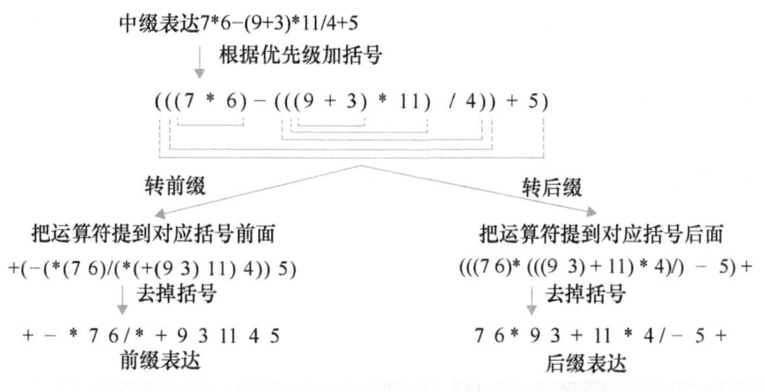

● 图 13-18

13.6.2 中缀表达式转换的二叉树法

中缀表达式转前缀和后缀还可以使用二叉树法，首先要利用中缀表达式来构造二叉树。二叉树的叶子节点都是操作数，非叶子节点都是操作符。构造的时候从左到右扫描表达，找到最后计算的运算符，也可以从右到左扫描。把表达式分成 3 部分，分别是左子树、根节点和右子树，其中操作符就是根节点，只要有表达式，就一直拆分下去，如图 13-19 所示。

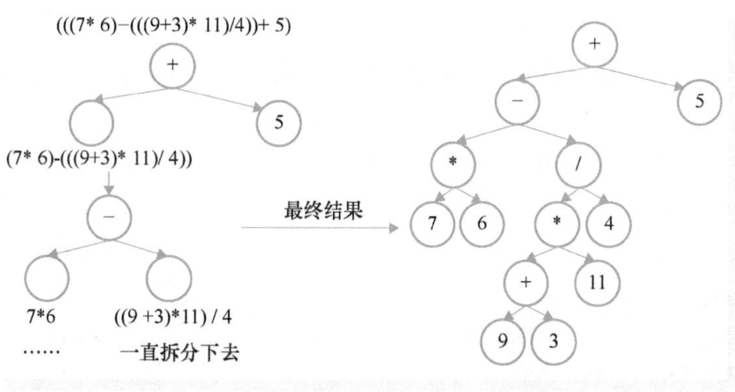

● 图 13-19

注意这里要找最后计算的运算符，比如 7 * 6−(9+3) * 11/4+5，拆开的三部分分别是：

```
第一部分:7 * 6-(9+3) * 11/4
第二部分:+
第三部分:5
```

而不能像下面这样拆：

```
第一部分:7 * 6
第二部分:-
第三部分:(9+3) * 11/4+5
```

建完树之后求前缀和后缀表达式就很简单了，只需要求它的前序和后序遍历结果即可。如果转中缀表达式，只需要对它进行中序遍历，但要注意如果直接转中缀表达式，会忽略它的优先级，所以还需要判断一下，如果当前子树优先级比它的父优先级低，要在子树外面套一个括号。

13.6.3 中缀表达式转前缀表达式

我们来看一下中缀表达式转前缀表达式的堆栈法，它的步骤如下。

（1）创建两个栈，一个是结果栈 s1，一个是符号栈 s2，从右到左扫描中缀表达式。

（2）如果遇到数字，就直接压入结果栈 s1 中。

（3）如果遇到右括号 ')'，则压入符号栈 s2 中。

（4）如果遇到左括号 '('，则将符号栈 s2 的栈顶操作符输出并压入到结果栈 s1 中，直到输出右括号 ')'为止，右括号不压入结果栈 s1。

（5）如果遇到运算符，且符号栈为空，就把当前运算符压入符号栈 s2 中。如果符号栈 s2 不为空，将符号栈 s2 的栈顶元素优先级大于当前运算符的符号输出到结果栈中，直到符号栈为空或者符号栈栈顶元素优先级不大于当前运算符优先级为止，最后将当前运算符压入符号栈 s2 中（优先级顺序为：乘除>加减>括号）。

（6）重复上面的步骤（2），（3），（4），（5），直到中缀表达式扫描完成。

（7）如果符号栈 s2 不为空，输出符号栈 s2 中剩下的所有运算符到结果栈 s1 中。

（8）最后输出结果栈 s1 中的结果。

比如中缀表达式"1-2*(3+4)/5"，如表 13-5 所示，看一下怎样把它转换为前缀表达式：

表 13-5　中缀表达式转换为前缀表达式

扫描顺序：从右往左	11	10	9	8	7	6	5	4	3	2	1
中缀表达式：1−2*(3+4)/5	1	−	2	*	(	3	+	4	)	/	5

前面是栈顶，后面是栈底

步骤	说明（从右到左扫描）	结果栈s1	符号栈s2
1	扫描到数字5，直接压入s1中	[5]	[]
2	扫描到符号/，s2为空，直接压入s2中	[5]	[/]
3	扫描到右括号)，直接压入s2中	[5]	[),/]
4	扫描到数字4，直接压入s1中	[4,5]	[),/]
5	扫描到符号+，优先级不比s2栈顶元素")"优先级低，压入s2中	[4,5]	[+,),/]
6	扫描到数字3，直接压入s1中	[3,4,5]	[+,),/]
7	扫描到左括号（，s2 栈顶元素出栈并压入s1中，直到在s2中遇到右括号）为止	[+,3,4,5]	[/]
8	扫描到符号*，和s2栈顶元素优先级一样，直接压入s2中	[+,3,4,5]	[*,/]
9	扫描到数字2，直接压入s1中	[2,+,3,4,5]	[*,/]
10	扫描到符号−，优先级比s2栈顶元素优先级低，s2 栈顶元素一直出栈并压入s1中，直到s2为空或者s2栈顶元素优先级不大于当前运算符优先级为止，最后把当前运算符压入符号栈s2中	[/,*,2,+,3,4,5]	[−]
11	扫描到数字1，直接压入s1中	[1,/*,2,+,3,4,5]	[−]
12	扫描完成，s2 不为空，就让s2中的所有元素出栈并压入s1中	[−,1,/,*,2,+,3,4,5]	[]

来看一下代码，要注意负数的处理。

```
// 中缀表达式转前缀表达式。
public String InfixToPrefix(String infixEx) {
    int index=infixEx.length()-1;// 从右向左扫描。
    Stack<String> resStack=new Stack<>();// 结果栈。
    Stack<Character> operStack=new Stack<>();// 符号栈。
    while (index>=0) {
        if (isNum(infixEx.charAt(index))) {// 是数字。
            String numStr="";// 找出数字。
            while (index>=0&&isNum(infixEx.charAt(index)))
                numStr=infixEx.charAt(index--)+numStr;
            // 下面部分主要判断数字是否是负数,比如-12、-5 等。
            // 如果当前字符是负号,判断前面有没有符号,如果有,那么当前数字就是负数。
            if (index>=0&&infixEx.charAt(index)=='-') {
                int tmp=index-1;
                // 跳过空格。
                while (tmp>=0&&infixEx.charAt(tmp)==' ')
                    tmp--;
                // 如果是符号,确定当前数字是负数。
                if (tmp<0 ||isOper(infixEx.charAt(tmp))
                        ||infixEx.charAt(tmp)=='(') {
                    numStr="-"+numStr;
                    index--;// 跳过负数符号。
                }
            }
            resStack.push(numStr);// 把数字压入结果栈中。
        } else {
            char mChar=infixEx.charAt(index--);
            if (isOper(mChar)) {// 是运算符。
                if (operStack.isEmpty()) {// 符号栈为空。
                    operStack.push(mChar);
                } else {// 符号栈不为空,要和符号栈栈顶元素比较优先级。
                    while (!operStack.isEmpty()&&
                            priority(operStack.peek())>priority(mChar))
                        resStack.push(operStack.pop()+"");
                    operStack.add(mChar);// 最后将当前运算符压入到符号栈。
                }
            } else if (mChar==')') {// 是右括号。
                operStack.push(mChar);
            } else if (mChar=='(') {// 是左括号。
                while (!operStack.empty()&&operStack.peek()!=')')
                    resStack.add(operStack.pop()+"");
                operStack.pop();// 右括号也要出栈。
            }
        }
    }
```

```
    // 最后如果符号栈不为空,输出符号栈中剩下的所有运算符到结果栈中。
    while (!operStack.isEmpty())
        resStack.add(operStack.pop()+"");
    StringBuilder stringBuilder=new StringBuilder();
    while (!resStack.isEmpty())
        stringBuilder.append(resStack.pop()+" ");
    return stringBuilder.toString();
}

//比较优先级。
public int priority(char ch) {
    if (ch=='*' || ch=='/')
        return 2;
    if (ch=='+' || ch=='-')
        return 1;
    return 0;
}

//判断是否为运算符。
public boolean isOper(char oper) {
    return oper=='+' || oper=='-' || oper=='*' || oper=='/';
}

//判断是否为数字。
public boolean isNum(char num) {
    return num>='0'&&num<='9';
}
```

注意：中缀表达式必须是标准的写法，如果是负数，那么符号必须和数字挨着，比如-1 是正确的，- 1 是错误的，括号可以随便添加，我们测试一下：

```
System.out.println(new Book0006_1().InfixToPrefix("-1*2"));
System.out.println(new Book0006_1().InfixToPrefix("1*-2"));
System.out.println(new Book0006_1().InfixToPrefix("-1*-2"));
System.out.println(new Book0006_1().InfixToPrefix("-1*(-2)"));
System.out.println(new Book0006_1().InfixToPrefix("(-1)*(-2)"));
System.out.println(new Book0006_1().InfixToPrefix("(6+3*(7-4))-8/2"));
System.out.println(new Book0006_1().InfixToPrefix("((10*(6/((9+3)*-11)))+17)+5"));
```

看一下打印结果：

```
*-12
*1-2
*-1-2
*-1-2
*-1-2
```

```
6  -+6*3-7 4/8 2
7  ++*10/6*+9 3 -11 17 5
```

13.6.4 中缀表达式转后缀表达式

在中缀表达式转前缀表达式的时候使用了两个栈，其实使用一个栈也是可以的，把结果输出到一个字符串中，最后把结果反转一下即可。我们来看一下中缀表达式转后缀表达式的堆栈法，这里只使用一个符号栈，它的步骤如下。

（1）创建一个符号栈 s1 和一个存放结果的字符串 res，从左到右扫描中缀表达式。

（2）如果遇到数字，则直接添加到 res 中。

（3）如果遇到左括号 '('，则压入符号栈 s1 中。

（4）如果遇到右括号 ')'，则将符号栈 s1 栈顶操作符输出到 res 中，直到输出左括号 '('为止，左括号不输出到 res。

（5）如果遇到运算符，且符号栈为空，就把当前运算符压入符号栈 s1 中。如果符号栈 s1 不为空，将符号栈 s1 栈顶元素优先级大于等于当前运算符的符号输出到 res 中，直到符号栈为空或者符号栈的栈顶元素优先级小于当前运算符为止，然后将当前运算符压入符号栈 s1 中（优先级顺序为：乘除>加减>括号）。

（6）重复上面的步骤（2），（3），（4），（5），直到中缀表达式都扫描完成。

（7）如果符号栈 s1 不为空，输出符号栈 s1 中剩下的所有运算符到 res 中。

比如中缀表达式" 1-2*(3+4)/5"，如表 13-6 所示。

表 13-6　中缀表达式转换成后缀表达式

中缀表达式：1-2*(3+4)/5

扫描顺序：从左往右	1	2	3	4	5	6	7	8	9	10	11
	1	-	2	*	(	3	+	4	)	/	5

前面是栈顶，后面是栈底

步骤	说明（从左到右扫描）	结果字符串res	符号栈s1
1	扫描到数字1，输出到res中	1	[]
2	扫描到符号-，s1为空，直接压入s1中	1	[-]
3	扫描到数字2，输出到res中	1,2	[-]
4	扫描到符号*，s1 栈顶元素优先级比*优先级低，把*压入s1中	1,2	[*,-]
5	扫描到左括号(，直接压入s1中	1,2	[(,*,-]
6	扫描到数字3，输出到res中	1,2,3	[(,*,-]
7	扫描到符号+，s1栈顶元素优先级比+优先级低，把+压入s1中	1,2,3	[+,(,*,-]
8	扫描到数字4，输出到res中	1,2,3,4	[+,(,*,-]
9	扫描到右括号），s1 栈顶元素出栈到res中，直到在s1中遇到左括号(为止	1,2,3,4,+	[*,-]
10	扫描到符号 /，优先级和s1栈顶元素优先级一样，s1 栈顶元素一直出栈输出到res中，直到s1为空或者s1栈顶元素优先级小于当前运算符优先级为止，最后把当前运算符压入符号栈s1中	[1,2,3,4,+,*]	[/,-]
11	扫描到数字5，输出到res中	[1,2,3,4,+,*,5]	[/,-]
12	扫描完成，如果s1不为空，就让s1中的所有元素输出到res中	[1,2,3,4,+,*,5,/,-]	[]

```
// 中缀表达式转后缀表达式。
public String infixToPostfix(String infixEx) {
    int index=0;// 从左向右扫描。
    int length=infixEx.length();
    StringBuilder res=new StringBuilder();// 转换的结果。
    Stack<Character> operStack=new Stack<>();// 符号栈。
    while (index<length) {
        if (isNum(infixEx.charAt(index))) {// 是数字。
            String numStr="";// 找出数字。
            while (index<length&&isNum(infixEx.charAt(index)))
                numStr+=infixEx.charAt(index++);
            res.append(numStr+" ");
        } else {
            char mChar=infixEx.charAt(index++);
            if (isOper(mChar)) {// 是运算符。
                if (operStack.isEmpty()) {// 符号栈为空。
                    operStack.push(mChar);
                } else {// 符号栈不为空,要和符号栈栈顶元素比较优先级。
                    while (!operStack.isEmpty()&&priority(operStack.peek())
                            >=priority(mChar))
                        res.append(operStack.pop()+" ");
                    operStack.add(mChar);// 最后将当前运算符压入符号栈。
                }
            } else if (mChar=='(') {// 是左括号。
                operStack.push(mChar);
            } else if (mChar==')') {// 是右括号。
                while (!operStack.empty()&&operStack.peek()!='(')
                    res.append(operStack.pop()+" ");
                operStack.pop();// 左括号也要出栈。
            }
        }
    }
    // 最后如果符号栈不为空,输出符号栈中剩下的所有运算符到 res 中。
    while (!operStack.isEmpty())
        res.append(operStack.pop()+" ");
    return res.toString();
}
```

13.6.5 后缀表达式求值

后缀表达式也叫作逆波兰表达式，对于我们人类来说，中缀表达式是最容易理解的，也是最容易计算的，但对于计算机来说，后缀表达式是最容易计算的，它的解题思路也很简单，计算后缀表达式的值时，使用一个栈存储操作数，从左到右遍历后缀表达式，步骤如下：

（1）从左往右扫描后缀表达式，并使用一个栈 s 来存放计算的结果。

（2）如果遇到数字，则将数字压入栈 s 中。

（3）如果遇到运算符，则从栈 s 中弹出两个数字，其中先出栈的是右操作数，后出栈的是左操作数，然后使用运算符对两个操作数进行运算，最后将运算的结果压入栈 s 中。

（4）重复上面的步骤（2）、（3），直到整个后缀表达式遍历完成，栈内只有一个元素，该元素即为后缀表达式的值，如图 13-20 所示。

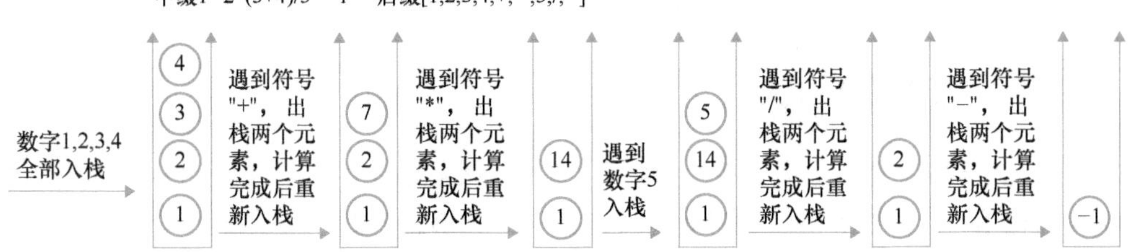

● 图 13-20

```
// 后缀表达式的值。
public int postValue(String[] tokens) {
    Stack<Integer> stack=new Stack<>();
    for (int i=0; i<tokens.length; i++) {
        String token=tokens[i];
        if (isOper(token)) {// 如果是运算符。
            // 先出栈的是右操作数。
            int second=stack.pop();
            int first=stack.pop();
            // 把计算的结果入栈。
            stack.push(calc(token, first, second));
        } else {// 如果是操作数,转换为整数,然后入栈。
            stack.push(Integer.parseInt(token));
        }
    }
    return stack.pop();
}

// 根据运算符计算两个数字的值。
public int calc(String oper, int first, int second) {
    if ("+".equals(oper))
        return first+second;
    if ("-".equals(oper))
        return first-second;
    if ("*".equals(oper))
        return first*second;
    return first/second;
}

```

```
//判断是否为运算符。
public boolean isOper(String oper) {
    return "+".equals(oper) ||
            "-".equals(oper) ||
            "*".equals(oper) ||
            "/".equals(oper);
}
```

13.6.6 前缀表达式求值

前缀表达式求值和后缀表达式求值非常类似，只不过扫描的顺序不一样，另外出栈的两个操作数计算时的位置也不一样，其他都是一样的，我们来看一下前缀表达式的求值步骤：

（1）从右往左扫描前缀表达式，并使用一个栈 s 来存放计算的结果。

（2）如果遇到数字，则将数字压入栈 s 中。

（3）如果遇到运算符，则从栈 s 中弹出两个数字，其中先出栈的是左操作数，后出栈的是右操作数，然后使用该运算符对这两个操作数进行运算，最后将运算的结果压入栈 s 中。

（4）重复上面的步骤（2）、(3)，直到整个前缀表达式遍历完成，栈内只有一个元素，该元素即为前缀表达式的值。

```
// 前缀表达式的值。
public int preValue(String[] tokens) {
    Stack<Integer> stack=new Stack<>();
    for (int i=tokens.length - 1; i >=0; i--) {
        String token=tokens[i];
        if (isOper(token)) {// 如果是运算符。
            int first=stack.pop();
            int second=stack.pop();
            // 把计算的结果入栈。
            stack.push(calc(token, first, second));
        } else {// 如果是操作数,转换为整数,然后入栈。
            stack.push(Integer.parseInt(token));
        }
    }
    return stack.pop();
}
```

13.7 牛顿迭代法求平方根

牛顿迭代法（Newton's method）又称为牛顿-拉夫逊（拉弗森）方法。假设 r 是 $f(x)=0$ 的一个根，我们随便选择一个值 x_0，过点 $(x_0,f(x_0))$ 做曲线 $f(x)$ 的切线 L1，那么 L1 的斜率就是 $f'(x_0)$，如图 13-21 所示。

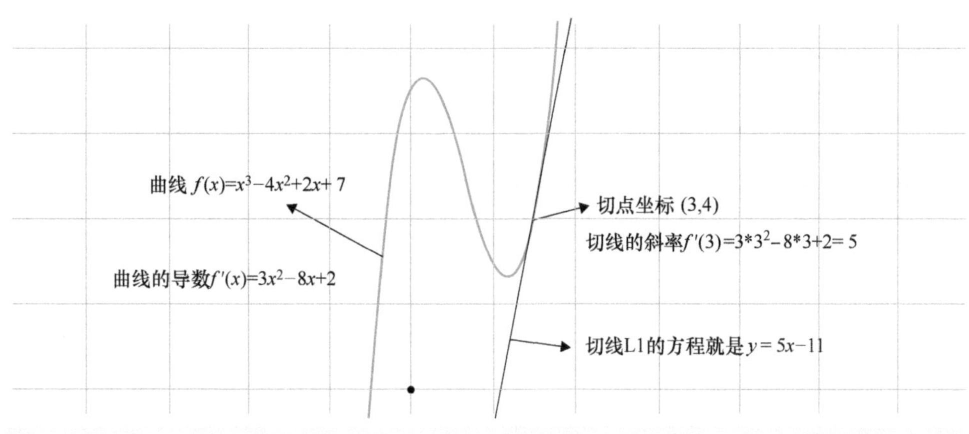

● 图 13-21

假设一个曲线的函数是$f(x)$，过点$(x_0,f(x_0))$做曲线$f(x)$的切线为 L1，那么 L1 与 x 轴的交点为 x_1，我们来计算一下 x_1 的值，如图 13-22 所示。

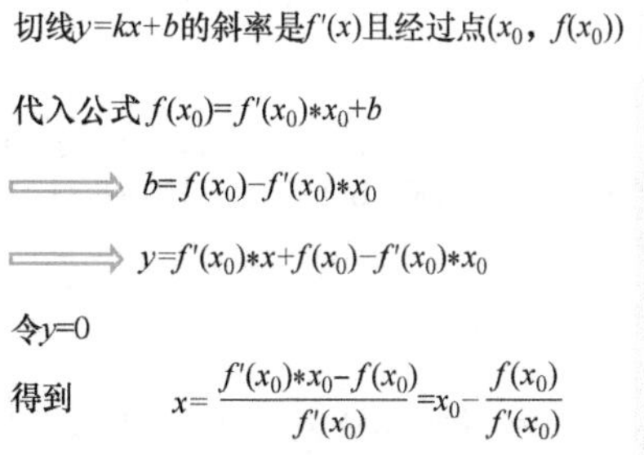

切线$y=kx+b$的斜率是$f'(x)$且经过点$(x_0, f(x_0))$

代入公式 $f(x_0)=f'(x_0)*x_0+b$

⟹ $b=f(x_0)-f'(x_0)*x_0$

⟹ $y=f'(x_0)*x+f(x_0)-f'(x_0)*x_0$

令$y=0$

得到 $x=\frac{f'(x_0)*x_0-f(x_0)}{f'(x_0)}=x_0-\frac{f(x_0)}{f'(x_0)}$

● 图 13-22

通过上面的计算我们知道，切线 L1 与 x 轴的交点为 $x_1=x_0-f(x_0)/f'(x_0)$；然后以 x_1 为横坐标，过点$(x_1,f(x_1))$做曲线$f(x)$的切线L2，通过计算可以得到L2 与 x 轴的交点 $x_2=x_1-f(x_1)/f'(x_1)$，我们继续过点$(x_2,f(x_2))$再做切线，一直这样重复下去，计算的次数越多，x_n就越接近 $f(x)=0$ 的一个解。

假设需要求数字 num 的一个平方根，令 $f(x)=x$^2−num，对 $f(x)$ 求导，得到 $f'(x)=2*x$；代入上面的公式可以得到 $x_1=x-(x$^2−num$)/2x$，整理得到 $x_1=(x+\text{num}/x)/2$，这个就是牛顿迭代法手动开根公式，假设 num 等于 2，我们来看一下求$\sqrt{2}$该怎样计算，刚开始的时候会随便选择一个数字 x_0，假设选得很离谱，比如 10，来看一下计算结果：

```
第 1 次:x0=10,计算 x1=(10+2/10)/2=5.1
第 2 次:x1=5.1,计算 x2=(5.1+2/5.1)/2=2.746078431372549
第 3 次:x2=2.746078431372549,计算 x3=1.7371948743795984
第 4 次:x3=1.7371948743795984,计算 x4=1.4442380948662321
第 5 次:x4=1.4442380948662321,计算 x5=1.4145256551487377
第 6 次:x5=1.4145256551487377,计算 x6=1.4142135968022693
第 7 次:x6=1.4142135968022693,计算 x7=1.4142135623730954
```

我们知道 2 的平方根是 1.4142135623730951，当计算到第 7 次的时候就已经非常接近了，所以即使刚开始选的数字很离谱，经过几次计算之后，结果也是非常接近答案的，下面来看一下代码。

```java
/**
 *@param num      求数字 num 的平方根。
 *@param count   循环的次数。
 *@return
 */
public static double sqrt(double num, int count) {
     double res=10;
     for (int i=0; i<count; i++)
         res=(res+num/res)/2;
     return res;
}
```

来举几个例子测试一下。

```java
public static void main(String[] args) {
    double num=10;// 计算 10 的平方根
    System.out.println("官方计算的结果:"+num+"的平方根是"+Math.sqrt(num));
    System.out.println("我们计算的结果:"+num+"的平方根是"+sqrt(num, 10));
    System.out.println();
    num=13.75;// 计算 13.75 的平方根
    System.out.println("官方计算的结果:"+num+"的平方根是"+Math.sqrt(num));
    System.out.println("我们计算的结果:"+num+的平方根是"+sqrt(num,10));
}
```

看一下运行结果：

```
官方计算的结果:10.0 的平方根是 3.1622776601683795
我们计算的结果:10.0 的平方根是 3.162277660168379

官方计算的结果:13.75 的平方根是 3.7080992435478315
我们计算的结果:13.75 的平方根是 3.7080992435478315
```

13.8 Base64 编码

Base64 是一种编码方式，不是加密算法，它的实现原理也比较简单，我们知道一个字节占有 8 位，但在 ASCII 码中会有一些特殊的字符，而 Base64 就是每 6 位进行截取，6 位二进制可以表示 64 个不同的状态，这 64 个状态可以用 64 个不同的字符来表示，常见的有英文 26 个小写字母，26 个大写字母，数字 0 到 9，总共加起来有 62 个，还差两个可以用'+'、'/'来表示，如表 13-7 所示。每 6 位进行截取的时候，有可能不能被 6 整除，不能整除的时候，一般在后面补 0，如果 6 位全是补的 0 为了防止混淆，需要再用一个字符来表示，比如'='。

编码的时候，首先需要把字符串转换为字节数组，每 3 个字节一组进行截取，因为每个字节占有 8 位，3 个字节正好是 24 位，能被 6 整除，如果不足 3 个字节，需要凑够 3 个，也就是在后面补 0，我们画一张表看一下 Base64 是怎样编码的。

表 13-7 Base64 编码

索 引	字 符	索 引	字 符	索 引	字 符	索 引	字 符
0	A	16	Q	32	g	48	w
1	B	17	R	33	h	49	x
2	C	18	S	34	i	50	y
3	D	19	T	35	j	51	z
4	E	20	U	36	k	52	0
5	F	21	V	37	l	53	1
6	G	22	W	38	m	54	2
7	H	23	X	39	n	55	3
8	I	24	Y	40	o	56	4
9	J	25	Z	41	p	57	5
10	K	26	a	42	q	58	6
11	L	27	b	43	r	59	7
12	M	28	c	44	s	60	8
13	N	29	d	45	t	61	9
14	O	30	e	46	u	62	+
15	P	31	f	47	v	63	/

（1）原字符串是"suanfa"，长度为 6，是 3 的倍数，如表 13-8 所示。

表 13-8 Base64 怎样编码（1）

<table>
<tr><td>原字符</td><td colspan="8">s</td><td colspan="8">u</td><td colspan="8">a</td><td colspan="8">n</td><td colspan="8">f</td><td colspan="8">a</td></tr>
<tr><td>ASCII 码值</td><td colspan="8">115</td><td colspan="8">117</td><td colspan="8">97</td><td colspan="8">110</td><td colspan="8">102</td><td colspan="8">97</td></tr>
<tr><td>二进制表示</td><td>0</td><td>1</td><td>1</td><td>1</td><td>0</td><td>0</td><td>1</td><td>1</td><td>0</td><td>1</td><td>1</td><td>1</td><td>0</td><td>1</td><td>0</td><td>1</td><td>0</td><td>1</td><td>1</td><td>0</td><td>0</td><td>0</td><td>0</td><td>1</td><td>0</td><td>1</td><td>1</td><td>0</td><td>1</td><td>1</td><td>1</td><td>0</td><td>0</td><td>1</td><td>1</td><td>0</td><td>0</td><td>1</td><td>1</td><td>0</td><td>0</td><td>1</td><td>1</td><td>0</td><td>0</td><td>0</td><td>0</td><td>1</td></tr>
<tr><td>Base64 后的值</td><td colspan="6">28</td><td colspan="6">55</td><td colspan="6">21</td><td colspan="6">33</td><td colspan="6">27</td><td colspan="6">38</td><td colspan="6">25</td><td colspan="6">33</td></tr>
<tr><td>Base64 后的字符</td><td colspan="6">c</td><td colspan="6">3</td><td colspan="6">V</td><td colspan="6">h</td><td colspan="6">b</td><td colspan="6">m</td><td colspan="6">Z</td><td colspan="6">h</td></tr>
</table>

（2）原字符串是"shuai"，长度为 5，不是 3 的倍数，如表 13-9 所示。

表 13-9 Base64 怎样编码（2）

<table>
<tr><td>原字符</td><td colspan="8">s</td><td colspan="8">h</td><td colspan="8">u</td><td colspan="8">a</td><td colspan="8">i</td><td colspan="8"></td></tr>
<tr><td>ASCII 码值</td><td colspan="8">115</td><td colspan="8">104</td><td colspan="8">117</td><td colspan="8">97</td><td colspan="8">105</td><td colspan="8"></td></tr>
<tr><td>二进制表示</td><td>0</td><td>1</td><td>1</td><td>1</td><td>0</td><td>0</td><td>1</td><td>1</td><td>0</td><td>1</td><td>1</td><td>0</td><td>1</td><td>0</td><td>0</td><td>0</td><td>0</td><td>1</td><td>1</td><td>1</td><td>0</td><td>1</td><td>0</td><td>1</td><td>0</td><td>1</td><td>1</td><td>0</td><td>0</td><td>0</td><td>0</td><td>1</td><td>0</td><td>1</td><td>1</td><td>0</td><td>1</td><td>0</td><td>0</td><td>1</td><td>0</td><td>0</td><td></td><td></td><td></td><td></td><td></td><td></td></tr>
<tr><td>Base64 后的值</td><td colspan="6">28</td><td colspan="6">54</td><td colspan="6">33</td><td colspan="6">53</td><td colspan="6">24</td><td colspan="6">22</td><td colspan="6">36</td><td colspan="6"></td></tr>
<tr><td>Base64 后的字符</td><td colspan="6">c</td><td colspan="6">2</td><td colspan="6">h</td><td colspan="6">1</td><td colspan="6">Y</td><td colspan="6">W</td><td colspan="6">k</td><td colspan="6">=</td></tr>
</table>

（3）原字符串是"boge"，长度为 4，不是 3 的倍数，如表 13-10 所示。

表 13-10　Base64 怎样编码（3）

<table>
<tr><td>原字符</td><td colspan="8">b</td><td colspan="8">o</td><td colspan="8">g</td><td colspan="8">e</td><td colspan="8"></td><td colspan="8"></td></tr>
<tr><td>ASCII 码值</td><td colspan="8">115</td><td colspan="8">117</td><td colspan="8">97</td><td colspan="8">110</td><td colspan="8"></td><td colspan="8"></td></tr>
<tr><td>二进制表示</td><td>0</td><td>1</td><td>1</td><td>0</td><td>0</td><td>0</td><td>1</td><td>0</td><td>0</td><td>1</td><td>1</td><td>0</td><td>1</td><td>1</td><td>1</td><td>1</td><td>0</td><td>1</td><td>1</td><td>0</td><td>0</td><td>1</td><td>1</td><td>1</td><td>0</td><td>1</td><td>1</td><td>0</td><td>0</td><td>1</td><td>0</td><td>1</td><td>0</td><td>0</td><td>0</td><td>0</td><td></td><td></td><td></td><td></td><td></td><td></td><td></td><td></td><td></td><td></td><td></td><td></td></tr>
<tr><td>Base64 后的值</td><td colspan="6">24</td><td colspan="6">38</td><td colspan="6">61</td><td colspan="6">39</td><td colspan="6">25</td><td colspan="6">16</td><td colspan="6"></td><td colspan="6"></td></tr>
<tr><td>Base64 后的字符</td><td colspan="6">Y</td><td colspan="6">m</td><td colspan="6">9</td><td colspan="6">n</td><td colspan="6">Z</td><td colspan="6">Q</td><td colspan="6">=</td><td colspan="6">=</td></tr>
</table>

```
// 字符想怎样定义都可以。
private static final char[] toBase64={
        'A', 'B', 'C', 'D', 'E', 'F', 'G', 'H', 'I', 'J', 'K', 'L', 'M',
        'N', 'O', 'P', 'Q', 'R', 'S', 'T', 'U', 'V', 'W', 'X', 'Y', 'Z',
        'a', 'b', 'c', 'd', 'e', 'f', 'g', 'h', 'i', 'j', 'k', 'l', 'm',
        'n', 'o', 'p', 'q', 'r', 's', 't', 'u', 'v', 'w', 'x', 'y', 'z',
        '0', '1', '2', '3', '4', '5', '6', '7', '8', '9', '+', '/'
};

private static String encodeToString(String str) {
    byte[] srcByte=str.getBytes();// 先把字符串转换成字节数组。
    int srcLength=srcByte.length;// 原字节的长度。
    int dstLength=((srcLength+2) / 3)<<2;// 编码之后的字节最大长度。
    byte[] dstByte=new byte[dstLength];// 编码之后的字节数组。
    char[] base64=toBase64;
    int srcIndex=0;// 原字节数组的下标。
    int desIndex=0;// 转换之后的字节数组下标。
    // 每 3 个字节一组截取,后面如果有不够 3 个的会补 0,然后单独计算。
    int preLength=srcLength / 3 * 3;
    int bits;
    // 每 3 个字节转成 4 个。
    while (srcIndex<preLength) {
        // 每 3 个字节截取,每个字节 8 位,总共 24 位,byte 有负数,这里和 0xff 运算是截取。
        bits=(srcByte[srcIndex++]&0xff)<<16 |
                (srcByte[srcIndex++]&0xff)<<8 |
                (srcByte[srcIndex++]&0xff);
        // 分成 4 份,每 6 位一份。
        dstByte[desIndex++]=(byte) base64[(bits >>> 18)&0x3f];
        dstByte[desIndex++]=(byte) base64[(bits >>> 12)&0x3f];
        dstByte[desIndex++]=(byte) base64[(bits >>> 6)&0x3f];
        dstByte[desIndex++]=(byte) base64[bits&0x3f];
    }
    // 因为每 3 个字节截取,如果有剩余的,要么剩余 1 个,要么剩余 2 个。
    if (srcIndex<srcLength) {
        if (srcIndex+1==srcLength) {//如果剩余 1 个。
            bits=srcByte[srcIndex++]&0xff;
```

```
            // 先截取 6 位。
            dstByte[desIndex++]=(byte) base64[bits>>2];
            // 剩下 2 位再补 4 个 0。
            dstByte[desIndex++]=(byte) base64[(bits&0x03)<<4];
            dstByte[desIndex++]='=';// 表示缺失的意思。
        } else {// 如果剩余 2 个。
            // 2 字节总有 16 位,每 6 位一组只能分 3 组。
            bits=(srcByte[srcIndex++]&0xff)<<8 |(srcByte[srcIndex++]&0xff);
            // 先截取 6 位。
            dstByte[desIndex++]=(byte) base64[(bits>>>10)&0x3f];
            // 再截取 6 位。
            dstByte[desIndex++]=(byte) base64[(bits>>>4)&0x3f];
            // 剩下 4 位,然后补 2 个 0 凑够 6 位。
            dstByte[desIndex++]=(byte) base64[(bits&0x0F)<<2];
        }
        dstByte[desIndex++]='=';// 最后一个一定是等号。
    }
    return new String(dstByte);
}
```

我们来测试一下：

```
public static void main(String[]args) {
    String[]strs={"suanfa", "shuai", "boge"};
    for (int i=0; i<strs.length; i++)
        System.out.println("编码之后的字符串:"+encodeToString(strs[i]));
}
```

打印结果如下：

```
编码之后的字符串:c3VhbmZh
编码之后的字符串:c2h1YWk=
编码之后的字符串:Ym9nZQ==
```

打印结果和我们上面分析的一模一样。有了编码，再来看一下解码，解码的时候和编码正好相反，解码也是先把待转码的字符串转换成字节数组，然后每 4 个字节一组进行截取，这里要注意最后是否有等号，如果有等号，要单独处理，如表 13-11 所示。

表 13-11　解码

每个字节占8位，这里为了方便合并，只显示6位，因为前两位都是0

Base64后的字符	c	2	h	1	Y	W	k	=
Base64对应的值	28	54	33	53	24	22	36	
二进制表示	0 1 1 1 0 0	1 1 0 1 1 0	1 0 0 0 0 1	1 1 0 1 0 1	0 1 1 0 0 0	0 1 0 1 1 0	1 0 0 1 0 0	
ASCII码值	115	104	117	97	105			
原字符	s	h	u	a	i			

```
public static String decodeToStr(String str) {
    // 逆序转换,转码的时候是把 byte 数字转成对应的字母,解码的时候要
    // 把的字母在转换为对应的 byte 数字。
    int[] fromBase64=new int[128];
    for (int i=0; i<toBase64.length; i++)
        fromBase64[toBase64[i]]=i;

    byte[] srcByte=str.getBytes();
    int srcLength=srcByte.length;
    int equalsSign=0;// 等号的个数,最多只能有 2 个。
    if (srcByte[srcLength-1]=='=') {
        equalsSign++;
        if (srcByte[srcLength-2]=='=')
            equalsSign++;
    }
    int dstLength=(srcLength>>2) * 3-equalsSign;
    byte[] dstByte=new byte[dstLength];
    int bits=0;
    int srcIndex=0;
    int desIndex=0;
    int preLength=dstByte.length/3 * 3;
    while (desIndex<preLength){
        // 每 4 个字节一组,每个字节截取 6 位,总共 24 位。
        bits=(fromBase64[srcByte[srcIndex++]])<<18 |
                (fromBase64[srcByte[srcIndex++]]&0x3f)<<12 |
                (fromBase64[srcByte[srcIndex++]]&0x3f)<<6 |
                (fromBase64[srcByte[srcIndex++]]&0x3f);
        // 24 位分成 3 份,每 8 位一份。
        dstByte[desIndex++]=(byte) ((bits>>>16)&0xff);
        dstByte[desIndex++]=(byte) ((bits>>>8)&0xff);
        dstByte[desIndex++]=(byte) (bits&0xff);
    }
    // 如果有等号,要么有 1 个等号,要么有 2 个等号,要单独处理。
    if (srcIndex<srcLength) {
        if (srcByte[srcLength-2]=='=') {// 有两个等号。
            bits=(fromBase64[srcByte[srcIndex++]]&0x3f)<<2 |
                    (fromBase64[srcByte[srcIndex++]]&0x3f)>>4;
        } else {// 有一个等号。
            bits=(fromBase64[srcByte[srcIndex++]]&0x3f)<<10 |
                    (fromBase64[srcByte[srcIndex++]]&0x3f)<<4 |
                    (fromBase64[srcByte[srcIndex++]]&0x3f)>>2;
            dstByte[desIndex++]=(byte) ((bits>>>8)&0xff);
        }
        dstByte[desIndex++]=(byte) (bits&0xff);
    }
    return new String(dstByte);
}
```

我们来测试一下：

```
public static void main(String[] args) {
      String[] strs={"博哥就是帅!","跟着博哥学算法……"};
      for(int i=0; i<strs.length; i++) {
          System.out.println("编码之前的字符串:"+strs[i]);// 编码之前的字符串。
          String encodeStr=encodeToString(strs[i]);// 编码。
          System.out.println("编码之后的字符串:"+encodeStr);// 打印编码之后的结果。
          // 打印解码之后的结果。
          System.out.println("解码之后的字符串:"+decodeToStr(encodeStr));
          System.out.println();// 换行。
      }
}
```

再来看一下打印结果：

```
编码之前的字符串:博哥就是帅!
编码之后的字符串:5Y2a5Z015bCx5piv5biFIQ==
解码之后的字符串:博哥就是帅!

编码之前的字符串:跟着博哥学算法……
编码之后的字符串:6Lef552A5Y2a5Z015a2m566X5r0V4oCm4oCm
解码之后的字符串:跟着博哥学算法……
```

上面编码的 64 个字符也可以随便定义，除了每 6 位一组截取以外，还可以每 4 位一组截取，这样就更简单了，因为一个字节是 8 位，能被 4 整除，所以不会出现补 0 的情况，而 4 个二进制位有 16 种状态，可以随便选择 16 个字符，来看一下代码。

```
// 字符想怎样定义都可以。
private static final char[]toBase16={
        'A','B','C','D','E','F','G','H','I','J','K','L','M','N','O','P'};


// 编码。
private static String encodeToString(String str) {
    byte[] srcByte=str.getBytes();
    int srcLength=srcByte.length;
    byte[] dstByte=new byte[srcLength<<1];
    char[] base64=toBase16;
    int srcIndex=0;
    int desIndex=0;
    int bits;
    while (srcIndex<srcLength) {
        // 一个字节 8 位分成 2 部分。
        bits=srcByte[srcIndex++];
        dstByte[desIndex++]=(byte) base64[(bits>>>4)&0x0f];
```

```
        dstByte[desIndex++]=(byte) base64[bits&0x0f];
    }
    return new String(dstByte);
}

//解码。
public static String decodeToStr(String str) {
    int[] fromBase64=new int[128];
    for (int i=0; i<toBase16.length; i++)
        fromBase64[toBase16[i]]=i;

    byte[] srcByte=str.getBytes();
    int srcLength=srcByte.length;
    int dstLength=srcLength>>1;
    byte[] dstByte=new byte[dstLength];
    int bits=0;
    int srcIndex=0;
    int desIndex=0;
    while (desIndex<dstLength) {
        //每两个合并成一个。
        bits=(fromBase64[srcByte[srcIndex++]]&0x0f)<<4 |
                (fromBase64[srcByte[srcIndex++]]&0x0f);
        dstByte[desIndex++]=(byte) (bits&0xff);
    }
    return new String(dstByte);
}
```